JANE AUSTEN, Game Theorist

Michael Suk-Young Chwe
マイケル・S-Y・チェ　川越敏司訳

ジェイン・オースティンに学ぶ
ゲーム理論

恋愛と結婚をめぐる戦略的思考

NTT出版

ラナに捧げる

凡例

・［　］＝訳者による補注

・ジェイン・オースティン作品の引用では、引用者による省略は（中略）とし、日本語版底本の「……」はママとして区別した。それ以外の引用では原書の「…」を「……」に置き換えた。引用文中の「／」は改行もしくは段落をまたぐことを示す。

・本書で引用されるジェイン・オースティン作品日本語版の底本は、中野康司訳（ちくま文庫版）の、本書校正時点での最新の刷もしくは最新の改訂稿を使用した。底本の各書名・刷数、および本文中での引用元書名と該当ページ数を示す略号は以下の通り、引用箇所の末尾に丸括弧に入れて表示した。

『高慢と偏見』（上）14刷　→ＰＰ上（以下にP.～でページ数を表示）
『高慢と偏見』（下）14刷　→ＰＰ下
『エマ』（上）８刷　→Ｅ上　＊本書のみ中野康司訳の最新の改訂稿を反映させた
『エマ』（下）８刷　→Ｅ下
『分別と多感』11刷　→ＳＳ
『説得』８刷　→Ｐ
『ノーサンガー・アビー』８刷　→ＮＡ
『マンスフィールド・パーク』３刷　→ＭＰ

ジェイン・オースティンに学ぶゲーム理論——恋愛と結婚をめぐる戦略的思考

目次

ジェイン・オースティン作品
主要人物相関図

イラスト
蒲生総

高慢と偏見

Pride and Prejudice

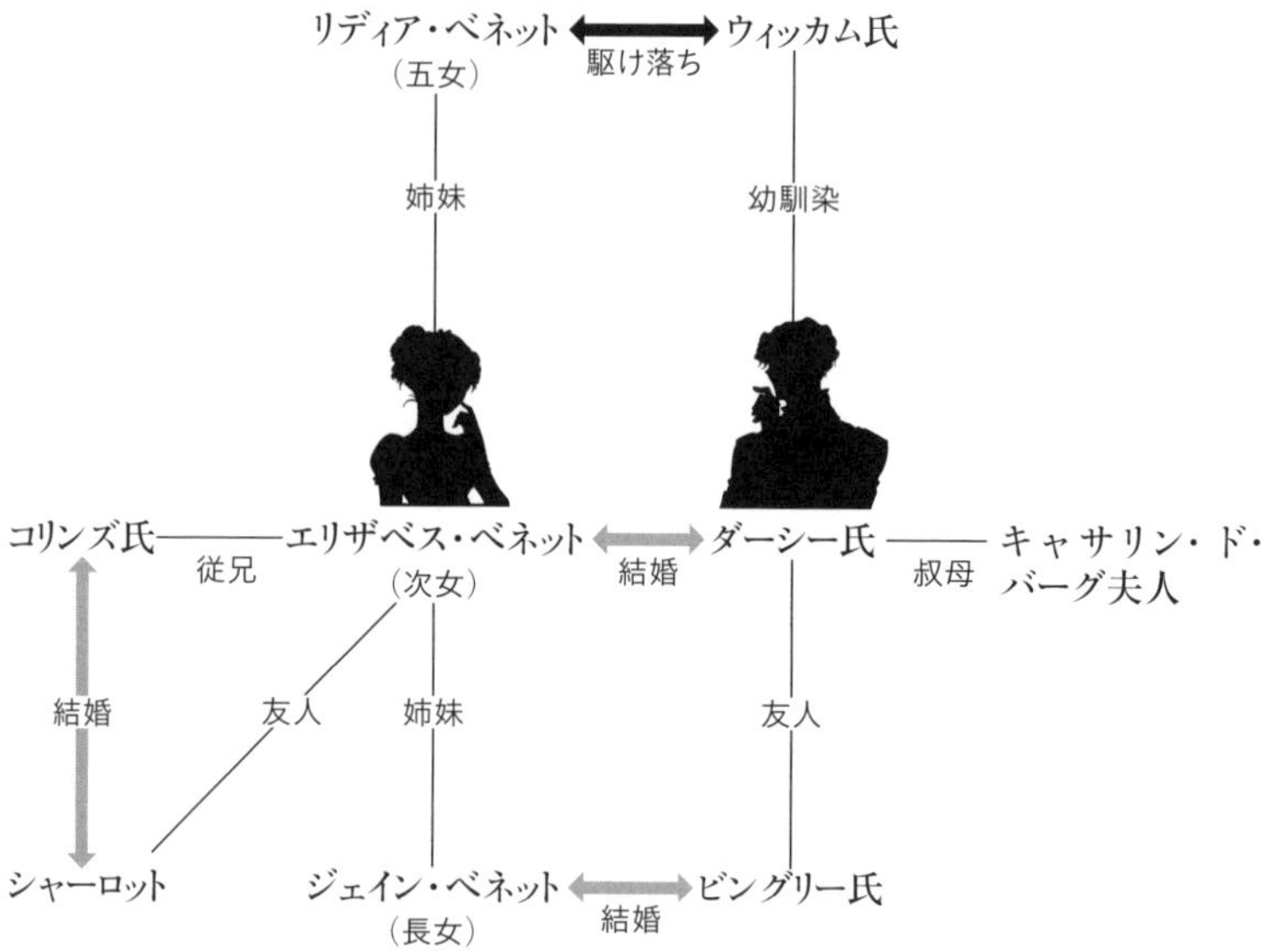

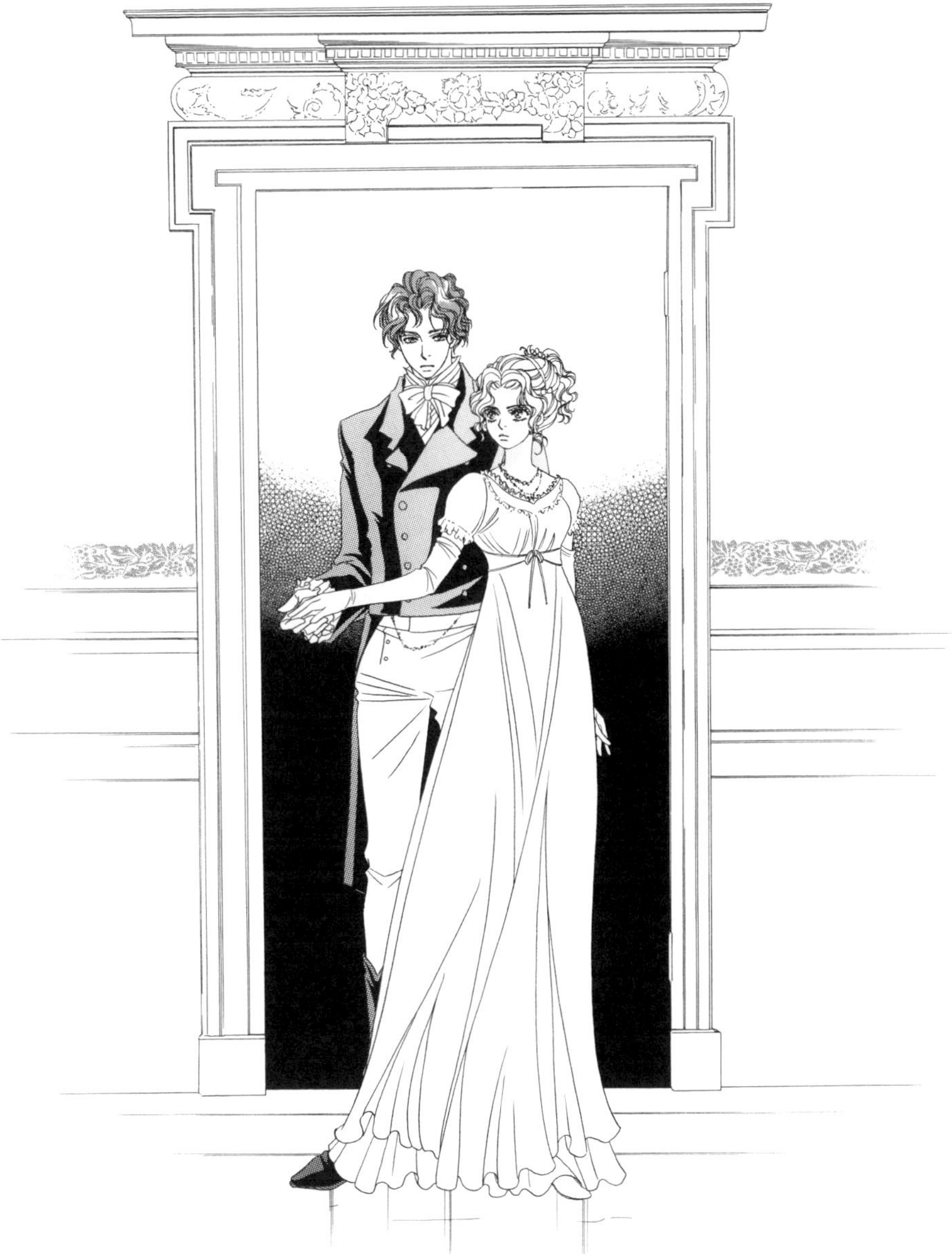

ダーシー氏（左）とエリザベス・ベネット（右）

分別と多感

Sense and Sensibility

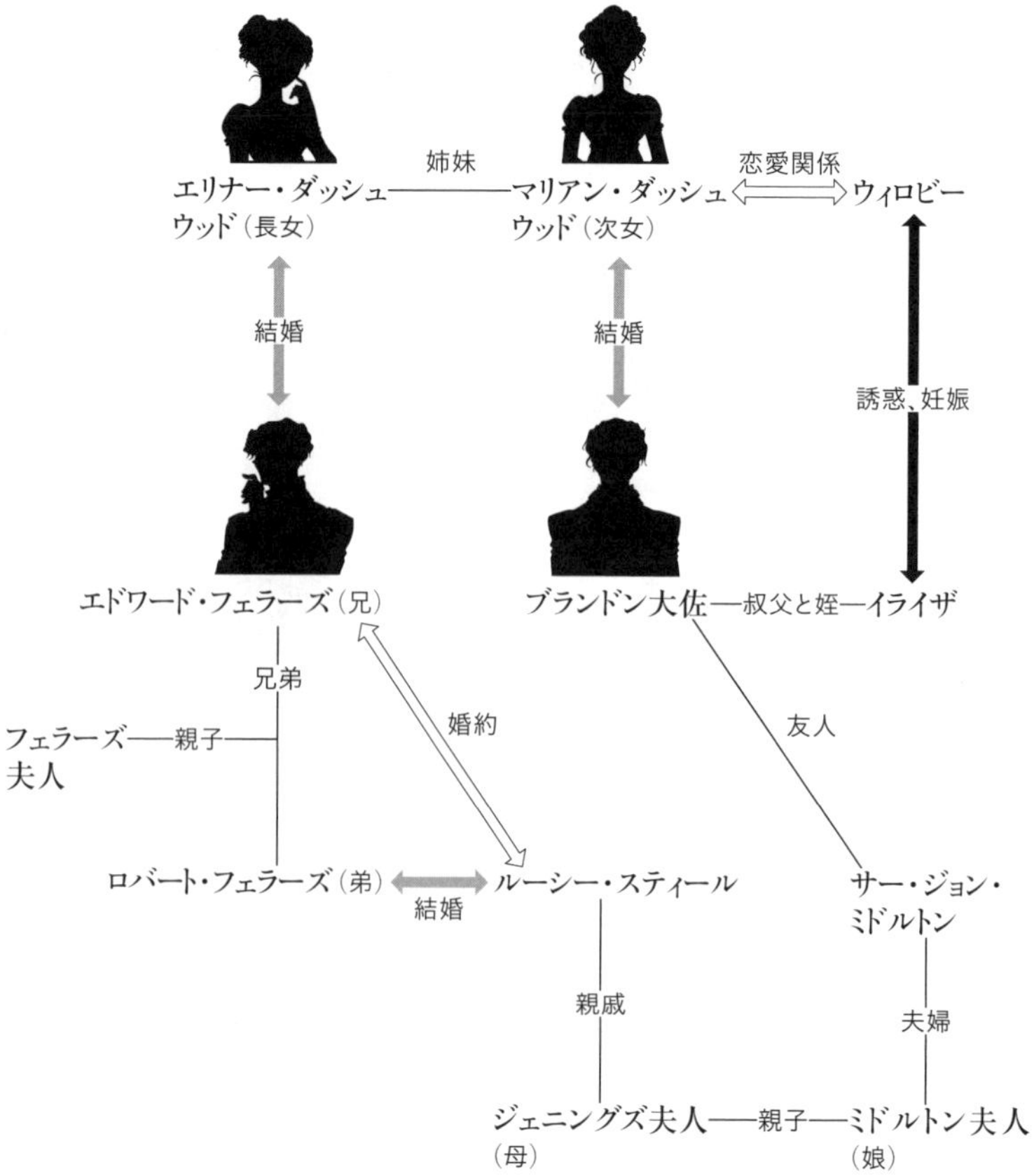

（左から順に）
ブランドン大佐、ウィロビー、マリアン・ダッシュウッド、エリナー・ダッシュウッド、エドワード・フェラーズ

説得

Persuasion

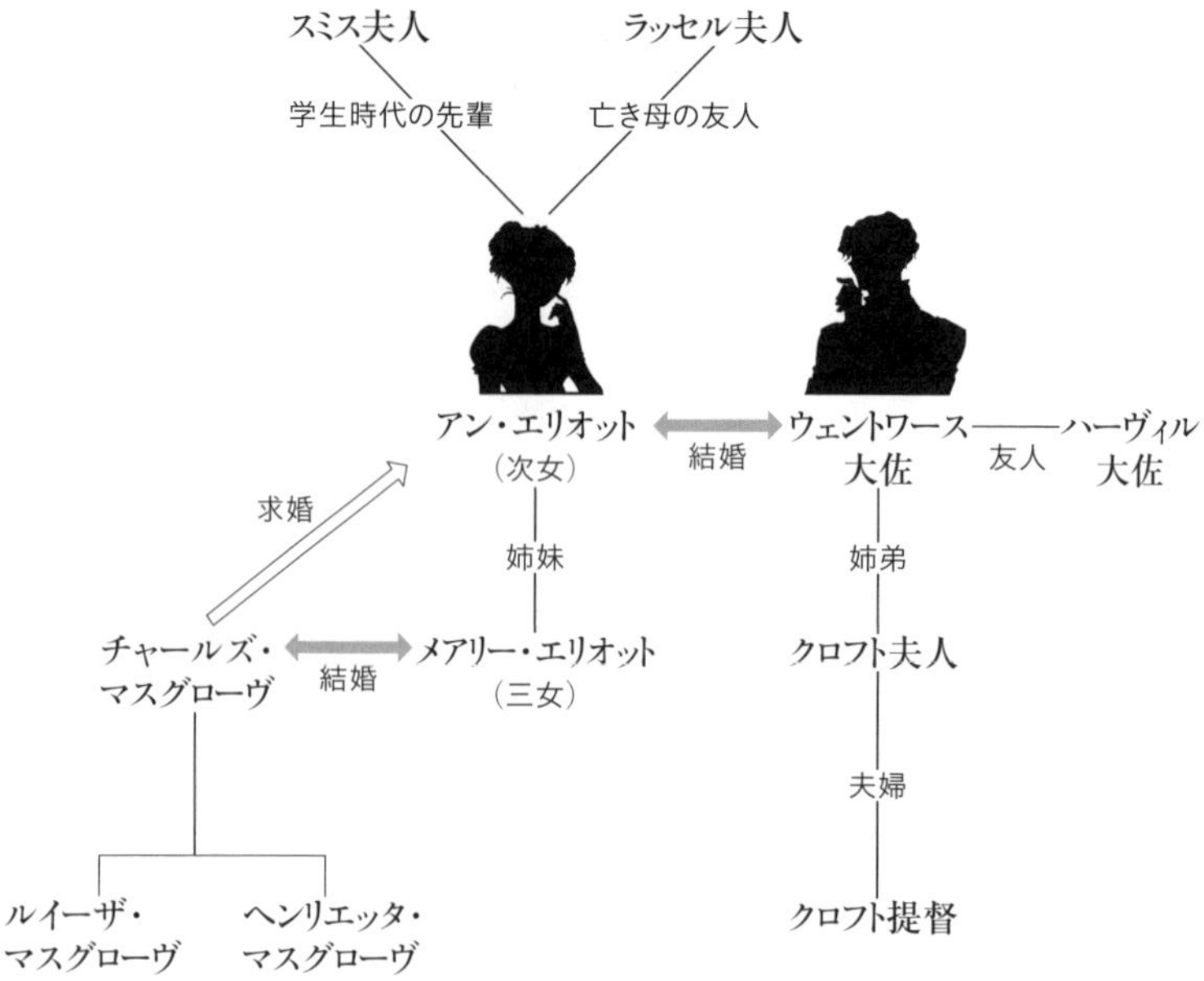

アン・エリオット（左）とウェントワース大佐（右）

ノーサンガー・アビー

Northanger Abbey

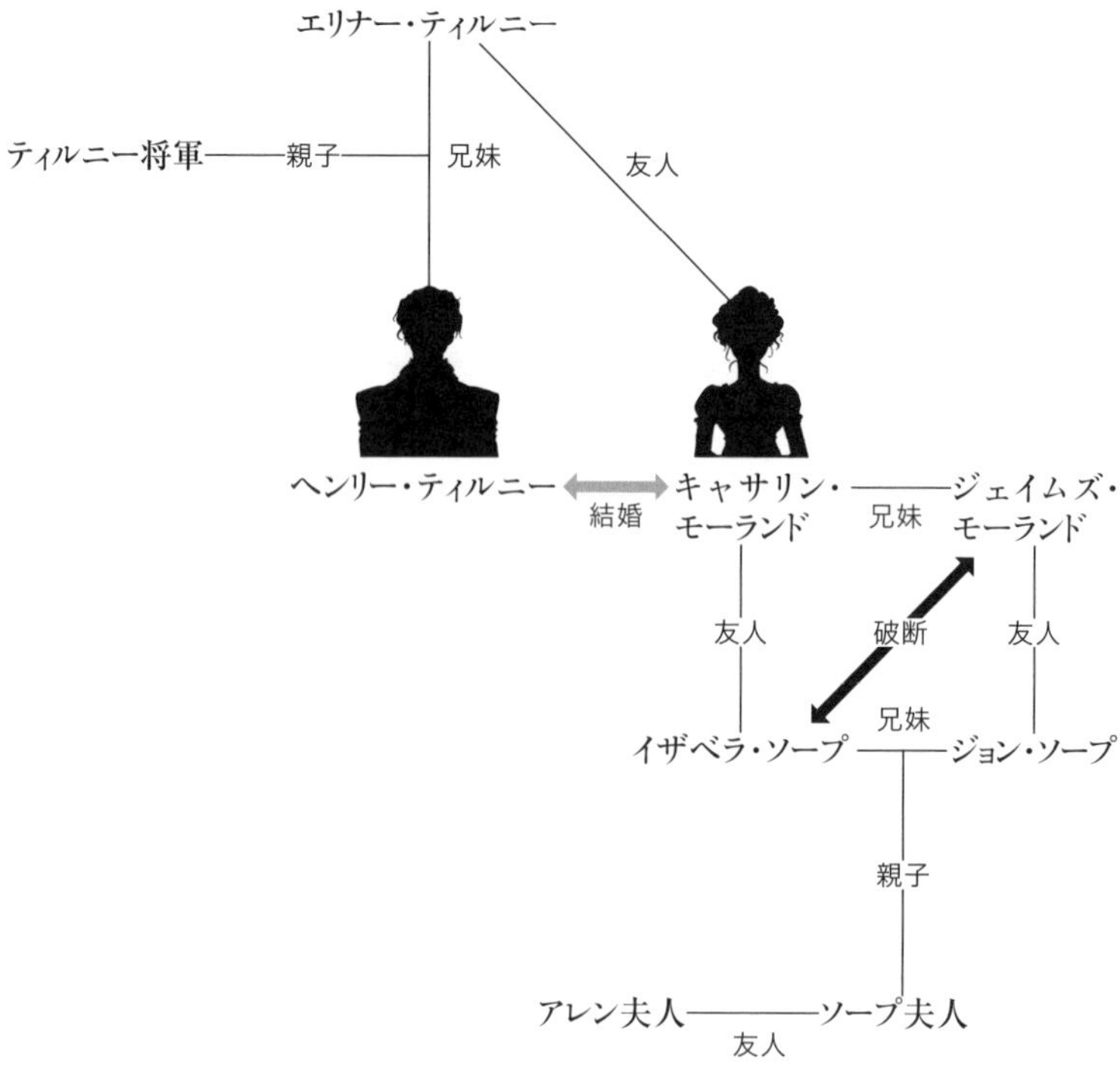

キャサリン・モーランド（左）とヘンリー・ティルニー（右）

マンスフィールド・パーク

Mansfield Park

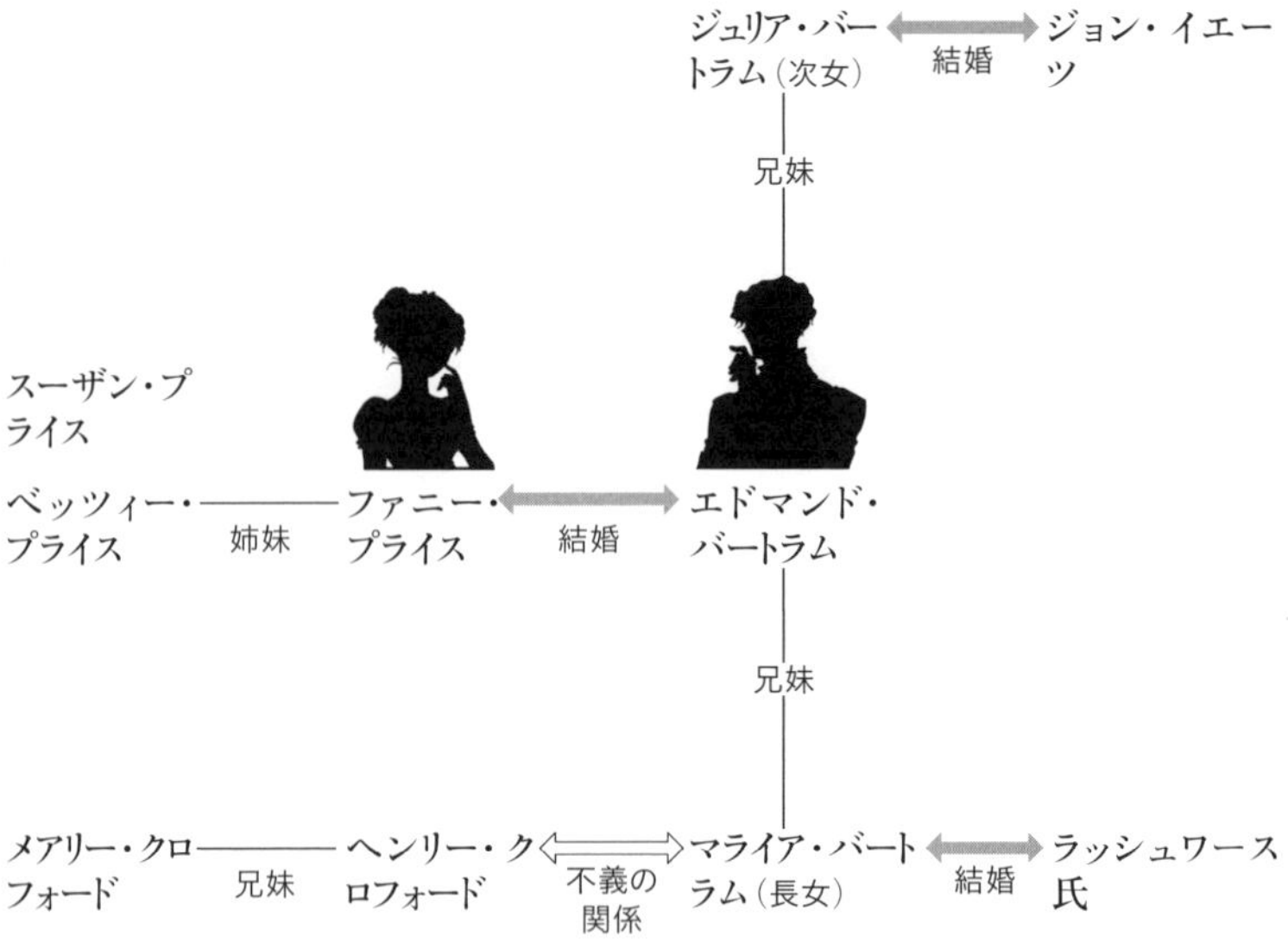

ファニー・プライス（左）とエドマンド・バートラム（右）

エマ

Emma

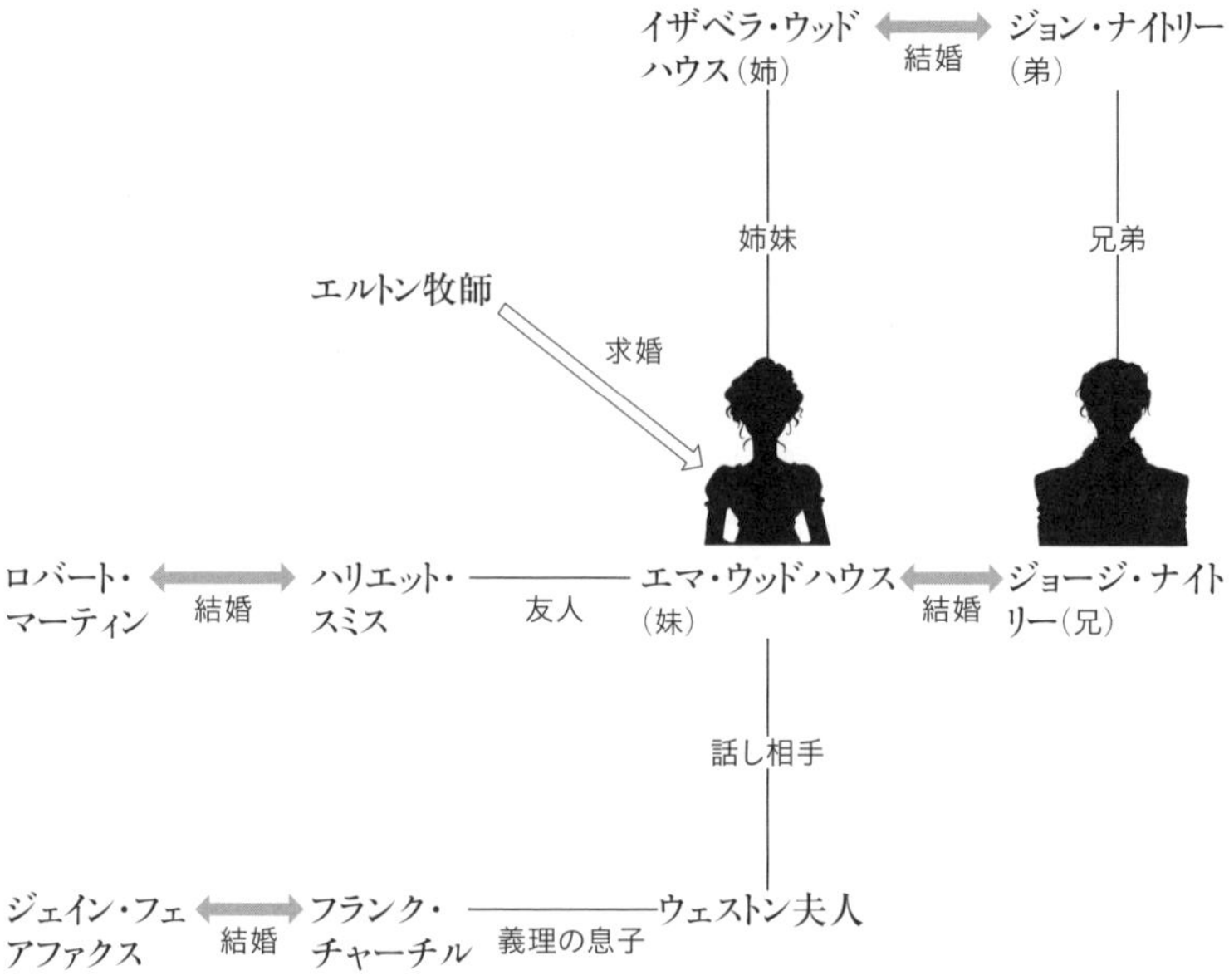

イザベラ・ウッドハウス（姉）
結婚
ジョン・ナイトリー（弟）
姉妹
兄弟
エルトン牧師
求婚
ロバート・マーティン
結婚
ハリエット・スミス
友人
エマ・ウッドハウス（妹）
結婚
ジョージ・ナイトリー（兄）
話し相手
ジェイン・フェアファクス
結婚
フランク・チャーチル
義理の息子
ウェストン夫人

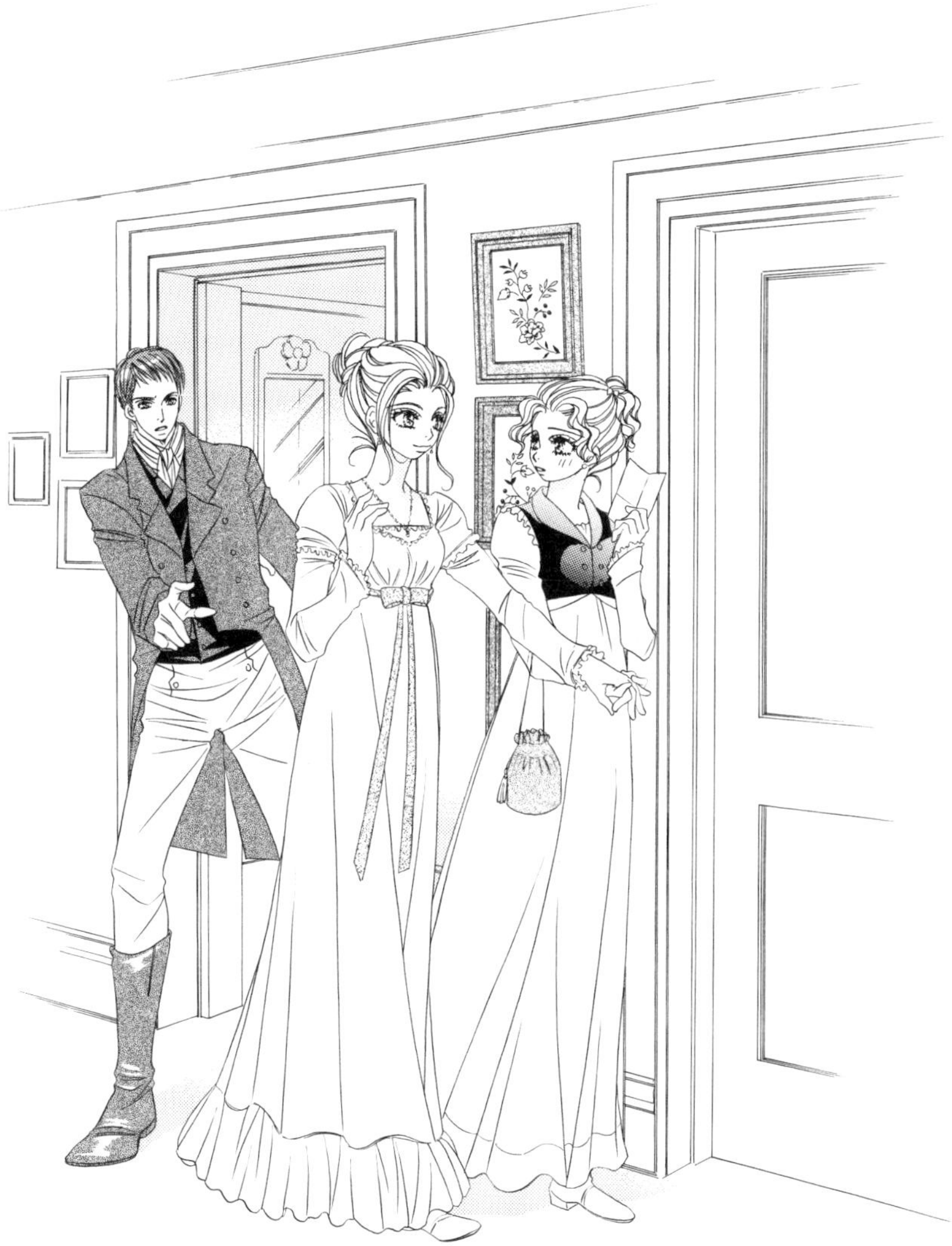

ジョージ・ナイトリー（左）、エマ・ウッドハウス（中）、ハリエット・スミス（右）

ジェイン・オースティンに学ぶゲーム理論——恋愛と結婚をめぐる戦略的思考

序文

ガレージ・セールで、子供たちのために童話『フロッシーとキツネ』(McKissack 1986) を買い求めたことが、本書のアイディアを生み出すきっかけになった。それから何年もの間、私は大学院における授業で、フロッシーの物語をゲーム理論の例証として用いてきたが、これについて何かを書く機会には恵まれていなかった。「合理的選択理論と人文科学」というカンファレンスのために論文を準備するように求められたときに、ようやくその機会が訪れた。『フロッシーとキツネ』と類似した民話や童話は他にもあることがわかり、子供たちと一緒に見た映画にも「民衆的ゲーム理論 (folk game theory)」というべきものが含まれていることに気づき始めた。映画化されたジェイン・オースティンの作品を見たことがきっかけで彼女の作品を読むようになった。そんなわけで、本書は私の子供、ハニュとハナと一緒に過ごした体験から生まれてきたのである。いまは二人ともずいぶん大きくなったが、それでも父である私と一緒に本を読んだり、映画を見たりしてくれたらいいなと思っている。「合理的選択理論と人文科学」カンファレンスは二〇〇五年四月にスタンフォード大学で開催された。カンファレンスをオーガナイズしてくれたデヴィッド・パルンボ - リウや、討議に参加してくれた参加者には感謝している。このカンファレンスのために書いた論文（Chwe 2009）の一部は、本書に再録されている。国立台湾大学（二〇〇五年一二月）やジュアン・マーチ研究所（二〇一〇年四月）でのセミナー、イェール大学で開催されたUCLAマーシャック学会（二〇一一年五月）、それにオックスフォード大学やストックホルム・スクール・オブ・エコノミクスで開催された講演会（二〇一一年六月）の参加者にも感謝したい。こうして始まった議論は、janeaustengametheorist.comで続けられている。

一冊の本を書くにあたっては、他者の大いなる寛容さに甘えることが避けられない。自分ではオリジナルだと思った魅力的なフレーズが、実は以前に友人から受け取った電子メールの中にあったのを発見したことは、一度どころのことではなかった。「民衆的ゲーム理論」という言葉は、ヴィンセント・クロフォードも私とは独立に生み出していて、講演や彼の最近の論文（Crawford, Costa-Gomes, and Iriberri 2010）において使用されている。友人や同僚から受けた恩義を適切に数え上げて触れていくのはほとんど不可能だが、なるべく失礼のないようにしたいと思う。特に、（アルファベットの逆順で）グェンター・トライテル、ローラ・ローゼンタール、ディック・ローズクランス、アン・メロー、アヴィナッシュ・ディキシット、ヴィンセント・クロフォード、タイラー・コーウェン、スティーヴン・ブラムス、それにピッパ・アブストンは初稿のすべてを読み、非常に役に立つコメントをしてくれた。ペイトン・ヤング、ギゥリャ・シッサ、イグナチオ・サンチェス－クェンカ、ヴァレリア・ピッチィーニ－ガンベッタ、ロヒット・パリク、ラス・マードン、それにニール・ベックは重要な示唆を与えてくれた。匿名のレフェリーからのコメントは、特に本書全体の構成において大きな改善をもたらしてくれた。そのことに感謝したい。プリンストン大学出版会のチャック・マイヤーとピーター・ダッゲリーは、いつも素晴らしい仕事をしてくれた。編集者として注意深い仕事をしてくれたリンダ・トルィロには、非常に感謝している。

本書を執筆していた時期には、妻と私はともにUCLAで教えていた。二人が同じところで教えられる場所を探し求めてこれまでに三度、大学を移ったが、ようやくここに落ち着いたのだ。素晴らしい研究環境を与えてくれているこの大学に感謝している。また、私の家族の生活を支えてくれていることにも感謝したい。サンタ・モニカに住む多くの愛すべきご家族たちと一緒に成長した私の子供たちや、いま感じているこの最高に素晴らしい気持ちとともに、私の人生におけるこの時期を、将来もきっといつまでも覚えていることだろう。

最後に、私の家族である妻と子供たち、それに両親や兄弟姉妹に感謝したいと思う。できるならば、私は彼らに単にこの本だけでなく、自分のできることすべてを捧げたいと思っている。

本書を読んでくれた読者のみなさんにも感謝したい。こんなことを書くと、これで本書とも永遠にお別れみたいに思われるかもしれない。しかし、本当の本というのは、例えばガレージ・セールでの出会いのように、予期せぬ形でまた人生に飛び込んでくるものだ。本を読み、本を書く。本を愛するこうした気持ちはずっと続いていくものなのだ。

第1章　概説

他者に興味をもつということ以上に人間らしいことは他にないだろう。どうしてあの人たちはあんなことをしているのだろうか？　社会科学はこうした疑問への答えを用意しているが、それはますます理論的で専門的なものになってきている。過去五〇年の間、少なくとも経済学や政治学において最もポピュラーで影響力のあった理論の一つはゲーム理論である。ところで、本書では、いまから二〇〇年ほど前に、ジェイン・オースティンがその代表的な六つの長編において、ゲーム理論のコアになる考え方を体系的に述べていたことを主張したいと思っている。

オースティンは特別に洞察力が深かったわけではないが、理論的には容赦のない人だった。オースティンは、選択（人があることをするのは、そうすることを選んだから）や選好（人はその選好に基づいて選択する）といった基本的概念から理論構築を始めている。オースティンが「洞察力」と呼んだ戦略的思考は、ゲーム理論における中心的な概念である。ある行動を選択するとき、人は他者がどのように行動するつもりなのかについて考える。オースティンはこうした基本的概念を、日常的に人々はそういうことをしがちなのだと思えるような多数の事例を通じて体系的に分析している。それからオースティンは、戦略的思考が、感情や習慣、規則や社会的要因、イデオロギーといったものを含む、人間行動に関する他の説明とどのように関係しているかを考察している。オースティンはまた、戦略的思考を、それとしばしば混同されている利己性や経済主義といった他の概念から注意深く区別していて、戦略的思考の落とし穴についてさえ論じているのだ。最後に、オースティンは、例えば、親密な関係を築く確実な手段はパートナーを組んで戦略的に行動することなのだと論じることで、ゲーム理論に関する新しい応用をも探求しているのである。

本書では、オースティンの議論の広範さとその大胆さに基づけば、彼女はその作品を通じて、実践的に有用なものだといったことではなく、理論的な観点から戦略的思考を探求することを明示的に意図していたのだと論じるつもりである。オースティンは、戦略的思考に関する理論家、彼女自身の言葉で言えば、「想像家」だったのだ。オースティンの作品は、単にゲーム理論家が分析するための「事例集」を提供しているのではなく、それ自体が、現代の社会科学がまだ乗り越えることができていない洞察に満ちた、大胆な理論的研究プロジェクトなのである。

そうした野心を抱いた人としてオースティンは非凡な人だが、唯一無二の人ではない。例えば、アフリカ系アメリカ人の民話では、他者を巧みに操ることが称賛されているし、また、彼らの戦略的な遺産は、アメリカ合衆国の公民権運動における戦術にヒントを与えていたことも論じるつもりである。科学的な医薬が現れるよりもずっと前から民間療法が人々を治癒してきたように、「民衆的ゲーム理論」は、ゲーム理論が科学的専門分野になるずっと前から戦略的状況を巧みに分析してきたのだ。例えば、フロッシーとキツネの物語は、愚直な振りをすることがいかに攻撃者の手から身を守るのに役立つかを示しており、それは、少なくとも今日の社会科学における抑止の理論と同じくらい洗練されたものだ。ちょうど伝統的な民間療法が近代的な医学によって研究されているのと同じように、民衆的ゲーム理論には社会科学によって探求することが可能な知恵が含まれている。したがって、ゲーム理論は、オースティンやアフリカ系アメリカ人の民話、それに民衆的ゲーム理論に関する世界の多くの伝統を、真の科学的先駆者として認めるべきなのだ。

ゲーム理論が非常に数学的な理論であるために、英語で書かれた作品の中でも最も広く愛されているオースティンの小説とゲーム理論との間にはつながりがあると言うと、意外な感じがするかもしれない。オースティンの小説は洞察力に満ちたものだが繊細なところもあるのに対して、ゲーム理論はしばしば推論を積み上げていく専門的なものだと見られており、冷戦時代の軍産共同体の「シンクタンク」から生まれたものである。しかし、オースティンとゲーム理論は、ともに戦略的思考に基づいた人間行動のモデルを作り上げているので、両者がそれぞれ異なった応用を考えているとしても、結局は同じ概念に到達していたというのは驚くべきことではない。戦略的思考には驚くほど技巧の高さを要求する場合があるが、人々は実際、年がら年中そうしたレベルの技巧を発揮しているのだ（例えば、私は、あなたに全部食べられてしまうことがわかっているので、クッキーを隠したりする）。戦略的思考に基づく理論は、もちろん、人間行動に関する唯一のモデルではないし、いつでも最も役に立つものであるわけではないが、有益なものであり、これまでも、きわめて異なる歴史的文脈の下で独自に十分に発展させられてきた「普遍的な」ものなのである。

それではなぜ、私たちはゲーム理論の歴史の中にオースティンの居場所を見つけなければならないのだろうか？　過去五〇年間にわたる社会科学においては、数学という言語で表現することが最も目につくトレンドになっている。このトレンドの大部分は、ゲーム理論と、その知的先輩にあたる合理的選択理論の発展によるものである。実際、理論の表現に数学を用いるというこうしたトレンドの発展は、過去五〇年間の社会科学において最も広範囲な発展をもたらした一つの出来事であり、社会的ならびに科学的に広範囲な結果をもたらすのに十分なほど重要なものだ。例えば、二〇〇八年の世界金融危機は、部分的には経済学やファイナンス理論における合理性の仮定によって引き起こされたものだったと主張されたりもする（例えば、Stiglitz 2010 またMacKenzie 2006も参照のこと)。

オースティンをゲーム理論家として認識することは、ゲーム理論がもっと多様な歴史的起源をもつことを知るとともに、世界を転覆させるような考えにもつながっていることを知る手がかりにもなる。オースティンの作品やアフリカ系アメリカ人の民話は、男性に依存した女性たちや、自立を求めて戦っている奴隷たち、こうしたアウトサイダーの立場から語られているからだ。こうした人々は、敵対国の潜水艦を巧妙に追跡するためではなく、自分たちが生き残るために戦略的思考の理論を形成しているのだ。もちろん、強者たちもゲーム理論を使用しているが、ゲーム理論は特に、抑圧され、劣位に置かれた人々の間で発展してきた。こうした人々は、正しい状況で正しい戦略的選択を正確に行わなければ、非常に重大な結果を招いてしまうからである。女性は夫を得られるかもしれないし、奴隷たちは自由を獲得できるかもしれないのだ。支配者たちはゲーム理論を必要とはしていない。なぜなら彼らの見方では、誰もがすべきことをすでに行っているからだ。ゲーム理論は、必ずしも冷戦時の覇権国の演説のようなものではないが、オリジナルな(Scott 1985におけるような)「弱者の武器」の一つではある。(Zinn 2003におけるように)「ゲーム理論の民衆史」を復元することで、ゲーム理論の潜在的な未来をさらに拡張できると思う。

オースティンの六つの小説を体系的な研究プロジェクトとして理解することはまた、それほど深く検討されていないオースティン作品中の多くの詳細部分を解釈することを可能にしてくれる。例えば、オースティン作品の登場人物ジェイン・フェアファクスとジョン・ナイトリー氏はなぜ、郵便サービス従事者が信頼できるのは彼らが利益に従っているためなのか、それとも慣習によるものなのか、そのどちらなのだろうと論じていたりするのだろうか? エマ・ウッドハウスがハリエット・スミスの肖像画を描き、エルトン氏がそれを称賛したとき、なぜエマは、エルトン氏が恋に落ちているのは絵に描かれた人物であって、その絵を描いた人ではないと考えたのだろうか? なぜファニー・プライスは、エドマンド・バートラムからもらった金鎖とメアリー・クロフォードからもらったネックレスのどちらを身に着けるべきかを選択しなくてよくなり、その両方を身に着けることに決めたことを喜んでいるのだろうか？　初めて出会ったとき、なぜクロフト夫人はアン・エリオットに、どちらの兄弟かを特定することなしに、クロフト夫人の弟が結婚したことを知っているかと尋ねたのだろうか？　もちろん、オースティンに関しては膨大な文献が存在するので、私自身の読解が過去に例のないものだとは主張できない。それでも、戦略的な問題について敏感になれば、こうした疑問を提起し、解決することができるようになるのだ。

オースティンをゲーム理論家として認識することは、知的伝統をたどるために有用であるばかりではない。人間行動に関心のある人は誰でもオースティンを読むべきだ。なぜなら彼女の研究プロジェクトは成果を上げているからである。

オースティンは、現代のゲーム理論がまだ取り上げていないトピックにおいて、特に進歩を成し遂げている。それは、私が「察しの悪さ（cluelessness）」と呼んでいる、戦略的思考の顕著な欠如というトピックである。戦略的思考は人間に備わった基本的な技能だが、人々はしばしばその能力を使わず、積極的にその能力を使うことを拒絶しさえする。例えば、エマが「プロポーズを断わる女性がいるなんて、男性には理解できないでしょうね！　女性は結婚を申し込まれたら、必ず『はい』と返事をすると、男性は思っているんですもの」（E上、p.94）と言うとき、性別としての男性は、察しが悪い生き物だと彼女は論じているのだ。つまり、男性は、女性にも自分自身の選好があり、自分で選択できる存在なのだとは考えていないということを指摘しているのだ。察しの悪い人々は、身分の違いにとかく敏感である。アフリカ系アメリカ人の民話「マリティス」では、奴隷所有者は、自分とその奴隷たちの間のカーストの違いに相当深く囚われているので、自分の奴隷たちが戦略的な行為者であることを理解できず、その結果として簡単に罠にかかってしまう。察しの悪さや戦略的思考の欠如とは、特別な性格特性のことであり、生まれつきの愚かさとは違うものなのだ。

オースティンは察しの悪さについていくつかの説明を試みている。例えば、オースティン作品に登場する察しの悪い人々は、数字や外見上の特徴、文脈を無視した字義通りの意味、社会的地位といったものに焦点を当てている。こうした特徴は、自閉症スペクトラムをもつ人々に共通したものだ。したがって、オースティンは、察しの悪さについて、個人の性格特性に基づいた説明を提供しているのだ。オースティンは察しの悪さに関して、相手の考えを考慮に入れないことが、その相手よりも高い社会的地位にあることの印なのだという別の説明をしている。したがって、社会的地位の高い人は、身分の違いを維持したがるために、身分の低い人について察しが悪いままになってしまうのだ。たとえこうした態度を取ることで、身分の低い人が自分をどのように操っているかに気づかないようになるとしても、やはりそうするのだ。察しの悪さに関するオースティンの説明は、ベトナムやイラクにおけるアメリカ合衆国の軍事行動といった、現実世界の状況にも当てはまる。

本書では、読者がゲーム理論にあらかじめなじみがあることを前提とはしていない。次の章で、ゲーム理論の基礎から説明するつもりである。ゲーム理論は複雑な状況に適用可能だが、その基礎となるアイディアは常識を超えるようなものではない。まずは選択と選好という概念から説明をはじめる。戦略的思考については、それが様々な技能の組み合わせであることを論じる。その中には、他者の考えていることを自分自身に置き換えてみたり、他者の動機を推論したり、想像力を使って巧妙な罠を相手にしかけるといったものが含まれる。ゲーム理論の有用性を描き出すために、単純なゲーム理論的モデルを用いて、シェイクスピアの『から騒ぎ』におけるベアトリスとベネディックや、リチャード・ライトの『ブラック・ボーイ――ある幼少期の記録』におけるリチャードとハリスン、それに抑圧的な体制に対して反抗している人々がみな、どうして同じ状況に直面していると言えるのかを示していく。ゲーム理論は、その純粋な形式においては、文脈に依存せず、技術官僚的で利己性を正当化している資本主義のイデオロギーの代表なのだと批判されてきた。しかし、オースティンはこうした批判を再検討するよう促している。例えば、たとえ他人から利己的だとみなされようとも、女性は自分自身で選択すべきだと論じている箇所を見てほしい。本章の残りの箇所では、ゲーム理論を、それと関連した概念である「心の理論」と併せて、文学の研究に取り入れようとした先行研究をおさらいすることに当てることにする。

オースティン作品を深く検討する前に、第3章においては、『タール・ベイビー』のようなアフリカ系アメリカ人の民話に見られる戦略的な知恵について論じる。フロッシーとキツネの物語は、少女フロッシーがキツネに対して、彼女は相手がキツネだとは知らないのだと告げることでその攻撃を阻むというものだが、これは権力と抵抗に関する素晴らしい分析になっている。この物語については、第4章において数学的にもう一度検討する。こうした民話や童話は、弱者たちがいかにして身分の違いに取りつかれた強者たちの察しの悪さにつけこむべきか、手ごろなその戦略について教えてくれている。一九六三年のアラバマ州バーミンガムでの政治運動においては、公民権運動の戦略的指導者たちは、悪名高い人種差別主義者である公共安全委員会の〝ブル〟・コナーがニュースに取り上げられるような仕方で応答するだろうことを見越して行動し、実際に、人々に犬をけしかけ、消防ホースで放水するような事件をコナーに起こさせることに成功した。

本書では、読者があらかじめオースティン作品になじみがあることは前提としていない。第5章において、それぞれの小説に関する要約を提供している。またそのそれぞれの作品は、ヒロインが戦略的に思考することを次第に学んでいく経過を綴ったものなのだと論じるつもりである。例えば、『ノーサンガー・アビー』では、キャサリン・モーランドは、次第に深刻さを増していく状況において、自分自身の考えで独自の選択をすることを学ぶ必要があった。また『エマ』では、エマ・ウッドハウスは、自分の戦略的技能にうぬぼれることは、まさに察しの悪さの別形態になりうるのだということを学ぶことになる。このようにオースティンは、幼少期から自立した大人へと成長する段階で、人々がいかにして戦略的思考を学んでいくのかを理論化しているのだ。

次に、オースティンの六つの作品を一緒に取り上げながら、これらの小説とゲーム理論との関係を探っていく。第6章から第12章までのこの部分が、本書における分析の中心部分となる。オースティンは個人の選択を称賛し、人の選択能力を否定したり、妨げたりするどのような試みをも非難している。選択できる能力には「パワー」がある。オースティンは、失恋で傷ついた心と暖炉の火の暖かさを喜ぶことといった、全く異なる感情がいかに互いに補い合うことができるのかを見て、常に喜んでいる。複数の感情が単一の「純粋な」感情に集約されうるというこの通約可能性は、ゲーム理論において選好を数値的な「利得」として表現するという考えの背後にある重要な仮定なのだ。実際、オースティンは、感情は数値的に表現可能だと、ジョークを飛ばしていたこともある。

人の選好は、経済理論における「顕示選好理論」が示すように、その選択によって顕示される。例えば、エリザベス・ベネットは、ダーシー氏の愛の強さを、愛によって克服されるべき彼の多くの欠点の数で見積もっている。

戦略的思考に対してオースティンが与えた名称には「洞察力」や「先見の明」などがあり、その六作品には「たくらみ（scheme）」という名で呼ばれる戦略的操作の例が五〇以上も含まれている。オースティンにとって、「計算高い」ということは、決して技術官僚的であることでも、機械のように冷徹なことでもなかった。オースティンは戦略的にうぶであることを物笑いの種にした。その戦略的操作が絶望的に誤解されたジェニングズ夫人のような登場人物は、戦略的技巧（の不在）に関する最上の例なのだ。戦略的技巧に長けた人は、「洞察力」や「先見の明」が視覚のアナロジーであるためではなく、人の目がその選好を顕示するがゆえに、注意深く他者の目を観察するのだ。

ゲーム理論的説明へのオースティンのかかわり方は、喜ばしいことに全く教条的ではない。彼女は、感情や本能、習慣に基づく説明といった代替的な説明の重要さを認めることに寛大だが、選択や選好、戦略に基づく説明を一貫して好んでいる。オースティン作品に登場するヒロインたちは、感情に支配されているときでさえ、良い選択をしている。完全に感情的な反応に見える赤面でさえ、少なくとも部分的には、選択の問題だとみなされている。オースティンは本能や習慣の影響を認めているが、それらを忌み嫌っている。本能的な行動は悪い結果に導き、ファニー・プライスの従順さやウィロビーの怠惰さのような習慣は、たいがい苦痛で、破滅的なものでさえある。オースティンは二度、人々の習慣に基づく説明と、彼らの選好に基づく説明とを比較し、選好のほうがずっと重要であると結論している。オースティンは、人々がしばしば、意識的に選択する代わりに、規則や原理に従うことを認めているが、規則を採用すること自体が選択の問題なのだということに気づいている。

オースティンは、妬みや義務、プライド、名誉といった社会的要因の重要性を認めているが、一般的にはそれらを非難している。オースティン作品に登場するヒロインたちは、社会的要因のゆえにではなく、そうした要因があるにもかかわらず成功しているのだ。例えば、ファニー・プライスがヘンリー・クロフォードのプロポーズを受け入れるとき、彼女の家族たちは社会的な差別意識や慣行、義務や感謝の念などを思い出させて、彼女にプロポーズを受け入れるようにプレッシャーをかけたが、ファニーは勇敢にも、自分自身が何を望んでいるのかに基づいて、自分自身で決断したのだ。たとえ社会的要因が影響するとしても、それは行動にのみ影響するのであって、思考プロセスには影響しないのだとオースティンは主張しているのだ。思考プロセスは何ものからも独立なものであるべきなのである。最も深刻な社会的制約の下においても、人は戦略的な技巧の限りを尽くすことができる。事実、そうした制約は、人々に戦略的思考をより素早く学ばせるものなのだ。

オースティンはまた、戦略的思考をそれと混同されがちな概念から区別することにも気を配っている。戦略的思考は、利己性と同じものではない。例えば、ファニー・ダッシュウッドは利己的であると同時に、戦略的にはドジな人だ。戦略的思考は、人が何を「すべきか」について道徳的に考えることと同じものではない。メアリー・ベネットは適切な振る舞いに関する格言を引用するが、それは戦略的に無用の長物だ。戦略的思考は、質素や節約といった倹約的価値観をもつことと同じものではない。ノリス夫人は倹約家であると同時に、戦略的愚かさを示す見本である。戦略的思考は、カード・ゲームのような、人によって考案されたゲームが得意であることと同じではない。ヘンリー・クロフォードはカード・ゲームで勝つことが好きだが、現実生活では、ファニー・プライスと既婚者のマライア・ラッシュワースとの間で選択できずに、悲惨な末路を歩む。

行動の結果に関してオースティンは、現代のゲーム理論が到達していないような多彩な洞察を生み出している。察しの悪さの分析に加えて、オースティンは四つの領域で進歩を成し遂げている。第一に、二人の人物が一緒になってもう一人の人物を戦略的に操作する戦略的なパートナーシップこそが、友情を保ち、結婚を成功に導く最も確実な基礎なのであるとオースティンは論じている。オースティンの作品では、カップルのそれぞれは協力して、いまにも困ったことをしでかしそうなもう一人、例えば親の一人を、誘導したり監視したりする。そして、オースティンにとっては、パートナーに自分の動機や選択を説明したり、戦略的な視点から一緒に結果を振り返ってみたりすることは、カップルの親密さの極みを表しているのだ。第二に、オースティンは一人の個人を、必ずしも「命令の伝達系統」のようではなく、むしろ非常に様々な方法で互いに駆け引きを行う、多数の人格から構成されたものと考えている。ある人が他人の行動を予期するのとちょうど同じように、人は自分自身の行動や判断上のバイアスを予期して対処することができるのだ。こうした個人の自己管理戦略がどのようなものになるかは、その目的によって変わってくる。第三に、オースティンは人の選好がどのように変化するのかについて考えている。選好は、例えば、感謝の気持ちによって変化することもあるし、また、ある行動を取ることが別の新しい社会的意味をもつときに変化することもある（例えば、求婚者に結婚を断わられたときに、「復讐」のために別の誰かと結婚したくなるといった場合がある）。第四に、相手への愛を保ち続けるという忠誠心は受動的な待ちの姿勢ではなく、むしろ、相手の心や動機を理解することが必要な、能動的で戦略的プロセスなのだとオースティンは論じている。

　オースティンは戦略的思考の落とし穴を徹底的に考察してさえいる。戦略的思考には知恵を絞る努力が必要だし、道徳的に見てより複雑な生活をするはめになり、他人が自分に悪い行いをしてもそれに対して寛大にならなければならず、後悔する機会を増やす。人々は、あなたがすでにあらゆることを見通していると考えれば、秘密を打ち明けて相談するようなことはしないだろう。戦略的技巧は魅力的ではないし、誠実さの印にもならない。

他人の企みについて熟考することには苦痛が伴うので、ときには、人々がどのように応答するかを気にしないで、どんどん先へ進んでいくほうがよいのだ。最後に、戦略的思考に熟達することは、自己中心主義になってしまう危険がある。大したことでなくても自分は戦略的に優れているのだと思い込んだり、自分自身の能力に自信をもつことで他人のことを完全にわかった気になったりするのだ。

オースティンはその小説の中ではっきりと意図的に戦略的思考を理論化しようとしていたのだ、というのが私の主張である。戦略的思考に傾倒しているのは私だけではなく、オースティン自身がそうなのだ。こうした主張に対する（オースティンの意図をあからさまに示す手紙のような）直接的な証拠は提示されていないが、圧倒的多数の間接的証拠がある。オースティンの作品とゲーム理論とのつながりは非常に多く、密接だ。例えば、彼女の作品に子供が登場するときはほとんどいつでも、その子供は（人の注意を引いたり、お菓子をもらったりするために泣き続けることが効果的であることを学ぶ三歳の子供のような）戦略的思考を学ぶ生徒であるか、あるいは、誰かの戦略的行動における先兵（チェスのポーン）なのだ（エマは生後八か月の姪をその腕に抱いて歩き回ることで、ナイトリー氏との議論の後に残る悪感情を見事に振り払った）。ファニー・プライスに対するヘンリー・クロフォードの求婚の後、オースティンは、七つは下らないほどの「参照点依存性」の例を挙げている。なお、参照点依存性とは、ある結果の望ましさは、その結果と比較されるべき現状がどのようなものであるかに依存しているということである。オースティンが参照点依存性に関する記述を繰り返したことを単なる偶然や無意識の傾向として説明することは難しいだろう。したがって、残る結論は、オースティンが明示的にそうした現象を探求することを意図したということになるはずだ。

おそらく、ゲーム理論に対するオースティンの最も貴重な貢献は、察しの悪さに関する彼女の分析だ。オースティンは、戦略的思考の明らかな不在を示す察しの悪さに関して五つの説明を与えている。第一に、察しの悪さは、もともとそうした能力をもっていないことから生じうることをオースティンは示唆している。彼女の作品に登場する察しの悪い人々は、しばしば自閉症スペクトラムに関連する様々な人格特性（数字、視覚的細部、字義通りの意味、それに社会的身分へのこだわり）をもっている。第二に、他人のことをよく知らない場合は、その人の気持ちになって考えてみることは難しいだろうということ。つまり、察しの悪さは、例えば、男性と女性との間、既婚者と未婚者との間、若者と老人との間のような社会的距離があることから生じうるということ。第三に、察しの悪さは、過剰な自己参照から生じうる。これは、例えば、自分が好きではないものは、他の誰にとってもそうなのだと考える、といったことである。第四に、察しの悪さは、身分の違いから生じうる。身分の高い者は身分の低い者の心が理解できないと想定され、実際、このことこそが身分の高い者がもつ特権を示す印なのだ。第五に、ときには他人の心がわかっていると思い込むことでうまくいくことがある。例えばもし、他人が自分との結婚を望むようにすることができれば、相手の主たる動機が何であるかは実際には問題ではなくなるということである。最後に、私は、オースティンの小説において、身分の高い者が犯した決定的な失態の事例にこれらの説明を当てはめるつもりである。

それから、現実世界の例によって察しの悪さについて考察し、オースティンの説明に基づくさらに五つの説明についても議論する。第一に、察しの悪さは単に思考の怠慢から生じうる。第二に、他人の心に入り込むことは、自分自身が他人の身体に入り、その足で歩き、その目で見るといったことを想像することを可能にする。人種的差別や身分差別のゆえに自分を偉い人間だとみなしている人は、こうして他人の身になることをひどく不快に感じるものだ。第三に、社会的身分によって複雑な社会的状況は単純化され、解釈が容易になるため、戦略的思考が得意ではない人々は、身分関係を維持するために投資を続け、身分に応じて振る舞いが規定されるヒエラルキーといった社会的階層構造を好む。第四に、ある状況では、察しの悪さは交渉上の立場を改善してくれる。他人が何をしようとしているのかを考えないことで、何もしないことにコミットできるのだ。第五に、戦略的思考は共感と同じものではないが（他人の目的を理解することは、それにシンパシーを抱くことと同じことではない）、戦略的思考が他者への思いやりにつながることもある。例えば、奴隷所有者は自分の奴隷たちに簡単に騙されてしまうかもしれないが、もし彼が奴隷たちのものの見方をよく学んで、それについて戦略的に考えるようになれば、もはや奴隷制を認めたくなくなるかもしれない。最後に、私はこうした説明を、二〇〇四年四月のファルージャに対するアメリカ合衆国の潰滅的な攻撃に当てはめるつもりである。

なぜ人々は、彼らがいま行っているようなことを行うのだろうか？　この問題はあまりにも興味深いものなので、小説や数学的モデル、人文科学や社会科学、過去や現在に閉じ込めておくことはできない。人間行動に対して熱心な興味をもっていたオースティンこそが、ゲーム理論を生み出すのに役立ったのではないかという主張は、決して驚くべきことではないということを本書が示すことができれば幸いである。

第2章　文脈で理解するゲーム理論

ゲーム理論では二人かそれ以上の人々の間の駆け引き〔相互作用〕が考察される。その分析は、単一の個人の選択に焦点を当てた合理的選択理論に基づいてなされている。そこでまず、オースティンの『マンスフィールド・パーク』から採られた単純な例を用いて、最初に合理的選択理論について、次にゲーム理論について説明しようと思う。戦略的思考はゲーム理論における中心的概念であり、それについてはある程度詳細に議論しようと思う。それから、ウィリアム・シェイクスピアの『から騒ぎ』とリチャード・ライトの『ブラック・ボーイ』から例を採って、例えば、支配体制に対する著名な反逆〔革命〕を理解するのにいかにゲーム理論が有用であるかを説明するつもりである。

社会科学におけるゲーム理論や合理的選択理論の発展に対しては、これまで相当な批判が投げかけられてきた。そこで次に、オースティンをゲーム理論家として認識することが、こうした批判に対してどのような異なる光を当てることになるのかを議論したい。例えば、批判的な人々の中には、社会的規範によって抑制されなければならない利己性や反社会性といったものを合理的選択理論は賛美しているのだ、と論じる者がいる。しかし、こうした見方は見当違いだ。オースティンにとっては、（例えば、誰と結婚するかについて）自己の選好に従って選択する権利を主張することは、利己的なことではなく、支配的な秩序を転覆するようなことなのである。オースティンのヒロインたちは、そもそも社会的な義務や期待にがんじがらめにされている。それゆえ、社会的規範など彼女たちが望んでいないような代物なのである。

ゲーム理論と文学の間にはこれまでにもかかわりがあった。例えば、何人かのゲーム理論家は文学的作品を分析してきた。もう一度私の主張を強く言えば、オースティン自身はゲーム理論家であり、その作品において意思決定と戦略的思考を体系的に、かつ理論的に探究した人である。最後に、人文科学者たちが文学の分析に合理性や認知といったアイディアをいかに用いてきたのかを考えてみたり、オースティンをゲーム理論家として理解したりすることは、ゲーム理論と文学に関するこうした議論に関係するのだと私は考える。

合理的選択理論

オースティンの『マンスフィールド・パーク』では、五歳のベッツィーと一四歳になる彼女の姉スーザンが、嫁いでいった姉メアリーからのプレゼントだったスーザンのナイフをベッツィーが奪ったために争っているシーンがある。そこで、二人より歳上の姉ファニーは、ベッツィーに新しいナイフを買うことにした。そうすることで、ベッツィーが自分から進んでスーザンのナイフをあきらめると考えたからである。実際、ベッツィーが新しいナイフを手に入れると、家族の平和は回復されたのだった。

ファニーが問題に介入する前の状況について考えてみよう。ベッツィーはスーザンのナイフを保持し続けるか、それをあきらめるかを選ばなければならない。合理的選択理論はこの状況を次のような図で表現する【図1】。

ここでベッツィーの2つの選択は、点あるいは「ノード」から出る2本の線あるいは「枝」によって表現され

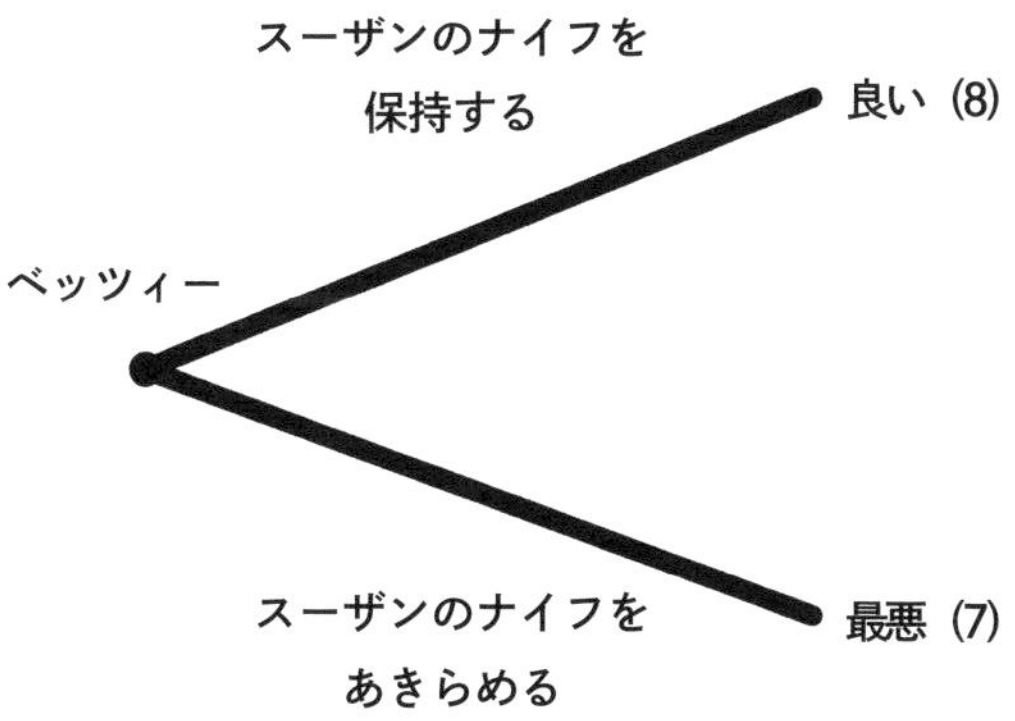

図1. ベッツィーの意思決定

ている。このノードには、ベッツィーが選択する番なので彼女の名前が記されている。枝の一つには「スーザンのナイフを保持する」、別の枝には「スーザンのナイフをあきらめる」とラベルが付いてある。もし、ベッツィーがスーザンのナイフを保持するという枝を選ぶなら、彼女はその結果を良いものだと考えるから、そこには「良い」と書かれている。しかし、もし彼女がナイフをあきらめるという枝を選択するなら、彼女は何もかも失ってしまうので、それを「最悪」の結果だと考えるだろう。このように、この「木」はベッツィーの選択を表現するシンプルな方法なのである。

ベッツィーの選好を表現する便利な方法の一つは、それを数値を使って表現することである。良い結果には8という数字を書き、最悪という結果には7という数字を書くことができる。これは、ベッツィーがより大きな数字を好むという考えに基づいている。こうした数値は「利得」あるいは「効用」と呼ばれている。

しかしながら、ここでファニーがベッツィーに新しいナイフを与えると、状況は変わってしまう。ベッツィーはなおもスーザンのナイフを保持するかあきらめるかを選択するが、彼女の選好はすでに変わってしまっている。スーザンのナイフを保持することは良い結果のままであるが、今度はスーザンのナイフをあきらめることは新しいナイフを手に入れることを意味し、彼女はそれを最高だと考えることだろう。そこで、異な

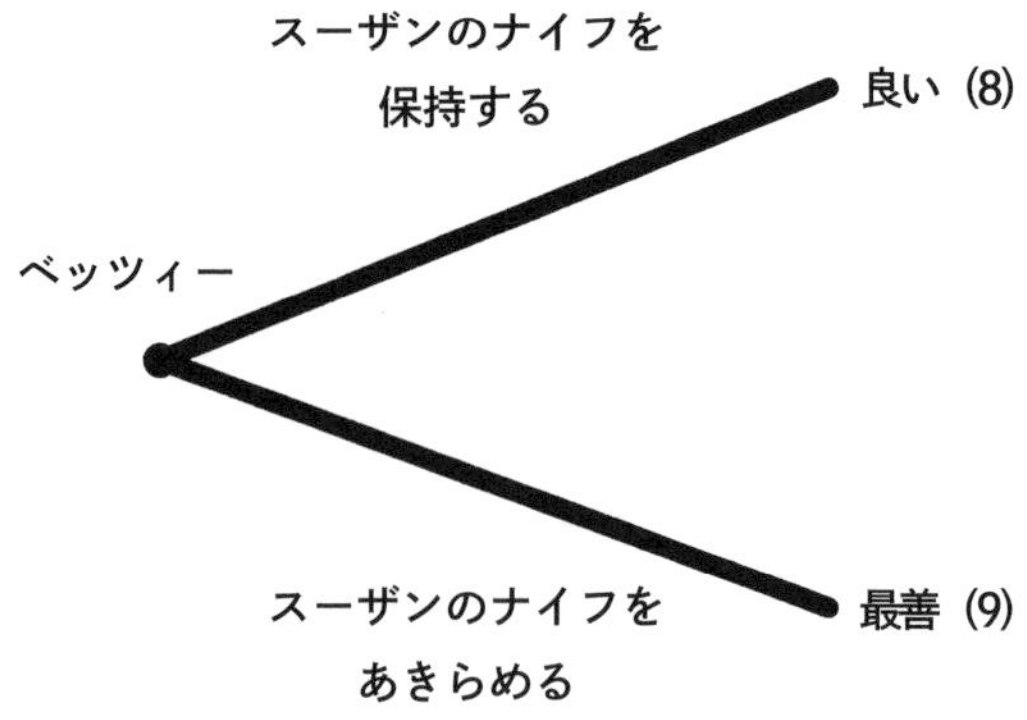

図2. ファニーがベッツィーに新しいナイフを買った後のベッツィーの意思決定

る木の表現が得られる。ここでは、最高の結果に9の利得が記されている【図2】。

ほとんどすべての合理的選択理論は、こうした木という表現に還元することができる。合理的選択理論のコアとなるモデルは、利得最大化である。つまり、人は各選択肢に対して利得という値をもっており、最も高い利得をもつ選択肢を選ぶということである。

選択の結果に利得という数値を当てはめることは、人工的であるうえに大雑把な感じがするかもしれないが、これは単に、最善から最悪までの選択肢に対する人の評価を表記する便宜的な方法にすぎない。利得最大化がもつ含意は、例によって最もよく示すことができるだろう。例えば、ヴァイオレットという女性が、生涯の間に何人の子供を産み、育てるかを決定することを考えてみる。現実的には、彼女にとって可能な選択は0、1、2、3、4あるいは5人の子供ということになるだろう。彼女は、子供がいないこと、つまり、0を選ぶことが最も満足のいくものだと結論した。しかしながら、検査の後、彼女は医師から多くても1人の子供しか持てないと聞かされたので、彼女の選択肢の集合は0か1になった。多くても1人の子供しか持てないと知った彼女は、1人の子供を持つべきだと考え、1を選んだ。ヴァイオレットの選択は理解可能なものであるが、(「同点」がなく、彼女の利得自体は医師に会ってから変化しないと仮定するなら)利得最大化に反している。0と1という2つの選択肢から1を選ぶことは、1が0よりも高い利得であることを意味し、これは医師に会う前の最初の状況では、0が最大の利得をもつものではなかったことを意味するからである。

別の例として、例えば、ウォルターという男性は、自分のお金をコーヒー、ビール、それに煙草にしか使っていないが、ある日彼の所得が2倍になったとする。所得が2倍になると、彼はこれら3つの物品すべてをもっと消費するようになるかもしれないが、ある物の消費は控え、別の物の消費を増やすかもしれないし、3つともその消費には変化がないかもしれない。しかし、もし利得最大化を前提とするなら、3つの物品に対する彼の消費がすべて減少することはありそうにない。なぜなら、所得が2倍になる前にも彼は利得最大化の結果として、3つの物品の消費量を決めていたはずだからである。もし3つの物品に対する彼の消費がすべて減少することになれば、利得最大化に反してしまうことになる。

合理的選択理論において重要な問題は、「合理性」とは何を意味するかだと考える人もいるかもしれないが、そうではないのである。「合理的」という用語は、しばしば、有益であること、計算されたもの、冷静なこと、熟考したもの、自覚的なこと、個人主義的な行動などといったことと結びついており、またしばしば、衝動的なこと、感情的なこと、無知であること、イデオロギー的なバイアス、感傷的になること、社会的な関心があることとは対照的なもの、ともされている。しかしながら、合理的選択理論は、そのコアになる部分では、これらの事柄とは関係がない。合理的選択理論に従えば、人が「合理的選択」をするのは、それが利得最大化によって記述可能だからである。例えば、ウォルターの所得が2倍になったときにすべての物品の消費を減らすなら、彼は合理的選択をしていないのである。利得最大化というものは、直接的には「合理性」に関するどんな直観的な概念や日常的概念にも翻訳されえないものである。例えば、利他的な人は、利己的な人に比べて、利得最大化に反する可能性が高いとも低いともいえない。合理的選択理論はまた、選択肢が実際にどのようなものであるかには頓着しない。問題になるのは、人がそれらの間で、モデルと整合的な仕方で選択するかどうかだけなのである。

一〇〇ドルを持っている人は、派手な髪形をすること、地域のフードバンク（食糧銀行）に匿名で寄付すること、世界中を放浪している兄弟にお金をあげること、あるいは銃を購入して自殺することなどの間で選択するかもしれない。虚栄心の強い人、親切な人、家族を気遣う人、自殺傾向のある人、どのような人々であれ、その選択は利得最大化によって記述可能なのである。

利得最大化というのは、例えば意思決定に関する心理学的研究と比較すると、人々がどのように選択しているかを、意図的に大雑把にとらえて記述する方法である。もしウォルターの所得が2倍になった後、例の物品すべての消費を減らしたとすると、ウォルターがたとえ冷静に、熟慮して、有益な仕方で、個人主義的に、あるいは計算高くこの決定を下したとしても、習慣、直観、迷信、経験則、発作的な怒り、あるいは社会的圧力の結果この決定をしたとしても、利得最大化には反していないのである。子供を何人持つかに関するヴァイオレットの決定は、慎重さと衝動性の混合物からなされうるものであり、また金銭上の制約条件やライフスタイルの変化、罪意識や喜びといった感情、出産という新たな価値を見出したという幸福感、家族への思い、また女として母としての自分のアイデンティティといった事柄の乱雑な混合物も含んでいるだろう。外部から観察している者にとっては、人が子供を産む選択をするのを説明することは必ずしも容易なことではなく、さらに言えば、ヴァイオレット自身が、この自分の決定を理解しようとするために、何年もかけて過去を懐古的に振り返ることになるかもしれない。

しかしながら、人々がいかにして選択するのかに関する大雑把なモデルを用いても、物事は十分に複雑なものになりえるものである。2人以上の人々がかかわっているときには特にそうである。

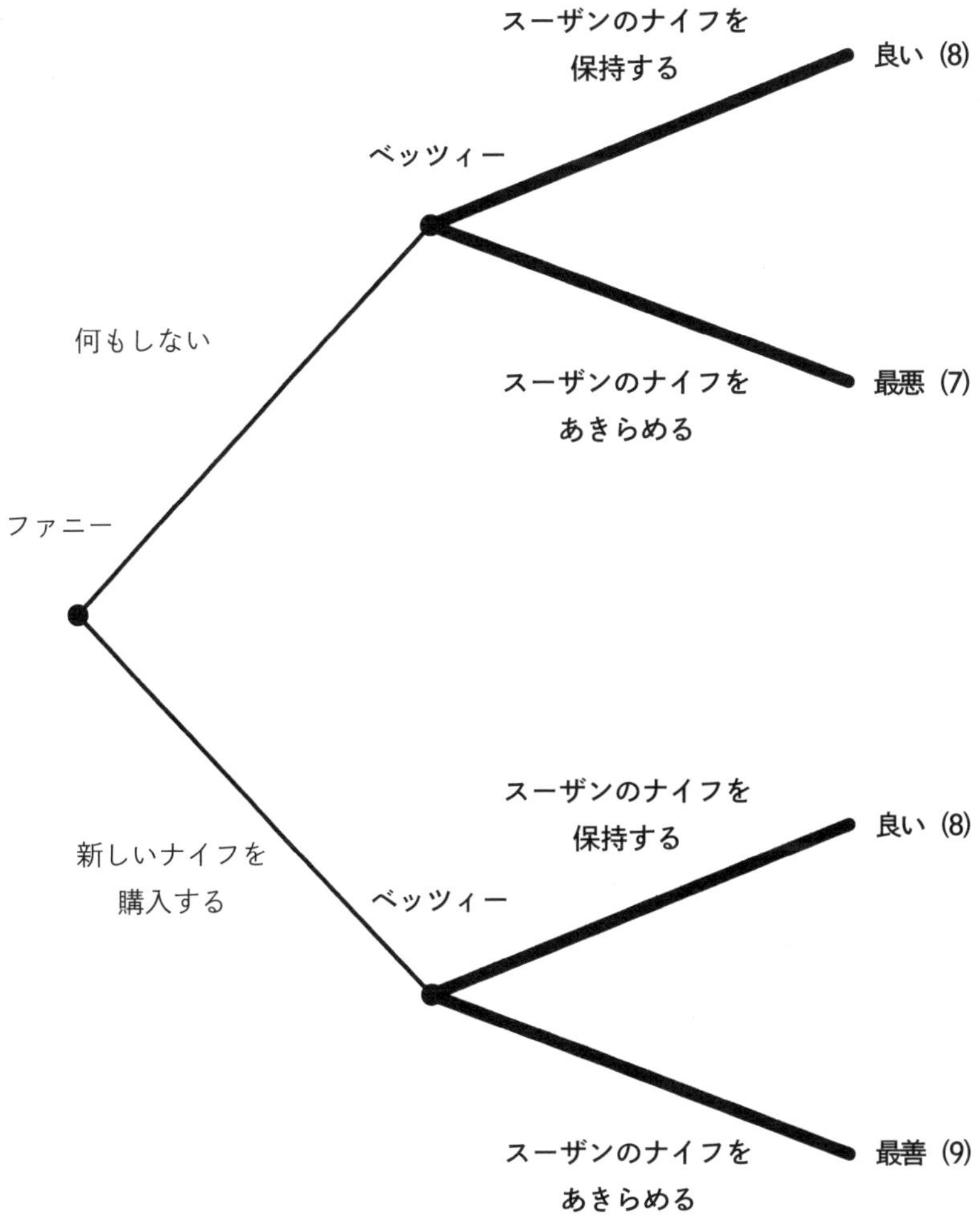

図3. 2つの木を統合してできた1つのより大きな木

『マンスフィールド・パーク』の例では、ベッツィーだけが選択する人ではなかった。ファニーもまた、新しいナイフを買うかどうかを選択し、ベッツィーがそれに対してどう応えるかを予想しなければならなかった。こうした1人より多くの人がかかわる意思決定を考察するためには、ゲーム理論が必要なのである。

先ほど示した2つの木は2つの別の状況を記述していた。最初の木（**図1**）はファニーがナイフを買わなかった場合のベッツィーの決定を記述しており、2番目の木はファニーが新しいナイフを購入した場合のベッツィーの決定を記述していた。しかし、これら2つの状況のうちどちらが生じるかは、ファニーの選択次第である。すなわち、これら2つの木は、**図3**に示されているようなもっと大きな木に結合することができるのである。

この**図3**の状況ではファニーが最初に決定することになり、彼女の［意思決定時点を表す］ノードは左端に描かれている。彼女は新しいナイフを購入することもできるし、購入しなくてもよい。もしファニーがナイフを購入しない場合には、ファニーが問題に介入する前のベッツィーの状況を表現する、以前説明した最初の木と同じ状況になる。もしファニーが新しいナイフを購入した場合は、以前説明した2番目の木と同じ状況になる。はっきりと区別できるように、ベッツィーの行動とそれを表す枝は太字で、ファニーの選択は普通の字体で表すことにする。

残っているのは、ファニーの選好を導入することだけである。ベッツィーがスーザンのナイフを保持したままである現状維持の状況は悪い結果である（この結果は利得2であるとする）が、ファニーにとって最悪なのは、彼女が新しいナイフを買った後でもベッツィーがスーザンのナイフを保持することである（利得1とする）。なぜなら、ファニーがナイフを購入しても無駄だったからである。もし新しいナイフをもらってベッツィーがスーザンのナイフをあきらめた場合、それは良い結果である（利得3とする）。ファニーにとって最善なのは、彼女がナイ

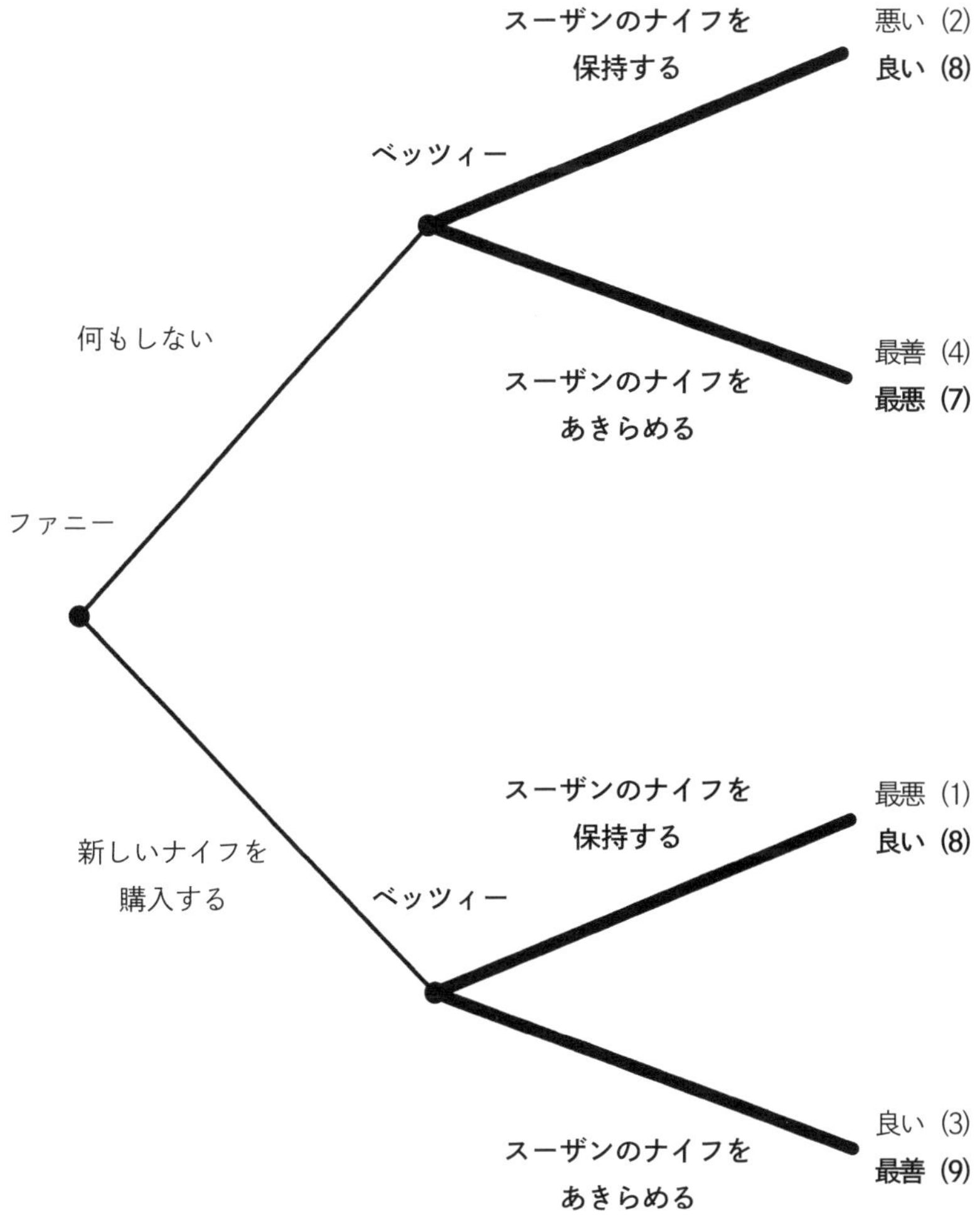

図4. ファニーの選好が追加された木

フを購入しないでもベッツィーがスーザンのナイフをあきらめることである（利得4とする）。ここでも、ベッツィーの選好を太字で、ファニーの選好を普通の字体で表すと、**図4**に描かれているような木が得られることになる。

この木は「ゲーム・ツリー」あるいは「展開形ゲーム」と呼ばれるが、ファニーが新しいナイフを購入すべきかどうかを決定した後で、スーザンのナイフを保持するかあきらめるかをベッツィーが決定するという事実をうまくとらえている。こうした状況では、自分の決定を下す前に、自分の選択に対してベッツィーがどのような応答をするのかをファニーが考えなければならないことがわかる。

こうした図を書き出して分析することこそが、ゲーム理論の研究なのである。もっと複雑な状況、例えば、人々が一連の選択とそれに対する応答を繰り返すような状況も同じように表現することが可能であるが、それはもっと入り組んだ木で表現されることになるだけである。例えば、チェスをプレーするコンピュータ・プログラムは、非常に巨大な木を内部で構築している。

ゲーム理論が「要請している」事柄は、ずいぶん少ないものである。ベッツィーの気持ちを変えようとするファニーが直面しているような状況を記述しようとするなら、少なくとも、どんな人々がかかわっていて、彼らが選ぶことができる選択はどんなもので、生じうる結果に対して彼らがどう感じるかについて、非常に多くの事柄を特定しなければならないだろう。この意味で、ゲーム・ツリーは必要最小限の事柄しか示していない。それはあたかも音程や音の長さを特定するが、フレージング［音の区切り方］や様々な表現については記していない楽譜のようなものである。

ゲーム・ツリーは、ファニーの選択がいかにベッツィーの選択と「相互作用」しているかを示している。自分の選択を行うとき、ファニーはベッツィーがどのような選択を行うつもりなのかを考えなければならない。ゲーム理論はこうした駆け引きに焦点を当てるものであって、より心理学的に現実性のある、人の心の機微を表すような選択モデルについては通常考えない。例えば、ファニーがベッツィーに新しいナイフを購入すべきかどうか考えているときには、メアリーの愛がスーザンに向けられたことでベッツィーが嫉妬しており、それゆえにメアリーがスーザンに与えたナイフを切望しているのかどうかや、それが権力や自律性を象徴するものであるからベッツィーがナイフを好むのかどうか、あるいは、ベッツィーが単に光り輝く鉄製のモノを好んでいるのかどうかについては、あまり考える必要はないのである。

ファニーにとって、ベッツィーの気持ちを動かすためには、大雑把なモデルだけが必要なのである。つまり、ベッツィーはナイフをあきらめるよりはスーザンのナイフを保持することを好み、スーザンのナイフよりも新しいナイフを好むということがわかればよいのである。同様に、ファニーが新しいナイフを購入する理由を理解するためには、ファニーの心の中を探る必要はないのである。ベッツィーがスーザンのナイフをあきらめてくれるなら、ファニーは新しいナイフのためにお金を出してもよいと思っている、ということがわかれば十分なのである。個々人の選択は極めて複雑なものになりうるが、各個人の選択が他の人の選択にいかに依存しているのかといった、彼らの間の駆け引きに焦点を当てるためには、そうした状況を大雑把にモデル化するだけで十分なのである。

戦略的思考

ベッツィーの気持ちを動かすためには、新しいナイフを与えられたときにベッツィーがどう行動するのかについてファニーは考えなければならなかった。こうしてファニーは戦略的思考にかかわらなければならなくなった。戦略的思考には実際、いくつかの互いに関連し合ったスキルが含まれている。

第一に、選択を行うのはベッツィーであって自分ではないことをファニーは認識しなければならない。こうした認識は自明のことのように思われるかもしれないが、それは当然のこととみなすべきではない。他人の心は自分自身のものとは異なることを理解するには「心の理論」が必要となる。それは、ほとんどの人々が幼少期に獲得しているスキルである。例えば、「偽の信念課題」においては、サリーとアンという2体の人形によって「演じられる」場面が子供に提示される。サリーはマーブルチョコを自分のバスケットに入れ、それから部屋を出ていく。サリーが部屋を離れている間に、アンはマーブルチョコを取り出し、自分の箱の中に隠してしまう。サリーが帰ってくると、実験者は子供に、サリーはマーブルチョコのありかがどこだと思って探すかについて尋ねる。四歳以上の子供たちはたいがいバスケットを指さすが、それより幼い子供たちは箱のほうを指さすのである(Wimmer and Perner 1983; Baron-Cohen, Leslie, and Frith 1985; Bloom and German 2000)。非常に幼い子供たちは、他人の信念が自分自身のものとは異なりうるということを知るスキルがまだ十分に発達していないのである。

ある個人の心の理論は、年齢と同様に、置かれたその環境にも依存している。例えば、自分自身とは異なる考えにさらされることが心の理論を発達させる助けになるだろう。三歳から五歳の間の、双子の兄弟姉妹のいない子供たち、特に少なくとも一人の異性の兄弟姉妹がいる子供たちは、一人っ子や、双子で他に兄弟姉妹がいない子供たちよりも、一般的に偽の信念課題に正答する率が高い(Cassidy, Fineberg, Brown, and Perkins 2005)。心の理論は文化的に特定的なものとして理解可能である。例えば、現代のヨーロッパやアメリカ合衆国では、人々はしばしばその行動を、精霊や神、あるいは生命の躍動とは区別される心的状態によって説明する。それに対して、サモアの子供たちは、悪い行いに対する言い訳に「そうするつもりはなかったんだ」といったことは言わない(Lillard 1998)。トルコ語のようないくつかの言語では、真実ではない事柄を信じることに対応する特定の語彙が存在する。ところが、例えば英語では、真実であることを信じるときにも、真実ではないことを信じるときでも、thinkという言葉を使う。子供に質問する際には、こうした二つの信念を区別する言葉を用いることで、偽の信念課題での正答率は上昇する(Shatz, Diesendruck, Martinez-Beck, and Akar 2003)。単一の全能の神を信じている人々は、複数の神々が織り成す世界を信じている人々よりも他人の心の状態を理解するのが得意ではないかもしれないと考える人もいるだろう（Chrissochoidis and Huck 2011）。心の理論は明らかに人間に限定されるものである。例えば、チンパンジーは心の理論をもっていないように思われる。サルは、たとえ人間の実験者がはっきりそれとわかる目隠しをしていても、エサを求めるしぐさをするだろう（Povinelli and Vonk 2003）。

自閉症スペクトラムの人々は心の理論に関するスキルが弱く、またこの問題が自閉症の本質的な特徴なのだと論じる人々がいる（Baron-Cohen 1997）。他方、自閉症スペクトラムの子供たちは、偽の信念課題が視覚的な方法で提示される場合には、それをうまくこなすという証拠がある。ある実験では、子供たちは緑のペンで赤いリンゴを描くように求められ、それから、どのような色のリンゴを描こうとしたのかを尋ねられるとともに、彼らが絵を描いている最中に入ってきた人は、どのような色のリンゴを描いていると思うかも尋ねられた。自閉症スペクトラムの子供たちは、赤いリンゴを描こうとしていたが、自分たちの様子を眺めている人は彼らが緑のリンゴを描いていると思うだろうと答えたのである（Peterson 2002; Gernsbacher and Frymiare 2005も参照のこと）。動物行動学の専門家テンプル・グランディンは、彼女の心の理論は視覚的に働くのだと述べている（Grandin 2008）。視覚的なものに対して大きな注意を向けることは自閉症スペクトラムの人々に共通したものであり、このことが、動物が周囲の状況をどのように把握しているかを理解するのに役立つのだとグランディンは述べている（Grandin and Johnson 2005）。

他に自閉症スペクトラムの人々に関係した特徴としては、字義通りの意味への強い拘泥が挙げられる。「TV番組で語られる情報やフレーズを、それを聞いた視聴者がどう解釈するかとは関係なしに、字義通りに受け止めてそのまま記憶してしまう……彼らは『バッグの中から猫が飛び出ないように』［「秘密を洩らさないように」という意味の慣用句］という言葉を聞くと、猫とバッグを探しに行くのである」（Baker 2001, p. xi）。同様に、皮肉や当てこすりを理解するためには、字義通りの言葉の意味と、人が発話の際に意図した意味とがいかに違うかを知らなければならない。心の理論に問題がある人々はそうした皮肉や当てこすりを見分けるのが苦手である（Shany-Ur, Poorzand, Grossman, Growdon, Jang, Ketelle, Miller, and Rankin 2012）。

心の理論に関するファニーのスキルが確立されたものであり、ベッツィーが彼女自身の考えに従って選択を行うだろうことを彼女が理解しているなら、ファニーはベッツィーがどのように選択を行うつもりなのかを考えなければならない。ファニーはベッツィーが何を望んでいるのか、言い換えれば、ベッツィーの選好について考えなければならない。ベッツィーは何もかも失ってしまうよりは、スーザンのナイフを保持することを好み、またスーザンのナイフよりも新しいナイフを好むことをファニーは正しく推測している。他人の心が自分自身のものとは違うことを知る必要があるのとちょうど同じように、他人の選好は自分自身の選好とは異なりうるものだということを知らなければならない。このことも自明なことであるが、間違いは誰にでもあることで、例えば、あなたがある本をとても面白いと思ったときに、それを友達にも買ってあげたとする。しかし、そのとき、相手がその本を気に入るかどうかなど、一秒も考えないということはありうることなのである。他人の選好を理解するということは、驚くほど難しいことがある。例えば、あなたが喫煙やシカ狩り、ソープ・オペラ［メロドラマ］を嫌っているとしたら、友人がそうした事柄を好んでいるのだと想像することには非常な困難を覚えるかもしれない。

他人の選好と選択をよりよく理解するテクニックの一つは、意識的に相手の心を自分自身に置き換えてみる「視点転換」というものである。「相手の立場に立つ」とか「相手の視点から眺めてみよう」といった身体的、あるいは視覚的なアナロジーはしばしば用いられている。年輩の顧客の選好を若いデザイナーによりよく理解させるために、日産自動車は「老化スーツ」というものを開発した。それは曇ったゴーグル、重りの入ったベルト、動きを鈍くする拘束具からなるもので、それを着ることにより、高齢者の弱った視力、重い身体動作、柔軟性の欠如を体験できるのである（Neil 2008）。他人の視点を取ることは、相手に共感することの助けにはなるが、視点転換と共感とは全く同じものなのではない。共感は感情の共有にもっと近いものである。例えば、軍事上の敵の目的を理解し、その選択を予測するためには、戦闘の結果生み出される敵の痛みを感じることなしに、敵の立場になって考えることは可能だろう。

他人の動機を推論するために、人々の行動や意見を観察するとともに、その表情やしぐさ（ボディ・ランゲージ）を観察することもできるだろう。たとえある人のことをよく知っているとしても、その人の選好に見当をつけることはいつでも容易なわけではない。例えば、あなたの母親が電話で、あなたが休日に家に帰ってこなくても別に平気だと言ったとき、実際にはどんな気持ちでそう言っているのかを、不十分にせよ知るには、声のトーンを聞き分けたり、付随して述べられた事柄を解釈したり、かなりの努力を要する可能性があるだろう。韓国では、こうしたスキルをヌンチ（눈치）という。ヌンチが優れた人はたとえ明示的に述べていないとしても、他人の願望を理解することができ、社会的状況を素早く判断して、このスキルを用いて巧みに立ち回ることができる。例えば、どうしたら夫の上司の妻に手助けできるかヌンチを用いて理解することで、妻は夫が出世するのを手助けできるだろう（Shim, Kim, and Martin 2008, p.94）。

ヌンチの字義通りの意味は「視線を読むこと」であり、実際、他人の心を理解することに関する多くの研究は、人々がいかに互いに相手の目を見ているかに関するものになっている。ある実験では、男性は女性に比べて、写真に撮られた目から人々の精神状態（例えば、ある人が幸福であるか、悲しんでいるか、怒っているか、恐れているか）を同定するのが苦手であるとされている。また、自閉症スペクトラムの人々は自閉症ではない人々に比べてそうしたことが苦手である。実際、自閉症は、男性的な脳の極端な形態であるとかつては理解されていたのである（Baron-Cohen, Jolliffe, Mortimore, and Robertson 1997; Baron-Cohen 2002）。また、誰かの目を見ることにより、その人が何を見ているかがわかるはずである。私があなたに話しかけ、互いにアイコンタクトをするなら、あなたが同じものに注視していることが私もわかる。また、あなたは私があなたを見ていることがわかるので、あなたは私があなたと同じものに注視していることを知っている、などということになる（Chwe 2001）。他の八〇種類の霊長類の動物と比べて、人間だけは、茶色ではなく白い眼球の強膜（白眼の部分）をもっている。また、人間は強膜が最も大きく露出している。こうした進化的適応が、互いに相手のまなざしの方向をよりよく理解することを可能にしたのだと解釈できるだろう（Kobayashi and Kohshima 2001）。類人猿は、目ではなく頭の方向を見ることによって人間のまなざしの方向を追いかけるが（例えば、人が目を閉じていてもその頭の方向に視線を動かす）、人間の一歳児でさえ視線を追うのである（Tomasello, Hare, Lehmann, and Call 2007）。

他者の心を理解できるということは、いつでもそうしたことが可能であることを意味しない。ある実験では、「実験者」が大きな段ボールの壁の背後にいて、明らかに「参加者」が何をしているかは観察できない状況で、参加者には紙袋に一巻のセロファンテープを入れるように指示が出される。それから壁が取り除かれて、その紙袋が、カセットテープを含む他の物と一緒に、実験者と参加者の間にあるテーブル上に置かれる。それから実験者は参加者に「テープを移動する」ように指示する。参加者は心の理論をもっているので、紙袋にセロファンテープが入っていることを実験者は知らないのだとわかっているはずである。だから、自分に与えられた指示は、テーブル上にあるカセットテープを動かすことだと理解するはずである。しかし、ほとんどの参加者は、自分で間違いだと気づく前に、紙袋に手を伸ばし、その中にあるセロファンテープをつかんでしまう。ほとんどの人が紙袋を見つめてしまう。それで、参加者は、実験者が紙袋に入ったセロファンテープのことを言っているのではないとわかっていても、そちらのほうを見るのを止められず、そこに手を伸ばしさえするのである。心の理論は、プレゼントにもらったエスプレッソ・マシーンのようなもので、それが実際に必要になるまでは「箱に仕舞ったまま」なのだと解釈することができるだろう（Keysar, Lin, and Barr 2003）。

このように、人の戦略的思考はその人の能力や訓練だけでなく、「箱から出して使う」のはどのような状況であるかにも依存しているのだろう。私にとっては、カクテル・パーティーこそ目的志向型の戦略的推論に対して最も都合の悪い場所であるかもしれないが、あなたにとってはそれが理想的な状況なのかもしれない。わたしはカクテル・パーティーのような制約の少ないオープンエンドの状況では、行動を律する明示的な「ルール」がないために戦略的に思考するのが苦手だが、チェスのように状況が明示的に定義されていれば非常にうまく立ち回ることができるかもしれない。だが、あなたはそれとは反対かもしれない。ある実験では、自閉症スペクトラムの人々は、先の「テープを移動する」課題において正しい応答をするのが、対照群の人々と同じか、わずかに優れていた。しかし、ある物語を語り直すよう求められた課題では、キャラクターの精神状態を対照群よりも少ない言葉を使って表現したのである（Beeger, Malle, Nieuwland, and Keysar 2010）。おそらく、自閉症スペクトラムの人々は、物語を語り直すときにはその心の理論スキルを「箱から出して」いないのである。しかし、具体的な行動が必要な場面では心の理論スキルを容易に用いることができるのである（Sally and Hill 2006も参照のこと）。別の実験では、中国人の学生はアジア系ではないアメリカ合衆国の学生よりも「テープを移動する」課題で正しく応答できていた。これは、中国人の学生のほうが優れているからではなく、彼らのほうが、「相互依存的な自己」を強調するような文化に属しているために、心の理論を使用するのにずっと慣れていたからだと解釈される（Wu and Keysar 2007）。

戦略的に思考するためには、他人がいかに戦略的に思考しているかをも考慮しなければならない。オースティンの『分別と多感』において、ダッシュウッド夫人は、彼女の娘マリアンが利口にも、彼女に求婚しているウィロビー氏を出迎えるために一人で家にとどまろうとしていると考え、家族でミドルトン夫人のところへ社交目的で訪問することからマリアンを放免したのだった。もしマリアンが戦略的には洗練されていないとダッシュウッド夫人が考えていたとしたら、彼女はマリアンに一緒に来るようにと言ったことだろう。一般に、別の誰かがある行動を取ることを妨げるような行動をある人が取るとすれば、三番目の人が行動を起こすはずだ、などと考えて、われわれは何らかの行動を取ることがある。このように戦略的思考には、他人の戦略を推定することとともにに、一連の行動とそれに対する応答を読み込む複雑な計算プロセスが含まれている。例えば、レンフロー（Renfroe 2009, p.157）が夫との議論を準備していたとき、「彼に何を言うべきか、またそれに対する三通りの彼の応答について考えてみた。それから、それらの応答に対して言いかえすべき三つの事柄について考えた。数分内に、二七通りもの議論の可能性について準備できた。ところが彼は、話し合うべきことについて少しも準備できてはいなかった」のである。

おそらく、戦略的思考に含まれる最も高度なスキルは、他人を操作して動かしたり、計画を立てたりすることにより、人々に望ましい結果を生み出すような行動をさせる、そのような状況を生み出すことである。ベッツィーのために新しいナイフを購入するというファニーの考えは、特にクリエイティヴなものではなかったが、それでも誰もが思いつくようなことではなかった。ある種の戦略的な操作は、目覚ましいほどに巧妙なものである。例えば、友人の貴重な燭台を運んでいたラビ・ハーベイは盗人に捕らえられてしまう。ラビ・ハーベイは自分のジャケットと帽子に銃で穴を開けてほしいと盗人に頼む。そうすれば、自分が強盗に遭ったことを友人に証明することができるからだ。こうして盗人に繰り返しお願いすることで、ラビ・ハーベイは盗人の持つすべての銃弾を使い果たさせることができたのである（Sheinkin 2008）。別の例では、亡くなった夫のあらゆる持ち物を保持しておきたいと願った女性が、ある小さな男の子が自分の息子であると認めることを拒否していた。そこで、（アブ・タリブの息子）アリが彼女にその少年と結婚するように命じたところ、彼女はその子が自分の息子だと認めたのだった（Khawam 1980, p.143）。効果的な計画を考え出すことには、創造性と非凡な才能が必要であり、人に容易に教えられるものではない。最善の方法は、ケース・スタディの方法によるものであり、特に意外性があって鮮やかな戦略的操作の事例について議論することによって学ぶことができるものだろう。

ゲーム理論の有益性

ゲーム理論は社会科学において、例えば、人々がいかにして協力するのか、労働者や経営者、それに議員たちはどのように交渉を行うのか、なぜ国家は戦争を行うのか、なぜ人々は社会運動に参加するのか、企業はどのようにして互いに競争するのか、なぜスーパー・ボウルに関するCMにはあんなにお金をかけているのか、といった事柄を理解するために、多くの異なった仕方で利用されてきた（一般読者向けの入門書としては、例えば、Dixit and Nalebuff 2008を参照のこと。スーパー・ボウルに関するCMや社会運動については、Chwe 2001を参照のこと）。ここでは、ゲーム理論において「コーディネーション問題」と呼ばれている例について考えてみよう。ゲーム理論は、見かけ上は極めて異なって見える状況の間の関連性を発見するのに最も有益である。ここでは、ウィリアム・シェイクスピアの『から騒ぎ』におけるベアトリスとベネディック、リチャード・ライトの自伝的小説『ブラック・ボーイ』におけるリチャードとハリソン、それに支配体制に対して反逆を起こした民衆について考えてみる。

『から騒ぎ』（Shakespeare 1600［2004］）において、ベアトリスとベネディックは、互いに侮辱的な言葉や軽蔑をもって挨拶をする。しかしながら、ベアトリスの家族（叔父のレオナート、従妹のヒーロー、ヒーローの侍女アーシュラ）とベネディックの友人たち（ドン・ペドロとクローディオ）は二人に対して、二人が実は心のうちでは互いに好意をもっていると信じ込むように仕向け、その結果二人は恋に落ち、でっち上げられたことが本当になるのである。プライドが高い二人には、外からの援助が必要だった。ベアトリスはドン・ペドロに対して、「わたしが愚か者たちの母になるまでは、わたしを軽蔑してほしくないので」（第二幕第一場）、ベネディックを軽蔑するのだと告げる。二人が家族や友人たちに操られていたことがわかったとき、彼らの愛は一時的には行き詰まる。だが、ヒーローとクローディオが彼らのポケットから盗み出していた、二人が互いにこっそり書いていた愛の詩が見つかったおかげで仲直りすることになる。

ベネディック＼ベアトリス	**相手を愛する**	**相手を愛さない**
相手を愛する	「ベネディック、愛して。私にはあなたが必要なの」	「私は愚か者の母になるんだわ」
相手を愛さない	「こんなにプライドが高く、人を蔑んでいる私は非難されるべきかしら？」	「いいえ、叔父様。結婚なんてごめんだわ」

表1

ベアトリスとベネディックは互いに、相手を愛するか愛さないかを決定しなければならないが、自分自身の決定をする前には互いに相手の選択を知ることはできない（これとは対照的に、ベッツィーはファニーが新しいナイフを買ったことを知ったうえで選択していた）。ここには4つの可能な結果が存在する。それは、互いに愛し合う、ベアトリスだけが愛する、ベネディックだけが愛する、どちらも互いに愛し合わない、の4つである。こうした結果は1つの表にまとめることができる。区別をはっきりさせるために、ベネディックの行動を太字で書くことにしよう**【表1】**。

4つの結果のそれぞれは、ベアトリスがその結果について述べた意見からの引用になっている（第二幕第一場、第三幕第一場）。もし互いに愛し合うなら（表の左上側のセル）、ベアトリスは喜びをもってその愛で応える。「私にはあなたが必要なの」と（第三幕第一場）。もしベアトリスだけが相手を愛することになれば（表の右上側のセル）、彼女は自分を愚かと感じ、ばつの悪い気持ちになることだろう。もしベネディックだけが相手を愛するなら（表の左下側のセル）、ベアトリスはハッピーであるが、自分の軽蔑的すぎる態度に気分を害することになる。もし二人とも互いを愛さない場合は（表の右下側のセル）、ベアトリスは叔父のレオナートに、誰とも結婚しないでも自分は満足だと告げる。「いいえ、叔父様。結婚なんてごめんだわ。アダムの子孫はわ

ベネディック ベアトリス	**相手を愛する**	**相手を愛さない**
相手を愛する	最善	最悪
相手を愛さない	良い	良くない

表2

ベネディック ベアトリス	**相手を愛する**	**相手を愛さない**
相手を愛する	**最善**	**良い**
相手を愛さない	**最悪**	**良くない**

表3

たしの兄弟ですから、親族と結婚するような罪は犯したくありません」と（第二幕第一場）。

ベアトリスの言葉の背後にある満足度は、次のようにまとめることができるだろう［**表2**］。

ベアトリスにとって最善の結果は互いに愛し合うことで、最悪なのは自分だけ愛して、相手からは愛されない場合である。相手からは愛されるが、その愛には応えないことは良い結果で、どちらも相手を愛さない場合は良くない結果であるが、愚か者になるよりはましである。もしベネディックが相手を愛さないなら（右側の列）、ベアトリスも相手を愛したいとは思わないだろう。もしベネディックが相手を愛するなら（左側の列）、ベアトリスも相手を愛したいと思うだろう。

ベネディックの満足度も同様のものである。彼にとっての最善の結果も互いに愛し合うことで、最悪なのは自分だけ愛して、相手からは愛されない場合である。どちらも相手を愛

ベネディック／ベアトリス	**相手を愛する**	**相手を愛さない**
相手を愛する	最善，**最善**	最悪，**良い**
相手を愛さない	良い，**最悪**	良くない，**良くない**

表4

さない場合は良くない結果である。そこで、彼の満足度は次のようになるだろう（ここでも、ベアトリスの満足度と区別するために、ベネディックの満足度は太字で表すことにする）【**表3**】。

ベアトリスとベネディックの表の違いは、ベアトリスにとって最悪の事柄は彼女の愛が報われないこと（右上の結果）で、ベネディックにとって最悪の事柄は彼の愛が報われないこと（左下の結果）であることである。

よりコンパクトに表現するために、これらの表（**表2**と**表3**）を単一の表にまとめよう【**表4**】。ここでは、4つの結果それぞれにおいて、左側がベアトリスの満足度、右側がベネディックの満足度を表すものとする。

ここでも二人は何が最善であるか（互いに愛し合う）、また何が最悪であるか（互いに無関心）については一致している。ベアトリスによって最悪なこと（愚かにもベネディックを愛すること）は、ベネディックにとっては2番目に良い結果で、ベネディックにとって最悪なことは、ベアトリスにとって2番目に良い結果になっている。

「戦略形ゲーム」と呼ばれるこの表は、ベアトリスとベネディックが直面している状況の本質的な要素を抽出したものである。はじめはやや複雑に見えるかもしれないが、二人が直面している状況はこれ以上簡単にはできないのである。恋愛感情は二人に熱病や陶酔のように訪れるのではなく、むしろ二人は意識的に愛を選択するのである。お互いに、相手を愛することには愚かさというリスクが伴うことを知っている。お互いに、4つの結果のどれもが起こりうることであり、最善の結果を目指した結果、最悪の状態を招く恐れさえあることを、二人は痛いほどわかっている。一方的に自分が相手を求めているというだけで済むような簡単な話ではない。この状況では、相手も自分のことを愛しているときのみ、相手のことを愛することを望むということが重要なのである。また、ベアトリスとベネディックが友人たちの助けによって「互いの愛を見出」し、二人で協力して最悪の結果を最善の結果に変えることができるというだけで済むような簡単な話でもない。二人とも互いに自分の考えに従って選択を行う独立した人間であり、友人たちが二人の気持ちを誘導しようとしていたことがわかるや否や、二人の愛はほとんど雲散霧消してしまうことだろう。

『ブラック・ボーイ』において、リチャード・ライトは、ライバル会社のメガネ屋の職人ハリスンが彼に恨みをもっていると、白人の監督であるオーリン氏が告げに近づいて来たとき、メガネを洗浄する仕事を行っていた(Wright 1945 [1993], pp.235-37)。「『おい、黒人のハリスンの奴には気をつけていたほうがいいぞ』とオーリン氏は打ち明け話をするような低い声で言った。『少し前にコカ・コーラを買いに行ったら、ハリスンの奴、ドアのところでナイフを持ってお前のことを待ち構えていてな……お前に痛い目を見させてやるって言ってたぜ』……『じゃあ、あいつのところへ行って、話してみるよ』と、私は考えたうえで大きな声で言った。『いや、そんなことはしないほうがいい』とオーリン氏は言った。『俺たち白人の誰かに話をしに行かせたほうがいい』

リチャードはともかくハリスンを探し出し、「『なあ、ハリスン。いったいどうしたんだい?』と、彼から慎重に四フィートほど離れた状態で私は尋ねた……『お前に何かした覚えはないんだけどな』と私は言った。『俺はお前に含むところなんて何もないんだ』と彼はブツブツつぶやいたが、まだ警戒の色は消えていなかった……『でも、お前は今朝工場に来て、ナイフを持って僕のことを探していたとオーリンさんが言ってたよ』『ああ、違うんだ』と、いまはかなり温和な感じで彼は言った。『今日は一度だってお前んとこの工場には行ってないぜ』……『でも、じゃあなんでオーリンさんはそんなことを僕に告げたんだろう?』と私は尋ねた。ハリスンは頭を

ハリスン＼リチャード	**ナイフを持ってこない**	**ナイフを持ってくる**
ナイフを持ってこない	最善，**最善**	最悪，**良い**
ナイフを持ってくる	良い，**最悪**	良くない，**良くない**

表5

垂れた。サンドウィッチを脇によけると、『俺は……俺は……』と彼はどもり、ポケットから長くてきらりと光るナイフを取り出した。それはすでに開いた状態にあった。『俺はただ、お前が俺にどんなことをするつもりなのかを知りたかっただけなんだ……』。私は気分が悪くなって壁に弱々しく寄りかかると、鋭いナイフの鉄の刃に目を注いだ。『僕のことを刺すつもりかい？』と私は尋ねた。『もしお前が俺を刺すつもりなら、俺のほうが先にお前を刺すつもりだった』と彼は言った」

ハリスンはナイフを持ち歩くような愚か者ではない。彼が言うように、あなたも相手がナイフを持ってくると考えれば、自分もナイフを持っていこうと思うだろう。この状況において、リチャードとハリスンはナイフを持ち出すかどうかを選択していた。以前と同じように、この状況を表現する表を作ることができる【**表5**】。ここでは、リチャードの満足度は通常の字体で、ハリスンの満足度は太字で表されている。

リチャードとハリスンの両者にとって、二人ともナイフなど持ってこず、平常の生活を続けていけることが最善の結果である。もし自分はナイフを持ってくるが、相手は持ってこない場合、それは良い結果ではあるが最善ではない。というのは、その場合、相手を信用していないことを明らかにしてしまうため、きまりが悪くなってしまうからである。二人ともがナイフを持ってくる場合は二人にとって悪い結果であるが、最悪なのは自分がナイフを持ってきていないのに、相手が持ってくる場合である。そこで、相手がナイフを持ってこないならば、自分もナイフを持ってこないほうがいいだろう。しかし、もし相手がナイフを持ってくるなら、自分がナイフを持ってこないのは愚かなことだろう。

リチャードとハリスンは互いに約束を守ることを誓い合い、白人の上司による挑発は無視することにした。しかし、二人が五ドルをもらってボクシングの試合で戦うことを提案されたときには、ハリスンは気の進まないリチャードを説得して、これは自分たちにとってはちょっとした運動なのだが、互いに本当に傷つけ合っているのだと、バカな白人たちには思い込ませよう、と告げる。しかしながら、「僕たちがにらみ合うと、二人で話し合ったことを僕は十分には考えていなかったことがただちにわかった……白人たちはタバコをふかし、わいせつな叫び声を投げかけてきた。『あの黒い、黒人野郎をぶっ潰してやれ!』……それを理解する前に、僕はハリスンの口に重い右パンチをくらわすと、そこから血が流れ出した。ハリスンは僕の鼻を打った。戦いは続いた、僕たちの意志に反して。僕は罠にはめられたと感じて、恥ずかしくなった。僕はもっと強く殴りかかった。僕が激しく戦うほど、ハリスンも激しく戦った。僕たちの計画や約束はもはや何の意味もなかった……僕たちが騙してやろうとしていた白人たちに対して感じていた憎しみは、いまや互いに繰り出すパンチに込められていた……僕たちは戦いを止めるのも、残り時間を聞くのも怖かった。そのすきにパンチをくらってノックアウトされるのが怖かったからだ。疲れ切って僕たちがぶっ倒れそうになったとき、白人たちは僕たちを引き離した。僕はハリスンの顔を見られなかった。僕は彼を憎んでおり、自分自身も憎んでいた」(pp. 242-43)

二人の行動はどういう意味で「僕たちの意志に反して」いたのだろうか? 二人とも戦う振りをすることに同意していたが、偶然にも、相手が本気で戦い始めると、互いに相手にやり返さなければならなくなり、二人にとって事態を悪い状態にしてしまったのだ。

ベアトリスとベネディックの状況と、リチャードとハリスンの状況は極めて異なっている。一方は愉快なものであるが、他方は深刻なものである。一方は予想もしなかった祝勝で終わり、他方はみっともない敗北で終わる。

一方は愛に関するもので、他方は憎しみに関するものである。

しかし、それぞれの状況の本質を抽出するために前記の表を用いると、二つの状況は全く同じものであることがわかる。ベアトリスとベネディックの状況を記述する表（**表4**）と、リチャードとハリスンの状況を記述する表（**表5**）は同じものであり、キャラクターの名前とそれぞれの行動に付けられたラベルが異なるだけである。両方の状況においてかかわり合う二人の人物には、「リスクはあるが良い」行動（相手を愛すること、ナイフを持ってこないこと）と、「安全だが悪い」行動（相手を愛さないこと、ナイフを持ってくること）とがある。二人にとって最善の結果は、両者がリスクはあるが良い行動を選んだときに得られるが、相手がその同じ行動を選ばない場合には、その行動を選ぶことで、生じうる最悪の結果が生み出されてしまう。リスクはあるが良い行動を選ぶためには、相手も同じことをするという保証が必要なのである（Sen 1967）。

二つの状況に関するこうした類似性については、いままで説明してきたような道具立てを用いなくても発見できていたかもしれない。しかし、表を使ったほうがずっと容易に理解できる。学者ぶって表に書きさえすれば、類似性の発見は目で見ればわかる問題となる。類似性を見て取れば、相互に愛し合うことと、相互に憎み合うことがいかにして無から生み出されうるか、また正確にはいかなる意味でこうした結果の生起が彼らの意志に反しているかが明らかになる。ある人の行動が、他の何ものでもなく、まさに他の人の行動に関する自分自身の予測から引き起こされうること、また行動が引き起こされると、各人の行動はそれぞれ相手の行動に対する応答になっていて、予想もしない良い結果あるいは悪い結果になる、あるいは好循環あるいは悪循環になる、ということも明らかになる。第三者である仲介者（ヒーロー、レオナート、アーシュラ、ドン・ペドロ、クローディオ、それにオーティス氏や他の白人たち）は当事者たちとは反対の目標［ゴール］をもっているが、そのやり方は共通である。つまり、自己確証的になるような仕方で、他者に関する各人の予測に影響を及ぼすということである。

もちろん、ここで用いた表は物語の抽象化から得られたものである。どんな抽象化においても、何かが捨象さ

個人1 ＼ 個人2	反逆に参加する	家にとどまる
反逆に参加する	最善，**最善**	最悪，**良い**
家にとどまる	良い，**最悪**	良くない，**良くない**

表6

れている。しかし、抽象化によって、見たところ異なる事柄の間につながりを発見できるという利点がある。こうした利点が抽象化による損失を補って余りある価値があるかどうかは、特定の文脈において決定されるべき事柄だろう。少なくとも私に関して言えば、ベアトリスとベネディックの状況とリチャードとハリスンの状況との間に関連性があるということについては、若干は予想されない事柄であった。

人々が抑圧的な体制に対して反逆を企てているようなときには、次のような表が作成されるだろう【表6】。

ここでは、社会には抑圧された人々が二人しかいないものとして、状況を単純化している。もし二人ともが反逆に参加すれば、体制は覆され、二人にとって最善の結果となる。しかしながら、自分は反逆に参加するが、相手が家にとどまっているなら、自分は銃で撃たれてしまい、最悪の結果になる。もし二人ともが家にとどまっているなら、現状維持のままでそれは良くない状態である。自分が家にとどまり、相手が反逆に参加するなら、自分の観点からは良い結果であるが、最善ではない。

この表はこれまで見てきた2つの表と同一のものである。ベネディックが愛してくれるときのみベアトリスも相手を愛したいように、またハリスンがナイフを持ってこないときのみリチャードもナイフを持っていきたくないのと同じように、他の人が反逆に参加するときのみ自分も反逆に参加したいということである。リスクはあるが良い行動を二人ともが選ぶなら二人とも勝利を得ることができるが、誰も自分一人だけでそのような行動は取りたくないのである。それゆえ、ベアトリスとベネディックの状況やリチャードとハリスンの状況とちょうど同じように、ここでも重要なことは、他人について二人がそれぞれもつ予測なのである。オーリン氏のように抑圧的な体制側は、他人が反逆に参加しようとしていることに関して猜疑心を起こさせようとする。こうした猜疑心が自己増殖していくことを知っているからである。ベアトリスやベネディックの友人たちのように、体制に反対して活動している人々は、自己を触媒として増殖していく楽観主義を生み出そうと努力している。

広い範囲の社会的状況がこの表と同じ表によって表現可能である。これらの状況は「コーディネーション問題」と呼ばれている（例えば、Chwe 2001を参照のこと）。新しい技術を採用すること（友人たちの多くが最新のソーシャル・ネットワーキング・サービスを利用しているなら、自分も始めてみようすること）、映画を観ること（その映画が有名なものであれば、もっとその映画が観たくなること）、新しい恋人を探すこと、非暴力を貫くこと、反対行動に参加することは、本質的な部分においては同一の事柄であり、同じような方法ですべて分析することができる。おそらくリチャード・ライトは、リチャードとハリスンの状況を、アフリカ系アメリカ人の政治的動員に対する比喩として描き出そうと意図していたのである。ゲーム理論はこのような関連したすべての状況を互いの比喩として理解することを可能にしてくれるのである。

批判

ゲーム理論や合理的選択理論の発展は、例外なく歓迎されたというわけではなかった（例えば、アーチャーとトリッター［Archer and Tritter, 2000］は、こうした事態を「植民地化」と「帝国主義」という用語を用いて記述している）。様々な点にわたる論争が、しばしばサーベイされてきた（例えば、Friedman 1996）。オースティンはそうした論争とは無縁であるし、もちろん学問間の境界線が引かれる前の時代に著述していたのである。第7章と第8章において、いかにオースティンが思慮深くゲーム理論的説明に代わる案を考察しており、戦略的思考と利己性のような概念とを注意深く区別していたかについて議論するつもりである。ここでは、ゲーム理論や合理的選択理論に対する様々な批判を考察し、オースティンをゲーム理論家として認識することがいかにこれらの理論に新しい光を投げかけるものであるかを論じてみたい。例えば、もしゲーム理論が、オースティンや奴隷の民話話者たちによって発展させられたものであったなら、それは資本主義のような近代的な歴史的発展から生み出された［抑圧的制度に仕える］知的召使などと理解されることはなかっただろう。

すでに述べたように、合理的選択理論はその核の部分において利得最大化モデルである。利得最大化モデルは、人の選好がどのようなものであるかや、ある人が能動的であるか受動的であるか、利他的であるか利己的であるか、無慈悲であるか親切であるか、そのどちらでありたいかなどについては何も語っていない。利得最大化モデルはまた、人が選択を行う実際のプロセスを記述することも意味していない。トニ・モリスンの『ビラヴド』(Morrison 1987) において、セサという女性が幼い娘を殺したとき、彼女は娘が奴隷として生きていくのを望まなかったのであり、この決定が「合理的」かどうかは、合理的選択理論が答えようとする問題ではないのである。孫を溺愛するあまり、多額の費用をかけて遠い所から訪ねてくる祖父は (Abelson 1996)、合理的選択理論に矛盾するわけではないのである。

よく目にする批判は、ゲーム理論や合理的選択理論は、社会的慣習や社会的規範に影響を受けず、社会的・文化的コンテキストの外にある「感情のない、孤立した個人」を仮定しているというものである (Archer 2000, p.50)。しかしながら、ベアトリスとベネディックおよびリチャードとハリスンの置かれた状況では、人々は濃密な社会的環境の中で生きている。例えば、求愛への期待にあふれていたり、黒人がどうしたら白人に話しかけることができるのかと悩んだり、そうした濃密な愛情と不信のネットワークの中で生きているのである。リチャードとハリスンは互いに信頼し合うという誓いを立てることによって自分たち自身の規範を生み出そうと努力しているが、それは粉々になってしまう。ナイフを持ってくることや心痛の危険を避けること、あるいはやけくそになって殴り返すことは、孤立した、利己的で自己中心的な事柄であり、全体とつながったり、利他的で公共心に富んでいることとは反対のことである、と言えば、それはおそらく奇妙なことだろう。先ほどの表には「個人主義的な」ロジックが課されている、と言うことは難しいだろう。ベアトリスとベネディックに関する表（**表4**）は、二人が互いに愛し合うなら二人にとっても利益があるが、自分は相手を愛しても愛し返されないような愚か者にはなりたくはないと誰もが思っている、ということを述べているにすぎない。ベッツィーに新しいナイフを提供することでファニーが何よりも望んだことは、家庭に平和を取り戻すことであった。そんなファニーは孤立した人間なのだろうか？

「感情がない」ということについて言えば、ベアトリスとベネディックおよびリチャードとハリスンの状況は、恐れや喜び、期待と失望、恥と嫌悪感に満ち溢れており、実際、表の中でどの結果が最悪、最善、悪い、良いものであるかを書き出す際には、こうした感情を当然のこととみなしていた。人々はしばしば、熱にうなされている子供を緊急救命室（ＥＲ）に連れて行くかどうかといった慎重かつ意識的に行う必要がある重要な選択を、平静ではいられず喚きながら行う。ベアトリスとベネディックはそれぞれ意識的に相手を愛する決定を行うが、このことは実った彼らの愛を感情に欠けたものにするわけではない。感情は多くの点で、表には取り込めないような重要な要素でありうるが、表を書き出す際に、あるいは人々が意識的な選択をすると仮定する際には、感情を全く排除しているなどとは言えないのである。

合理的選択理論は資本主義を正当化していると論じる人々もいる（例えば、Amadae 2003）。それは部分的には、誰もが選択を行っていると言われるようなシステムを非難することが困難に思われるからだろう。しかし、銃口を向けられた被害者が財布を差し出すという選択をしたという事実があったとしても、加害者の行動は犯罪ではなくなるとは言えない。同じように、奴隷所有者が利潤最大化者ではあるがサディストではないと言うことは、奴隷制を正当化するものではない（例えば、Chwe 1990を参照のこと）。女性が虐待的な関係にとどまり続けるという事実は、虐待を正当化するものではない。

ついでに言えば、合理的選択という考え方では他の事柄も正当化可能である。一九七〇年代までは、学者たちは社会的抗議活動を「群集心理」という言葉で説明していた。「群衆は、暗示や伝染を通じて、『原始的な』集団心理や集団感情を生み出すものと仮定されている」(Goodwin, Jasper, and Polletta 2001, p.2)。抗議活動は「なにか不合理な他の要因が入り混んでいる」(Calhoun 2001, p.48) ものと理解されていた。一九七〇年代に変化したのは単に、社会的抗議活動は通常の事柄であると学者たちが考え始めたからである。それは部分的には学者自身がそうした活動に関与していたからである。公民権運動やレズ・ゲイの権利運動、フェミニズム運動に環境保護活動といった社会運動に参加することは、「なにか、『自分たち自身のような人々』がするかもしれないことをする」ことになった。「それは妥当で自己認識を伴う選択の結果であると同時に（より狭い意味では）戦略的で利害に突き動かされたものであり、ある目的を効果的に実現するための計算された手段という意味で合理的なものと考えられるようになった」(Calhoun 2001, p.48)。別の例として、ウォルコヴィッツ (Walkowitz 1980, p.9) は、一八七〇年代におけるプリマスとサザンプトンの娼婦たちの感染病予防法との戦いを検討し、次のように結論している。「このように、売春婦は重要な歴史的行為者として出現した。実際、女性たちは、非常に制限の多い条件であるにもかかわらず、自分たち自身の歴史を切り開いている。彼女たちは定職をもたない社会的な落伍者ではなく、わずかな雇用機会しか与えてくれず、一人で暮らす若い女性たちに対して敵対的な都市で生き抜こうとがんばって働く貧しい女性たちであった。彼女たちが売春に手を染めたのは病気のためではなかった。それは、限られた選択しか許されなかった彼女たちにとって、多くの点で合理的選択であった」

批判的な人々は、極めて露骨に、合理的選択理論とゲーム理論を、政治的な動向に流されているものとして特徴づけている。アマディ（Amadae 2003, p.9）は、合理的選択理論とゲーム理論は「アメリカの経済的・政治的リベラリズムに対する哲学的土台」として理解すべきであると論じており、また、ゲーム理論の起源がアメリカ合衆国と旧ソビエト連邦との間の冷戦初期にあり、特に一九四六年にアメリカ空軍によって設立されたランド研究所が拠点であったことを強調している。フォーケイド（Fourcade 2009, p.128）は、それと関連して、アメリカ合衆国において経済学では数学的テクニックが支配していることを、専門家主義への願望、それに「客観性を要求するという意味で、分析的能力への集中化、および高度な集団的組織化と規制」の表れと見ている。アーチャーとトリッター（Archer and Tritter 2000, p.1）は、合理的選択理論を「高度近代の大理論であり……公共セクターのネオリベラリズム的改革の基礎となったもので……伝統的な社会保障国家から後退させるものである」とみなしている。テイラー（Taylor 2006, p.ix）は、合理的選択理論を「根本的には還元主義的で非人間的だが、深いレベルまで確立された思考様式であり……それは、あらゆる種類の公共政策がいかに決定されるかについて、莫大な影響をもつようになっている」と考えている。

合理的選択理論とゲーム理論は、無数の仕方で利用されてきており、何の先天的なイデオロギー的方向性をもっていないものである。例えば、ほとんどの人々が暴力を道に外れた行為、本質的には全く不合理で、敵意のような感情から発生するものだと理解している。暴力に関するこうした見方は、奴隷制度や様々な国家的手段のような体系的で道具的な制度が審問を回避することを許してしまう。暴力に関するゲーム理論的見方（例えば、Chwe 1990）では、どんな責任のある団体にも関連付けずに（「災難」「周期」「疫病」のように）暴力が広まるのだ、とはせず、なぜ特定の個人が特に他人を傷つけることを選ぶのかに注目する。ドメスティック・バイオレンスを感情的不安定さや攻撃性によって生じるものと考えることは、カウンセリングやサイコセラピー、薬物治療といった解決法に導く（歴史的経緯についてはGordon 1988を参照のこと）。ドメスティック・バイオレンスにおける行為者を意識的な選択を行う者と考えることは、体罰を行うことへの動機付けを減らすような厳しい刑罰の実施や、体罰を受けた女性により良い選択を与えるようなシェルター（避難所）の設置といった、フェミニスト側の勝利だとしばしば考えられるような解決法に導く。バンクロフト（Bancroft 2002, p.34）は、「男性が言語的、あるいは身体的な暴力で虐待を行う可能性がある間は、彼の心は自覚的に、『いま他人に気づかれる可能性のあることをしようとしているが、それは自分に悪い印象を与えるだろうか？　法的なトラブルに巻き込まれるようなことをしようとしているのだろうか？』といった、いくつもの疑問を提示するものである」と書いている。

もっと広範な視点からゲーム理論に関する歴史を描いた本が最近現れてきている。例えば、レオナード（Leonard 2010）は、チェスの一般的な普及について考察しており、チェス・チャンピオンの座を二四回守り続けた数学者エマニュエル・ラスカー（Lasker 1907）が、チェスでの思考法を敷衍して「闘争の科学」へと昇華させたことに言及している。レオナード（Leonard 1995, pp.755-56）は、「ゲームの理論は、ヒックス・サミュエルソン流の新古典派経済学からのラディカルな別離を行おうと意図されたものであり……構造の分析を行うためにメカニズムによって分解することは、ゲーム理論においては明白であるが、物理学から文学批評に至る二〇世紀初頭の多くの学問分野を特徴付ける転換でもある」［この箇所や本書全体で、引用中の強調は原著のままである］と書いている（Leonard 1997も参照のこと）。一九六〇年代では、文化人類学者クロード・レヴィ＝ストロース（Levi-Strauss 1963, p.298）と社会学者アーヴィング・ゴフマン（Goffman 1961, 1969）は、ほとんどの経済学者よりもゲーム理論に興奮を覚えた人たちである。戦略的思考について書いた初期の人々には、軍事戦略家、孫子（Sun-tzu 2009）やオックスフォード大学の講師ルイス・キャロルがいる（Dimand and Dimand 1996によるサーベイを参照のこと）。レボヴィッツ（Lebowitz 1988, p.197）は、「マルクスはすぐにゲーム理論の分析技術を探求しただろうと推測されるだけでなく、さらにその先に進んで、マルクスの分析は本来的に『ゲーム理論的』な視野をもっていたと言えるだろう」と書いている。

こうした歴史の中にオースティンの場所を認めることは、次のような含意を伴っている（第7章と第8章においてもっと完全な形で探求される)。もし合理的選択理論やゲーム理論が社会的文脈を無視していることで批判されるなら、オースティンは、文脈に対する彼女の無類の感受性の良さにもかかわらずではなく、おそらくそれゆえにこそ、戦略的行動を理論化したのである。オースティンは、(カード・ゲームのような)人為的な状況に関心を狭めることは、より広い社会的文脈を見失わせる可能性があることを認めていたが、このようなことをするのはせいぜい二流の戦略家だけである。オースティン作品に登場する優れた戦略家は、いつもより広い文脈に注意を払い、事実、他者が自明なゲームにとらわれていることを利用して、相手より優位に立つのである。

もし合理的選択理論やゲーム理論が社会的規範を無視しているということで批判されるなら、オースティンは、個人主義の腐食作用に対抗して社会性を擁護するようなことはせず、むしろいかに社会的規範が抑圧の最前線になりうるかを示している、ということを指摘したい。オースティンにとって義務や礼儀正しさというものはしばしば、誰と結婚すべきかや、誰と散歩をすべきかといった事柄についてさえ、人が自分自身の考えで選択することを阻止するために用いられる口実以外の何ものでもないのである。誰かの行為をコントロールしようと思えば、相手を利己的だと言えばいい。個人主義の抑えの利かなくなった環境では、おそらく社会的規範の価値を安定化させるべきであるが、オースティンの時代のように、うんざりするほど社会的規範に満ちた環境では、人々がもつ主体性をどのようにしたら最大限発揮できるのかを探求することが、もっと差し迫った課題だったのである。

もし合理的選択理論やゲーム理論が、すべての人々が中産階級の消費者のように行為すると仮定しているということで批判されるなら、オースティンは、相対的に無力な人々の戦略的知恵を明らかにしているということを指摘したい。例えば、ブルデューとヴァカン(Bourdieu and Wacquant 1992, p.124)は、「合理的選択理論がその抽象的な行為者に寛大にも与えている、偶然性を推定し利用する技術、実践的な推論を通じて予測する能力、測定されたリスクに対して、蓋然的なものよりも可能な事柄に賭ける力といったすべての能力や気質は、特定の社会的・経済的条件の下でのみ獲得されうるものである。事実、それらは常に、特定の経済において、またそれに対して人がもつ権力についての関数なのである」と論じている。しかし、オースティンの小説やアフリカ系アメリカ人奴隷の民話、それに民間伝承的なゲーム理論的伝統の全体は、それとは反対のことを述べている。比較的無力な人々こそが最も戦略的に思考する必要があり、またそれを最もよく学習するのである。ポーランドでの収容所生活を分析して、カミンスキー（Kaminski 2004, p.1）は、「収容所は囚人を社会化して、超合理的に行動するようにさせる……利口な行動は刑期を短くし、レイプや暴力から守り、不屈の精神を養い、様々な資源へのアクセスを増加させる」と書いている。

もし合理的選択理論やゲーム理論が「男性主義的」（無情で還元主義、技術的、非文脈的）であると批判されるなら（England and Kilbourne 1990; Nelson 2009）、オースティンは、おそらく「女性の知識作法」（Belenky, Clinchy, Goldberger, and Tarule 1986）と類似した「女性の戦略的作法」を確立していることを指摘したい。同様に、もしゲーム理論がアフリカ系アメリカ人奴隷の伝統や世界の他の地域の民間伝承の一部であるのなら、（おそらくは西洋の）高度近代の産物だと理解することはできないだろう。

もちろん、ゲーム理論や合理的選択理論には限界がある。それは、いくらかはわれわれの限られたイマジネーションのためであり、またいくらかは理論に生来備わっているものである可能性が高い。どのような理論も、それによって何が説明できて、何が説明できないのか、またそれはなぜなのかを理解するために、その限界まで適用を推し進める価値がある。例えば、ハーグリーヴス‐ヒープとファロファキス（Hargreaves Heap and Varoufakis 2004, pp. 304）は、ゲーム理論は「社会科学における特定の形態の個人主義の限界を示している。それは完全に、選好を満足させようとしているような個人のモデルに基づいている……実際、社会科学における経済学帝国主義に猜疑的な人々にとっては、ゲーム理論は、いくぶん皮肉なことだが、潜在的な同盟者なのである」と書いている。オースティンは特にゲーム理論の限界について、またいかに戦略的思考が人間行動の他の側面と相互作用しているかについて、深い考えをもっている。例えば、オースティンは感情の重要性を認めているが、強い感情は彼女の作品のヒロインが、悪い選択ではなくより良い選択をする助けになっている。オースティンは誰もが常に戦略的に行為するといった形で世界を理想化していない。彼女は戦略的思考の落とし穴について考え（第10章）、なぜ人々がしばしば戦略的に思考しないのか、その理由を探求しさえしている（第12章）。

ゲーム理論や合理的選択理論の多くは、数学という言語によって書かれており、専門家ではない人々にはそれほど近づきやすいものではない。だが自然や社会における多くの現象を理解するためには数学は不可欠である。この問題について、リウ（Liu 2004）は、人文科学もまた、それ自身が「技術的」な学問分野であると考えるべきであると論じている。ともかく、ゲーム理論的な洞察の多くは数学なしに表現されてきた（例えば、Schelling 1960〔1980〕）。オースティンは、単に近づきやすい言葉ではなく、愛すべき言葉でもってその洞察を生み出しているのである。

ゲーム理論と文学

ゲーム理論と人文科学の間の学問的交流は、よくても一時的なものであった（例えば、Chwe 2009やPalumbo-Liu 2009やBender 2012, Palumbo-Liu 2012といった論文集に収められた他の論考を参照のこと）。ダストン（Daston 2004, p.361）は、「合理的選択理論、ゲーム理論、それに人間行動に関する他のモデルは、実のところその目的において帝国主義的である。しかし、これまでになされたそれらに対する人文科学からの反応は、見たところ、それらの理論のまったくのばかばかしさに、目を天に向け、肩をすくめてみせるというものであった（相手の側からも同様に表現豊かな意見やジェスチャーが返された。特に無関心という反応が）」と書いている。

ゲーム理論家はたまには文学的例を採用することがある。モルゲンシュテルン（Morgenstern 1928, p.98, Morgenstern 1935〔1976〕, pp. 173-74に引用されている）は、モリアーティ教授によるシャーロック・ホームズの追跡について、彼らがそれぞれ列車をドーヴァーで降りるべきか、カンタベリーで降りるべきかを選択する問題として考察した（Conan Doyle 1893〔2005〕）。フォン・ノイマンとモルゲンシュテルン（von Neumann and Morgenstern 1944, p.176）は、この問題を「実生活において生じうる多くの対立状況の模範」だと書いている。ディキシットとネイルバフ（Dixit and Nalebuff 2008, p.423）は、シェイクスピアの『ヘンリー五世』からの例を用いている。それは、アジンコートの戦いの前にヘンリー王は兵士たちに戦場を去ることを許したが、他の兵士たちが見ている公の場で去るようにと告げる場面である（Dixit 2005; Watts 2002; Watts and Smith 1989も参照のこと）。クロフォード、コスタ－ゴメス、イリベッリ（Crawford, Costa-Gomez, and Iriberri 2010）は、ゲーム理論における「レベルK」モデルを擁護するために、M・M・ケイの『愛と叛乱の大地』（Kaye, *The Far Pavilions*）のような文学の例を利用している。エリアズとルービンシュタイン（Eliaz and Rubinstein 2011）は、エドガー・アラン・ポーの「盗まれた手紙」（Poe 1845〔1998〕）における「奇数か偶数か」ゲームに関する議論にヒントを得た実験を実施している（Deloche and Oguer 2006, Swirski 1996も参照のこと）。

しかし、必要性が叫ばれているにもかかわらず、しっかりと文学を分析するためにゲーム理論を用いる試みはわずかしか存在しない（Brams 1994 およびその再刊〔増補版〕Brams 2011; De Lay 1988; Deloche and Oguer 2006; Ingrao 2001; Swirski 1996）。聖書に関するブラムスの研究（Brams 2002）は、丸々一冊を文学の分析に捧げた数少ない試みの一つである。オニール（O'Neill 1990, 2001）は、中英語で書かれた詩『ガウェイン卿と緑の騎士』において、奇妙な挑戦をガウェインがなぜ受け入れたのか、また詩『オンブルのレー』における騎士が、指輪を婦人に拒絶されたことに対して、その指輪を井戸の中に映ったその婦人の影に向かって投げ入れることによって、いかに巧妙に対処できたのかを説明するためにゲーム理論を用いている。クリソショワディス、ハルムガルト、フック、ミュラー（Chrissochoidis, Harmgart, Huck, and Müller 2010）は、リヒャルト・ワーグナーのオペラにおける「タンホイザーの見たところ不合理な行動は、実際には贖罪の戦略と整合的である」と論じている（Harmgard, Huck, and

Müller 2009 およびChrissochoidis and Huck 2011も参照のこと)。

これらの研究と同様に本書は、ベアトリスとベネディックの例やリチャードとハリスンの例のように文学からの例を、ゲーム理論的な概念を導入するために利用しており、また同様に文学作品内の戦略的状況の分析のためにゲーム理論を利用している。しかしながら、本書ではもっと強い主張をしている。それは、オースティンの小説やアフリカ系アメリカ人の民話といった文学作品は、戦略的思考を理論的に分析することを明示的な目的として書かれ、語られたゲーム理論なのだということである。

こうした主張は、「合理性と非合理性に関係した概念や問題は、文学に関連した研究に直接関係があり、また実際本質的であるだけでなく、同様に文学は人間の合理性と非合理性に関する問いとの関係では真正の認知的価値を有しているのである」というリヴィングストンの主張と類似したものである (Livingston 1991, p.51)。例えば、セオドア・ドライサーは、人が他者を模倣することを生物学的衝動あるいは動物の本能によって説明している。その著書『投資家』においてさえ、彼は、周囲の環境に溶け込むように自分自身をカモフラージュする魚であるアズキハタという動物モデルを採用している。しかしながら、リヴィングストンは、ドライサーの作品における登場人物は、目的志向的な仕方を模倣しているのだと見ている。『シスター・キャリー』において、キャリーとその恋人ドルーエは、通り過ぎて行った女性を観察する。ドルーエがその女性は「素敵な歩き方をする」とコメントすると、キャリーは「もし彼女の歩き方がそんなに素敵なのなら、自分はもっと念入りにその歩き方を見習うべきだ。彼女は本能的にそうした姿を模倣したいと感じた。確かに自分もそうすることができるはずなのだ」(p.99) とひそかに考える。ドライサーは、その女性を模倣したいというキャリーの願望を「本能的」と記述しているが、リヴィングストンは「キャリーの意図的な態度と推論は、このエピソードにおいて不可欠である。特定の振る舞いが価値を評価されるという命題に直面して、彼女はそうした振る舞いをもっと注意深く観察すべきだと結論した。彼女はそうした振る舞いが、彼女の取りうる行動の範囲でどのように判断されるかを自問し、それがまさに取るべき行動なのだと結論した」と指摘する（Livingston 1991, p.113）。実際、「ドライサーの自然主義的な語りによってなされる主張は、完全にこの作品の別の側面と矛盾しているのである」（p.84）。したがって、ドライサーはオースティンと興味深い対照をなしている。オースティンは、人間行動について理論的な立場を表明しており、彼女が選好、選択、それに戦略を強調することは、彼女の作品に登場する人物の行為と、大部分整合的だからである。

リヴィングストンは、エミール・ゾラの『生きる歓び』におけるラザール・シャントーの人生を検討することで、非合理性を探求している。ラザールは、作曲家、開業医、海藻から価値のある鉱物を抽出する巨大な工場の建設事業など、いくつかの異なる職業を試みるが、ちょっとした困難でどれも途中でやめてしまう。始めから終わりまで、ラザールはそれぞれのプロジェクトを「彼自身の才能と特異性を素早く明らかにする方法なのだ」と考える。彼の母はその息子を通じて「彼女の想像上の卓越性や優秀さが公に再発見される」という妄想に取りつかれている（Livingston 1991, pp.164, 176）。ラザールは戦略的には無能である。「彼は、他人の動機や能力について極めて甘い判断をする」。また、ビジネス・パートナーと交渉する際には、「相手が取りうる戦略的行動について予測を形成することが自分の利益にとって必要であるような戦略的状況に自分がいま立たされているという事実に気づかない」（pp. 175, 168）。ラザールは字義通りの意味を好み、母の主張を「額面通りに」受け止め、「誤りのある『後見人の信念』とでも呼ぶべきものにあまりにも重きを置きすぎていて……必要な情報は、誰か単独の責任ある人物の手にすべて握られているとしばしば仮定する」（pp.177, 175）。リヴィングストンは、ラザールが単なる間抜けではないと論じている。ここで興味があるのは、彼の間抜けさに関する特定のパターンである。ラザールの戦略的素朴さと、地位や字義通りの意味への拘泥については、第12章と第13章において察しの悪さについて考察する際に取り上げる、フロッシーのキツネやオースティンの作品中のコリンズ氏やサー・ウォルター・エリオットと肩を並べるものであるということができるだろう。

一九世紀イギリスにおける小説家と政治経済学者との間の交流は、ギャラガー（Gallagher 2006, pp. 2, 129）によって探求されている。彼は「政治経済学者とその文学的競争相手は、かなり共通性をもっているが、しばしばお互いにその事実に気づくことには不本意なのである……それで、たとえジョージ・エリオットがジェヴォンズを決して読んでいないにしても、経済的価値から見た食べ過ぎの役割に関するジェヴォンズの理論と、反復による美的価値の減少に関するエリオットの理論との間に類似性があることについては、特に驚きはないのである。というのは、彼らは重複する知的サークルに属していたからである」ことを見出している（Levy 2001も参照のこと）。それとは対照的に、私の主張は、オースティンは、彼女の時代における社会科学ときっと交流があったに違いないというものではない。そうではなく、彼女が発展させたゲーム理論は、一五〇年後の社会科学の一部になったものを先取りしており、また実際、二〇〇年後のいまも、われわれは彼女の洞察に追いつこうとしているのである、ということを主張したいのである。

オースティンの知的環境について言えば、ノックス－ショウ（Knox-Shaw 2004, p.5）は、「ジェイン・オースティンは、啓蒙主義思想、もっと限定して言えば」、アダム・スミスとデヴィッド・ヒュームを含む「18世紀後半のイングランドとスコットランドにおいて繁栄した啓蒙思想の中でも懐疑的な伝統から、その考えの大部分を引き出すような中道的な見方を持った作家であった」ことを見出している。ロジャース（Rogers 2006, p. xliii）の論によれば、オースティンは「小説家なのであって、もし彼女がわずかな興味しかないか、あるいはまったく興味を抱いていないような哲学的課題に取り組むように求めれば、彼女の最も優れた才能でさえ何の役にも立たないだろう」ということだが、ノックス－ショウ（Knox-Shaw 2004, pp.87-88）とモーラー（Moler 1967）は、オースティンの作品には、アダム・スミスの『道徳感情論』（Smith 1759［2009］）からの特定の一節が反映されていることを見出している。ノックス－ショウ（Knox-Shaw 2004, p.23）は、社会的相互作用の詳細に対するオースティンの極端な注視は、彼女の経験的で科学的なものの見方の一部分であり、「経験に根拠づけられた他の種類の議論とのアナロジーで考えれば、彼女の『経験的』小説は、その真実の重要性を認めるにあたって、一般理論を構築して提示する必要などないものである」と論じている。これはオースティンに対して共感的な議論であるが、彼女の理論的貢献を過小評価している。

ブッテ（Butte 2004）やザンシャイン（Zunshine 2007）によれば、オースティンは、その登場人物がお互いについていかに考えているかを分析する際に、特に革新的である。例えば、ウェントワース大佐が明らかにエリザベスに気づいてほしがっているのに、彼女が冷たく背を向けるのを姉のアン・エリオットが見たとき、ここには五つのレベルのメタ知識が含まれていると理解することが可能であると、ザンシャイン（Zunshine 2007, p.279）は指摘している。それはつまり、「自分とは面識があると認められるのをウェントワースが欲しているということに、エリザベスが気づかないふりをしていることを、彼は理解しているということが、アンにはわかっていた」ということである。オースティンの小説は、自由間接話法を連続的に使用した最初の小説の一つであると考えられている。そこでは、思考は登場人物のものであるか、作家（話者）のものであるかが明示的には明らかにされず、こうして「フィクションである登場人物の意識に入り込んだような幻想を生み出す、明らかに自然発生的な表現」が生み出されているのである（Bender 1987, p.177; Finch and Bowen 1990およびBray 2007も参照のこと）。ブッテ（Butte 2004, pp.25-26）にとって、オースティンの小説は「物語における意識表現の大転換であり……一つの意識だけでなく、いくつもの意識が折り重なって、相互主観性が新たに構成されるような表現になっている」のである。ザンシャイン（Zunshine 2006）は、文学は、各登場人物が他者について何を知っているのかを読者が追い続けることを促すことによって読者の心の理論を鍛え、発展させるのであり、また一般に人々がフィクションを読む主要な理由は、この訓練を行うためなのであると論じている。実際、オートレー（Oatley 2011）は、より多くのフィクションを読む人々は、心の理論に関するスキルが高いという証拠を見出している。

これとは対照的に、私の主張はもっと特定的なものである。つまり、（すべてではないが）ある特定の文学作品は、単に他者に関する知識に関する各登場人物の知識について読者に追跡させるだけではなく、戦略的状況における各登場人物の選好と選択とを探求することによって戦略的思考について検討し、それを教えてくれる、というものである。心の理論は重要であるが、それは戦略的思考の一部でしかない。例えば、ウェントワース大佐は姉のクロフト夫人に、疲れ切ったアン・エリオットに彼女とクロフト提督と一緒に彼らの馬車に乗るように勧めることを求めた。なぜなら、彼は、アンが彼の提案を拒否するだろうが、姉の願いなら拒絶できないだろうことを知っていたからである。ここで、ウェントワース大佐は、単にアンが知っていることだけではなく、彼女の選好と、彼女がどのような選択をするのかについても考えているのである。姉にアンへの提案をさせるというアイディアを思いつくためにはまた、利口さと創造性も要求される。言い換えれば、オースティンは相互作用する知識あるいは相互主観性に関心があっただけでなく、相互作用行為にも関心があったのである。つまり、ある個人の選択が他者の選択といかに相互作用するかに関心があったのである。

多くの人々が、経済的問題についてのオースティンの冷徹さについて注意を促している。例えば、ヴェルムール（Vermeule 2010, pp.178, 185）は、「『エマ』を読むたびに、人間心理に関するオースティンのビジョンがいかに辛辣であるかがわかってくる。彼女の作品の登場人物たちは、小さな土地の集まりと、そこから生じるあらゆる良い事柄をめぐって、獰猛な、しかし大部分無意識の戦いにとらわれている……この小説は、ガイド付きの資源配分を生み出す、洗練された水力学システムなのである」と書いている。オースティンの経済的「リアリズム」は単に、経済的な状況だけでなく、多くの状況に適用可能な彼女の戦略的思考に関する処方全体の一部でしかないと言うこともできるだろう。一九四九年に、（「フィリップス曲線」で有名な）ビル・フィリップスは、経済現象をモデル化するために、水がチューブやバルブ、タンクを流れる水力学コンピュータを開発した（Leeson 2000）。それ以来、そうした「機械的」なモデルに関する標準的な批判は、こうしたモデルには人々がある経済環境でお互いの行動をどのように予期しているのかを考慮に入れる必要がある、というものであった。これについてもまた、私は、オースティン作品の登場人物は、獰猛な戦いにおいて、意識的に戦略を練っているということを指摘しておきたいのである。

第3章　民話と公民権運動

本章では、戦略的思考について分析しているアフリカ系アメリカ人の民話のいくつかについて考察する（この部分はLevine 1977に依拠している）。これらの民話では、戦略的に思考しない登場人物たちは、事件の経過の中でバカにされ、罰せられるが、ブレア・ラビットのような崇拝の的になる登場人物は、他者が将来に取る行動を巧みに予期して行動することになる。もちろん、アフリカ系アメリカ人の民話やその解釈については膨大な文献があり、トリックスターとなる登場人物は世界の多くの民話伝承にも表れている。「トリックスターの物語と名づけられたもの以上に、ヴェールに隠された、被抑圧集団による文化的抵抗をうまく表現するものはない」（Scott 1990, p.162; Hynes and Doty 1993; Landay 1998; Pelton 1980なども参照のこと）。私は、アフリカ系アメリカ人の戦略的な民話の伝統が、一九六〇年代の公民権運動の戦術に知恵を授けたのだと示唆するつもりである。

ここで、奴隷は四六時中働かなければならないのに主人は何もしなくていいのはなぜか？と主人に尋ねた、新しく連れてこられた奴隷の話から始めよう（Jones 1888〔1969〕, p.115; Levine 1977, p.130でこの話が議論されている）。主人は、自分は計画を立てたり、物事について学んだりすることにより、頭を使って仕事をしているのだと答える。後に奴隷が畑で休んでいるのを主人が見つけたとき、主人はなぜ奴隷が怠けているのかと尋ねる。奴隷は、自分はいま頭を使って仕事をしているのだと答え、頭の中でどんな仕事をしているのかと主人が尋ねると、奴隷は「ご主人さま、もしあなたさまがあの木の枝にいる三羽のハトのうちの一羽を撃ち殺したなら、いったい何羽が残るだろうかってことです」と答える。主人は、「そんなことを口にするのはバカな証拠だ。もちろん、二羽が残るにきまってる」と答えると、奴隷は「いいえ、ご主人さま。それは間違いでさ。もしあなたさまがあのハトのうちの一羽を撃ち殺したなら、他の二羽は飛び去って行って、何も残らないはずでさ」と答えたのである。主人は笑って、奴隷が自分の仕事をしないでいたことに対して何の罰も与えなかった。「その白人は大いに笑って、その新しく連れてきた奴隷が仕事をしないでいたことについて、何もしなかったのさ」

もしハトが松ぼっくりや他の無生物であったなら、主人の言ったことが正しかっただろう。主人は、ハトが戦略的に行動する行為者であり、独立に意思決定をし、行為でき、銃で撃たれたなら人間と同じように行為するということを認識していなかったのである。主人はハトのことを、唯一の行為者である自分の前にいる単なる物体なのだとみなしていたのである。

この戦略的状況を通じて、奴隷の思考能力は評価され、事実「仕事」と同等の価値があると評価され、主人の笑いという報酬を得た。それ以上に重要なのは、奴隷が休憩を続けることを主人に我慢させるという報酬を得たことである。ここで、奴隷は再び戦略的に先を読んでいた。頭で仕事をしていると言うことで、主人が自分が何もしないことを正当化すると、奴隷は、もし自分が同様の正当化を説得力ある形で行えば、主人はその主張をある程度は受け入れないわけにはいかなくなると理解した。そこで、奴隷は主人の応答を予期しつつ、なぞなぞを出し、それによって実際に利益を得たのである。ここで再び、主人は同じ間違いを犯している。主人が最初に頭で仕事をしているという言い訳をしたとき、奴隷が同じ言葉をお返しに使うなど、彼には決して思いもよらなかったのである。なぜなら、彼は、奴隷が戦略的行為者であるとは認識しておらず、それ以上に、奴隷が生物学的に頭脳労働ができる存在だとは認識していなかったからである。

この短い物語の中には、二つのゲームが含まれている。一つはハトとそれを撃つ者との間のゲームであり、もう一つは奴隷と主人との間のゲームである。両方のゲームにおいて、他者が戦略的に行為する存在であることを認識していないという同じ誤りを主人は犯している。なぞなぞを投げかけることによって、奴隷は主人の誤りを利用し、それと同時に自分自身の戦略的な理解の良さを示しているのである。

主人は奴隷もハトも戦略的に思考するものとは考えていない。この意味で、主人は察しが悪く、それがなぜであるかをこの物語は教えてくれている。もし自分自身が生まれつき優れた存在であり、他者とは完全に異なった存在であると考えている人は、ほんの一瞬でも、自分より劣った存在の思考プロセスに自分自身を重ねてみようとは考えず、また実際、自分自身の特権的な支配力ゆえに、そうしたことはすべきではないと考えるかもしれない。もし人々が戦略的な存在であると考えることができないなら、そうした人々がかかわっている戦略的状況を完全に誤解してしまうし、またそうした察しの悪さを逆に利用されてしまうだろう。

ここで検討される民話においては、次のような特徴が共通している。愚かな人々（あるいは動物）は、他者が戦略的であることを認識できず、また他者の行動を予期できない。利口な人々は、他者の行動を予期しながら自分の行動を選択し、物質的な報酬を得て、愚かな人々の察しの悪さを利用できる。利口な人々がもつ特定のテクニックについては、またさらにより重要な、戦略的思考における彼らの一般的適性については、議論する価値があるし、模倣すべきなのである。

別の物語では（Jones 1888〔1969〕, p.102; Levine 1977, p.109で議論されている）、釣り人が台車に魚を載せて運んでいるのをウサギが見かけ、その一部を手に入れようと考える。ウサギは道路のそばに横たわり、瀕死の病気である振りをする。釣り人が立ち止まって何が苦しいのかと尋ねると、ウサギは、これ以上旅はできないので、台車に乗せてくれと釣り人にお願いする。釣り人は同意し、ウサギを台車に乗せると、ウサギはあたかも死んでしまったかのように横たわる。釣り人が道を下って行くと、ウサギは静かに魚を一尾ずつ道端の茂みに投げ込む。釣り人が幹線道路から横道に入ると、ウサギは台車から飛び降りて、もと来た道を戻り、すべての魚をかき集めた。家路につくと、ウサギはキツネに出会う。キツネはウサギに、どうやってその魚を全部手に入れたのかと尋ねる。ウサギがキツネに自分の計画を話すと、翌日キツネは同じようにして釣り人を騙そうとした。釣り人はキツネが道端にいるのを見かけると、前日自分の身に何が起こったのかを当然把握している彼は、キツネを叩き殺した。それから彼はキツネの死体を妻のところに持っていき、これが魚泥棒だと示す。釣り人はキツネとウサギを同じ動物だと考えていたのである。この物語は、このような結末になるだろうことをウサギが知っていたことを明確にして終わっている。「ウサギは自分の命を救うのに何の心配もしていなかった。老人［釣り人］が台車を引いて来たとき、キツネが魚を盗りに行くと何が起こるのかを、ウサギは知っていたからである」

ここで本当に狡猾なのは、魚を奪い取ったことではなく、ウサギがキツネを罠にはめたことであり、そこにはどんな騙しの要素も含まれていなかったことである。ウサギは、キツネに自分が行った計画を話せば、キツネもそれを真似しようとするだろうし、また釣り人が自分の代わりにキツネに仕返しをするだろうこともわかっていたのである。キツネの誤りは、釣り人が最初に騙されたことから当然学習しているだろうことを予期しなかった点にある。一度銃が発砲されると、そのことをふまえてハトが自ら選択をするということを忘れていた奴隷の主人と同様に、一度騙された釣り人が独立の選択を行うということをキツネは忘れていたのである。そこで、戦略的に未熟なキツネは、魚を奪い取るためにウサギが用いた策略に飛びついたのだが、より大局的な戦略的状況を認識していなかったのである。ウサギはキツネの愚かさを利用して、自らの無罪を勝ち取ることになったのである。レヴィーン（Levine 1977, p.109）はこの物語を、「ウサギを出し抜くことはできない、また、対抗者たちが彼から学ぼうと試みても、結局失敗してしまう」ことを示すものだと解釈している。しかし、実際にはキツネは魚を奪い取るテクニックについては十分によく学んでいるのである。ウサギは、彼が行ったのと正確に同じことをキツネがすることを当てにしていたのである。キツネは学習に失敗したためではなく、より大局的な戦略的ビジョンを得ることに失敗したために殺されたのである。

「マリティス（Malitis）」の物語は、連邦作家プロジェクトの奴隷物語コレクションから採られた実話である（Botkin 1945, pp.4-5. Levine 1977, pp. 126-27で議論されている）。ある奴隷の主人はとてもケチな人だったので、奴隷たちはほとんど餓死しかけていた。一方、彼には屠殺する準備のできた七匹の豚があった。豚たちが屠殺される前の日、奴隷の子供が主人のところに駆けていって、豚たちがみな病気で死んでしまったと告げた。「主人が豚たちが倒れているところに駆けつけると、多くの黒人たちがその周りを取り囲んで、肉が無駄になってしまったことを悲しげな眼で見つめていた。主人は尋ねた。『どんな病気だったんだ？』『マリティスでさ』黒人たちは主人にそう告げた。そして、彼らは豚たちには触れたくないような振る舞いをした。主人はともかく豚たちを食肉として切り分けるように命じた。もはや市場での売り物にはならないからだった。主人は、肉はすべて奴隷の家族たちが持っていくようにと命じた。それは、マリティスに冒された豚たちを食べることを主人が恐れたからである」。マリティスとはいったいどんな未知の致命的な病いなのだろうか？　奴隷の一人はその日の朝早くに木槌を持って豚小屋へ行き、「彼が豚の眉間を木槌で軽く叩くと、『マリティス』は恐ろしい速さで起こるのだった」

「マリティス」は、主人を意思決定者として取り込み、主人が奴隷たちに肉を運び出すよう命令するという選択を行う動機付けを与えることにより、奴隷たちがいかにして肉を手に入れ、それをおおっぴらに食べられるかという問題を解決してくれたのである。奴隷たちは戦略的な存在であると主人が考えてさえいれば、彼は少なくとも奴隷たちが嘘をついている可能性があると考えたかもしれないが、彼はそうしなかったのである。主人にとって、健康と病気、白人と黒人との間の「カースト的」区別は圧倒的なものだったのである。

ブレア・ラビットとタール・ベイビーの物語は今日よく知られていて、子供向けの本やトニ・モリスンの小説

（『タール・ベイビー』1981）などに広く取り上げられている。ジョーンズによって語られたバージョン（Jones 1888〔1969〕, pp.7-11）は次のようなお話である。自分で水を見つけるのが面倒臭かったラビットは、オオカミの泉から水を盗んだ。自分たちの泉のそばにラビットの足跡を見つけたとオオカミが告げると、それは別のウサギのものに違いないとラビットは答える。疑いをもったオオカミは、タール・ベイビーを作り、泉へ行く道の途中にそれを置いた。次の朝、ラビットは、煮えたぎった料理用の深鍋を冷ますために、オオカミの泉へ水を汲みに行こうと決める。彼は途上でタール・ベイビーを見つけ、驚く。ラビットはタール・ベイビーを間近で吟味し、それが動き出すのを待つことにした。タール・ベイビーはウィンクもせず、何も話さず、全く動かなかった。ラビットは水を汲みに行きたいのでそこをどいてくれとタール・ベイビーに頼むが、何も答えてもらえない。ラビットはもう一度お願いする。ラビットは最後にこう言う。「深鍋が煮立っているのがわからないのかい？　僕は急いでいるんだよ？　さっきからそこをどいてくれと言っているんだけど。君にはこれが見えないのか？　そこから動かずに、僕に水を汲みに行かせてくれないって言うんなら、お前のことを叩きのめしてやるぞ」。タール・ベイビーはそれでも答えなかったので、ラビットはその頭を叩いた。ラビットはタール・ベイビーの腕を引っ張ろうとしたり、怒鳴りつけてよそへ行かせようとしたり、あるいはもう一方の手で殴ろうとした。ラビットはもう一方の手でも殴ってみた。やはりタール・ベイビーが全然答えないので、ラビットは脅しを続けた。ラビットはタール・ベイビーに自分の膝と顔をひっつけたので、引き離すことができなくなった。そこにオオカミが現れ、ラビットが盗みを働いたことを証明したと宣言した。そして、ラビットを低木に縛り付け、小枝で鞭打った。ラビットは大声でわめいて許しを乞うた。そして、最後にはオオカミに、こんなことをする代わりに、自分を火あぶりにしたり、脳みそが飛び出すほど殴ったりして殺してくれと頼んだ。オオカミは、そのような死なせ方では苦しみの期間が短かすぎるだろうから、ラビットを茨の茂みに投げ込んでやろう、そうすれば茨にからまって死ぬだろうさ、と言った。ラビットは、「なあ、オオカミさんよ。僕を火あぶりにしてよ。首を折ってもいい。でも、茨の茂みに投げ込むのだけはやめてくれ。ひと思いに僕を死なせてくれよ。これ以上僕を怖い目に遭わせないでくれ」と言った。それでも、オオカミはラビットを茨の茂みに投げ込んだ。すると、ラビットは茂みから駆け出して、言った。「さよなら、おバカさん！　ここは母さんが僕を拾い上げてくれた場所なんだよ。ここは母さんが僕を拾い上げてくれた場所なんだよ」

この物語は、オオカミが自分を茨の茂みに投げ込もうとする行動をラビットは予期しているが、オオカミはラビットが戦略的に嘘をついているかどうかなど考えてもいないという、標準的な形で終わりを迎えている。しかし、ラビットは、タール・ベイビーとの言い争いに示されているように、絶対無謬なのではない。タール・ベイビーは、ラビットにとってもわれわれ読者にとっても奇妙で不思議な存在である。タール・ベイビーは、固体と流体、物質と生命の中間的な存在である。もしオオカミが単に、ラビットがはまるようにと落とし穴にタールを流しているだけであったなら、あるいは、もしオオカミが単にラビットを窮地に追い込んだだけだったら、この物語のほとんどの魅力は失われていたことだろう。ラビットの過ちはこの物語にとって本質的なものなのである。

では、ラビットの過ちとは正確には何であるか？　レヴィーン（Levine 1977, p.115）は、この物語は「軽率に行動することと、盲目的に攻撃することの危険性を明らかにしている」と述べている。スミス（Smith 1997, p. 128）は、この物語は「我らが兄弟であるラビットが、幻想によって騙されている可能性があるが、最終的には自分自身の『故郷』あるいは文化的起源を思い出すことによって自らを救うことになるのを強調するものである」と述べている。ラビットは実際騙されているが、タール・ベイビーは幻想ではない。それは、煙幕や鏡、ホログラムがもたらすような、ラビットの視覚的理解を惑わすことを意図しているものではない。ラビットはそれを見て素晴らしい出来栄えだと思い、事実、その奇妙さに驚かされ、それに対処する前に念入りに吟味しているのである。ラビットは全く軽率ではなかった。彼はタール・ベイビーを吟味する時間を取り、そうするよう頼む前に、タール・ベイビーが動くのを待っていたのである。ラビットは盲目的に攻撃はしていない。彼は最初に、通常の社交的な要請として、タール・ベイビーにそこをどくように頼んでおり、二度もお願いしているくらいである。ラビットはタール・ベイビーを奇妙な生物だと思ったが、それに対して偏見を抱くことはなく、タール・ベイビーが一般的な礼儀を守らなかったときにおいてのみ、怒りを爆発させたのである。

ラビットの誤りは、タール・ベイビーが戦略的な行為者であると考えたことである。奴隷の主人たちの誤りがハトや奴隷たちを戦略的な行為者だと見なかったことだとすると、ラビットの誤りはまさにその反対である。ラビットは、あらゆるものが戦略的行為者だと考えたのである。ラビットは、もしタール・ベイビーを単なる物だと考えたなら当然取ったはずの、タール・ベイビーを脇に動かしたり、その脇を通り過ぎたりする行為をしなかったのである。ラビットは、脇にどいてくれという彼の要求をタール・ベイビーが認めないので腹を立てた。ラビットは、タール・ベイビーを無条件に攻撃したのではなく、戦略的な行為者ならばそれに応じるだろう脅しをかけたのである。ラビットはタール・ベイビーに精神状態や推論能力があるものとみなしさえして、彼の深鍋が焼けるような熱さなので、それを冷ますために自分が急いでいることがタール・ベイビーにはわかるはずだろうと言ったのである。

もしこれらの民話が戦略的に思考することや、他者が戦略的行為者であることを認識することの重要性を教えているなら、タール・ベイビーの物語は、人が度を越してそのようなことを考えてしまうことに警告を発している。人は単なる物を行為者と見誤り、また行為者を単なる物だと見誤る可能性がある。ハミルトン（Hamilton 1985, p.19）は、アフリカからインド、バハマ、それにブラジルに至るまで、各地でタール・ベイビーに関する物語について、三〇〇種類以上の別バージョンを見出している。あるタール・ベイビーは戦略的である。ジョージアのある地域では、タール・ベイビーは人々を侮辱する生きた妖怪で、人々が仕返しに殴りつけると、彼らを罠にかけるのである。

戦略的な内容を含んだ民話の伝統は、リチャード・ライトのハリスンとの争いに関する寓話や、もっと最近では、アラバマのドーサンに住むジェイムズ・エリス・トーマス（James Ellis Thomas 2000）によるショート・ストーリー「土曜洗車クラブ」まで続いている。その物語では、ロレンツォは、友人チェスターが洗車するのを手伝うことに同意する。チェスターの車は茶色に錆びかけた一九七八年式AMCペーサーで、アポロニアという名であった。しかしながら、チェスターはアポロニアを彼の家の前庭ではなく、公衆洗車場で洗おうとした。それは、土曜の朝にその辺りをぶらついている少女に彼のことを印象付けるためであった。一七歳の少年二人が洗車場に入り、車から降りると、そこには三歳年上で気取り屋のレオンとその三人の仲間たちしかいなかった。レオンとその仲間は、この洗車場にはチェスターの「うんちの塊」のための場所はないと告げる。ケンカを期待して人々が集まってくると、洗車スペースをめぐってチェスターがレオンと競走するのを自分が手助けする、とロレンツォは宣言した。一方、車の後部座席では、叔母さんからこの車をもらったチェスターが、彼のためにロレンツォがレオンに立ち向かってくれるとは信じられず、家に帰りたいと泣きじゃくっていた。ロレンツォは何をすべきかを告げるために、チェスターに耳を貸すように求めた。開けた何もない道路に並んだ二台の車のエンジンが唸りを上げげた。カウントダウンが始まり、「2」がカウントされるとレオンは飛び出した。チェスターは動かず、レオンの車が走り去ると、いまや空になった洗車スポットにゆっくりと車をバックさせた。「野ウサギはしっぽをつかんで引きずりだされ、ウサギ穴に作られた小屋をカメが手に入れる。土曜の朝の漫画にそんなのがあったんだよ」。群衆は笑い、チェスターが恋焦がれている少女レーリィは、彼のミラー加工サングラスを褒めてくれた。

以前と同様に、戦略的思考を通じて、自分自身の地位を過信している、より強者だと思われる人々の行動を予想することによって、弱者だと想定されている人々が勝利し、現実的な利益を手にしている。自分が「古い本に記された最古のトリック」を用いていることを自覚しているロレンツォは、自分の髪形が女性たちにどんな印象を与えるかといった、外見や風貌にこだわっていたチェスターよりも、戦略的思考において優れていた。チェスターは他者がどのように考えているのかを理解するのが得意ではなかった。例えば、彼は自分の車がイカしてると思っていたが、他のみんなは錆のきた車だと思っていることに気づいていなかった。ロレンツォは自分の知恵が子供向けの土曜の朝の漫画や、さらに少し遡って、ウサギとカメに関する民話から得られたことを認めていた。

そのよく知られた文化的・霊的伝統と比較して、アメリカ合衆国における一九六〇年代の公民権運動が示していた戦略的洞察力の深さは、不十分にしか評価されていない（Hubbard 1968, McAdam 1983も参照のこと）。一九六三年一月、ワイアット・ティー・ウォーカーは南部キリスト教指導者会議（ＳＣＬＣ）の活動家たちに、アラバマ州バーミンガムから人種差別をなくすための具体的な戦術プランを提示した。彼はそれを対立［Confrontation］という言葉にかけて「プロジェクトＣ」と呼んだ（Branch 1988, p.690; Williams 1987, p.182）。一九六二年のジョージア州オールバニーでの組織活動は、コミュニティ全体を動員して抵抗を行い、監獄を満員にした最初の試みであったものの、ウォーカーのプランは、この運動に対して抱いた不満から強く影響を受けていた。チャールズ・シェロッドによれば（Sherrod 1985）、オールバニーでは、「ときには、誰がこちらの運動をコントロールし、誰があちらの運動をコントロールしているのかわからなかった。それで、われわれは足を踏み鳴らして回り、誰の足を踏んだのかを見た……われわれはいったい自分たちが何をしているのかわかっていなかった」。ウォーカー（Walker 1985）は「攻撃の強さを弱めないためには、目標にピンポイントで当たることが、正しくかつ極めて重要であることを学んだのだ」と言っている。また、オールバニー警察署長ローリー・プリチェットは、キング牧師の戦術を事前にリサーチしていて、オールバニー警察に「暴力、警察犬、それに一切の武力の兆候」を見せないようにと命じた。シェロッドとウォーカーは、非暴力を貫いたとするプリチェットの主張に異議を唱えている。シェロッド（Sherrod 1985）は、「警棒で人々が打たれているのを目撃している人が、どうして暴力などなかったと言えるのだろうか」と述べている。ウォーカー（Walker 1985）は「残虐ではない」という言葉を代わりに用いて、「南部におけるわれわれの非暴力的活動の失敗は、つまり、セルマのジム・クラークやアラバマ州バーミンガムの〝ブル〟・コナーのような人種差別主義者の法執行官たちの反応を念頭に置いていたことにある。ローリー・プリチェットは異なるタイプだった……彼のことを適切に表せば、〝如才ない〟と思う。彼は十分な知性をもっていて、その、キング牧師の本を読み、そこから、その、対立を避ける方法を導き出していたんだ」と説明している。

こうしてプロジェクトCは、一六番街と一七番街との間にある単一の市街区（Vann 1985, 引用はWilliams 1987, p.191）と、バーミンガムの公安委員、〝ブル〟・コナーに焦点を当てた。ウォーカー（Walker 1985）は、コナーは「われわれの目的によく仕えてくれた……この典型的な白人の人種差別主義者の法執行官なしには……バーミンガム運動がこれほどまでに素早く加速され、その気運が高まることはなかっただろう。私はしばしば、〝ブル〟・コナーにはその周囲に『黒人たちを市庁舎に行かせて、祈らせておけばいい』と忠告するような利口な奴がいなかったのだろうかと考える……彼は決して十分な知性をもっていなかったし、その周囲に、われわれがしたいと思っていることをしたいようにさせておくほど十分知性的な奴らもいなかった。その代わりに、彼はわれわれの運動を阻止することに集中し、それが犬をけしかけたり、ホースで水をぶっかけるといった事態の引火点になり、一九六四年の公民権法案に対する全国レベルや国際的な注意を引きつけたんだ」と回想している。ローリー・プリチェットはバーミンガムに赴き、コナーにアドバイスしたが、彼は「何に対しても同意しなかった」（Pritchett 1985）。コナーは死に体となり、まもなくその地位から解任させられた。ウォーカーには、絶好のチャンスが閉じられてしまったことがわかった。ヴァン（Vann 1985）は、「彼らは、われわれに対してデモを始めることなどやめて語り合おうと申し出てきて、新しい政府にチャンスを与えようとしていた。しかし、これがわれわれにとって、〝ブル〟・コナーに対してデモを行う最後のチャンスであることがわかっていた……遅かれ早かれ、彼はわれわれの目的を手助けしてくれるようなことをしでかすに違いない」とウォーカーが説明したのを覚えている。子供のデモ参加者を募集するという運動の戦略は、ジェイムズ・ベヴェルによるものであった（Bevel 1985, 引用はWilliams 1987, p.189)。彼は「高校生の少年が参加すれば、たとえいまはそうではなくても、あたかも父親がすでに刑務所に入れられた場合と同じ効果をもたらし、市に対してプレッシャーをかけることができる。家族には経済的な脅威はない。なぜなら、父親は仕事についたままだからだ」と説明している。子供たちに対してホースで水をぶっかけるという警察の決定は、「力を誇示する」パフォーマンスであるよりもむしろ、必要に迫られたにすぎない。デモへ参加したために、すでに何千人もの子供たちが刑務所に入れられていたので（Bailey 1985)、これ以上刑務所にはスペースがなく、警察は「デモが始まる前に彼らを解散させる」必要があったのである（Walker 1985)。ヴァン（Vann 1985）は、「ホースで水がぶっかけられ、犬どもがけしかけられるや、勝敗は決してしまったのだ」と説明している。

一九六三年五月一一日に、マーティン・ルーサー・キング牧師が滞在していたガストン・モーテルで爆弾が爆発した。別の爆弾は、マーティン・ルーサー・キング牧師の兄弟、A・D・キング牧師の牧師館で爆発した。プリチェットは、コナーにガストン・モーテルを警官とともに警護することを勧めたが、コナーはそれを拒否した。ワイアット・ティー・ウォーカーの妻もそこに子供たちと滞在していて、爆発の後、その場にいた州警察官が「カービン銃で彼女を撃ち、その頭を割ったので、彼女は病院に送られることになった」。ウォーカーが病院に到着し、どの警官が妻を撃ったのか知らされると、ウォーカーはその男に向かっていったが、「ボブ・ゴードンというミシシッピから来たこの白人のレポーターがタックルしてきて、私を床に押し倒し、しばらく私を押さえつけていたんだ……さもなければ、あいつが自動ライフルをかまえて、私の妻の頭を割ったのと同じくらい素早く私を撃っただろう……それは、非暴力的な運動に対してなされる取り返しのつかない痛手になっただろう。なぜなら、ここにはキング牧師の最高幹部、スタッフの長がいて、警官を……攻撃していたんだから。私は自分の生き方として非暴力を貫いてきた。しかし、私の家庭や家族を守るためだったら、何のためらいもなかった。また、攻撃について言えば、妻に対する身体的な打撃に対して、こいつは格好の餌食だった。こいつは自動ライフルを持っていたが、私に危害が及ぶことはなかったんだ、ともかくね。こいつに向かっていったのは確かに人間らしい反応だったと思うが……このミシシッピから来た白人のＵＰＩレポーターが私を止めてくれたことには非常に感謝している」(Walker 1985)。運動の中心的な戦略家であったウォーカーも完全無欠ではなかった。しかし、床に押し倒されたことで、熟考する機会ができ、それに感謝することになったのである。

本章は、本書の残りの部分に対するひな形を提供している。ここでは、アフリカ系アメリカ人奴隷の民話を取り上げ、それを戦略的思考に関する分析として理解し、その洞察を現実世界へ応用することについて考えた。本書の残りの部分では、最初に『フロッシーとキツネ』について、それからオースティンの小説について、同様のことを行っていくつもりである。

第4章　フロッシーとキツネ

『フロッシーとキツネ』（McKissack 1986）は、パトリシア・C・マッキザックがその祖父から語られた物語をまとめたものである。少女フロッシー・フィンリーは、バスケットに入った卵をヴァイオラさんのところへ届けるように母親から言われる。母親は、彼女にキツネに気をつけるようにと警告する。キツネは卵が大好きだからである。フロッシーは、キツネとはどんな格好をした動物か知らないと言う。これまでにキツネを見た記憶がなかったからである。「まあ、そうなの。キツネはまさにキツネだわ。とっても恐ろしいのよ」。フロッシーがスキップして出かけていくと、自分はキツネだという奇妙な生き物と出会う。フロッシーは注意深く彼のことを見て、「そんなこと全然信じられないわ……あなたがキツネなわけないいじゃない」と言う。キツネは、自分はキツネに間違いないと答える。「君のような女の子は、おいらのことを見て怖がるもんだがね。いったい最近の親たちは、子供に何を教えているんだか」。しかし、フロッシーはこう答える。「私、これまでキツネなんか見たことないの。だから、あんたのことを見て怖がったりしないし、そもそもあんたが正真正銘のキツネかどうかわかりゃしないわ」。そうして、フロッシーは先へ進んでいってしまうのだった。

すっかり面喰らってしまったキツネは、フロッシーの後を追いかけ、自分のぶ厚い毛皮に触ってみるように誘う。するとフロッシーは、彼はウサギに違いないと答える。そこで、キツネは、自分には先のとがった長い鼻があるのだと説明する。するとフロッシーは、彼はネズミに違いないと答える。しばらくして彼らがネコと出会うと、キツネはそのネコに、自分が本当にキツネなのだとフロッシーに説明してほしいとお願いする。ネコが、彼には鋭い爪と黄色の目があるからキツネなのだと言うと、フロッシーは、それなら彼もネコに違いないのだと結論してしまう。お手上げ状態になりながら、キツネは自分にはふさふさした尻尾があるのだと言う。するとフロッシーは、彼はリスに違いないと答える。キツネはフロッシーに自分の言うことを信じてくれと懇願するが、時すでに遅く、マッカチン氏の猟犬がキツネを捕まえようとやってきた。その場から駆け出しながら、キツネは、その犬が自分が誰なのか知っているはずだと叫ぶ。「さっきからあんたに言っているように、おいらはキツネなんだ！」するとフロッシーは「知ってるわ」と答えるのだった。それからキツネに邪魔されずにヴァイオラさんの家へと歩いて行くのだった。

この物語から引き出すことのできる教訓がいくつもある。キツネの恐ろしい力は、その身体的属性にあるのではなく、今日の大人が子供に教えているように、その社会化能力に基づいていると言う人がいるかもしれない。強者は、人々に特定の役割を担わせるような世界を構築しているが、弱者はそうした役割を演じることを拒否することによって強者を打ち負かすことができるのだ、と言う人もいるだろう。権力は承認を必要とし、それなしには存続しえないのである。フロッシーは状況を操作することによって成功したのだと考える人もいるかもしれない。彼女は、継続的にかつ巧妙に、恐れを抱く少女という、キツネにとって都合のよい状況を拒絶し、未知の生き物の素性に疑いを抱く少女という役割を演じたのである。本当の戦いは卵をめぐるものではなく、状況をどう定義するかをめぐってのものだったのである。誰かが自分には力があると主張しながら近づいてくるときには、その力を証明すべき責任を相手に課すべきなのだ、と言う人もいるだろう。子供の無知は大人のうぬぼれを打ち負かすことができる、と考える人もいるかもしれない。フロッシーは単に時間稼ぎするすべを心得ていただけなのだ、と言う人もいるかもしれない。

ともかく、この物語は、権力と抵抗の性質に関して、何か深遠なことを伝えている。この物語における戦略的な洞察の深さを知るには、もしフロッシーが相手をキツネだと見分けることができていることをキツネが知れば、フロッシーが不利になるという点を見抜く必要がある。フロッシーは、無知であることによってではなく（結局のところ、彼女は最後には彼がキツネであることを知っていたことを明かしている）、自分が無知であるとキツネに思い込ませることによって、有利な立場に立っているのである。

この状況は、キツネがフロッシーを襲うかどうか、そしてフロッシーが卵を守るかどうかに関するゲームとしてモデル化できる。もしキツネがフロッシーを襲わないなら、何も起こらず、現状維持のままである。もしキツネが彼女を襲い、フロッシーが卵を守らないなら、キツネは争うことなしに卵を得ることができる。フロッシーは卵を失うが、少なくとも身体に危害が及ぶような争いは生じない。もしキツネが彼女を襲い、フロッシーが卵を守るなら、二人とも傷を負うリスクを負う。こうした結果に対するキツネとフロッシーの選好は、数値的な利得によって表現できる。すると、このゲームは次の**表7**のようになる。ここで、フロッシーの利得と行動は通常の書体で、キツネの利得と行動は太字にしている。

この表を見ると、キツネがフロッシーを襲わないという現状維持の状態では、双方の利得は0になっている。もしキツネがフロッシーを襲い、彼女が何も抵抗しなければ、フロッシーは卵を失い（−8の利得になる）、キツネは卵を得る（8の利得になる）。もしキツネがフロッシーを襲い、フロッシーが卵を守るなら、双方とも傷を負うリスクを負い、双方とも−12の利得になる。キツネにとって最善のことは、何の抵抗にも遭わずに卵を盗み取ることである。フロッシーにとって最善のことは、誰にも邪魔されずに卵を届けることである。卵を失うことは良くないことであるが、噛みつかれたり、引っかいたりされることは最悪である。

キツネ ＼ フロッシー	キツネがフロッシーを襲う	キツネはフロッシーを襲わない
フロッシーが卵を守る	−12, −12	0, 0
フロッシーは卵を守らない	−8, 8	0, 0

表7

このゲームでは、フロッシーにとって、キツネが何を選択しようとも、卵を守らないことが常に、少なくとも卵を守ることと同じくらい良いことであることに注意しよう（−8は−12よりも良く、0は0と同じくらい良い）。したがって、フロッシーは卵を守らないだろうと予想できる。フロッシーが卵を守らないことを前提にすると、キツネはフロッシーを襲えば8の利得を得て、襲わなければ0の利得になる。したがって、キツネはフロッシーを襲うと予想できる。

しかし、ここには、フロッシーが彼のことを本当にキツネであると知っているかどうかをキツネは知らない、という物語の重要要素がまだ取り入れられていない。なぜキツネは、フロッシーが彼のことをキツネだと知っているかどうかについて気にかける必要があるのだろうか？　その理由は、例えばもし、フロッシーが彼のことをリスだと考えているなら、フロッシーは違った行動を取るかもしれないからである。

それでは、フロッシーとリスとの間のゲームはどのようになるだろうか？　**表8**にそれを描いてみた。

先ほどのゲーム（**表7**）との唯一の違いは、ここではフロッシーは、リスが襲ってきた際に卵を守るために全くコストがかからないという点にある。なぜなら、リスは身体が小さく、容易に打ち負かせるからである。リスがフロッシーを襲い、フロッシーが卵を守る場合のフロッシーの利得は、ここでは0である（**表7**では−12だった）。このゲームにおいては、フロッシーにとって、リスが何を選択するかに関係なく、卵を守ることが常に、少なくとも卵を守らないことと同じくらい

キツネ ＼ フロッシー	リスがフロッシーを襲う	リスはフロッシーを襲わない
フロッシーが卵を守る	0，－12	0，0
フロッシーは卵を守らない	－8，8	0，0

表8

良いことである。したがって、フロッシーは卵を守ろうとすると予想される。フロッシーが卵を守ることを前提とすると、リスは、フロッシーを襲う場合には－12の利得となり、彼女を襲わない場合には0になる。したがって、リスはフロッシーを襲わないと予想される。

もちろん、このゲームも物語全体をとらえてはいない。物語に描かれた状況は、2つのゲームの「ブレンド」なのである。そこでは、フロッシーとキツネのお互いに関する知識や、お互いに関する知識に関するお互いの知識が決定的に重要なのである。このブレンドは「不完備情報ゲーム」と呼ばれている。フロッシーは、自分が相手にしているのがキツネかリスかを必ずしも知らないので、彼女は「生き物」を相手にしているということになろう。ここには、フロッシーと生き物が考慮しなければならない3つの妥当な可能性、あるいは「世界の状態」がある。（1）その生き物はキツネであり、フロッシーがそのことに気づくことができる、（2）その生き物はキツネであり、フロッシーはそのことに気づけない、（3）あるいは、その生き物は実際にはリスである、の3つである。フロッシーはこれらのうち最後の2つの間を区別できない。もしフロッシーが生き物の正体に気づけないなら、その生き物はキツネであることもリスであることもありえるからである。生き物は最初の2つの状態の間を区別できない。つまり、生き物は、フロッシーがその正体に気づいているかどうかを知らないのである。もちろん、生き物は自分自身がキツネであるかリスであるかについては知っている。つまり、生き物は3番目の状態と他の2つの状態との間を区別できるということである。

このブレンドされたゲームを完全に定義するには、それぞれの世界の状態が発生する確率を特定化しなければならない。生き物がキツネであるかリスであるかは同様に確からしいものと仮定しよう。つまり、生き物がキツネである確率は1/2であり、生き物がリスである確率も1/2であるということである。生き物がキツネであるという条件の下で、フロッシーがその正体に気づくことができるかできないかも同様に確からしいものと仮定しよう。そこで、生き物はキツネであり、フロッシーはその正体に気づくことができるという最初の世界の状態が起こる確率は1/4になる。生き物はキツネであり、フロッシーはその正体に気づけないという2番目の世界の状態が起こる確率は1/4である。生き物がリスであるという3番目の世界の状態が起こる確率は1/2である。

このブレンドされたゲームでは、フロッシーは、可能な3つの世界の状態のそれぞれにおいて、卵を守るか守らないかを選択する。しかし、フロッシーは最後の2つの世界の状態を区別できないので、これらの2つの状態では同じ行動を取らなければならない。そういうわけで、フロッシーには可能な4つの戦略があることになる。つまり、(卵を守る、卵を守る、卵を守る)、(卵を守る、卵を守らない、卵を守らない)、(卵を守らない、卵を守る、卵を守る)、(卵を守らない、卵を守らない、卵を守らない)の4つである。ここで、例えば、(卵を守る、卵を守らない、卵を守らない)は、フロッシーが最初の状態では卵を守るが、2番目および3番目の状態では卵を守らないことを意味する(言い換えれば、フロッシーは生き物がキツネであることを知っているなら卵を守り、それ以外の場合には何もしないということである)。なお、例えば、(卵を守らない、卵を守らない、卵を守る)は選択できない戦略であることに注意してほしい。なぜなら、フロッシーは2番目と3番目の状態では同じ行動を取らないといけないからである。

同様に、生き物も、可能な3つの世界の状態において、フロッシーを襲うか襲わないかを選択する。生き物にとって可能な戦略は、(襲う、襲う、襲う)、(襲う、襲う、襲わない)、(襲わない、襲わない、襲う)、(襲わない、襲わない、襲わない)である。生き物は最初の2つの状態同士を区別できないので、例えば、(襲う、襲わ

キツネ ＼ フロッシー	（襲う、襲う、襲う）	（襲う、襲う、襲わない）	（襲わない、襲わない、襲う）	（襲わない、襲わない、襲わない）
（卵を守らない、卵を守る、卵を守る）	−5，**−7**	−5，**−1**	0，**−6**	0，**0**
（卵を守らない、卵を守らない、卵を守らない）	−8，**8**	−4，**4**	−4，**−4**	0，**0**

表9

ない、襲う）はプレーできない。

フロッシーには4つの戦略があり、生き物にも4つの戦略がある。すでに注意したように、もしフロッシーがキツネに直面していることを知っているなら、卵を守ることは守らないことよりも決して良くないので、卵を守らないことを選ぶだろう。そこで、（卵を守る、卵を守る、卵を守る）と（卵を守る、卵を守らない、卵を守らない）というフロッシーの戦略はただちに消去できる。というのは、これらの戦略は、フロッシーがキツネに直面していることを知っているときに卵を守るというものだからである。こうして、フロッシーには2つの戦略が残る。つまり、キツネかリスかわからないときは卵を守ることを意味する（卵を守らない、卵を守る、卵を守る）と、どんな場合にも卵を守らないという（卵を守らない、卵を守らない、卵を守らない）の2つである。

こうして、ブレンドされたゲームは、（フロッシーの戦略を表す）2つの行と（生き物の戦略を表す）4つの列からなる表によって表現されることになる【**表9**】。ここでも、フロッシーの利得と行動は普通の字体で表し、生き物については太字で表すことにする。

もしフロッシーがどんな場合にも卵を守らず、生き物は常にフロッシーを襲うなら、フロッシーは常に卵を失い、−8の利得となり、生き物は常に卵を得て、8の利得となる。もし生き物が決して襲わないなら、そのときにはフロッシーの選択に関係なく両者とも0の利得となる。この表における利得は、3つの世界の状態が実現する確率と、元々の2つのゲームにおける利得（**表7**と**表8**）を用いて計算されている。例えば、フロッシーが（卵を守らない、卵を守る、卵を守る）をプレーし、生き物が（襲う、襲う、襲わない）をプレーしたとする。最初の世界の状態では、フロッシーは卵を守らず、生き物（キツネ）はフロッシーを襲うので、フロッシーは−8の利得となり、生き物の利得は8の利得となる。2番目の世界の状態では、フロッシーは卵を守り、生き物（キツネ）はフロッシーを襲うので、フロッシーは−12の利得となり、生き物も−12の利得となる。3番目の世界の状態では、フロッシーは卵を守り、生き物（リス）はフロッシーを襲わないので、フロッシーと生き物の利得はともに0となる。フロッシーの期待利得全体は、それぞれの状態における利得に、それぞれの状態が実現する確率を掛け、それをすべての状態について足し合わせたものになる。言い換えれば、フロッシーは（確率1/4で発生する）最初の状態で−8の利得、（確率1/4で発生する）2番目の状態で−12の利得、そして（確率1/2で発生する）3番目の状態で利得0となるので、期待利得全体は（−8）（1/4）＋（−12）（1/4）＋（0）（1/2）＝−5となる。生き物の期待利得も同様にして、（8）（1/4）＋（−12）（1/4）＋（0）（1/2）＝−1となる。すなわち、フロッシーが（卵を守らない、卵を守る、卵を守る）をプレーし、生き物が（襲う、襲う、襲わない）をプレーするときの利得はそれぞれ−5および−1となる。

では、フロッシーと生き物はこのゲームでどのようなプレーをするだろうか？　標準的な分析手法（ナッシュ均衡［Nash 1950］）は、消去のプロセスを行うというものである。つまり、例えば、フロッシーが（卵を守らない、卵を守らない、卵を守らない）をプレーし、生き物が（襲う、襲う、襲う）をプレーすると予測したとしよう。言い換えれば、フロッシーは決して卵を守らず、生き物は常にフロッシーを襲うということである。これは、予測としてはそれほど道理にかなったものではない。なぜなら、もし生き物が常にフロッシーを襲うなら、フロッシーの利得は−8になるが、その場合、フロッシーは他の選択をすることで結果をもっと良くできるのである。つまり、代わりに（卵を守らない、卵を守る、卵を守る）を選ぶことで、利得を−5にすることができる。したがって、フロッシーが（卵を守らない、卵を守らない、卵を守らない）をプレーするという予測については、フロッシーはこの予測に合致するような選択はしたくないはずである。よって、フロッシーが（卵を守らない、卵を守らない、卵を守らない）をプレーし、生き物が（襲う、襲う、襲う）をプレーするという予測は道理に合わず、消去されることになる。別の例を取り上げると、例えば、フロッシーが（卵を守らない、卵を守る、卵を守る）をプレーし、生き物が（襲わない、襲わない、襲う）をプレーすると予測してみよう。このとき、生き物は−6の利得になるが、（襲わない、襲わない、襲わない）、つまり、決してフロッシーを襲わないことによって、より高い利得0とすることができる。したがって、この予測もまた消去される。

同様にして、可能な8つの予測を順番に検討していき、それぞれの予測に従わないことで、少なくともどちらかのプレーヤーの結果を改善可能であるような場合、そうした予測を消去していく。こうした消去のプロセスで残る1つの予測は、フロッシーが（卵を守らない、卵を守る、卵を守る）をプレーし、生き物が（襲わない、襲わない、襲わない）をプレーするというものになる。言い換えれば、フロッシーは生き物がリスであるかもしれないと考える場合には卵を守り、生き物は決してフロッシーを襲わないということである。

それで、このブレンドされたゲームでは、たとえフロッシーが生き物がキツネであることを知っていても、生き物はフロッシーを襲わないと予測することになる。言い換えれば、フロッシーを襲うかどうかを考えるとき、キツネはフロッシーがどのような選択をするかについて考えておかなければならない。もしフロッシーがキツネとリスの違いについてわからないなら、単にリスに対して卵を守っている可能性が高いと考えて、フロッシーは卵を守ることになるだろう。キツネはフロッシーがキツネとリスの違いをわかっているかどうか知らないので、フロッシーが卵を守る可能性を考えておかないといけない。この可能性は、キツネがフロッシーを襲うことをためらわせるのに十分なものである。たとえ、フロッシーが相手の生き物が本当にキツネであることをわかっているときでさえ、このことは当てはまる。こうして、フロッシーは、相手の認識を否定することによって、キツネの力を無力化するのである。

しばしば言及されているように、(例えば、核軍拡競争のような)脅しをかける際の問題の一つは、それを実行することには非常にコストがかかるために、その脅しには信憑性がないということである。したがって、そうした脅しを行う人は、その脅しを実際に実行するほど気が狂っているという印象を与えたがるかもしれない。リチャード・ニクソンは、ベトナムを爆撃する際に、この抑止に関する「狂人の論理」(Schelling 1960〔1980〕)を意識的に採用した。同様に、フロッシーは故意に、自分にとってコストのかかることを実際に行うかもしれないと、キツネに考えるように仕向けた。しかし、この抑止に関する「フロッシーの論理」は、ずっと洗練されたものである。フロッシーは相手の心に、フロッシーが正気であるかどうかについてではなく、自分の相手が強者か弱者かを認識できるかどうかに関する不確実性を吹き込んだのである。フロッシーの吹き込んだ不確実性は、ずっともっともらしく、創造的なものである。誰もが狂人の振りをすることが可能なのだ。

本章では、同じ物語を二度述べた。最初は民話として、二度目は(最終的に**表9**となった)数学的モデルとして。寓話の利点は明らかである。それは短く、説得力があり、子供でさえ理解可能なほど平易である。こうした利点はまさに数学的モデルがもっていないものであると、人は言うかもしれない。数学的モデルの利点はそれほど自明ではない。非常にしばしば取り上げられている利点の一つは、モデルは「もし〜だったら?」という問いに答えるのが容易であるということである。例えば、もしキツネが飢えていて、是が非でも卵を手に入れたがっているとしたら、それでもフロッシーの使ったテクニックは有効なのだろうか? モデルにおいては、計算を通じてこの問いに答えることができる。**表7**の利得の数値を変更し、**表9**にどのような変化がもたらされるのかを見ればいいのである。しかしながら、数学を用いることの主要な利点は、単にそれが他と違っていることである。

数学的モデルは、予測できない方向に分析を進めることを可能にしてくれるような、別種の分析上の契機を与えてくれる（例えば、ベアトリスとベネディックの例や、リチャードとハリスンの例は、ともに個別に取り上げても興味深いが、それらを記号化して**表4**や**表5**にまとめると密接な類似性を見て取ることができる）。数学的モデルと物語は、お互いに双方向で刺激を与え合い、お互いの例示となりうるものである。実際、最も成功したゲーム理論上の議論は、数学的表現と、民話のように簡略化され定型化された仕方でその議論を描き出す説得力のある物語、その両方の特徴をもつものである。オースティンはゲーム理論の数学的発展には寄与していないが、第14章において短く議論するように、こうした数学的な方向性を歓迎していたと理解してもよいのではないかと思われる。

第5章　ジェイン・オースティンの六大小説

本章では、ジェイン・オースティンの六つの長編小説の概略を示す。これらの作品は、一人の若い女性が、ごく幼い頃から始めて、いかにして戦略的思考の技術を学んでいくかに関する年代記と言えるものである。戦略的思考は結婚相手を選ぶ助けになるだけではない。戦略的思考を学ぶことは、大人の女性へと成熟する過程の一部でさえある。ファニーが、スーザンのナイフをあきらめるよう妹のベッツィーを誘導することに成功したとき、彼女は「お金持ちの貴婦人みたいに振る舞っていると思われるのも心配だった」(MP、p.608)。ファニーは、彼女によるベッツィーの誘導が、状況の変化をもたらすのではないかと正しくも疑ったが、それは、子供から大人へ、少女からレディに成長するための必要な変化でもあった。若い女性は、戦略的思考を部分的には小説を読んだり、クラスメートや年上の姉妹を観察したりすることから学ぶが、主には厳しい社会状況において自分自身で選択を行うことから学ぶのである。

オースティンの六つの小説すべてが、ある人物が戦略的思考をいかにして学ぶのかについて論じている。私は、これらの作品を、作品の登場人物の懸念事項が軽度のものからやっかいなものへと難易度が増していく順に取り上げていく。最初に『高慢と偏見』について議論することにする。これは、「最も才気煥発な要素にあふれた」小説であるが、人々の戦略的思考能力が最も発展しないような小説でもある。エリザベス・ベネットとダーシー氏の二人は、最後には自分たちの過ちに気づくが、実際には新しい戦略的な技能を獲得するには至らない。それは、物語の初めから二人とも戦略的思考能力を十分に備えているからである。『分別と多感』はその先を行く。この作品では、ダッシュウッド姉妹（エリナーとマリアン）を通じて、戦略的思考には思慮深い意思決定（エリナーの強み）と想像力に富んだ憶測（マリアンの妄想）の双方がどうして必要であるかが探求されている。『説得』では、より成熟した（二七歳の）アン・エリオットもまた、戦略的な技能を備えた状態から始まるが、彼女は自分自身の能力を信頼し、母親のように頼りになるラッセル夫人の庇護から脱却しなければならないのである。次の二つの小説は、ある若い女性がいかにして戦略的思考を学ぶかを明示的に記述している。『ノーサンガー・アビー』では、一七歳のキャサリン・モーランドは戦略的思考について何のトレーニングも受けていない状態から始まるが、段階的に深刻になっていく状況における意思決定を通じて、それを段階的に学んでいく。『マンスフィールド・パーク』では、一〇歳の頃から養子縁組された家族によって抑圧され、虐待を受けてきていたファニー・プライスが、真っ向からの対立状況に直面して、自分自身で選択を行うことを学ばなければならなくなる。最後に、『エマ』では、オースティンは、戦略的技能を学びすぎる危険性、つまり、戦略的能力への過信について探求している。

本章での議論では、戦略的であることと利己的であることの区別、結婚にとって最善の基盤は戦略的なパートナーシップであること、感情に圧倒されているときでさえ良い選択をすべきこと、自分自身とは異なる他者の心を理解することの必要性、それに、置かれている状況を自覚することが戦略的には愚かな結果を招く危険性といった、後の章でもっと体系的に分析される多くのトピックが導入される。本章でのわたしの主たる目的は、オースティンの小説の内容を要約することであるが、ときにはその内容の分析をも並行して行っていくつもりである。

『高慢と偏見』

「オースティン作品を戦略的思考の観点から読むという」われわれの目的にとって、『高慢と偏見』はオースティンの小説の中では最も単純なものである。エリザベス・ベネットとダーシー氏はお互いへの無関心を乗り越え、互いの愛を認識し合うのであるが、この二人の戦略的思考に関する技能は、作品の中では実質的には何も進歩しない。エリザベスは、物語の初めの段階から戦略的な技能を身に付けている。彼女の父、ベネット氏によれば、彼女は姉妹たちとは「頭の回転がちがう」（PP上、p.10）。ベネット夫人は、彼女の五人の娘たちを嫁がせたいと熱望しており、近所にあるネザーフィールド屋敷の新しい入居者であるビングリー氏と婚約させる計画でいた。一番年長の娘ジェインがビングリー氏の妹キャロラインからネザーフィールド屋敷に招かれたとき、ベネット夫人は、ジェインに馬に乗って行かせることにした。雨になることが予想されていたので、馬で行かせれば一晩中ネザーフィールド屋敷にとどまることになり、ビングリー氏と顔を合わせている時間を最大化できると考えたのである。エリザベスが「名案」と呼んだものはあまりにもうまくいきすぎて、ジェインは病気になってしまい、数日間ネザーフィールド屋敷にとどまるはめになったのである（PP上、p.55）。

エリザベスが病気療養中の姉を訪ねると、そこでビングリー氏の親友ダーシー氏と出会う。ダンス・パーティーの最初のほうで、ビングリー氏はダーシー氏にエリザベスと踊ることを勧めるが、ダーシー氏は彼女の外見に対して思いやりのない言葉を吐き、それをエリザベスに立ち聞きされてしまう。それで、ネザーフィールド屋敷に滞在中にダーシー氏がエリザベスにダンスを申し込むと、彼女は彼が自分に恥をかかせようとしているのだと考え、その申し出を拒否して、「私を笑おうとしている人間を逆に笑ってやるのが大好きですの」と言うのである（PP上、p.90-91）。ダーシー氏は「エリザベスに関心を持ちすぎてしまった」。「彼は固く決心」するタイプの人であり、また戦略的な技能も優れていたので、「エリザベスに関心があるような素振りは今後いっさい慎むこ

とにした」（PP上、p.104-105）

ハンサムなウィッカムが、ダーシー氏の父は彼に生活費（定常的な収入を伴う聖職者の地位）を遺贈するつもりなのだとエリザベスに告げたときには、彼女はダーシー氏のことをまだそれほど好きではなかったが、ダーシー氏は彼の父の願いを無視した。キャロライン・ビングリーはエリザベスに、ウィッカムは信用してはいけないと警告したが、エリザベスはキャロラインの介入の背後にはダーシー氏の悪意があると思っていた。

ベネット家には息子がいなかったので、ベネット氏の死後、その［相続条件が限定された］限嗣相続財産は男性の従兄弟、コリンズ氏に割り当てられることになっていた。彼は、ベネット家の娘と結婚することが、［ベネット家の財政難を救ううえで］部分的な救済策になるだろうという考えをもって現れた。ベネット夫人は、ジェインがまもなく婚約するだろうと示唆したので、コリンズ氏は次女であるエリザベスにプロポーズした。コリンズ氏はエリザベスの拒否をプロポーズへの答えとは受け取らず、彼女の両親にアピールを続けたのだが、ベネット氏は、コリンズ氏はバカだというエリザベスの意見に同意した。三女のメアリーは「彼女がお手本を示して、読書や人格の向上に励めば、ふたりはきっといい伴侶になるはずだ」と考えたが、コリンズ氏は、エリザベスの友人キャロライン・ルーカスへのプロポーズに成功したのである（PP上、p.217）。

ビングリー氏が急遽ロンドンに発ってしまったとき、ジェインは彼が彼女に対して何の真実の愛情ももち合わせていないに違いないと結論した。エリザベスは陰謀を疑ったが、やがて、ダーシー氏の従兄弟フィッツウィリアム大佐との会話を通じて間接的に知ったのは、実際にはダーシー氏がビングリー氏に対して、ジェインのことを追いかけるのを止めるよう説得したということだった。こうして、ダーシー氏が思いがけなくプロポーズしてきたとき、エリザベスは怒りをもってそれに答え、姉ジェインの不幸とウィッカムへの仕打ちについて彼を責めた。翌日、ダーシー氏はエリザベスに手紙を書き、ジェインが本当にビングリー氏を愛していたとは理解できなかったこと、また、彼の妹ジョージアナ・ダーシーが一五歳のとき、彼女と駆け落ちしようとしたウィッカムは、ひどく信頼のおけない人物であることを説明した。

エリザベスの叔父ガーディナー氏とその妻であるガーディナー夫人は、［イングランド］北部への観光旅行に行くことをエリザベスに提案した。エリザベスは、ダーシー氏の地所があるペンバリー付近のどこにも近づかないよう注意していたにもかかわらず、彼女はその提案に同意した。ガーディナー夫人はペンバリーに思い出があり、そこを訪れたがっていた。エリザベスは、少なくとも彼らが訪問している間はダーシー氏が留守の予定であることを知って、ホッと胸をなでおろした。ダーシー氏がある日早くに帰宅すると、顔を合わせた二人は気まずい雰囲気であったが、彼はエリザベスとガーディナー夫妻を非常に親切にもてなした。ペンバリーの地を散歩していると、ガーディナー夫人が疲れを訴え、夫と家に戻ることにしたので、エリザベスとダーシー氏は二人だけで散歩を続けることになった。

ジェインは、ウィッカムが、結婚への意志はないまま、末の妹リディアと駆け落ちしたという急な知らせをエリザベスに書き送った。駆け落ちした二人とロンドンで話し合ったうえで、ガーディナー氏は、ベネット氏が五千ポンドの財産からリディアの均等相続分を彼女に与えるなら、二人は結婚するつもりだとベネット氏への手紙に書いた。その財産は、両親が亡くなった際に、ベネット家の五人の娘たちが受け取るはずのもので、さらに年に一〇〇ポンドが追加されるはずであった。ベネット氏、エリザベス、それにジェインは、ウィッカムたちが要求してきたその金額があまりに低いのでびっくりし、ガーディナー氏自身がウィッカムに十分な額、おそらく一万ポンドを支払ったに違いないと結論した。

エリザベスは、ダーシー氏がまずウィッカムとリディアのためにロンドンに住む場所を見つけ、彼自身の財産を使って問題を収拾したという情報をガーディナー氏から聞き出した。ダーシー氏は、ウィッカムが本当はどんな人物であるかを誰にも警告しなかったことに責任を感じていたことをガーディナー氏に告げたが、ガーディナー氏は、彼の本当の願いはエリザベスからの好意を得たいということなのではないかと疑った。それからビングリー氏が戻ってきて、幸福なことに、彼はジェインにプロポーズした。しかしながら、エリザベスは、ダーシー氏の叔母であり、気難しい性格のキャサリン・ド・バーグ夫人の突然の訪問を受けた。ダーシー氏を自分自身の娘と結婚させる気でいたキャサリン夫人は、エリザベスに彼からのどんなプロポーズも断わるよう約束することを要求した。エリザベスは、そんな約束はできないと答えて、キャサリン夫人を激怒させる。

ダーシー氏は再びエリザベスにプロポーズし、このときには功を奏した。というのは、彼からのプロポーズを断わる約束をエリザベスがしなかった、ということをキャサリン夫人から聞いていたダーシー氏は、自分のプロポーズについて希望を抱いていたからである。ダーシー氏は、ジェインのビングリー氏への愛情は確かなものだと告げるだけで、ビングリー氏をプロポーズに踏み切らせるのに十分だった、とエリザベスに説明した。ダーシー氏は、キャサリン夫人に対して、「ぼくたちの仲を裂こうとしたおかげで、ぼくの疑いが取り除かれた」(PP下、p.294)と告げ感謝した。エリザベスとダーシー氏は二人とも、「エリザベスをダービシャー州へ連れてゆき、縁結びの神になってくれた」(PP下、p.305)ことでガーディナー夫妻に感謝した。

全編を通して、エリザベスの戦略的能力は常に保たれている。「まだ二十一にはなって」いない(PP上、p.285)非常に若い女性である彼女が、キャサリン夫人の強引で突然の訪問に対して、最終的に彼女の結婚を勝ち取ることに導くような決定的なやり方で振る舞うことが可能だったことがもっともらしく思えるのは、かなり初めの段階から彼女の戦略的な気転の良さが示されているからである。彼女の戦略的思考は、妥当ではあるが必ずしも有益とは限らない結末をもたらす。ジェインのようにあまり戦略的でない人だったならば、ウィッカムについてのキャロラインの忠告を字義通りに受け取ったり、ダーシー氏からのダンスへの招待を軽蔑ではなく自分への興味の表れとして受け取ったかもしれない。(「たいへん単純な人物」で「頭も良くないし、教養もないし、情緒も不安定」(PP上、p.11)な女性であるエリザベス自身の母、ベネット夫人とは対照的に)エリザベスの利益になるために目配りをする、戦略的技能に優れたガーディナー夫人とエリザベスとの関係は、彼女が既婚女性という状態になった後も変化しない。エリザベスはいつもガーディナー夫人の助力を利用することができ、それに感謝しているのである。

ダーシー氏は、彼の最初のプロポーズが受け入れられるだろうと確信をもっていたがゆえに、プロポーズは戦略的な状況において行われるということを苦労して学ぶことになった。プロポーズする人は、プロポーズが実際に受け入れられるか否かを考えなければならない。ダーシー氏は、エリザベスの最初の拒絶が、彼の「高慢の鼻をへし折」るための「教訓」であったことを認識する（PP下、p.273）。それ以外では、彼の戦略的センスは、これもかなり最初の段階から、男女関係についてでさえ、非常に優れていた。エリザベスがジェインを見舞うために初めてネザーフィールド屋敷を訪れたとき、キャロラインが彼女に一緒に部屋の中を歩きまわろうとお願いすると、ダーシー氏はそこには二つの動機が推量できると二人に告げた。「あなたたちは、こんな夜に部屋の中を歩きまわっている。これは何か目的があるにちがいない。ふたりで内緒話をするためかもしれない。あるいは、ふたりとも自分の容姿に自信があって、歩く姿がいちばん美しいと思っているのかもしれない。ぼくはそう考えたわけです」（PP上、p.98）。エリザベスとダーシー氏が談話しているとき、彼女は「彼に話題を見つけてもらうことにして、そのまま黙ってい」たので、「それを察して」それ以降はダーシー氏が話題提供をした（PP上、p.305）。エリザベスが彼の最初のプロポーズを断わったとき、ダーシー氏は辛辣に反論して、「いや、すっかり説明してくれてありがとう。その説明によると、たしかにぼくの罪は重大だ」（PP上、p.329）と言った。しかし、ダーシー氏は実際にはエリザベスに対して、彼女が非難する理由を具体的に教えてくれたことに感謝していた。それは、彼にとって、手紙で事情を十分詳しく説明することを可能にしてくれたからである。エリザベスとダーシー氏は一緒になって問題を解決しようとしたが、二人がもつ戦略的技能は、その問題解決のためには十分なものだったのである。

リディア・ベネットが突然、結婚競争の先頭に飛び出してきたが、彼女もまた根本的にはその戦略的技能において何の変化もなかった。そのことは、物語の最初のほうで、近隣に駐留していた連隊士官たちの後を追い、ブライトンまで彼らについていくという彼女の「すてきな計画」に明らかである（PP下、p.31）。エリザベスとジェインからすると、リディアの結婚は愚かさと放縦さに対するみだらな報酬であったが、自分の家族の貧弱な財産について完全に理解していたリディアは、とにかく何らかの持参金を伴う結婚で成功するには、ガーディナー氏のような裕福な近親者が、家系の評判を維持するために彼女の救済に乗り出さなければならないような危機的状況を作り出すしかないと知っていたのである。そうした計画は、最初の段階でまだリディアと結婚することにコミットしていない、欲得ずくの花婿に対してしかうまくいかないものであり、ウィッカムはその条件を満たしていたのである。徹底的に無謀なリディアの振る舞いもまた助けになった。ベネット夫人はこれらのことを完全に理解し、リディアを非難するのではなく、結婚することへの動機付けを与えたうえで、弟のガーディナー氏に「花嫁衣装なんて待ってないですぐに結婚させて。結婚すれば、花嫁衣装のお金なんていくらでもあげるってリディアに言っておくれ」（PP下、p.137-38）と告げたのである。ベネット氏が家に帰ってくる頃になると、ベネット夫人は、リディアの救済はガーディナー氏に任せて、一家の大黒柱としての役割を果たしていないと、夫に不平を漏らした。「誰がウィッカムと決闘してふたりを結婚させるの？」（PP下、p.155）ウィッカムがリディアと結婚することに同意すると、ジェインは、ガーディナー氏がウィッカムにお金を与えたに違いないと気づかせて母に恥をかかせようとしたが、ベネット夫人は「でも、それでいいの。弟はリディアの叔父さんだから、それくらいのことをするのは当然よ」（PP下、p.168）と答えたのである。

その戦略的技能を発展させた唯一の人物は、残る最後のベネット家の娘、キティーである。彼女は「咳をするには時と場合を選ばなくちゃ」（PP上、p.13）という父のジョークを理解できず、ジェインとビングリー氏が二人きりになるかもしれないときに、「なぜ私に目配せしているの？　私になんの用なの？」と母に尋ねている（PP下、p.234）。しかしキティーは、エリザベスとダーシー氏に、一緒に散歩に行かないかと誘われたときには、

「今日は家にいた」ほうがいいことをすぐに理解できた（PP下、p.283）。さらにジェインとエリザベスが結婚すると、キティーは彼女たちの新しい家族と一緒に時を過ごして、「いままでの知り合いより程度の高い人たちとつきあうようになって、あらゆる面で良くなった」と告げるのである（PP下、p.301）。

『分別と多感』

エリザベス・ベネットと同様に、ダッシュウッド家の姉妹エリナーとマリアンは、『分別と多感』において戦略的技能を完全に兼ね備えた形で登場する。エリナーは「すぐれた知性と冷静な判断力をもち」、「マリアンの能力と才能は、多くの点でエリナーにまったく引けを取らなかった。姉に劣らず頭が良くて、観察力も鋭い」（SS、p.12）。エリナーの戦略的技能は小説の中ではそれほど進歩しないが、マリアンの技能は再調整が必要となる。無機質な対象に動機をさぐってしまったブレア・ラビットと同様に、マリアンは他人の動機についてあまりにも熱心に憶測を行ってしまい、結局自分がいかに誤りに陥りやすいのかを知ることになるのである。エリナーは意思決定において優れているが、マリアンは他人の動機について考えることについて過剰に特化している。このように、姉妹の二人は、戦略的思考にとってともに必要な二つの技能をそれぞれが代表して備えているのである。

エリナー、マリアン、それに彼女たちの下の妹マーガレットは［サセックス州］ノーランドで育ったが、彼女たちの父、ヘンリー・ダッシュウッド氏が亡くなったとき、ノーランドの地所は、先妻との間の子であるジョン・ダッシュウッド氏に譲られた。幸運にも、彼女たちの母、ダッシュウッド夫人は、彼女の従兄弟であるサー・ジョン・ミドルトンから、バートン・パーク近郊のバートン屋敷にとどまらないかとの申し出を受けた。そこは、サー・ジョンがその妻、ミドルトン夫人と住んでいる場所であった。バートンでの姉二人の主要な仕事は、彼女たちの未知なる求婚者たちの動向を探ることであった。マリアンは母に、なぜエドワード・フェラーズはエリナーを追い求めるのにあれほどのんびりなのかと尋ねた。「最後の朝も、私が二度も席を外して、ふたりだけにしてあげたのに、彼はそのたびに、私のあとから部屋を出てきてしまったの」（SS、p.56）。ウィロビーのマリアンへの求婚はもっと迅速で、マリアンが「ちょっと用があると言って」ミドルトン夫人の家族に会いに行くことを辞退すると、ダッシュウッド夫人は、「さては昨夜ウィロビーさんが、明日みんなの留守中に会いに来ると約束したのだな」と判断したので、「マリアンが家に残ることにまったく異存はなかった」（SS、p.107）。家族が帰ってくるとマリアンは泣いていて、ウィロビーがいつまた連絡してくるのかわからないことがわかると、エリナーは、マリアンとウィロビーが婚約したという母の思い込みに疑問を抱いた。マリアンと同様に「気性の激しさ」がある（SS、p.12）ダッシュウッド夫人は、ウィロビーの突然の出発に関してその理由を考えた。ウィロビーが相続財産を受けようと期待している相手であるスミス夫人は、彼のマリアンとの婚約を信じられず、それに同意しなかったので、彼を呼び戻したのだ。ウィロビーに対するダッシュウッド夫人の信頼は、彼の立ち居振る舞いや見かけに多くを負っていた。「この二週間の、マリアンと私たちにたいする彼の態度を見れば、彼がマリアンを愛して、未来の妻と考えていることは明らかじゃないの（中略）彼は表情や、態度や、やさしい心づかいや、愛情のこもった尊敬心によって、毎日のように私の同意を求めていたわ」（SS、p.114）。マリアンに対して二人が婚約しているのかだけを尋ねるようにエリナーが母に示唆したとき、ダッシュウッド夫人は「もし婚約していなかったらどうなるの？　その質問があの子の気持ちをどんなに傷つけるかわからないのかい？」（SS、p.120）と答えた。彼女は、マリアンから秘密を聞き出すために、大声を出すつもりはなかったのである。エリナーは、母親とマリアンの空想的なところには疑問をもっていたかもしれないが、エドワード・フェラーズが特に明確な理由もなしにダッシュウッド家への訪問を突然取りやめると、エリナーもまたエドワードの真の動機について考えないわけにはいかなくなり、彼女自身の空想を採用しなければならなくなった。「エドワードと自分に関する興味深い問題に関して、過去と未来が目の前に現れて、いやおうなく彼女の注意を引きつけ、彼女の記憶と思考と想像力を独占せずにはおかなかった」(SS、p.147-48)

ミドルトン夫人の遠い従姉妹であるルーシー・スティールは、四年前に秘密裏にエドワードと婚約したのだとエリナーに打ち明けた。エリナーは、ルーシーが彼女にそのようなことを告げるその戦略的な目的を容易に理解した。「ルーシーが嫉妬するのは当然であり、ほかの理由をあれこれ考える必要はない。そして、ルーシーがエリナーに婚約を打ち明けたということが、彼女がエリナーに嫉妬している何よりの証拠なのだ。つまりルーシーは、エドワードにたいする自分の優先権をエリナーに知らせ、今後いっさい彼に近づくなと警告するために、エドワードとの婚約をエリナーに打ち明けたのだ。ほかに理由が考えられるだろうか」(SS、p.194)。エリナーとマリアンは、ミドルトン夫人の母ジェニングズ夫人とロンドンを訪れた。ジェニングズ夫人が孫の誕生で忙しくなると、エリナーとマリアンの異母兄弟ジョン・ダッシュウッドは、彼の家族のところに滞在するようにという提案をした。しかし、彼の妻ファニー・ダッシュウッドはエドワード・フェラーズの姉で、フェラーズ家は、エドワードを裕福なミス・モートンと結婚させようと計画していたのだった。そこで、エリナーがエドワードに近づくことを阻止するために、ファニーは、ルーシー・スティールと彼女の姉アン・スティールをすでに招待しているのだと答えたのだ。もちろん、ルーシーのほうがはるかに危険な存在であることを知らないで。

アン・スティールは、「ルーシーはみんなからあんなに気に入られているんだから」と無邪気にも考えていたので、ルーシーとエドワードとの秘密の婚約について漏らしてしまった(SS、p.351)。その言葉に戦々恐々となって、フェラーズ家の人々はスティール姉妹を追い出し、エドワードを勘当した。エドワードの母であるフェラーズ夫人は、エドワードの弟ロバートをノーフォークの地所の相続人に任命した。そこはエドワードの持ち物になるはずのものであった。いまや秘密の婚約は周知のことになったので、エリナーはルーシーの戦術と、彼女自身の戦略的応答についてマリアンに説明した。「その婚約のことは、ルーシー本人からむりやり打ち明けられたの。私の幸せを破壊したルーシー本人から、しかもものすごく得意げに。だから私は必死に無関心を装って、ルーシーの猜疑心に対抗しなければならなかったの。私にとってはいちばん関心があることなのに」（SS、p.359)。エリナーの自制は、ウィロビーのひどい仕打ちについて無際限の苦悩に苛まれていたマリアンにとって、このときを絶好の教育機会にしてくれたのだった。「ああ、お姉さま！　私はつくづく自分に愛想が尽きたわ！（中略）お姉さまの立派さがいつも私を非難しているように思えて、私はそれを必死に払いのけようとしていたのね」（SS、p.360)

ダッシュウッド家の友人で、マリアンの崇拝者であるブランドン大佐はエリナーのところへ行き、彼の地所でエドワードの生活を保障するつもりであることを彼に告げてほしいと彼女に頼む。そうすることで、家族からの援助を失ったエドワードがルーシーと結婚することが可能になると考えたのである。エドワードはブランドン大佐に感謝したが、本当はエリナーのおかげであると考えていた。その間に、マリアンは物思いにとらわれたまま長い散歩をしたため、靴とストッキングを濡らしてしまい、風邪を引いてしまう。

マリアンの健康は急速に悪くなり、熱にうかされる中で、母親を強く叫び求めた。エリナーはすぐに、ダッシュウッド夫人を連れてくるようにとブランドン大佐を送り出したが、マリアンが死にかけていると聞いて、思いがけなくウィロビーが最初に現れた。ウィロビーは許しを求め、自分はマリアンに真実の愛情を感じているが、彼の保護者であるスミス夫人が、ブランドン大佐の非常に若い姪で、夫人が庶子として世話をしていたエリザ・ウィリアムズと彼が結婚しなかったために、彼を勘当したのだとエリナーに告げた。つまり、お金がないのでマリアンとは結婚できず、裕福なミス・グレイと結婚するしかないのだという。

ダッシュウッド夫人が到着すると、ようやく回復したマリアンは、強い自制心を示して明言した。「すこしは感情を抑制できるようになって、性格も改善されると思うわ。もう人に迷惑をかけたり、自分を苦しめたりするようなことはぜったいにしないわ」（SS、p.478)。しかし、かつてのルーシー・スティールがフェラーズ夫人になったことをマリアンとその家族が知ると、エドワードがまだエリナーと結婚する可能性があるという望みが打ち砕かれたために、彼女は「発作を起こしたように椅子にぐったりとなってしまった」（SS、p.487）。しかし、エドワードが現れると、ルーシーは新しく遺産を受け継いだロバート・フェラーズと結婚することになったことが明らかになった。見事に婚約から解放されたエドワードは、エリナーにプロポーズした。マリアンは、エリナーと母からの大きな励ましを得て、ブランドン大佐と一緒になることになった。

エリナーは自分の戦略的技能を至る所で用いている。エリナーはマリアンに、婚約を前提とした付き合いのまだ早い段階において、ウィロビーから馬をプレゼントとして受け取らないようにと彼女を説得している。それは、プレゼントを受け取ることの不適切さについて議論することなしになされた（エリナーは「マリアンの性格をよく知っているからだ。男女の仲に関するこういう微妙な問題で反対されると、マリアンはますますムキになって自分の考えに固執するだろう」）。その代わりに、馬は大切な彼女の母親に迷惑をかけると言ったのだった（SS、p.83）。後に、エリナーは、ウィロビーの婚礼に関するニュースをもっと穏便にマリアンに伝えるために、そのニュースが先に伝わらないようにした。「そのニュースを突然新聞で知ることになるかもしれない。それではショックが大きすぎてまずいとエリナーは思った」からである（SS、p.296）。エドワードがルーシーと婚約していることを知った後、エリナーは「自分とエドワードとの愛情を信じきっている母の期待をなんとか弱めようと、前から機会をうかがっていた。事実が明らかにされたときの母のショックをすこしでも小さくしたいから」だった（SS、p.215）。また同様に、ウィロビーがロンドンにいる間に連絡してくることに対して、マリアンが熱烈な望みを抱いていることをジェニングズ夫人に悟られないように努力した。もっと重要なことは、エリナーが、完全に取り乱しているエドワードに、彼の母と和解するように説得したことである。このことにより、エリナーは彼らの結婚に同意したことになり、エドワードは家族の元に帰り、一万ポンドの遺産も取り戻すことができたのである。

もちろん、ルーシー・スティールも等しく戦略的である。ロバート・フェラーズが、エドワードとの婚約を取り下げるよう説得するために個人的に彼女の元を訪ねたとき、ルーシーは彼の訪問を数回にわたる訪問の繰り返しにまで引き延ばし、「自分の利益だけを考えてうまずたゆまず努力すれば、たとえ途中で挫折したかに見えても、最後にはあらゆる幸運をつかむことができる」ことを示したのである（SS、p.520）。エドワードとエリナーが婚約した後でもまだ、ルーシーが自分に対する真実の愛情をもっているとエドワードは考えたがった。なぜなら、エドワードの家族が彼を勘当した後でさえ、彼女は彼と結婚したがったからである。それに対してエリナーは、おそらくルーシーは危機的状況が他者からの援助を引き出すだろうことを予期しているのだ、と答えた。「あなたにとっていいことがそのうち起きるかもしれないし、あなたのご家族の怒りもそのうち和らぐだろうと、彼女は思っていたかもしれないわ」（SS、p.507）。言い換えれば、おそらくルーシーの戦術は、『高慢と偏見』におけるリディア・ベネットと同様のものである。ともかく、ルーシーは早い段階でエリナーに、「どなたか聖職禄の推挙権をお持ちの方をご存じなら、ぜひ彼を推薦してください」という手紙を書いていて（SS、p.378）、結局はブランドン大佐がその役割を果たすことになったのである。ついでに言えば、ルーシーは、ロバートが正しい結婚相手の目標になるだろうと、もっと前に予期していたのである。というのは、彼女とエリナーが最初に出会ったとき、彼女はエリナーに、自分とエドワードは婚約のことをフェラーズ夫人に伝えたくないのだと言ったが、それは、「婚約と聞いた瞬間に怒りに駆られて、全財産をロバートに譲ると言い出すかもしれない」（SS、p.203）と考えたからである。ルーシーとエリナーは、その戦略的技能においてではなく、その目的において異なっている。戦略的技能は、お金持ちと結婚したり、競争相手を蹴落としたりといった、欲得ずくの目的に使用される必要はないのである。人は、お金目当てのルーシーになることなしに、戦略的なエリナーになりえるのである。

他人の動機を理解するには、能動的なイマジネーションが必要になるが、マリアンのイマジネーションは誇大妄想的である。例えば、ブランドン大佐は、不幸な環境に苦しんだマリアンのような女性をかつて知っていたと、ためらいつつエリナーに告げている。エリナーにとって、「ちょっと想像力を働かせれば、大佐のその心の動揺は、過ぎ去った恋の思い出と関係があると思わないわけにはいかなかった。でもエリナーはそれ以上のことは考えなかった。もしこれがマリアンだったら、そんなことではとてもすまないだろう。あのたくましい想像力で、たちまち一篇の物語を作ってしまうだろう」（SS、p.80-81）。ジェニングズ夫人は、狩猟家たちは田舎に出かけていたが、冬が深まれば戻ってくるだろうと、ぼんやりと述べた。マリアンは、狩猟家ウィロビーがロンドンにいる彼女たちになぜまだ連絡してこないのかいぶかしんで、「夜は暖炉の燃えさかる火の中に、朝は大気の気配の中に、近づく寒気の確かな兆候を見て取っていた」（SS、p.229）。もちろん、マリアンの最悪の思い違いは、「私は彼と正式に婚約していると思っていたの。厳格な法律上の契約で結ばれているのと同じように」とあるように、彼女がウィロビーと実際に婚約していると考えたことである。エリナーが「でも、彼はそうは思っていなかったようね」と答えると、マリアンは「いいえ、お姉さま、彼もそう思っていたのよ。何週間もずっとそう思っていたのよ。それは確かよ」と言ったのである（SS、p.257）。

他人の真の動機を知る自分の能力を過信しすぎると、唯我論に陥ってしまうことがある。ジェニングズ夫人がマリアンに手紙を手渡したとき、たちまちマリアンの「想像力が羽ばたいた。これはウィロビーからの手紙だ。やさしさと後悔と反省に満ちあふれ」た言葉が記されているはずの（SS、p.275-76）。しかし、痛烈なことに、その手紙はダッシュウッド夫人からのものであることが明らかになり、マリアンは、彼女を慰めようとした唯一の人であるジェニングズ夫人が、恐ろしく残酷な意図をもってそうしたのだと結論するのである。マリアンは「他人が自分と同じ意見や感情を持つことを期待し、他人の行動が直接自分に及ぼす影響――つまり自分がこうむった痛手――によって他人の行動の動機を判断した」（SS、p.275）。「鋭敏で繊細な感受性（中略）をあまりにも重要視するために」、マリアンは、他人が彼女自身と同じような感受性をもっており、それゆえ、彼女と同様にその行為のもたらす結果を見るに違いないと信じているのである（SS、p.275）。彼女に痛みをもたらすような行為を行う人は誰でも、そのことを予期できるはずなので、意図的にそうしたことをしているに違いないのである。マリアンは、あからさまな滑稽さを象徴するジェニングズ夫人の娘、パーマー夫人に危険なほど近づいてしまった。夫人は、マリアンがサー・ジョン・ミドルトンとは親しい友人だったブランドン大佐と結婚したと信じていたので、こう言ったのである。「でも母はもっといい結婚を望んだのね。そうでなければ、サー・ジョンが大佐にその話をして、私たちはすぐに結婚していたと思うわ」（ＳＳ、p.163）。パーマー夫人は、ブランドン大佐とはたった二度しか会っていないにもかかわらず、彼との結婚のことを想像していたのである。

だが、推測や想像、イマジネーションなしには戦略的思考を行うことは不可能だ。例えば、エリナーが、母親の迷惑になるからという理由でウィロビーからのプレゼントである馬を受け取らないようにマリアンを説得したとき、彼女は、馬を受け取ることが不適切であることを率直に指摘した場合とは正反対のことをマリアンはするだろう、という期待に基づいてそのような説得をしたのである。しかしながら、この期待には十分な根拠があったが、不正確なものであった可能性があり、時をさかのぼって、エリナーがもう一つの戦略を試していたら何が生じたのかを見る以外には、これ以上検証できないものである。社会的状況にいる誰もが、他者の動機や、彼らが人々の行動に対してどのように反応するのかについて推測しなければならない。もし、どうにかしてこうした推測が確実になるまで待つとしたら、人は何も行動できなくなるだろう。ダッシュウッド夫人はこう指摘している。「ふたりの結婚は絶対確実ではないからといって、その可能性を全部否定するのかい?」（ＳＳ、p.112）

マリアンの戦略的技能はかなり進歩することが可能だった。エリナーとマリアンがフェラーズ家に招待されたとき、エリナーによって絵を描かれた一対のスクリーン［柄付きの扇子］は称賛を浴びて回覧されることになった。しかし、その布［の絵］がミス・モートンの絵に似ていると指摘されると、エリナーにとってはまれな好意的評価を受けられるその瞬間は、ミス・モートンへの全面的な称賛へと姿を変えてしまう恐れがあった。そこで、マリアンは「泣き出した（中略）全員の注意がマリアンに集中し、ほぼ全員がマリアンの身を心配した」（ＳＳ、 p.323)。後に、ウィロビーに振られた後で、マリアンは母親と会うためにただちに家に帰りたいと望んだが、数か月待つ必要があった。彼女が病気になり、熱のせいで乱暴に泣き叫んだことによってのみ、エリナーに恐怖を起こさせ、実際にダッシュウッド夫人を呼びに行かせることになったのだった。こうした感情的爆発は故意のものだったのだろうか？　どちらの事例でも、客観的にはマリアンは成功した。ミス・モートンへのさらなる称賛は阻止され、また、彼女はついに愛する母に会うことができた。マリアンが絶え間なく主張する〝思いやりの大切さ〟という言葉は、二つの抑えられない感情の爆発を信憑性のあるものにした。しかしながら、彼女にとっての大きな利得は、ウィロビーがマリアンの元に駆け込んできて、許しを請い、彼の愛情は本物なのだと宣言したことである。エリナーが彼を捕まえて、なぜやってきたのかを尋ねたとき、ウィロビーはこう説明した。「マリアンが死にそうだと聞いたときのぼくの気持ちをお察しください。しかも彼女は、ぼくを世界一の大悪党と確信して、ぼくを軽蔑し憎みながら死のうとしているのです（中略）それですぐに決心して、今朝の八時に馬車に乗りこんだというわけです」（SS、p.455）

マリアンは、ウィロビーが悔い改めの旅をするように仕向けるために、あるいは少なくとも彼女の母の到着を急かせるために、死ぬかもしれないリスクを冒しながら、実際に自分が病気になることを許したのだろうか？　彼女は「草も伸び放題で露にじっとり濡れていた」ときに長い散歩をし、「濡れた靴と靴下のままで過ごすという不注意なことをしたために（中略）ひどい風邪を引いてしまった」（SS、p.418-19）。回復すると、マリアンはエリナーに次のことを認めた。「私の病気はまったくの自業自得で、これではいけないと自分でもわかっていた不摂生が原因なの。もしあのまま死んでいたら自殺みたいなものね」（SS、p.476）。病気になることは、危機的状況を生み出す別のやり方である。しかし、マリアンがジェニングズ夫人に対して犯したのと同じ間違いを、私たちもしでかすことがある。戦略的な謀略が存在しないところで、それがあると信じ込んでしまうという過ちである。おそらく、マリアンは瀬戸際政策に関与していたのではなく、本当におかしくなっていたのである。

マリアンには、統合失調症の危険性があったのだろうか？　統合失調症傾向のある人々は、木のように「一般には心的能力をもたない物体」に心的状態を帰属させる傾向があり（Gray, Jenkins, Heberlein, and Wegner 2011, p.478）、実際、ノーランドの地所を離れたとき、マリアンはそこにさよならを告げたのである。「ああ、幸せな日々を過ごしたわが家よ、いまここからおまえを眺める私の悲しみをわかってもらえるだろうか！　こうしておまえを眺めることはもう二度とないのだ！」（SS、p.40）この意味で、統合失調症傾向のある人々は、自閉症スペクトラムの人々と反対の極にある。後者の人々は、人々に心的状態を帰属させることはあまりないからである。統合失調症の別の側面は、「注意を維持したり、集中したりすることの困難性」にあり（Nettle and Clegg 2006, p.612）、実際、「驚くべき分量の『分別と多感』における語りのテンションは、マリアンが登場する際の彼女の注意力の欠如からはじき出されている」のである（Sedgwick 1991, pp.827-28）。統合失調症傾向がもつ別の二つの側面は、「知覚的・認知的な異常や呪術思考」と、「衝動的な不服従……暴力的で無謀な行動」である。最初のものは芸術的な創造性と関連しており、また二つともが、性交渉相手の数に対する交尾成功度と関連している（Nettle and Clegg 2006, p.612）。

同時に、［衝動性という統合失調症傾向のもつ特徴と］必ずしも矛盾しているわけではないが、（少なくともアメリカ合衆国において）自殺する人々は大部分が男性で、「たいてい自殺するための計画を立て、妨害を避けるために予防措置をし、主として迅速で効果的な、一般には不可逆の手段を用いる。彼らの目的は死ぬことである……そして、大多数は最初の試みで成功する」。しかしながら、もっとずっと一般的なのは（おそらく一〇倍は多い）、「自殺未遂」である。自殺未遂を行う人々は大部分が女性で、「（他人がいるところで行うとか、誰かに通知することで）救助してもらう用意をしており、効果がゆったりとしたものや効果のない手段を採用する。彼女たちの目的は生き残ることであり、（たいていは）別の人にメッセージを送りたいのである」（Murphy 1998, p.166）

ダッシュウッド家の一番下の娘である一三歳のマーガレットは、戦略的には無垢の状態からスタートした。物語の早い段階で、ジェニングズ夫人がマーガレットにエリナーの求婚者の名前を言わせようとしたとき、「マーガレットはエリナーのほうを見て、『言っちゃだめよね、お姉さま』と答えたのである。／これにはもちろんみんなが笑った」（SS、p.86）。しかし、物語の終わり近くになって、エドワード・フェラーズが訪ねてきたとき、ダッシュウッド家の人々は彼がルーシー・スティールと結婚したと理解していたが、「マーガレットは、事情のすべてではないが一部は知っているので、威厳を保つのが自分の義務と考え、できるだけエドワードから離れた席に座って、ひたすら沈黙を守った」（SS、p.495）。マーガレットの戦略的能力は進歩し、まもなく彼女は「ダンスをするのにまことにふさわしく、好きな人ができてもまったくおかしくはない年齢に達していた」（SS、p.526）のである。

『説得』

二七歳という年齢であるアン・エリオットは、オースティン作品のヒロインの中では最年長者であり、エリザベス・ベネットやダッシュウッド姉妹と同様に、戦略的技能をあらかじめ備えた状態で登場する。しかし、『説得』は、アンが自分より年長の人から脱却しなければならないということを描いた成長の物語である。アンは、彼女の親愛なる友であり、子供の頃から彼女を導いてくれた亡き母の親友ラッセル夫人が、アンの最善の決定をする助力にはなっていなかったことに気づくようになる。ついには、「ラッセル夫人には、これらのことにはっきりと気づいてもらわなくてはならない。そして自分の判断が完全に間違っていたことをすなおに認めて、ぜひ、新しい考えと希望を持ってもらわなくてはならない」と考えるようになる（P、p.415）。ラッセル夫人はアンを愛しており、誰と結婚するかという、アンにとって最も重要な決定をする際にできるかぎりの助言を行ったが、アンは「ときどきラッセル夫人と意見が合わないこと」がわかってきた（P、p.241）。ラッセル夫人のほうが人生経験豊富であったにもかかわらず、「彼女は鋭敏さより堅実さを身上とする女性」だった（P、p.20）。率直に言って、アンのほうが戦略的思考に長けていた。『高慢と偏見』において、ガーディナー夫人とは「とりわけ親しいつきあい」を続けたエリザベス・ベネットや（PP、p.305）、『分別と多感』において、母との関係が結婚後も変わらなかったダッシュウッド姉妹とは反対に、アンはラッセル夫人から脱却しなければならず、アンとラッセル夫人との関係は、ラッセル夫人のことを「八年前の過ちにもかかわらず」評価しているアンの夫ウェントワース大佐と一緒に、新たに再構築しなければならなかったのである（P、p.420）。

一九歳の時、アンはウェントワース大佐のプロポーズを受けたが、ラッセル夫人はそれをお断わりするようにとアンを説得した。その当時、ウェントワース大佐には、その態度以外には非難すべきところがなかった。「ウェントワースは才気あふれる無鉄砲な青年だが、ラッセル夫人は機知を好まないし、無分別なことはすべて大嫌いだった」（P、p.47）。八年後、海軍で成功をおさめたウェントワース大佐は、姉のクロフト夫人を訪ねるために帰ってきた。彼女の夫であるクロフト提督は、アンの父ウォルター・エリオットの地所であるケリンチ屋敷を借りていた。サー・ウォルターは、財産を浪費しすぎたために、地所を貸さざるをえなくなっており、最年長の娘エリザベスと彼女の友人で未亡人のクレイ夫人と一緒に、バースの賃料の安い地区に引っ越していた。彼は、アンを、ラッセル夫人とアンの妹であるメアリー・マスグローヴとともに残してきたのである。メアリーはチャールズ・マスグローヴと結婚していた。彼の成人した妹はルイーザとヘンリエッタ・マスグローヴであった。

マスグローヴ家とウェントワース大佐の間でおとなしくしていた「アンは、できるだけみんなの邪魔にならないようにした」（P、p.140）。大部分、アンはウェントワース大佐の感情を理解しようと努力した。「心変わりを知らぬ心にとっては、八年という歳月も無に等しいかもしれない。／では、あの人の心はどう受け取ったらいいのだろう？」（P、p.101）アンは、ウェントワース大佐が彼女のことを「気がつかないほど変わってしまった！」と思っていたのだと聞くと、残念に思った。ピアノを弾いている間、「大佐の視線を感じた。たぶん彼は、アンの変わり果てた容貌を見て、八年前にうっとりと見つめたあの若き日の美しいアンの痕跡はないかと見つめていたのだろう」（P、p.102/p.120）。彼を理解するために、アンは、自分自身を彼の立場に置いてみた。「もし私と再会したいと思っていたなら、もっと早く私に会いに来たはずだ（中略）もし私が彼なら、愛する女性にとっくの昔に会いに行っていただろう」（P、p.98）。アンは、誰よりも彼のことをよく理解していると思い込み始めるほど、彼に夢中になっていた。「これを聞いたウェントワース大佐の顔に、ほんの一瞬ある表情が浮かんだ。輝く目がきらりと光り、美しい口元が誰かを軽蔑するように歪んだのだ。（中略）だがその軽蔑的な表情を見せたのは、ほんの一瞬のことだったから、大佐のことをよく知っているアン以外は誰も気がつかなかった」（P、p.113）

しかし、言葉や目くばせよりも強い証拠は、ウェントワース大佐の行動にあり、それは彼自身の戦略的洞察力を示すものであった。最初に、彼はメアリーの二歳の息子をアンの背中から引きずり下ろした。アンやその隣人チャールズ・ヘイターとは対照的に、ウェントワース大佐は、二歳児は「命令しても、頼んでも」、お金で動機付けを与えても動かず、ときには引っ張らなければならないことを知っていた（P、p.134）。次に、長い散歩の間、マスグローヴ一家、チャールズ・ヘイター、アン、それにウェントワース大佐は、馬車に乗ったクロフト提督と夫人にばったり出会った。馬車にはもう一人分の座席が空いており、クロフト夫妻は若い女性の一人を家まで送ってあげると提案した。しかし、「ウェントワース大佐が突然生垣を飛び越えて、姉のクロフト夫人に何かささやいた」。その結果として、クロフト夫人は、アンが彼女たち夫婦と一緒に来るようにと主張することになった（P、p.151-52）。ウェントワース大佐は、アンがあまりにも控えめなので、四人の若い婦人たち全員に提示された提案を受け入れることはできないが、自分一人に直接なされた提案なら拒否できないことを知っていたのである。アンはこうしたことをすべて理解していて、「これらのことで明らかになったウェントワース大佐の気持ちを思うと、アンは激しく心を動かされずにはいられなかった（中略）アンはウェントワースのいまの気持ちを理解した。あの人は私を許すことができないのだ。でも、私にたいして冷酷な気持ちにもなれないのだ（中略）それでもあの人は、私の苦しんでいる姿を見ると、救いの手を差しのべずにはいられないのだ」（P、p.152-53）

アンはその受動性のゆえに、行動する代わりに、彼の気持ちを探り出すためにエネルギーを費やしていたので、危機が発生すると、最善の選択をすることができた。一団はウェントワース大佐の友人で、ライムにいるハーヴィル大佐を訪問し、海岸の石造りの突堤《コップ》の上を散歩していた。ルイーザは、石畳でできた道路はとても硬いので差し控えるようにと言われながらも、突堤の険しい石段から下にジャンプしては、もう一度繰り返しウェントワース大佐が受け止めてくれるのをとても楽しんでいた。「ルイーザはにっこり笑って、『いいえ、私は絶対に飛び降りるわ』と言った。大佐は仕方なく両手を差し出した。――が、ルイーザが飛び降りるのが一瞬早すぎた。ルイーザは固い石畳に落ちて倒れ、すぐに抱き起こされたが、なんと気を失っていた！」（P、p.182）ウェントワース大佐は、「全身からすべての力が抜けてしまったよう」になり、「誰も助けてくれないんですか？」と叫んだ（P、p.183/p.182）。アンが最初にそれに応えて、一団に気付け薬をかがせてみるように指示し、ルイーザのこめかみと手に擦り付け、医師を呼んだ。ウェントワース大佐が医師を呼びに出かけようとすると、アンは、ハーヴィル大佐と一緒に暮らしていた友人のベニック大佐を代わりに行かせるべきだと指摘した。なぜなら、彼だけがグループの中でライムをよく知っていたからだった。女性であるメアリーとヘンリエッタは体がマヒしたか、狂乱した状態になっており、残りの男性たち、つまり、「チャールズもウェントワース大佐もアンの指示を待っているようだった。／『アン！　アン！』とチャールズが叫んだ。『つぎは何をすればいい？　ねえ、つぎは何をすればいい？』」（P、p.184）

アンは彼らにルイーザを宿に運ぶように指示したが、駆け付けたベニック大佐から話を聞いたハーヴィル大佐とその妻が現れて、彼らを自分の家まで案内した。ハーヴィル大佐の家で、医師はルイーザには望みがないとはいえないと宣告した。アンは、ヘンリエッタとウェントワース大佐と一緒にマスグローヴの家まで戻ったが、まだ責任を感じていたので、ルイーザが回復するまでルイーザの両親にはライムの宿屋にとどまり、ルイーザの看病をするために、マスグローヴ家の子守役のメイドを手配するように説得した。ルイーザの容態は次第に良くなったので、彼女の救援チームは解散となった。アンは、元々計画していたように、ラッセル夫人とバースにいる彼女の家族と合流し、ウェントワース大佐は自分の兄弟に会いに出かけた。

バースでは、サー・ウォルターの地所の相続人として予定されている従兄弟のウィリアム・ウォルター・エリオット氏が、数年前の屈辱を乗り越えて、アンの家族に取り入っているのをアンは見出した。家族が望んでいたようにアンの姉エリザベスと結婚する代わりに、彼は家長であるサー・ウォルターに相談することなしに別の裕福な女性と結婚しており、家族について軽蔑的に話しさえしたのである。いまは男やもめとなったエリオット氏は、サー・ウォルターとエリザベスを定期的に訪問していた。エリザベスのやもめの友人クレイ夫人もまた、付きまとっていた。アンはすぐに、自分が彼のターゲットだと気づいた。ラッセル夫人は、アンに彼の求婚を受け入れるように勧めた。それは、アンがエリオット夫人のように、家庭を再興してくれるだろうことを期待してのことだった。「ケリンチ屋敷の女主人となってお母さまの跡を継ぎ、お母さまの美点も権利も人望も受け継ぐ姿をこの目で見ることができたら、私にとってこんなうれしいことはないだろう」（P、p.262）

表向きは提督の痛風を癒すためにクロフト夫妻がバースに到着すると、アンは、ルイーザ・マスグローヴがベニック大佐と結婚したという驚くべきニュースを受け取った。もはや、ルイーザはウェントワース大佐の結婚相手にはなれないので、アンは「ある感情に襲われたが、それは、その正体を突きとめるのが恥ずかしいような感情であり、あまりにも喜びに似た感情であり、しかも、無分別な喜びに似た感情だった」（P、p.276）

ウェントワース大佐がバースに到着すると、ついにアンはさりげない、しかし重大な戦略的行動を取った。雨が降り始めたので、アンがミルソム・ストリートにある店の中に腰掛けていると、ウェントワース大佐が通りを歩いてくるのが窓越しに見えたので驚いた。アンはなんとか気持ちをふるいおこして入口のドアに近づくと、予期せずウェントワース大佐が店に入ってきて彼女と出くわしたのだ。後に、アンはコンサートに出席した。なぜなら、ウェントワース大佐は音楽が好きなことを彼女は知っていたからである。彼女は、彼が訪れたら挨拶しようと勇気を奮い起こし、彼には自分に注意を払う義務があるのだと自分自身に言い聞かせた。なぜなら、彼女の姉エリザベスは、ミルソム・ストリートで辛辣に彼から背を向けたからである。ウェントワース大佐が入ってくると、「さらにすこし進み出てすぐに声をかけた。大佐は会釈だけして通り過ぎるつもりだったが、アンからやさしく『こんばんは』と声をかけられたので（中略）アンの前で立ちどまっ」た（P、p.298）。会話の後で、二人は互いを群衆の中で見失った。そして、やものエリオット氏は、コンサートが始まると、無作法にもアンの隣に席を見つけた。幕間にウェントワース大佐は姿を見せなかったが、「アンもちょっと策を講じて、前よりもずっと端のほうに移動した。そのほうが、通路を通りかかった人から声をかけられやすいからだ（中略）演奏会が終わる前にアンはいちばん端の席に移動していた」（P、p.312）。ウェントワース大佐はぶっきらぼうにアンにおやすみを言うと、急いで出ていき、「ウェントワース大佐はエリオット氏に嫉妬しているのだ！　いまの態度はそれ以外に考えられない（中略）一瞬アンは身の震えるような喜びを感じた。だがつぎの瞬間には、まったく別な思いに襲われた（中略）お互いにとても不利な立場に置かれているけれど、私のほんとうの気持ちをウェントワース大佐に伝えるにはどうしたらいいのだろう？」（P、p.314）と、アンが結論するように仕向けたのだった。

ハーヴィル大佐とマスグローヴ家のメンバーもまた、バースに突然現れて、ルイーザとベニック大佐を除いたライムの友人たちと再会した。アンが宿にいる彼らを訪問すると、彼女は（チャールズ、ルイーザ、それにヘンリエッタの母である）マスグローヴ夫人がクロフト夫人と話をしており、またハーヴィル大佐がウェントワース大佐と話しているのを見出した。ハーヴィル大佐はアンと話をする許可を求めた。ウェントワース大佐は話が聞こえる距離にいた。ハーヴィル大佐は、ウェントワース大佐の妹ファニーと婚約していたが、彼女の死後すぐにルイーザと結婚したベニック大佐の移り気を嘆いた。「ああ、かわいそうなファニー！　妹なら、こんなに早く彼を忘れることはないでしょう！」（P、p.385）アンがそれに同意したので、ハーヴィル大佐は会話を、男性と女性のどちらがその愛情が長続きするかを比較する話題へと移していった。穏やかだが、段階的に疑問を増幅させながら、ハーヴィル大佐は、女性の愛情の確かさをますます熱く語るようアンを突き動かし、ついにアンは次のような宣言をもって話を締めくくることになった。「真の愛情と貞節は女性の専売特許だなんて言うつもりはありません。もし私がそんなことを考えたら、自分で自分を軽蔑します。もちろん私は、男性も結婚生活において立派ないいことをたくさんできると信じています（中略）でも私が言いたいのは、女性だけに与えられた特権があるということです。（それほど羨ましい特権ではありませんし、男性が欲しがる必要はありませんが）その特権とはつまり、女性は愛する男性と死に別れても、愛し合える希望がなくなっても、その男性をいつまでも愛しつづけることができるということです」（P、p.390）。この叫びを立ち聞きして、ウェントワース大佐は、自分の心の一途さを伝えるために、アンに手紙を書くような気持ちに静かに突き動かされた。彼はそこで出ていったが、手袋を取り戻しに来たように振る舞いながら戻ってきて、そうとは気づかれないように手紙をアンに渡したのだった。

アンはその手紙で、周りにいる人々の言っていることを自分が理解していないことを知って、とても驚かされた。彼女がもつ人の話を聞く能力は一瞬失われたが、戦略的能力はそうではなかった。彼女は、町を歩いているウェントワース大佐に追いつく可能性を失わないで済むよう、馬車によって家に連れて帰ってもらうという提案を即座に拒否した。また、ハーヴィル大佐とウェントワース大佐の二人ともが、その日の夜に開催される彼女の父のパーティーに出席することを確約させるよう、マスグローヴ夫人に二度もお願いするというバックアップ・プランも用意した。さらに、もしウェントワース大佐が出席しなかったなら、ハーヴィル大佐経由で彼に伝言できるように準備を整えるというバックアップ・プランのバックアップまで用意したのである。チャールズ・マスグローヴは自ら進んでアンと歩いて家に帰ることにしたが、彼らが通りでウェントワース大佐と遭遇すると、チャールズは彼の婚約のことを思い出し、すべてがハッピーな結果になるように、ウェントワース大佐に自分の代わりを務めるよう求めた。

ウェントワース大佐をバースに引き寄せたのは、アンが示した選好だった。彼は、自分自身のプロポーズから三年後に、彼女がチャールズ・マスグローヴのプロポーズを断わったことを知っていた。「ぼくと同じように、かつての愛情をまだ失っていないかもしれない。それに、ぼくを勇気づけてくれる事実がもう一つありました。ぼくとの婚約解消のあと、あなたがほかの男性から愛され求婚されるのは間違いないと思っていましたが、あなたが少なくとも一人の男性を――しかも、ぼくより立派な資格のある男性を断わったという事実を知ったのです。ぼくはたびたび自分に言わずにはいられませんでした。『ぼくのために断わったのではないだろうか？』と」（P、p.405）

ウェントワース大佐と結婚することによって、アンは八年目にしてやっと、ラッセル夫人のアドバイスからの独立を宣言した。ラッセル夫人の判断に対する最後の一撃は、やものエリオット氏が「やさしい心も良心もまったくない人です。腹黒い策略家で、冷血漢で、自分のことしか考えない人です。自分の利益や安楽のためなら、どんな残酷なことでも、どんな裏切りでも平気でできる人です。自分の評判が傷つく危険がなければ、どんな卑劣なことでもできる人」として現れたことである（P、p.327）。これらは、かつてアンの先輩だったスミス夫人の言葉である。彼女は、エリオット氏からのネグレクトのためにバースで貧しく生活していた。エリオット氏は彼女の亡くなった夫の親友で、その遺言執行者だったのだ（エリオット氏の残酷さは生まれつきの性格ではないことに注意してほしい。それは、そうすることの潜在的なコストを考慮したうえで彼がなした選択なのである）。アンはエリオット氏の性格を長く疑ってきていて、ちょうどいいタイミングで自分がラッセル夫人の元から逃れてきたことを理解したのである。「アンは内心ぞっとした。もしかしたら、自分はエリオット氏と結婚していたかもしれないのだ。その可能性がまったくなかったとは言えないのだ。もしそうなったらどんな悲惨な結果になっていただろう！　ラッセル夫人に説得されて、ほんとうに結婚していたかもしれないのだ！」（P、p.348-49）ついに、ラッセル夫人は彼女のもつ役割が権威を失ったことを受け入れた。「ラッセル夫人はたいへん善良な女性であり――もし夫人の二番目の願いが、正しい判断ができる賢明な人間になりたいということだとすると――夫人の一番目の願いは、アンの幸せな姿を見ることだった。つまりラッセル夫人は、自分の能力を愛する以上にアンを愛していたのである」（P、p.416）

ラッセル夫人から脱却することで、アンは孤立的な世界に一人で放り出されたわけではない。愛を見出し、それを安定したものにするためには、ときには得られるすべての手助けを必要とするものである。では、誰がアンを助けてくれるのだろうか？

アンは、自分自身の直近の家族やラッセル夫人以外で、ただ一人だけウェントワース大佐の最初のプロポーズを知っている人がいると思っていた。それは彼の弟エドワードである。なぜなら、彼の妹であるクロフト夫人はその当時、国を離れていたからである。しかし、この八年の間に、ウェントワース大佐のプロポーズについて語ったのは、まさしく彼自身なのだということを、アンは確かに疑うべきであった。エドワードがそのことについて語ってこなかったとアンが考えた唯一の理由は、その当時彼が独身（であり、それゆえ、確実におしゃべりではないはず）だったからである。クロフト家がサー・ウォルターの地所を借りる前に、クロフト夫人は、彼女の兄であるウェントワース大佐がアンのことを知っていることを知っていた。アンが最初に彼女と会ったとき、アンは、クロフト夫人が突然、「私の弟がこちらに住んでいたときにお近づきになったのは、あなたのお妹さまではなくて、あなただったのですね（中略）／弟が結婚したことは、まだお聞きになっていないでしょうね？」（P、p.82-83）と尋ねるまでは、彼女のことは安全だと油断していたのである。クロフト夫人が、彼女が話しているのはその弟エドワードのことであって、ウェントワース大佐のことではないと説明するや、アンは平静を取り戻した。クロフト夫人にとって、彼女の未婚の弟に対するアンの心の底からの興味を読み取ると同時に、アンに平静を取り戻させるより良い方法を思い浮かべるのは難しい。クロフト夫人は、海軍軍人と結婚する生活を、アン（とウェントワース大佐）を含むグループに推奨し、「クロフト夫人はいつ会ってもアンに親切なので、アンは、自分は夫人に気に入られているらしい、とうれしい気持ちになった」（P、p.205）。もちろん、クロフト夫人は、彼女の弟が、彼女とクロフト提督と一緒に馬車に乗ることをアンに懇願するようにお願いしたとき、何をすべきかを心得ていた。馬車の中でクロフト夫妻がウェントワース大佐の結婚に対する望みについて一緒に語っているのをアンが聞いていたとき、マスグローヴ家の姉妹について議論する際のクロフト夫人の声のトーンから、「夫人は提督より洞察力の鋭い人なので、どちらのお嬢さんも自分の弟の嫁としては物足りないと思っているのではないかしら」とアンは思ったのである（P、p.154）。ベニック大佐とルイーザが結婚することに決まると、クロフト提督はアンに次のように語った。ウェントワース大佐は「またほかの女性と一から始めなくちゃならん。私は彼をバースに呼んでやろうと思ってるんです。家内に手紙を書かせて、バースに来るように言ってやらなくては（中略）ね、どうです、ミス・エリオット、彼をバースに呼んだほうがいいと思いませんか?」（P、p.285）アンについてはエドワードでさえ、「とくに」尋ねたくらいである（P、p.404）。

妹であるメアリーへのプロポーズに成功する前にアンにプロポーズしていたチャールズ・マスグローヴは、継続的に独身の男をアンに差し向け、代理人を通して求婚させていた。チャールズは、ベニック大佐が「とても上品で、やさしくて、とても美しい人です」という言葉を使ってアンについて語っていることをラッセル夫人に告げ、近いうちに確実に彼らを訪ねると言ったが、決してそんなことはしなかった（P、p.214）。チャールズ、ハーヴィル大佐、それにマスグローヴ家の他の様々な人々がバースにやってきたとき、彼らの旅行の動機はわからず、それにウェントワース大佐が彼らと一緒にいるのかどうかは謎であり、たいていは自分自身のことだけで頭がいっぱいのメアリーでさえ、そこに加わっていた。「それからやっとアンは、みんながバースに来ることになった経緯や、メアリーが意味ありげに笑いながらほのめかした特別の用事のことや、どうもはっきりしない一行のメンバーなどについて、チャールズからはっきりした説明を聞くことができた」(P、p.357)。チャールズは、エリオット氏が招待されているサー・ウォルターのパーティーの代わりに、みんなで芝居を見に行くことを提案した(「ウェントワース大佐とはもう約束しました。アンもきっと来てくれます」P、p.369)。チャールズの提案はそれほど厳粛なものではなかったので、どちらにすべきかが彼女の判断次第であるなら、自分はパーティーよりも芝居のほうを好むと、アンがウェントワース大佐の前で言うことができた。

アンはマスグローヴ家の人々をホテルに訪問した。ホテルでは、ウェントワース大佐が手紙を書こうとしていたところで、アンは自分が待ち伏せされていることにほとんど気づいていなかった。メアリーとヘンリエッタが出ていくと、マスグローヴ夫人、クロフト夫人、それにハーヴィル大佐とウェントワース大佐が残された。アンは、「すぐに戻るから絶対にアンを引きとめておくようにと、夫人に厳命していった」こと、それゆえ、彼女はそこに座って、ウェントワース大佐とともに捕虜となり、他の人のターゲットになることを告げられた(P、p.380)。マスグローヴ夫人とクロフト夫人「の声は、本人はひそひそ話のつもりだが、まわりにはっきり聞こえるような大きな声だった」。婚約を長引かせることはどうしても避けねばならず、ただちに結婚することはいつだって望ましいということに同意していた(P、p.380)。アンは「自分のことを言われたような気がして、全身に戦慄が走った。アンが本能的に、すこし離れたテーブルのほうをちらっと見ると、ちょうどそのときウェントワース大佐(中略)は顔を上げて、そのままじっと耳を澄ましていたが、つぎの瞬間くるっと振り向いて、ちらっとアンを見た。じつにすばやい意識的な一瞥だった」(P、p.383)。ハーヴィル大佐はアンを呼び寄せて、ウェントワース大佐に近い、自分の横に彼女を立たせ、女性の想いが永遠に一途であることに関して彼女が宣言するのを促した。予想通りに動機付けを与えられたウェントワース大佐は、アンに手紙を書き、ハーヴィル大佐にそれを託した。アンが手紙を読むと、チャールズ・マスグローヴは、あらかじめ用意されていた口実の下（「鉄砲鍛冶屋との約束」）、アンを家までエスコートすることを願い出た。それは、ただちに出て行ってウェントワース大佐と合流し、二人を残して去るためであった（P、p.397）。アンは「途中で彼に会えると確信していた」が（P、p.395）、客観的に言えば、二人が偶然出会うことはありえなかった。なぜなら、ウェントワース大佐は彼女より数分前に出て行ったからである。ウェントワース大佐はハーヴィル大佐の配慮で、アンはチャールズ・マスグローヴの配慮で、それぞれ出て行った。実は、ハーヴィル大佐とチャールズこそが最初にバースに一緒に旅行することを計画した二人なのだった。「まず、ハーヴィル大佐が何かの用事でバースに行きたいと言い出したのが、この計画の始まりだった（中略）チャールズが、自分も一緒に行きたいと言い出した」（P、p.357-58）

アンとウェントワース大佐は最初から最後まで誰かに導かれていたのだろうか？　アンに対するクロフト夫人、ハーヴィル大佐、それにチャールズ・マスグローヴは、（『高慢と偏見』における）エリザベス・ベネットに対するガーディナー夫人のようなものだろうか？　オースティンは、「これらの問いに答えを見つけるためには」すべての登場人物の動機や行為を詳細に追いかけて、自分自身で戦略的思考を行使するようにと、われわれを促しているのである。

『ノーサンガー・アビー』

『ノーサンガー・アビー』のヒロインであるキャサリン・モーランドは、「誰かに教えてもらわないと何も覚えられないし、何も理解できないし、教えてもらってもどうしても駄目なときもあった。しばしば集中力に欠け、本質的に知能がついてゆけないときもあるからだ」（NA、p.9）とあるように、戦略的技能を備えて登場はしない。戦略的技能はもって生まれたものではなくて、教えられなければならないものだ。キャサリンは、同級生や小説を通じてだけでなく、現実世界での意思決定状況からその手ほどきを受けたのである。

彼女の年上の兄弟はみんな男だったことから理解されるように、キャサリンは戦略的思考については少しの手ほどきしか受けていない状態から始めることになった。キャサリンが一〇歳のときには男の子の遊びを好み、「騒々しくて乱暴で、束縛されることと、清潔なことが大嫌い」で、一四歳のときでさえ、「クリケットや球技や乗馬や、野原を駆けまわる」ことが大好きだった（NA、p.11/p.12）。しかし、彼女は、大人の女性になるためには、どのようにして戦略的思考を働かせるかを学ばなければならなかった。彼女にとって真の訓練は彼女が一七歳のとき、隣人であるアレン夫妻につき従ってバースを訪れたときに始まった。夫妻には子供がなかったので、一緒に連れて行かれたのだ。

バースではキャサリンは、四歳年上で、彼女にとって戦略については上位者だと推定されるイザベラ・ソープと仲良くなった。イザベラは「ほほえみを交わし合った男女を見ただけで、恋のたわむれを嗅ぎつけることができるし（中略）キャサリンは、こういう能力を持った女性に会うのは初めてなので、ただもう感心するばかりだった」（NA、p.40）。イザベラはキャサリンに、男性の薄い目と血色の悪い顔色を好むこと、「でも、いまの説明にぴったりの男性に会っても、私の秘密をしゃべっちゃだめよ」と告げた（NA、p.54）。キャサリンは「イザベラの言うことを」理解せずに、「あなたの秘密をしゃべる？　それどういう意味？」と答えた（NA、p.54）。キャサリンがエリナー・ティルニーに、彼女の兄ヘンリー・ティルニーが踊っている相手の女の子はかわいいかどうかを尋ねたとき、キャサリンは、自分自身のヘンリーに対する気持ちを、つまり「ティルニー氏にたいする思いを打ち明けてしまったとは思ってもいなかった」（NA、p.104）。キャサリンは「何事も経験不足で、恋の技巧も（中略）ご存じない」人物で、他人の気持ちを読み取ることについてもまだ慣れていなかった。彼女の兄ジェイムズ・モーランドとイザベラの兄ジョン・ソープが思いがけずバースにやってきて、ジェイムズがイザベラにあいさつすると、彼女は「喜びと当惑の入り混じった顔で、急いでイザベラにあいさつをした。もしキャサリンが、自分の感情のことばかり考えないで、他人の感情の動きを見ることができたら、兄もイザベラを美しいと思っているのだと、すぐに気づいたことだろう」（NA、p.44/p.57）

キャサリンの戦略的素朴さは、彼女自身の家庭における鍛錬のなさによるものである。それとは対照的に、イザベラを生んだソープ家は空想や憶測、迂回的な思考を奨励していた。ジェイムズがイザベラにプロポーズした後、イザベラの下の妹たちにはそのことが直接伝えられないことを、キャサリンは不親切だと考えた。「すぐにアンとマライアが、『私はちゃんと知ってるわ』と、ほんとに知っているみたいに言ったのだ。だからキャサリンは安心して、さっき言おうとしたことを言うのをやめた。そしてその晩は、婚約の事実を知っている者と知らない者が腕を競い合う機知合戦となり、片や、意味ありげな目つきで謎めいたことを言いつづけ、片や、わかっていないのにわかったふりをしつづけ、両者まったく互角の戦いとなった」（NA、p.185）

キャサリンは、ますます重大になっていく一連の状況に置かれたときに、［戦略的技能について］熱心に鍛錬を始めた。最初は、彼女の兄ジェイムズ、イザベラ、それにジョン・ソープに加わって田園地帯を馬車でドライブすることにつきあうかどうかを決めなければならないときだった。もともとはエリナー・ティルニーとその兄ヘンリー・ティルニーをポンプ室に探しに行こうと計画していたのだが、キャサリンは興奮してドライブについていくことに決めた。しかし、後でアレン夫人が、ヘンリーとエリナーは実際にポンプ室にいたことを詳しく話しだし、三〇分も彼女と会話を続けさえしたので、キャサリンは、人は常に一歩先を見据えなければならないことを学んだのである。「こうなるとわかっていたら、絶対にドライブなんかに出かけなかっただろう」（NA、p.98）。次の日の夜、正式の舞踏会で、キャサリンはどうしたらヘンリー・ティルニーと一緒に踊ることができるか考えなければならなかったが、同時にジョン・ソープは避けねばならなかった。「ジョン・ソープがそばに来るのではないかと思うと落ち着かず、できるだけ彼の視界に入らないように身を隠し、彼から話しかけられると聞こえないふりをした」（NA、p.106-107）。舞踏会では、ヘンリーとエリナーとキャサリンが、翌日の正午、雨でない限りは散歩に出かけようという計画を立てた。一一時に少し雨が降りだし、一二時半になると空は晴れ渡り始めた。しかし、ジェイムズ、イザベラ、それにジョン・ソープがふいに現れ、キャサリンに別の場所、今回はブレイズ城にドライブに行かないかと尋ねた。キャサリンは、ティルニー兄妹が約束を守るかどうかを予想しなければならず、また彼らの好みについても考えなければならなかった。「さっきまでの雨で、ミス・ティルニーは今日の散歩をあきらめたのだろうか？　その点はまだはっきりしなかった」（NA、p.120-21）。このとき初めて、キャサリンは、ティルニー兄妹が選択を行う存在なのだと考えた。以前は、キャサリンはティルニー兄妹がポンプ室に現れたのは単なる幸運な状況だとみなしていたのだ。ジョン・ソープは、ティルニー兄妹が馬車を降りるのを見たと報告したので、キャサリンは二人が「この泥んこ道では、散歩は無理だと思った」のだと結論した。キャサリンは城に対してロマンティックな興味を持っていたので、事は決まり、一行は馬車を降りた（NA、p.124）。その途中で、キャサリンはティルニー兄妹が通りを歩いて下ってくるのを見つけ、ジョン・ソープに［馬車を］止めるようにお願いした。しかし、その代わりに、ソープは馬のスピードを上げたので、彼が彼女のことを騙していたことが明らかになった。いまや、キャサリンはどうにかしてティルニー兄妹につぐないをしなければならなくなった。次の日の夜、彼女が劇場でヘンリーを見かけると、彼女の熱心な謝罪は予想以上に成功し、二人は再び散歩の計画を立てた。しかし、再び、馬車に乗り合わせた人々は、彼女に約束を中断して、代わりに彼らと馬車に乗るように求めたが、このときキャサリンは断固として［その申し出を］拒否した。それからジョン・ソープはエリナー・ティルニーのところへ行き、キャサリンは先に自分と馬車で行くと約束しているので、ティルニー兄妹とは一緒に行けないと伝えてほしいと彼に頼んだのだと、エリナーに告げた。ジョン・ソープが戻ってきてそのガサツな計略を自慢げに報告すると、キャサリンはもっと大きな決意をもってティルニー兄妹の後を追って走って行き、「私は間違ったことをするのはいやですし、もうだまされるのはいやです」（NA、p.151）と宣言した。

元来、容易に説得されやすかったキャサリンは、ジョン・ソープを好きだと言われることをうれしく思いがちでさえあったのだが、［周囲の意見に］流されてしまうことの危険性について経験を積み、自分自身の選好に従って自分自身の決定を下せるほどに成長したのである。ジェイムズがイザベラにプロポーズした後、ジョン・ソープは彼女に尋ねた。「『一度結婚式に出たら、また出たくなる』という昔の歌をご存知ですか？（中略）／その昔の歌がほんとかどうか、ふたりで試してみましょうか」。キャサリンは、単なる返事以上のものを用意していた。「ふたりで？　でも、私は歌はだめなんです」（NA、p.188）

キャサリンは戦略的思考を友人たちから学んだのだろうか？　イザベラは継続的にキャサリンに戦略性を植え付けようとしていたが、それは彼女自身の利益になるような場合だけだった。イザベラは、彼女がキャサリンの兄ジェイムズに出会ったとき、二人が次のようなことを発見したのだと彼女に告げた。「ほんとにおかしかったわ、何から何までぴったり一致するんですもの！（中略）あなたはとてもお茶目さんだから、お兄さまと私を冷やかすようなことを言ったにちがいないもの（中略）／お兄さまと私はお互いのために生まれてきたようなものだとか、馬鹿なことを言って、私たちを冷やかしたにちがいないわ」（NA、p.100-101）。イザベラはジェイムズのプロポーズについて、キャサリンがすでにそのことについて見当がついているに違いない、と告げることを通して教えた。イザベラはキャサリンが「彼女の秘密をすべて知っていると思っているらしい（中略）イザベラは勝手な思い込みで、『あなたは何でもお見通しなのね』とか、『お兄さまにたいする愛情の兆候を読み取ろうと絶えずうかがっているのね』とか言っていたが、キャサリンはこれも敢えて否定しないことにした」。その結果、イザベラは、キャサリンの両親の［結婚への］同意に関して、彼女自身の家族には財産がなかったのだが、キャサリンという再保証を得たのである（NA、p.181）。モーランド夫妻は喜んで［二人の結婚に］同意し、モーランド氏は一年で四〇〇ポンドの価値になる彼自身の生活費を、数年後に彼が十分年老いた時点で、ジェイムズに与えることを約束した。これでは不純であるとイザベラがほのめかすと（「でも、誰だって欠点はあるし、誰だって、自分のお金を好きなように使う権利はあるわ」)、キャサリンはいくぶん傷ついた(NA、p.204)。イザベラはキャサリンの洞察力に訴えて、彼女[の気持ち]を中和した。「ね、キャサリン、私の気持ちがわかったでしょ? 問題はそこなのよ。ジェイムズが聖職禄を得るまで、二年半も待たなくてはならないということが問題なのよ」。この策略は功を奏し、「キャサリンの不愉快な気持ちはすこし和らいだ。結婚が遅れるということが、イザベラの唯一の悩みの種なのだと、彼女は一生懸命信じようとした」(NA、p.205)

こうしてイザベラはキャサリンを戦略的操作にさらしたのだが、結局は、それがいかに滑稽なものに退化させうるのかを示すにあたっては、イザベラが最も教育的だったのである。イザベラがエリナーのもう一人の兄弟、ティルニー大尉と大っぴらにイチャイチャし、婚約しようとさえしたので、ジェイムズとの婚約は解消された。しかし、ティルニー大尉がいなくなると、イザベラはキャサリンにジェイムズの様子を尋ねる手紙を書いた。そこにはこう書かれていた。「彼は私のことを何か誤解しているようなの」。キャサリンの判断は最終的には明確なものであった。「こんな見え透いた策略には、もうキャサリンでさえだまされなかった。矛盾と嘘だらけの手紙だということはすぐにわかった(中略)言い訳もそらぞらしいし、愛の告白も忌まわしい」(NA、p.329/p.330)

キャサリンは、二五歳前後のヘンリー・ティルニーからもっと多くのことを学んでいる。ヘンリーは他者の心を知ることの重要性をあまりにもよく知っていた。二人が初めて出会ったとき、ヘンリーは冗談めかして、しかし繰り返し、キャサリンが何を考えているのか尋ねた。彼は、二人の最初の出会いについて、彼女が日記に何を書くつもりなのかを尋ね、もっと直接的に「そんなに真剣に何を考えているんですか?」と尋ねさえした。キャサリンは「ティルニー氏は他人の欠点を面白がる癖があるのではないかしら」と考えた(NA、p.34)。数日後、二人が二回目のダンスをしている間、ヘンリーは結婚生活とダンスを踊ることは戦略的に類似していて、実際同じゲーム・ツリーで表現可能であると述べた。「結婚の場合もダンスの場合も、相手を選ぶ権利は男性にあって、女性は断わる権利しかない」(NA、p.110-11)。おそらく、「ヘンリーの巧妙で童貞ならではの田舎のダンスと結婚との比較は、セックスが描かれない小説の中の気の利いた部分を反映している」(Brownstein 1997, p.38) が、目下のところヘンリーは、性的なことではなく、戦略的なことにかかわっているのである。ヘンリーはおどけて、ダンスを踊ることと結婚はどちらも契約に基づくものであり(「ひとたび契約を結んだら、その契約が解消されるまで、ふたりはお互いの占有物となる」)、キャサリンが再び、ジョン・ソープか誰かとおしゃべりをして二人のダンスを中断するつもりなのかと彼が尋ねたとき、キャサリンは、正しく戦略的な考え方に促されて、エチケットや礼儀正しさではなく、実行可能性の観点から「でも彼のほかには、この部屋に私の知り合いの男性は三人もいませんわ」(NA、p.111/p.112) と答えたのである。しかしながら、ヘンリーは、キャサリンが選好の観点から「私は、誰にも話しかけたくないんですもの」(NA、p.112) と答えて、初めて満足したのである。

後に、キャサリンがイザベラと踊りたいというティルニー大佐の望みを彼の優しい気質に帰したとき、ヘンリーは理論的な言葉で次のように答えた。「あなたは他人の行動の動機をじつに簡単に理解しますね(中略)あなたはこういうことはいっさい考えないんですね。『人間の行動はどういうことに影響される可能性があるか』、『ある人物の感情、年齢、境遇、生活習慣などを考慮すると、その人物の行動はどういうことに影響されるか』ということをまったく考えないんですね。そしてあなたは、『自分はどういうことに影響されるか。ある行動をする場合、自分はどういうことに影響されるか』ということしか考えないんですね」(NA、p.198)。他者の選好を自分自身と類似のものだと想定する傾向性について、また、そのように想定する代わりに、人々がいかにかなり異なったものでありうるかを理解する必要性についての一般的な言明として、このヘンリーの言葉以上に明確なものはありえなかっただろう。

キャサリンの「戦略的思考に関する」鍛錬には、小説もまた一つの役割を演じている。「十五歳から十七歳にかけて、小説のヒロインになるための修業を猛然と始めた。つまり、ヒロインになるための必読書を読」んでいた(NA、p.12)。戦略的な志向性のあるイザベラ・ソープやヘンリー・ティルニー、それにエリナー・ティルニーもまた、やはり小説の愛読者だったが、あまり想像力に富んでいないキャサリンの母、モーランド夫人は最新の作品にはついていけなかったし、戦略的には愚かなジョン・ソープは「小説って、馬鹿なことばかり書いてありますね」と宣言していた（NA、p.64）。

ヘンリーとエリナーの父であるティルニー将軍は、キャサリンに対して、ノーサンガー・アビーにある彼らの家に戻ってくる二人と一緒に来るようにと招待した。この新しい設定において、キャサリンは、彼女がバースで学んだ戦略的技能をさっそく使用した。イザベラとの婚約は解消されたと告げる兄ジェイムズからの手紙を受け取ると、彼女はそのことを直接にはヘンリーとエリナーには告げないでいた。なぜなら、それは彼らの兄弟ティルニー大尉に関係していたからだった。その代わりに、彼女は「ある程度のことはほのめかすかもしれない」ことにした（NA、p.308）。彼女はエリナーとヘンリーに「ひとつお願いがあります（中略）あなたのお兄さま（中略）がこちらに来るようでしたら、私に知らせてください。私はその前にここを去ります」というお願いをした。何が起こっているのかをヘンリーが悟ったとき、キャサリンは叫んだ。「まあ、鋭いわね！（中略）そのとおりよ！　でも、私たちがバースでこのことを話したときには、まさかこんなことになるとは、あなたも思っていなかったでしょうね」（NA、p.310）。こうして、キャサリンは、以前彼女がヘンリーに、彼女のために弟と会うことをキャンセルするように求めたとき、彼女が正しかったこと、また少なくともこの場合、彼女は他人の行動を予測するにあたって彼女の指導者よりは優れていることをヘンリーにわからせた。

キャサリンは行動や予想において進歩したが、彼女はまだ、他者の動機を解明することに弱点があった（この点はアン・エリオットとは対照的である。彼女は、他者の感情を知ることに夢中であるが、行動するのは遅かった）。例えば、ティルニー将軍は、朝食用の食器を新しく一組注文する誘惑にかられ、「近いうちに、また新しいのを選ぶ機会が」あると期待した。「もちろん自分のためでは」なかった。「それでは誰のために選ぶのだろう？　ティルニー将軍の言う意味がわからないのは、たぶんキャサリンだけだった」、そしてしばらくしてやっと、彼女は自分がヘンリーと結婚するのを将軍が望んでいることを理解したのだった（NA、p.264）。

キャサリンが備えている洞察力は、彼女がこれまでに読んできた伝奇小説によってきわめて過剰に影響を受けたものである。ティルニー将軍は、エリナーが彼女の母が亡くなった部屋をキャサリンに見せないことを心配しているようだった。また、エリナーによれば、ティルニー夫人の肖像画は、ティルニー将軍がそれに満足していなかったので、応接間ではなく彼女自身の寝室に飾っているのだった。キャサリンはただちに、ティルニー将軍がそのかわいそうな妻をアビー内のどこか隠された場所に閉じ込めているのだと疑った。同じ小説を読んだヘンリーは「鋭い目でキャサリンを見つめ」ると、ただちに彼女の疑念を理解し、それを戒めた。「ぼくたちはイギリス人でキリスト教徒です。あなたの知性と理性と観察能力に相談してごらんなさい。そんなことがあり得ると思いますか？　自分のまわりでそんなことが起きると思いますか？　現代の教育を受けた人間に、そんな残虐行為ができると思いますか？　現代の法律が、そんなことを黙認すると思いますか？　今のこの国で、そんな残虐行為が誰にも知られずに行なわれると思いますか？　社交も郵便もこんなに発達し、自分から進んでスパイ活動をする隣人たちに囲まれて生活し、道路網と新聞の発達のおかげで、何でも明るみに出てしまう今のこの国で、そんなことがあり得ると思いますか？」（NA、p.297/p.299）ヘンリーの主張は、彼の父やイギリス人、あるいはクリスチャンが優れた道徳的性格をもっているということではなくて、単に、そのようなことをしようとする人は、「周りに」気づかれてしまうだろうということである（Sutherland and Le Faye 2005, p.156は、「スパイ活動をする隣人たち」という言葉によって、ヘンリーは隣人や召使たちを意味しているのだと示唆している）。ヘンリーはキャサリンに対して、彼女はその戦略的推論をまだまだ働かせ足りないのだと告げているのである。

ティルニー将軍は一週間の間ロンドンに出かけたので、キャサリン、エリナー、それにヘンリーは、将軍がいるときに要求される事柄からは自由になって喜んでいた。「将軍が出発するとキャサリンは、ときには損失が利益になるという初めての経験をした」（NA、p.334）。友人たちや小説から学ぶことは素晴らしいことだが、最高のレッスンは現実世界での「経験」によるものである（Knox-Shaw 2004, p.17によれば、オースティンの「経験的な思考の習慣」は、彼女が早い段階で科学に触れたために生まれたのである）。しかしながら、ティルニー将軍が戻ってくると、エリナーをぞっとさせたことに、彼はただちにキャサリンを家に送り返すように命令したのだ（ヘンリーはそこにいなかった。ウッドストンの教区司祭のところへ数日間出かけていたのである）。エリナーがキャサリンのところに来て、彼女が家から追い出されることを告げると、キャサリンは初期の失敗によって空想を抑えるよう鍛えられていたため、「これからはしっかりと分別をもって判断し行動しようと決心した」（NA、p.304）。キャサリンが召使を伴わないで、また彼女が選んだのとは違う時間に送り出されるだろうということをエリナーが控えめに伝えるまでは、別の方向で、つまり、将軍の粗暴さを過小評価するという過ちを犯してしまった。ティルニー将軍が以前の婚約のことを思い出したことがその理由だった。それは、ジョン・ソープのものと同じくらい残酷な策略だったのだ。

キャサリンは無事に家に帰りついたが、モーランド家の家族は娘に対する将軍のひどい仕打ちを認め、「将軍はなぜそんなことをしたのか（中略）特別な好意がなぜ突然悪意に変わったのか」と憤慨したが、「でも夫妻もキャサリンも、そのことで長いこと頭を悩ますようなことはしなかった」（NA、p.356）。モーランド夫人は、これらの事柄全体を学習の機会だと呼んだのである。「キャサリンは無事に帰ってきたし、私たちの幸福は、ティルニー将軍と何の関係もないんですもの（中略）／若い人が苦労するのはとてもいいことよ。ね、キャサリン、おまえは普段からぼんやり者だからね（中略）いろいろ頭を使って、ずいぶん勉強になったでしょう」（NA、p.357）。アレン夫人と話しながら、モーランド夫人は付け加えた。「それに、この子がどうしようもないぼんやり者じゃなくて、ちゃんとひとりでなんとかできるとわかってほっとしたわ」（NA、p.361）。モーランド夫人は、キャサリンが誰も伴わないで馬車で家に帰ってきたことだけに触れていたのだが、彼女の見解は、家を離れて以来、バースやノーサンガー・アビーでキャサリンが学んだことすべてをずっと的確に記述しているのである。

それでも、キャサリンは、彼女がヘンリーと再び会うことができるのだろうかと考えていた。そして、キャサリンの感情を理解することが一般には得意ではないモーランド夫人は、彼女の物憂さを優雅なノーサンガー・アビーでの生活を失ってしまったことに帰着させたのである。しかし、キャサリンが無事に家に帰りついたか確かめたかったのだと言いながらヘンリーが現れたとき、モーランド夫人はキャサリンの「赤くほてった頰と、きらきらと輝く目」に気がつき、心得た感じで、キャサリンが彼にアレン家までの道のりを教えることを許可した（NA、p.369）。一緒に歩きながらヘンリーはプロポーズし、キャサリンはそれを受け入れた。ヘンリーは、ティルニー将軍が、キャサリンのことを裕福だが子供のいないアレン家の相続者であったのだと考えて、彼女をノーサンガー・アビーに招待していることを説明した。なぜなら、自分がキャサリンと結婚したがっていたジョン・ソープが、バースでヘンリーにそう告げたからだ。将軍がロンドンに行っているとき、ヘンリーはジョン・ソープと再び会ったが、「ジョンは以前とまったく正反対の精神状態にあった。キャサリンにプロポーズを断わられ、イザベラとジェイムズを仲直りさせる努力も失敗に終わ」ったことに苛立っており、このときヘンリーに、モーランド家は「貧乏な一家（中略）ずうずうしいほら吹き一家」なのだと告げたのだった（NA、p.375）。読んでいる小説の影響で、キャサリンの誤りはほんの部分的なものにすぎなかった。「私はティルニー将軍に、妻殺しや、妻幽閉の嫌疑をかけてしまったけれど、将軍の性格をそれほど見誤ったわけではないし、将軍の残忍性をそれほど誇張したわけではない」（NA、p.376）。もちろん、ヘンリーは結婚については父の同意を得てはいなかったが、キャサリンは、ヘンリーが最初に彼女にプロポーズするというその戦略性を理解するのに十分なほど、戦略的思考について学んでいた。彼女は「ヘンリーの心づかいに感激せずにはいられなかった。ヘンリーは彼女によけいな心配をさせないために、将軍の命令のことは言わずにプロポーズしたのである。おかげで彼女は、何も気にせずにプロポーズを受け入れることができたのである」（NA、p.371）。しかし、エリナーがつつがなく結婚すると、ティルニー将軍も最終的には［二人の結婚に］同意したのであった。

オースティンの他の作品のヒロイン以上に、キャサリンは自分が何を望んでおり、それを得るためにはどのようなステップを踏めばよいか、最初からわかっていた。彼女は、ヘンリーが彼女を愛しているのかどうかほとんど顧慮せずに彼の後を追った。キャサリンは他者の動機を理解するべきであったが、このことは、彼女が計画を立て、彼を追い求めることの妨げにはならなかった。

キャサリンは多くの助けを得ていた、もちろん、キャサリンとヘンリーとの間のほとんどのやり取りは、友人であり義妹でもあるエリナー・ティルニーの存在と仲介なしにはありえなかっただろう。アレン家は最も役に立った。彼らは最初にキャサリンをバースへと連れて行き、彼女にジョン・ソープ、それからティルニー将軍の心の内について間違った結論を植え付け、最後にはヘンリーとキャサリンが一緒に散歩していく目的地を提供したのであった。しかし、こうしたことのほとんどは意図的なことではなく、事実、アレン夫人は悲しいことに戦略的技能を欠いていた。彼女がキャサリンをバースでの最初の舞踏会に連れて行ったとき、「アレン夫人は精いっぱいの努力をしてくれた。（中略）ときどきとても穏やかな調子で、『あなたもダンスができたらいいわね。お相手が見つかるといいわね』と言ってくれたのだ。キャサリンは夫人のやさしい言葉に感謝したが、夫人はその言葉を何度もくり返すだけで、それ以上のことは何もしてくれそうにないし、その言葉は何の効果もなさそうだった」（NA、p.21）。「分別のある知的な男性」であったアレン氏は、エリザベスのダンスの相手であるヘンリー・ティルニーが「牧師で、グロスター州の非常に立派な家柄の出だということを」突き止めた点ではもっと優れていた（NA、p.19/p.35）。ティルニー将軍は、『高慢と偏見』におけるキャサリン夫人のように、意図したわけではないが助けとなってくれていた。「将軍の不当な干渉のおかげで、ふたりはより一層お互いを知ることができ、により一層お互いの愛を深めることができたのではないだろうか」（NA、p.383）。ティルニー将軍の行動の背後には、周期的に変動するジョン・ソープの誇張した表現があった。彼は結婚を利用してお金を得ようとしていたのである。ブレア・ラビットのお話におけるように、他者の誤った策略は、「戦略的技能を発展させる」最高の機会を提供することになるのである。

キャサリンの妹セアラは一六歳で、戦略的な世界について知りたがっていた。キャサリンが帰還すると、彼女はティルニー将軍について思いをめぐらしはじめた。「ティルニー将軍は約束を思い出して、キャサリンに出て行ってもらいたいと思ったわけね（中略）それはまあ仕方ないけど、なぜもっと礼を尽くしてくれなかったの？」しかし、ここはモーランド家であって、ソープ家ではないので、モーランド夫人は「ねえ、セアラ、おまえはずいぶん無駄なことをしているわね。そんなことをいくら考えても、どうにもならないわよ」と答えたのであった（NA、p.357）。ヘンリー・ティルニーがキャサリンに、アレン家への道を案内してくれるように頼んだとき、セアラは助けになろうと思って、「アレンさんのお宅なら、この窓から見えるわ」と申し出たが、モーランド夫人から「おまえは黙っていなさいと首を振」られるだけに終わった（NA、p.369）。セアラはさらに小説を読み、バースで自分自身に関してレッスンを受けねばならないのだ。

『マンスフィールド・パーク』

『マンスフィールド・パーク』において、ファニー・プライスの戦略的技能の成長の節目は、ちょうど二つの重大な意思決定に集約することができる。最初の決定は、家長である彼女の叔父サー・トマス・バートラムはきっと承認しないだろうという彼女の予測にもかかわらず、いとこやその友人たちと彼らの家でする芝居に参加すべきかどうかというものである。二番目の決定は、ヘンリー・クロフォードのプロポーズを受け入れるべきかどうかというものである。最初の決定は、それ自体は重要なものではないが、ファニーはそのことについて苦悶したあげく、断固として［芝居に参加することを］拒否したのである。ファニーは彼女の選択する能力を行使し、こうしてこの最初の拒否は二番目の拒否のリハーサルとなったのである。そのことはみなを啞然とさせた。ヘンリーは愛想が良くて富があるうえ、ファニーには金銭上の困難があり、一見したところ知的な面でも依存的であったからである。どちらの場合でも、ファニーの頑固さは無限のものではなかった。結局、ファニーは芝居においてある役のセリフを読むことに同意したし、ヘンリーがもっとしつこく食い下がっていれば婚約にこぎつけられただろう。しかし、自分自身の家庭で子供の頃から卑屈で自信がなく、無言でいるように育てられたファニーは、見事な、そして最後には有益な結果をもたらす解決を伴う決定を自分自身で下すことを学ぶのである。ファニーは、自分の周りにいる若者たちの妙な行動を通じて戦略的思考について知ることになる。彼女は決して、『ノーサンガー・アビー』に登場するキャサリン・モーランドの基礎的なレベルに達するような戦略家にすらならないが、それはそうする必要がないからである。他人の心や思考を数歩先まで読み取ることが得意である必要はないこともある。単に良い選択をすればよいだけのときがあるのだ。

ファニーの成長は、一〇歳のときからそれをたどることができる。ファニーの叔母、バートラム夫人とノリス夫人は、九番目の子を産もうとしている、比較的貧しい妹プライス夫人のことを気の毒に思い、プライス夫人の一番年長の娘、ファニーを育てることを提案する。それでファニーは、サー・トマスとバートラム夫人、それにそれぞれ一七歳と一六歳になるその二人の息子トムとエドマンド、およびそれぞれ一三歳と一二歳になるその二人の娘マライアとジュリアが住む家、マンスフィールド・パークに到着する。

家から出され、意気消沈していたが、ファニーは彼女の感情を規定することに関心のある家族に受け入れられた。サー・トマスは、「うちの娘たちには、バートラム家の娘としての自覚を持たせなくてはならないが、しかし、いとこであるその子を見くだすようになっては困る。そしてその子には、バートラム家の娘ではないという自覚を持たせなくてはならないが、しかし、卑屈な思いをさせてはならない」ということを強調した（MP、p.21）。

ノリス夫人は、ファニーが何を感じているかではなく、彼女が何を感じるべきかについてで頭がいっぱいだった。「ノリス夫人は、ノーサンプトンからマンスフィールド・パークまでの道中ずっと、ファニーに何度もこう言い聞かせた。『あなたがバートラム家に引き取られるというのは、ものすごく幸運なことなのですよ。心から感謝して、いい子にならなくてはいけませんよ』と。おかげでファニーは、ぜんぜん幸せな気持ちになれない自分は悪い子だと思い、ますますみじめな気持ちになった」（MP、p.24）。家族の中で例外だったのはエドマンドで、彼はファニーが階段で泣いているのを見ていた。エドマンドは、ファニーが家族を、特に兄のウィリアムのことを恋しがっていることを知った。エドマンドは彼女が兄に手紙を書く手伝いをし、「ファニーはこの日から、以前よりもずっと気持ちが楽になった。自分には友達がいるとわかった」（MP、p.30）。真の親切さ、それに基本的な社交性でさえ、人の欲求を理解することを必要とする。エドマンドは「つねにファニーのためを思い、ファニーの気持ちを思いや」ってくれた（MP、p.37）。

エドマンドの思慮深さは、戦略的推論にも及んでいる。ファニーが一六歳のとき、灰色の毛をした彼女のポニーが死んでしまったが、代わりの馬など必要だとは考えられていなかった。ノリス夫人は、サー・トマスは追加の支出を認めないし、「とにかく、ファニーがバートラム家のお嬢さまたちと同じように、自分専用の女性用の馬を持つ必要などないし、まったく身分不相応だ」と考えるだろうと警告した。それで、エドマンドは、自分自身の三頭の馬のうち一頭を、ファニーにお似合いのロバと交換することによって、「出すぎたことをしたと父から言われないようにし、しかも、ファニーがすぐに乗馬を楽しめるようにしてあげる」手段を見つけたのだ（MP、p.58/p.59）。エドマンドはファニーのチューターだった。「エドマンドは、余暇を楽しく過ごせるような本を勧めて、ファニーの趣味を向上させ、良い趣味とはどういうものか教えようと努めた」（MP、p.37）

グラント博士とその夫人は近くの牧師館に住んでおり、グラント夫人の片親違いの兄妹であるヘンリーとメアリー・クロフォードが訪ねてきた。メアリーは乗馬を学ぶことに関心があり、エドマンドはファニーのロバを使って乗り方を教えることを提案した。メアリーは、すでに乗り方を知っているのではないかと人が疑うほど、すぐに乗馬のこつを覚えた。「人に好かれたいと思ったら、むしろ無知であるべきなのだ（中略）とくに女性は、不幸にも豊富な知識を持っていたら、できるだけそれを隠すべきだろう」（NA、p.167）。エドマンドとメアリーが一緒にいるところを見ていたファニーは、「胸が痛んだ（中略）私のことは忘れられてもかまわないけど、牝馬の疲労のことは忘れないでほしいと思った」。そして実際、エドマンドは例外として、ファニーはその考えにおいて、動物をそれほど上にランク付けしていなかった（MP、p.106/p.107）。伯母のために何時間も日の当たるところで薔薇を摘み、それを届けたファニーは気分が悪くなったので、ソファーにへたり込んでいたが、エドマンドは自分がファニーを気づかっていなかったことを悟った。「ファニーはまるまる四日間もほったらかしにされ、話し相手や運動を自分で選ぶこともできず、二人の伯母の理不尽な頼みごとを断わることもできずに過ごさなければならなかった」ので、エドマンドは「固くこう決心した（中略）二度とこんなことを起こしてはならない、と」（MP、p.116/p.117）。こうして、ファニーは、マリアン・ダッシュウッドが『分別と多感』においてウィロビーの悔い改めを引き出すために成功裏に用いた技術を偶然に見つけたのである。

いまや二一歳になったマライアは、裕福な、しかし愚かなラッシュワース氏と婚約し、二人は婚姻を進めるために、サー・トマスがアンティグア島から帰還するのを待っていた。ラッシュワース氏がサザトンにある自分の家族の地所を広げようと長々と話していると、ノリス夫人は、地所の拡大を提案するために、みんなで訪問すべきだと提案した。バートラム夫人は行かないことになったので、ノリス夫人は、ファニーが残って彼女の世話をすることを主張したが、エドマンドはファニーが出かけることができるように、自分は家に残ることを提案した。するとノリス夫人は、ラッシュワース氏の母であるラッシュワース夫人には、ファニーはそちらには行かないだろうとすでに話してあるのだと告げたのである。この反対意見を予期していたエドマンドはすでに、ラッシュワース夫人がファニーを招待する確約を取っており、こうしてノリス夫人のたくらみはくじかれたのである。以前、自分の兄ヘンリー・クロフォードに対しジュリア・バートラムと結婚することを勧めていたグラント夫人は、彼女の妹メアリーがエドマンドに対して、自分と並行して同じ計画を立てていることを知り、バートラム夫人に対して、エドマンドがみなの後を追うことができるように、家にとどまることを提案した。ノリス夫人の元々の計画は、こうして他人の計画によって二度も修正を余儀なくされた。ヘンリーとメアリー・クロフォード、エドマンド、マライア、ジュリア、ノリス夫人、そして最後にファニーはサザトンへと出発した。その際、グラント夫人はジュリアに、ヘンリーの隣に座るよう提案し、マライアを「むっつりと悔しそうに」させた（MP、p.126）。

サザトンでは、ファニーとエドマンド、それにメアリー・クロフォードはそこの土地を歩きまわり、休むために鉄柵の門の近くにあるベンチに腰を掛けた。メアリー・クロフォードはもう一度歩き始めたいと願い、ファニーもまた完全に休息がとれたと感じたが、エドマンドは、自分とメアリーは数分で戻ると言って、彼女にもう少し休んでいることを求めた。ファニーは、ラッシュワース氏、マライア、それにヘンリーがやってくるまで、二〇分間一人で待った。鉄柵の門は施錠されていたが、それでもマライアがそこを通って行くことを願ったため、ラッシュワース氏は家に鍵を取りに戻らざるをえなくなった。彼がいない間に、再びファニーをそこに残して、マライアとヘンリーは門の周りを歩きだした。ついにラッシュワース夫人を振り払うことに成功したジュリアがようやく到着し、マライアとヘンリーのところに向かってきた。ラッシュワース氏が鍵を持って到着すると、ファニーは、マライアとヘンリーが彼を置いて先に行ったと言わなければならなかった。ファニーは、「ミス・バートラムは、あなたが自分の後についてくるだろうと考えたのでしょう」と言ってみたが、この言葉は狼狽したラッシュワース氏をベンチから立ち上がらせるには十分ではなかった。ラッシュワース氏が門の前まで行ったので、「ファニーは、門のところに立っているラッシュワース氏を見て、彼の怒りがすこし和らいだらしいと思った」（MP、p.158）。こうして、彼女は決定者としての彼の立場に訴えた。「あなたがふたりのところへ行ってあげないと、かわいそうだわ。あのふたりは、あの丘へ行けば、お屋敷がもっとよく見えると思って見に行ったんです。いまごろは、どう改良しようか考えていると思います。でもそういうことは、当主のあなたがいなければ何も決まりませんわ」。この二回目の言葉はうまくいった。ラッシュワース氏は「ぼくが行ったほうがいいと、あなたがほんとに思うなら、そうしよう。せっかく鍵を持ってきたのに、使わないのもばかばかしい」と答えた（MP、p.159）。すでに支払ったコストに基づいたラッシュワース氏の決定は、「サンクコストの誤り」の例になっている（Friedman, Pommerenke, Lukose, Milam, and Huberman 2007, なおElster〔2007, p.218〕によれば、アメリカ合衆国がヴェトナムからの撤退を拒んだことが別の例になる）。

これは、ファニーが、何が人の動機付けになっているかに関する自分の理解に基づいて、他者の行動に影響を与えるために、目的をもって行動を起こした最初のときである。それは、ほとんど無と同じくらい穏やかなもので、ラッシュワース氏に対する単純な配慮以上の目的はなかったが、それでもそれは戦略的推論を学ぶ一つのステップであった。こうして「ラッシュワース氏はやっとその気にな」ったのである（MP、p.159）。

ファニーは、ベンチの上で受動的な立場にあったが、カップルの二人がどのようにして三人目を引き離したのかを二度も観察していた。マンスフィールド・パークに戻って、ファニーは自分が学んだことを試してみた。ファニーとエドマンド、それにメアリー・クロフォードが一緒に窓辺で話しているとき、バートラム家の娘たち〔マライアとジュリア〕が一緒に歌を歌おうとメアリーを誘った。エドマンドと二人きりになったファニーは、夜の美しさについて熱心に語り、「カシオペア座も見えたらいいのに」と言ってみた（MP、p.174）。ノックス－ショウ（Knox-Shaw 2002, p.45）は、「窓際にいたファニーがよくわかっているように、マンスフィールド・パークでは庭の芝しか見えないので、見えるはずのない星座は、エドマンドをメアリー・クロフォードの重力圏から引き離すための口実を提供しているにすぎなかった」ことに注意を促している。その口実はほとんどうまくいった。エドマンドは芝生に出て一緒に星を見ようと提案したが、それは始まった音楽によって中断された。ファニーは「ひとり窓辺でため息をつ」いた（MP、p.175）。

トム・バートラムはサー・トマスとともに外国に行っていたが、先に家に帰ってきて、マンスフィールドで芝居をすることを示唆した。エドマンドとファニーは、サー・トマスがもし家にいたらそんなことには同意しないだろうという確信をもっていたが、トムや他の人々を引きとめられず、際限のない議論の後で、『恋人たちの誓い』をやることにした。配役については、トムの友人イェーツ氏がヴィルデンハイム男爵かフレデリックの役をやると提案し、ヘンリー・クロフォードもまたどちらの役でもかまわないと言い、マライアは、一番背が高いのでイェーツ氏が男爵役に最適だと指摘した。こうして、「マライアは、理想的なフレデリック役が決まったと内心喜んだ」(MP、p.204)。ヘンリー・クロフォードはそのお返しに、ジュリアではなくマライアが、フレデリックといくつかのシーンで一緒になるアガサ役には最適だと応じた。ジュリアは「彼のマライアへの目配せを目撃し、自分が侮辱されていることをはっきりと悟った。最初からそういう計画だったのだ。そういう策略だったのだ。彼は私などどうでもよくて、マライアのほうが好きなのだ。マライアは勝利のほほえみを必死にこらえている。マライアと彼の間ですっかり了解ずみなのだ」と考えた(MP、p.205-206)。ヘンリーは、ジュリアがアミーリアを演じるべきだと示唆したが、トムは、メアリー・クロフォードのほうがアミーリアにはずっと合っていると主張した。ファニーはこれらすべての押しつけ合いや遠慮の様子を観察していたが、ジュリアは、劇に参加することを拒否し、激して部屋を飛び出していった。

アンハルトと農夫のおかみさんという二つの役にはまだ誰も配役されていなかった。アンハルトはアミーリアの相手役で、メアリー・クロフォードは希望をもって叫んだ。「私がすばらしい恋をするお相手はどなたなのかしら?」(MP、p.220)メアリーは、その相手がエドマンドであることを明示的に示すためにそばに近づいた。というのは、アンハルトは聖職者で、エドマンドもまもなく聖職に就く予定だったからだ。イェーツ氏が「一番つまらない、どうでもいい役」と呼んだ農夫のおかみさんの役はファニーに割り当てられた(MP、p.206)。トム・バートラムは頼むというよりは命令に近い口調で言った。「ファニー、頼みたいことがあるんだ(中略)/

農夫のおかみさんの役をやってもらいたいんだ」(MP、p.222/p.223)。他の人々もファニーに迫った。「しかもトムだけではなく、マライアとクロフォード氏とイェーツ氏までが加わって、口を揃えてこの要求の後押しをした」(MP、p.224)。ノリス夫人はぞっとするような声で宣言した。「でも、私やいとこたちの、こんな簡単な頼みも聞けないようなら、ファニーはすごく強情で、恩知らずな子だと思いますよ。自分の生まれ育ちを考えてごらんなさい、ほんとに恩知らずですよ」(MP、p.225)

ファニーは寝室のベッドのほうに行き、「トムからあんなにしつこく責め立てられたショックで、ファニーの神経はすっかり乱れたままだし、ノリス夫人の意地悪なあてこすりと非難のために、気持ちもすっかり落ち込んだままだった。あんなふうに、突然みんなから注目された(中略)しかもそのうえ、強情で恩知らずだと非難され、実家が貧乏なためにバートラム家に引き取られたという、みじめな身の上にたいするあてこすりまで言われたのだ(中略)一体どうしたらいいのだろう」(MP、p.228-29)。朝、彼女は東側の部屋に行った。そこは以前、家族の勉強部屋になっていて、子供の頃、ファニーとバートラム家の娘たちはそこで授業を受けていたのである。バートラム家の娘たちにとって必要がなくなると、教室としてのそこの機能はファニーのために残された。芝居に参加するべきかどうかに関する決定をそこで下すことは、彼女の戦略的な成長において重要なステップであった。彼女は従順さや素直さをかなぐり捨てるという第一歩を選んだが、どちらかといえば彼女は、非常に慎重で内省的であった。彼女は自分自身の動機を検討し、また、エドマンドが彼女を支援してくれるかどうかを戦略的に考えた。「みんなからあんなに熱心に頼まれて懇願されていることを断わるのは、ほんとうに正しいことだろうか? あの役を私が引き受けることは、この計画に必要なことであり、しかもこの計画は、私が最高にご恩返しをしなくてはならない人たちが、絶対にやると決めた計画なのだ。それを断わるのは、ほんとうに正しいことだろうか? 私が断わるのは、ただの意地悪か、わがままではないだろうか? 舞台に立って人前に出るのが怖いだけではないだろうか? エドマンドは、サー・トマスが絶対に反対すると確信して、この計画に反対している。でも私がエドマンドの判断に従って、ほかのことはいっさい考えずに断わるのは、ほんとうに正しいことだろうか?」(MP、p.233)

エドマンドは、自分自身の決定に助力を求めることで、ファニーの熟考を中断させた。彼らはアンハルトの役を演じさせるために全く外部の人を招待するかどうかの瀬戸際に立たされた。見知らぬ人が家族と急速に親密になり、さらには家族のもつ愚かさが露見することを阻止するために、その役は自分が演じるべきだとエドマンドは感じた。エドマンドはまた、ファニーに対して、アミーリア役を見知らぬ人と演じることをメアリー・クロフォードがどう思うかを尋ねもした。エドマンドは「それじゃ賛成してくれ、ファニー。きみが賛成してくれないと落ち着かないんだ」と懇願した。しかし、彼はファニーがちゃんと答えるのを許さなかった。彼の決定はすでになされていたからだ。ファニーがすぐに同意しないでいると、エドマンドは「ぼくはきみが、ミス・クロフォードの気持ちをもっと考えてあげていると思っていた」と宣言した(MP、p.237)。参照点でありガイドであるべき人がこれほど困惑しているときに、ファニーの慎重な内省にはどんな長所があるのだろうか?「こんなことがあり得るだろうか? あのエドマンドに、こんな矛盾したことができるのだろうか? 彼は自分をいつわっているのではないだろうか。彼は間違ったことをしているのではないだろうか? ああ! これはすべてミス・クロフォードのせいなのだ! ファニーはエドマンドの言葉の一つ一つに、ミス・クロフォードの影響をはっきりと感じ取り、ものすごく悲しかった」(MP、p.239)。エドマンドの慎重さや調和の取れたあらゆる考え方は、ドラマティックな恋愛への期待のために捻じ曲げられていた(それは、忍び難いことに、ファニーが承認を求められたことだった)。

ファニーは一〇歳の頃からエドマンドを完全に頼りにしてきた。彼は「ファニーの精神形成を助けてきた」。しかし、ファニーはメアリー・クロフォードがやってきてから、彼の判断に疑いを持ち始めた。「だがこのとき、ミス・クロフォードのことに関しては、意見の不一致が生じていた。なぜなら、エドマンドはミス・クロフォードをすっかり気に入ってさかんに称賛したが、その称賛は、ファニーがついてゆけないところまで発展しそうだったからだ」（MP、p.102）。ファニーがエドマンドに、ヘンリー・クロフォードがジュリアよりも婚約したマライアのことを称賛しているとほのめかしたとき、エドマンドは心配することは何もないと考えたので、ファニーはこのことを教訓として受け止めた。彼女は「自分が間違っていたのだと思い、これからは考えを変えようと思った」。しかし、ファニーの疑いは持続し、「ファニーはどうしても納得できなかった」（MP、p.179-80）。芝居という考えが最初に持ち出されたとき、ファニーは、全員が気に入る［芝居の］作品を見つけるには、みんなが非常に苦労することを期待していた。エドマンドは少しは楽観的だったが、実際にはみんなが合意に達するには数日を要した。そして、「エドマンドの予想に反し、ファニーの言ったとおりになりそうだった」（MP、p.199）。芝居で演じる役についてのエドマンドの選択は、彼もまた誤りを犯す存在なのだということの最終的な証明となった。エドマンドは他人から影響されやすい人だったのだ。ファニーは違った。自分の保護者であるラッセル夫人の限界を認識した『説得』におけるアン・エリオットのように、ファニーは自分自身の判断を信頼することを学ばなければならなかった。ジョン・ソープが自分と一緒に馬車に乗るよう罠を掛けようとしたことを知った後、決断力を手に入れた『ノーサンガー・アビー』のキャサリン・モーランドのように、ファニーは自分が進んで決定をすることにより強く信を置き、他者からの影響を受けることにより強く疑念をもつようになった。

彼らが最初に完全なリハーサルをする段になって、農夫のおかみさんの役を演じるグラント夫人が夫と一緒に自宅にとどまらなければならなくなったので、ファニーが代わりにその台詞を読むように求められた。「みんながさらに懇願し、エドマンドもファニーの気立ての良さを信頼して、みんなの願いをくり返すので、とうとうファニーも承知せざるを得なく」なった（MP、p.262）。しかし、その瞬間に、サー・トマスが家に帰ってきて、芝居に関するあらゆる計画は断念させられた。何が起こっていたのかを父に説明しながら、エドマンドは「ファニーだけは、最初から最後まで正しい判断をしてそれを貫」いていたことを証言した（MP、p.281）。プロポーズをして、ラッシュワース氏から救ってほしいというマライアの願いにもかかわらず、ヘンリー・クロフォードはそこを離れた。サー・トマスはラッシュワース氏の無知とマライアの反感に気づかないわけにはいかず、マライアに本当に彼と結婚したいのかと尋ねた。ヘンリーの退出に怒り狂ったマライアは、約束通り結婚を進めることを願った。結婚式が執り行われ、ジュリアは新しいカップルと一緒に暮らすために出て行き、若い女性ではファニーだけがマンスフィールドに残ることになった。

以前は「それほど不器量ではな」かったファニーは、いまや大人の女性へと変化を遂げる儀式を通過していた（MP、p.345）。初めて彼女は、グラント夫人から牧師館の夕食に招待された（それまでは、彼女は叔父と叔母とだけで夕食を取っていた）。また、ヘンリー・クロフォードがふいに姿を見せた。ファニーの冷淡さに見舞われたヘンリーは、ほんの二週間滞在している間に、ファニーが自分に恋をするように仕向けたいという思いを、自分の妹メアリーに告げた。「いや、大丈夫、彼女を不幸にするようなことはしないさ。ぼくの望みはこれだけだ。彼女がやさしい顔でぼくを見てくれて、頬を赤く染めるだけではなくて、ほほえみも見せて（中略）ほしい」（MP、p.347-48）。しかし、彼女の兄ウィリアムが海軍から暇を取り、マンスフィールドを訪ねると、ヘンリーは、ファニーの兄に対する温かさにショックを受け、自分の滞在期間を延長した。サー・トマスはヘンリーがファニーに興味をもっていることに気づき、彼女のために舞踏会を開催した。自分が舞踏会を開くきっかけになったことを知ったファニーは「信じられなかった。この私が、こんなに大勢のお嬢さまたちの先頭に立つなんて！あまりにも身に余る光栄だ。私はいま、バートラム家のお嬢さまのような扱いを受けているのだ！」（MP、p.417）

このすぐ後で、ヘンリーはファニーにプロポーズした。叔父であるクロフォード提督に掛け合うことで、ヘンリーはウィリアムの少尉への昇進を確かなものにし、こうしてファニーに感謝の気持ちを起こさせようとした。ファニーがプロポーズを拒否すると、ヘンリーはサー・トマスにアピールした。今度はサー・トマスがファニーに対して、しばしば合理的選択理論に対してなされる反論を用いて説教を始めた。その反論とは、社会的埋め込み理論（「しかも、クロフォード君の妹さんはおまえの親友だし、クロフォード君は、おまえのお兄さんの将校昇進のために、たいへんな努力をしてくれた。ほかに何の取り柄がなくても、このことだけでも、おまえの好意を得るには十分だ」）、選好の未定性（「ね、ファニー、おまえはまだ自分の気持ちがよくわかっていないんじゃないかな」）、過剰な個人主義（「プライス家の人たち、つまり、おまえの両親や兄弟や妹たちの利益や不利益のことは、おまえの頭には一瞬も浮かばなかったようだ（中略）おまえは自分のことしか考えていないのだ」）、後悔回避（「おまえはいま十八歳だが、これからさらに十八年生きたとしても、クロフォード君の半分の財産と、十分の一の長所しか持っていない青年からでさえ、もう二度とプロポーズされることはないかもしれない」）、それに義務（「もし私の娘が誰かからプロポーズされて、私の意見も忠告も聞かずに断わったら――たとえその相手が、クロフォード君よりも半分も劣る青年だったとしても――私はびっくり仰天するだろう（中略）それは、親にたいする義務と敬意を冒瀆する振る舞いだと思うことだろう」）といったものだった（MP、p.479/p.483-484）。バートラム夫人もまた義務に訴えかけた（「こんなすばらしいお話が来たら、黙ってお受けするのが、若い女性の義務ですよ」）。また、メアリー・クロフォードは社会的優越性に訴えた（「でも、ヘンリーに恋をした女性の話をしはじめたら、私が知っているだけでも、いくら時間があっても足りないわ（中略）／こんな名誉な勝利を拒む女性なんているはずがないわ」）（MP、p.506/p.553/p.555）。人間行動に関するこうしたあらゆる他のモデルに対して、これは単に自分自身の選択の結果なのだとファニーは主張した。「私は……私は……あの方と結婚したいと思うほど、あの方を好きにはなれないのです」（MP、p.478）

なぜ人々は、ファニーが自分で選択をしたのだと考えないのだろうか？　ヘンリーのプロポーズを拒否することは、誰も彼女がもっているとは思っていないような個性や選好を必要とするものだったろう。過去には、ファニーは自分で選択することを許されていなかった。では、なぜ彼女はいま自分自身の選択を開始したのだろうか？　ファニーには独立した選択ができないように見えるところこそ、実際にはヘンリーが恋をした部分なのだ。

それは、ファニーがバートラム夫人を助けるのを見たときのことで、「こういうことをすべて、とても静かに控えめにやるんだ。自分の自由な時間がないのは当たり前だという顔をしている」(MP、p.451)とヘンリーは思ったのである。ヘンリーは、「うぬぼれの強さも相当なものなので、彼はまずこう思った。『ファニーは、自分ではまだ気づいていないかもしれないが、たしかに私を愛している』と」。また、「なんとしてもファニーに恋をさせ、自分を愛するようにさせ、その幸福と栄光を手に入れようと決意した」ので、それらの両方について十分な選好を持っていた(MP、p.494)。ヘンリーの妹メアリーは、ファニーの選好については考えなかったが、彼女の気質や気持ちについては考えていた。「彼女はほんとうにやさしくて、ほんとうに感謝の心を持った女性ですもの、きっとすぐに承諾の返事をくれるわ(中略)どうかぼくを愛してくださいって言ったほうがいいわ。ファニーはそれを拒むような冷たい心は持っていないわ」(MP、p.446)。以前はファニーが選択する権利をもつことに対する断固たる支持者だったエドマンドでさえ、ファニーがどのように感じるのかを知っているものと思い込んでいた。「きみの心の中には、『できれば彼を愛したい』という気持ちがあるはずだ。それはつまり、彼にたいする感謝の念から自然に生じた愛情だ。きみの心の中にはそういう感情があるはずだ。彼にたいする自分の冷淡な気持ちを残念に思っているはずだ」(MP、p.531)。「いいえ、だめです！　絶対にだめです！　クロフォードさんの願いを叶えることは絶対にできません！」とファニーが泣きだすと、エドマンドは、ファニーが自分自身のことを知っている以上に彼女のことを知っていると考え、「絶対にだめ？　ファニー、ずいぶん自信たっぷりな断定的な言い方だね。きみらしくないね。いつもあんなに理性的なのに」と叱りつけた(MP、p.529-30)。

ファニーが彼女自身の選好について話そうとしても、誰も耳を貸さなかった。ファニーの愛情が他のどこかに向けられているのではないかという話題をサー・トマスがもち出すと、ファニーの「顔はみるみる朱に染まった。しかし、内気な若い娘の場合は、それは純真さの表われかもしれない。そこでサー・トマスは、少なくとも表面上は納得することにして、急いでこうつけ加えた。／『いや、もちろんわかっている。おまえにすでに誰か、などということはあり得ん。絶対にあり得ん』」（MP、p.480）。彼女は、誰にもエドマンドへの愛を打ち明けたくはなかった。彼女は、自分のヘンリーに対する軽蔑が、マライアやジュリアに向けられた、彼の非難に値するうわべだけの［結婚の］申し出に由来するということを、サー・トマスに語ることができなかった。彼女たちは彼からの求婚を心待ちにしていたからだ。ファニーは、自分は単にヘンリーが好きではないのだとサー・トマスに告げようとしたが、それはまったくうまくいかなかった。「サー・トマスのような分別のある立派な人には、『どうしても彼を好きになれないのです』とだけ言えば、それでわかってもらえるのではないかとファニーは期待した。だが悲しいことに、そうは行かなかった」（MP、p.482）。ファニーがヘンリーのマライアやジュリアに対する取扱いについて話題にしようとすると、メアリー・クロフォードとエドマンドの両方が、妹たちを犠牲にしてヘンリーを許そうとした。メアリーは、次のことを認めた。「兄はときどきひどい浮気者になって、若いお嬢さまたちの恋心をかきたてて、あとは知らんぷりということがありますものね。私もそのことでたびたび兄を叱ったわ。でもそれが兄の唯一の欠点なの。それにこういうことも言えるわ。つまり、そういう若いお嬢さまたちの恋心は、そんなに真剣なものではないでしょうから、心配してあげる必要はないかもしれないわ」（MP、p.555）。エドマンドは、自分の妹たちが「クロフォードにちやほやされたくて、その気持ちをあまりにも軽率に表に出して、女性としての慎みを欠くところがあったかもしれない（中略）若い女性からそういう態度を示されたら、クロフォードのような、非常に陽気で多少分別にかける男は、その気になるかもしれない」と言った（MP、p.534）。

サー・トマスは、ヘンリーの忍耐が尽きてしまうことを心配して、ファニーをポーツマスにいる両親を訪ねるよう送り返すことで、彼女が再考するのを促すことにした。案の定、騒々しい三人の男の子と二人の女の子がまだ家にいる、騒がしく、人でごった返した彼女の家族の生活環境は、マンスフィールドの快適さと、ヘンリーの富が提供してくれるであろう類似のレベルの生活とを、一層際立たせることになった。

ポーツマスでは、一四歳になるファニーの妹スーザンが、自分たちの家はあまりよく切り盛りされていないことに気づいていたように見えたので、ファニーは彼女を助けることに乗り出した。「スーザンはファニーを尊敬していて、ファニーに認められたいと思っているらしいとわかったからだ。人の上に立つことなど、ファニーははじめての経験だし、自分が人を導いたり、何かを教えたりできるなどと思ったこともないが、とにかく、スーザンにときどき助言を与えてあげようと決心した（中略）幸い、自分は恵まれた教育を受けたおかげで、そういう正しい考え方を身につけることができたのだから」（MP、p.607）。第2章で述べたように、スーザンは、姉であるメアリーがその死の前にくれた銀のナイフをめぐって、五歳のベッツィーと口論していた。そのナイフはスーザンのものだったが、ベッツィーはそれをあきらめることができなかった。ファニーはベッツィーのために新しいナイフを購入した。ファニーの予測した通り、ベッツィーは新しいほうのナイフを好み、こうして問題のナイフはスーザンの手元に戻ってきた。「というわけで、ファニーのこの親切な行為は大成功だった。プライス家のもめごとの原因のひとつは完全に取り除かれ、このプレゼントのおかげで、スーザンがファニーにたいして心を開くようになり、ファニーにとっても、愛情と関心の対象が増えることになったのである」（MP、p.608）。これが、ファニーにとって最初の、成功した、自明ではない戦略的操作の事例であり、マンスフィールドでの恵まれた教育がもたらしたもう一つの成果であった。戦略的思考が、彼女とスーザンとの間の愛情のつながりを作り出し、共通の利害を生み出したのである。

ファニーが教師としての新たな役割をするに当たって、スーザンには「物の考え方を教えてくれたり、道徳心の大切さを教えてくれたりする、エドマンドのようないとこはいな」かったのに（MP、p.610）、とても良いセンスがあることにファニーは驚いた。彼女はスーザンに対して、自分にとってのエドマンドのような存在になった。ファニーは巡回図書館の会員権を買い、「自分がはじめて本を読んだときの喜びを、スーザンにも味わわせてあげたいと思い、自分の大好きな伝記や詩の本をぜひ読ませてあげたいと思った」（MP、p.611）。ファニーが進んで考えようとしていたヘンリー・クロフォードとの結婚における一つの肯定的側面は、スーザンが彼らと暮らし、それによって成長できる可能性にあった。というのは、ファニーはスーザンがどうなってしまうか心配だったからである。「あらゆる点で立派な素質を持ったスーザンをこの家に残していくのかと思うと、ファニーの胸はますます痛むばかりだった。もし私が自分の家を持って、スーザンを一緒に住まわせることができたら、どんなにすばらしいだろう！　もし私がクロフォード氏の愛情に応えることができたら、彼は私の妹を一緒に住まわせることに反対しないだろうし、そうなれば、私にとってこれほど幸せなことはないだろう」（MP、p.643）。自分が最も望んでいないことについて熟考しようとするほど、ファニーにとって若い女性の精神を発展させることとは非常に重要なことだった。

ファニーがポーツマスにとどまっている間、トム・バートラムは病気になり、次点と考えていたエドマンドが、聖職者よりもマンスフィールド・パークの相続者としてよりいっそうふさわしい夫になるとメアリー・クロフォードが考え始めるほど衰弱していた。しかしながら、もっと大きなスキャンダルは、ヘンリー・クロフォードと、いまやラッシュワース夫人となっているマライア・バートラムが駆け落ちしたことである。エドマンドは、メアリー・クロフォードが自分の兄の行動を「単なる愚行としか見ていないんだ。しかもそれは、露見したから愚行なんだ。（中略）ああ、ファニー！　ミス・クロフォードが非難しているのは、用心を怠って召使に勘づかれたことと」なんだ（MP、p.702-703）、そう叫び出すほどに、衝撃を受けていた。エドマンドは悲嘆にくれたが、ファニーはハッピーだった。ついに、「エドマンドの目が覚めて、もうミス・クロフォードにだまされる心配がなくなったからである」（MP、p.712）

メアリー・クロフォードに夢中になっていたとき、エドマンドは戦略的思考における最も重要な教えの一つを忘れていた。それは、人の動機というものはしばしば、人が実際にそうである、あるいはそうであるべきだと考えるものとは違っている、ということである。メアリーとの最後の会話の後で、エドマンドはこう結論した。

「いま言ったあなたの態度と言葉から、非常に悲しいことに、こういうことがはっきりしました。ぼくはいままで、あなたがどういう人間かぜんぜんわかっていなかったのです。あなたの心に関するかぎり、ぼくがこの何カ月間思いつづけてきた女性は、ぼくの想像力の産物であって、実際のミス・クロフォードではなかったのです」(MP、p.707-708)。彼の家族の評判はがた落ちになり、サー・トマスもまた同じ過ちについて反省していた。「サー・トマスはこの教育的欠陥を嘆いたが、なぜこんなことになったのか理解できなかった(中略)人一倍娘たちのことを考えて教育したつもりなのに、娘たち(中略)がどういう人間でどういう性格か、まったくわかっていなかったのだ」(MP、p.716)。少なくともラッシュワース氏は、マライアと結婚したとき、こうした過ちは犯していない。「マライアは最初からラッシュワース氏を軽蔑して、ほかの男性を愛していたし、しかもラッシュワース氏も、そのことにはっきりと気がついていた」のだ(MP、p.717)。

同様に、メアリー・クロフォードはエドマンドの動機、つまり、聖職者になるという彼の誓約の真剣さを理解していなかった。聖職者になろうというエドマンドの計画を知る前に、聖職者をバカにするというメアリーの最初の過ちは、情報上の過ちであった。(「ファニーはミス・クロフォードに同情し、『彼女はさっき言ったことを、すごく後悔するでしょうね』と思った」MP、p.137)。しかし、メアリーが、エドマンドと長く話し合った後でも、彼は「もっといい職業に向いているはず」と強く信じていることは、理解上の過ちである(MP、p.145)。メアリーにとってエドマンドの動機とは、彼女が考えていたり、望んだりしていたことであって、エドマンドが抱いている実際の動機ではなかった。もしメアリーがエドマンドの誓約を理解していたなら、彼女は、彼からのプロポーズを受けるかどうかは彼の職業選択に依存していたのだということをほのめかそうとはしなかっただろう。彼はこのほのめかしを特に不快なものと思うだろうことがわかったはずだからである。新たにラッシュワース夫人となったマライアと浮気したときのヘンリー・クロフォードの誤りは、マライアの感情の強さを過小評価したことである。彼はただ自分自身の虚栄心を満足させることを意図していただけだったが、「こんどは、マライアの情熱に彼が振り回されることになった。マライアの情熱は、彼が思っていたよりもずっと激しいものだった。マライアは本気で彼を愛していたし、彼の求愛を本気にしていたので、彼は引き返すことができなくなってしまった」（MP、p.723）

ファニーはこうした人々に関して基本的に正しく判断していたが、みんなはファニーについて誤って理解していた。これは、ファニーが寡黙で、良い聞き手であったからだ。受動的に見えることは有利になる。芝居のリハーサルの間、「みんなにとって、ファニーはとても思いやりのある聞き役であり、手近にいる唯一の聞き役なので、ほとんど全員から、それぞれの不満や悩みを聞かされることにな」った（MP、p.251）。マライアがヘンリー・クロフォードと駆け落ちした後、ファニーがマンスフィールド・パークに戻ってくると、彼女はただ聞き手になるということによってバートラム夫人を支えた。「バートラム夫人にとっては、マライアの出奔という恐ろしい事件のことをファニーに話すことが、というより、その話をして嘆き悲しむことが唯一の慰めだった。そして、ファニーがバートラム夫人にしてあげられることは、バートラム夫人の話を忍耐強く黙って聞いてあげて、ときどき思いやりのこもったあいづちを打つことだけだった」（MP、p.692）。聞き上手であるということは、誰かを自分に恋させることさえ可能にする。ヘンリー・クロフォードは「ぼくはファニー・プライスを絶対的に信頼できる。ぼくが結婚したいのはそういう女性だ」と宣言した（MP、p.448）。

エドマンドのハートを得るという目的を進めるために、ファニーは決して何かをしたようには思えない、というのは本当である。しかし、こう書いてしまうと、能動的な聞き手になることや、能動的に同意することの力を過小評価してしまう。早い段階から、「いつも親切に（中略）話を聞いてくれる」ファニーは、メアリー・クロフォードの性格に問題があることに関してエドマンドに強く同意しており、また、そうした問題はまずい育て方、「教育のせい」であることに強く同意していた（MP、p.406/p.407）。メアリーが、マライアと駆け落ちした自分の兄を非難することに失敗すると、特に、ファニーがエドマンドに、メアリーの彼に対する興味がトムの病気によって増加したことを告げた後、ファニーとエドマンドは「ファニーもその点は同じ考えだった。そして、エドマンドはこれほどの失望を味わったのだから、その心にはいつまでもその影響が残るにちがいないし、けっして消し去ることのできない傷痕が残るだろうという点でも、ふたりの意見は一致した」（ＭＰ、p.710）。ファニーは、彼の心をとらえるような別の女性と彼が出会うことはありえないこと、そして「いまのエドマンドがすがる相手はファニーの友情だけだった」ことに強く同意した（ＭＰ、p.711）。この状況は、『分別と多感』においてルーシー・スティールが、繰り返し訪問し長く話を聞くことによって、エドワード・フェラーズと結婚できないというロバート・フェラーズの言い分を理解したこと、あるいは、『高慢と偏見』においてシャーロット・ルーカスが、コリンズ氏［のプロポーズ］がエリザベス・ベネットによって拒絶される可能性があるということで（「シャーロットが彼の相手をしてくれたので、ベネット家（中略）には大助かりだった」ＰＰ、p.129）、彼のプロポーズを受け入れたことと、それらと異ならない。

ファニーはエドマンドに心地よい場所でトーク・セラピーを実施できて、うれしいことこのうえなかった。そして、「エドマンドは夏のあいだ、毎日夕方にファニーと散歩したり、木陰に座って過ごしたりしていたが、自分の運命を甘受するように、一生懸命自分に言い聞かせたおかげで、だんだん元気を取り戻した」（ＭＰ、p.714）。エドマンドのファニーに対する愛は、ファニーが一〇歳の頃、「他家に預けられた、純真無垢なかわいそうな少女だったので、エドマンドが見るに見かねて愛情を注いであげたのが始まりだった」。もし無力さが最初に魅力を提供したのであるなら、「ファニーがすばらしい長所を備えた女性に成長するにつれて、エドマンドはますます大きな愛情を注ぐようになった」のであり、いまやファニーは十分に学習し、成長を遂げていた。「エドマンドはいつもファニーと一緒にいて、いつも心を打ち明け合い（中略）ファニーの明るいやさしい瞳が勝利を収めるのに、それほど長い時間はかからなかった」（ＭＰ、p.727/p.728）

おとなしいファニーは実際、オースティン作品の中では最も筋金入りのヒロインである。ファニーだけが、たった一人も味方がいないなか、みなが積極的に敵対している前で意思決定を行っている。ファニーがヘンリー・クロフォードのプロポーズを受け入れていたら、「ヘンリーは幸せいっぱいで、結婚式の準備で忙しくて、ほかの女性のことなんて考えなかった」に違いない。そして、メアリー・クロフォードによれば、結婚したマライアと駆け落ちすることもなかっただろう（MP、p.704）。この反実仮想は、たとえファニーが完全に説得不可能なのだとしても、こじつけではない。ヘンリーがしつこく言い寄っていたら、「ファニーはきっと彼の愛情に応えただろう。エドマンドとミス・クロフォードが結婚して、適当な時間がたったあと、ごく自然にクロフォード氏とファニーが結ばれることになっただろう」（MP、p.722）とあるからだ。バートラム家の評判は傷を受けずにとどまり、エドマンドはメアリーと一緒になることでかなり幸福になったかもしれない。自分の活力を、スーザンを成長させることに集中することで、ファニーがクロフォード夫人と同じくらい幸福になった、ということもありえたかもしれない。ヘンリーの申し出を断わることで、結局ファニーは自分の一番手に入れたかったものを手に入れたが、そのために、おそらくエドマンドが予期していたように、クロフォード家やバートラム家の側が破滅的ともいえる大きな犠牲を払うことになった。それは、ファニーに自己犠牲を強いるには十分すぎるほどだった。ファニーはこう述べている。「私たちは自分の心の中に、立派な導き手を持っています。自分の心の声に耳を傾ければ、他人の助言なんて必要ありません」と（MP、p.632）。

『エマ』

二〇歳のエマ・ウッドハウスはすでに、ハイベリーの村にあるハートフィールド屋敷の家族のなかで女主人だった。彼女はそこで父ウッドハウス氏と暮らしていた。彼女の周りにいた年上の女性たちはすでに家にいなかった。彼女の母は数年前に亡くなっており、姉であるイザベラと彼女の家庭教師ミス・テイラーは結婚して家を出ていた。エマには戦略的技能が備わっており、それを利用できる社会的地位もあった。しかし、自分自身の戦略的技能を過剰に信じすぎることには落とし穴があった。エマはそのことを苦労して学ぶことになる。「エマのほんとうの不幸は、何でも自分の思いどおりにできることと、自分を過大評価しすぎることだった（中略）いまのところその危険は気づかれていない」（E上、p.8）。ブレア・ラビットがタール・ベイビーを無礼だと考えたのとちょうど同じように、また、『分別と多感』においてウィロビーからの手紙を待ち望んでいたマリアン・ダッシュウッドが、彼女の母からの手紙を手渡したジェニングズ夫人を残酷だと考えたのとちょうど同じように、他人の動機を解き明かす自分自身の能力に対するエマの過信は、人々は独立な思考を全くもっていないと考えるのと同じくらい悪い独在論に導くものである。自分の戦略的技能にプライドをもつことは、他者に印象づけたいという目的のために、その過剰さを拡大していく可能性があり、また追従によって操作される道をも開くものである。他者の選好に対するあまりに過大な注視は、最も重要な選好、つまり自分自身の選好を考えることを妨げる。『エマ』という作品は、戦略的思考に関する入門書ではなく、自分自身の能力に魅入られてしまっている人々に対する中和剤なのである。

エマは物語の初めから自分の戦略的技能を得意がっていて、ミス・テイラーを新しい夫、ウェストン氏に引き合わせたことについて自分の手柄を認めるよう要求している。イザベラの夫、ジョン・ナイトリー氏の弟であるジョージ・ナイトリー氏は、それに同意せずに次のように言った。エマは彼らが夫婦になることに賛成していたかもしれないが、「成功とは努力を伴うものだ（中略）運良く予想が当たっただけじゃないかな。それだけのことじゃないかな」、と（E上、p.19）。しかし、エマは反論した。「私がウェストンさんをたびたび家に招いたり、ふたりをそれとなく励ましたり、いろいろ小さな障害を取り除いたりしなかったら、何も起こらなかったかもしれないわ」（E上、p.20）。「ナイトリー氏の言葉の意味が半分しかわからない」ウッドハウス氏は、戦略的問題においては魅力的なほど察しが悪い人だった。そこで、エマは、彼ではなくエマ自身が、従僕ジェイムズの娘をミス・テイラーの家政婦にするように計らったので、家族同士が頻繁に連絡を取り合うことになるだろうと言うことで、難なく彼のことを導いて、ミス・テイラーが去ってしまった悲しみを忘れさせた（E上、p.20）。ジェイムズの娘の勤め先の斡旋という二次的な問題において、エマは親切にも、十中八九彼女自身の示唆によるものに対して、自分の父の手柄であるとした。しかしながら、ミス・テイラーの結婚自体に対しては、エマは熱心に自分のおかげであることを主張した。自分の手柄に対するナイトリー氏の挑戦に応えるために、エマは彼女が次に結婚を実らせるのは、ハイベリーの教区牧師であるエルトン氏のためであると宣言した。「まだ独身だなんて、ほんとうにお気の毒」（E上、p.21）

エマは一七歳のハリエット・スミスと出会う。彼女は、近隣の女性だけの寄宿制学校で育てられ、見たところ親も親戚もいなかった。エマは、彼女の成長を自分の個人的なプロジェクトして取り上げた（『マンスフィールド・パーク』においての、ファニー・プライスに対するヘンリー・クロフォードのように振る舞った）。「私が彼女をしっかり見てあげて、完璧なレディーにしてあげよう。あんな身分の低い人たちから引き離して、もっと立派な人たちに紹介してあげよう。彼女の意見や態度を、もっと立派なものにしてあげよう」（E上、p.37）。最も厄介なのは、ハリエットのマーティン家との親密さであった。マーティン家はナイトリー氏から農園を借りていて、二人の姉妹の他に未婚の弟ロバート・マーティン氏がいた。エマは、高い地位にあるエルトン氏が農家であるマーティン氏をハリエットの考慮からうまく外してくれるものと考えていた。エマの気がかりは、彼女の計画がうまくいくかどうかだけでなく、その計画が彼女自身に戦略家としての栄誉を与えてくれるかどうかという点にもあった。「この縁結びをしても、自分の手柄にはならないのではないかとエマは思った。誰でも思いつきそうな縁組だからだ。でも、この縁組を思いついたのは、ハリエットがはじめてハートフィールド屋敷に来た晩だから、思いついたのはエマがいちばん早いはずだ」（E上、p.53）。たとえ他者が同じ考えをもっていたとしても、エマがそれを最初に考えたのだ。エマがハリエットに水彩画を描くようにアレンジし、エルトン氏がそこにいて励ましを与えた。そして、エルトン氏は完成された肖像画を飾るためにロンドンに持っていくことを自主的に申し出てくれた。

ハリエットがマーティン氏からプロポーズの手紙を受けとったとき、彼女はエマのところに走って行ってアドバイスを求めた。エマは冷静に「いいえ、助言はしないわ、ハリエット（中略）これはあなたが自分で決める問題よ」と述べた。そして、ただ、「気乗りのしない結婚はしないほうがいいわ」とだけ付け加えた（E上、p.80/p.81）。このように威嚇されたので、ハリエットはプロポーズを断わる決心をした。エマは熱烈にそれに同意し、ハリエットはマーティン夫人として「あそこで一生、無教養な下品な人たちと暮らすなんて考えられない」から、彼女はホッとしたのだと言った（E上、p.83）。ハリエットを元気づけるために、エマは、エルトン氏がハリエットの肖像画に引きつけられている様子を示す素晴らしいシナリオを披露した。「いまごろエルトンさんは、あなたの肖像画をお母さまと妹さんたちに見せているわ。実物はもっと美人だと言って（中略）／今夜はずっと彼のそばに置かれて、彼の慰めと喜びになるはずよ。あの肖像画のおかげで、彼の気持ちが家族に打ち明けられ、あなたが紹介され、（中略）みんなで陽気に楽しく、ときには疑いの目をもって、想像力の翼を広げているわ！」（E上、p.87）エマにとって、このビジョンを満足のいくものにしたのは、彼女とハリエットが、他者が単に疑っていたにすぎないことについて知っていた、という部分にある。

ナイトリー氏がニュースを携えてエマを訪ねてきた。「もうすぐきみのハリエットに、とてもいい話があるはずだ」（E上、p.91）。エマは、「ほほえみを浮かべながら」、自分はすでにマーティン氏のプロポーズのことは知っていて、それは拒絶されたのだと言った（E上、p.93）。唖然としたナイトリー氏は、エマがハリエットを説き伏せたことを責めた。するとエマは、かりに彼女がそうしたとしても、その行為は正当化されるだろうと反論した。エマの議論は、ハリエットが自分自身の選択をする権利をもっているということに基づいてはいなかった（「断わったことについては、私の影響がまったくなかったとは言いません」E上、p.101）。エマは、ハリエットには選択肢があったと論じているが（「彼女はまだ十七歳で、人生を始めたばかりで、彼女の存在は、やっとみんなに知られるようになったばかりよ。それなのに、はじめてのプロポーズを断わったからといって、なぜ不思議がられなければならないの？　お願いします、世間を見る時間をハリエットに与えてください」E上、p.99）、彼女の主たる主張は社会的地位に基づくものであった（「生活環境もハリエットのほうが上です。マーティンさんと結婚したら身分が下がります（中略）彼女が紳士の娘たちとつきあっていることも、誰も否定できません」E上、p.96/p.97）。社会的地位こそ、エマ自身が一生懸命彼女に授けようとしていたものだった。実際にハリエットが欲しがっていたものは、この議論には入っていなかった。ナイトリー氏は、エルトン氏は決してハリエットを選ばないだろうと忠告した。彼は「高収入の価値を誰よりもよく知っている」（E上、p.103）からだ。

エルトン氏の求婚は続いた。それはちょうど『高慢と偏見』においてエリザベス・ベネットが、ダーシー氏のダンスの招待を、彼女への興味ではなく侮辱と理解したように、エマの洗練された戦略的思考は、彼女自身の予想に有利になるように、明白な事柄を無視してしまうことを許した。エマはエルトン氏に、なぞなぞを考えて、それをハリエットのコレクションに加えるように求め、彼はハリエットではなくエマのために作ったなぞなぞを差し出した。すると、エマはこのことを、彼のハリエットへの愛の際立った証拠を示すものだと理解した。なぜなら、もし彼がそのことを秘密にしておきたという意図があったなら、エマがいないときにそれをハリエットに与えることができたはずだからだ。エルトン氏が「機敏な知性」という語を彼のなぞなぞに用いたとき（E上、p.133）、エマは、愛に非常に取りつかれた男だけが、それほど頭の回転の良くないハリエットのことを言及するためにその言葉を用いるのだろうと結論し、ナイトリー氏がエルトン氏について間違った考えをもっていたことを認めざるをえなくなるように、そのなぞなぞを彼に見せることができたらいいのに、と願った。ハリエットとエルトン氏が、ランドールズにあるウェストン家でのウッドハウス家とナイトリー家と一緒の夕食に招待されたとき、ハリエットはあまりにも気分が悪くて出席できなかったので、エマは、エルトン氏もまた少し病気のように見えるので、家にいたほうがよいのではと、彼に家にとどまる口実を提供した。エルトン氏はそれにもかかわらずパーティーに出席したので、エマは、彼は「ハリエットに恋をしているのに、それでもディナーの招待は断われないのね。誘われたらぜったいに出席しなくてはならないのね。恋って不思議ね！」（E上、p.174）と結論した。パーティーでは、「エマの身を心配するエルトン氏の熱弁はとまらなかった（中略）もう隠しようがない。彼はハリエットではなく、私に恋をしているのだ」（E上、p.195）

パーティーから戻る馬車の中で二人きりになって、エマはエルトン氏からのプロポーズに驚かされ、強い嫌悪感を覚えた。エマは、エルトン氏がハリエットから自分に愛情を移したことで彼を非難したが、エルトン氏は、エマがハリエットについて言及したことに驚かされた。自分の「愛を真剣に受け入れていただけるものと確信して」いたエルトン氏は、今度は厚かましい態度で「ぼくの気持ちは、あなたがいちばんよく知っているはずです」と言い、エマが彼を「プロポーズするようにと」励ましさえしたのだと主張した（E上、p.202/p.205）。エマがエルトン氏のハリエットへのアプローチを援護する代わりに、ハリエットがエルトン氏のエマへのアプローチを援護したわけだったのだ。

自分自身の愚かさについて反省しながら、エマはエルトン氏の低い社会的地位を非難した。「彼は明らかに、知性や洗練された心という点で、私よりはるかに劣っている。でもたぶん、彼にそれをわからせるのは無理だ。私と同等の能力がないからこそ、それがわからないのだ」（E上、p.212）。ただ彼女はしぶしぶと、お互いに誤解していたことを認めた。「でも、すなおにわが身を振り返ると、自分の態度も反省せざるをえなかった。つまり、自分は彼にたいして愛想がよすぎたし、親切にしすぎたし、礼を尽くしすぎたし、心を尽くしすぎた（中略）私があれほど彼の気持ちを誤解したのだから、彼が私欲に目がくらんで、私の気持ちを誤解したとしても、私は彼を責める権利はない」（E上、p.213）。エマは、エルトン氏についてはナイトリー氏が正しく、自分が間違っていたことを認めた。さらに悪いことには、ナイトリー氏の弟ジョンが彼女に、エルトン氏の明白な「彼女に対する」興味についてもっと前に注意を促していたのだが、エマはそれを笑い飛ばし、『事情を知らないと、ずいぶんひどい間違いをするのね。自分の判断に自信のある人は、ずいぶんひどい誤解をするのね』と思いながら、ひとりでおかしがった」のだ（E上、p.176)。彼女がハリエットに、エルトン氏は決して自分のことを愛さないと語らなければならなかったときでさえ、エマは上流と下流という社会的距離に関するハリエットの涙を誘う反応について、まだ考えていたのだ。「それは正真正銘の悲しみの涙であり、こういう真実の涙ほど気高いものはないとエマは思った。そして、ハリエットの言葉に真剣に耳を傾け、あらんかぎりの愛情と思いやりをもって彼女を慰めた。私よりハリエットのほうがはるかに立派な人間なのではないか（中略）とエマは心の底から思った」（E上、p.221)

エマは最終的には、ハリエットではなく自分がエルトン氏のターゲットであることを突き止めることができただろう。エマとエルトン氏が不幸にも同じ馬車で二人きりにされなかったら、彼らの誤解はこれほどはっきりとは明らかにされなかっただろう。しかし、なぜエマの誤解は、実際このように長く持続したのだろうか？　彼女の戦略的センスは、［意見の］食い違いに対して言い逃れをするのを助けたが、このことに加えて、肩書や社会的地位に関する彼女のセンスが、他人がするだろうと彼女が考えていることを実際にはしないときには、彼女自身の認識に何か間違いがあるのではなく、相手のほうに問題があるのだと結論することを可能にしたのである。「風景画や花の絵」を見ることは楽しいものだと言いながら、ハリエットの肖像画を制作しようといったエマの提案にエルトン氏が熱心に同意したとき、エマは心の中で考えた。「あなたは絵のことは何もご存じないの。私の絵にそんなに夢中になる振りをするのはおやめになって。そのお気持ちは、ハリエットのために取っておいてください」（E上、p.68)。エルトン氏がエマに、病気のハリエットを訪問せずに、自分自身の健康を気遣うように懇願したとき、彼はハリエットを愛していないかもしれないと結論する代わりに、エマがエルトン氏の内に見たのは「ハリエットから私に心を移した」ことだった。「もしほんとうなら、こんなに恥ずべき忌まわしいことはない！ エマは冷静さを保つのがむずかしくなってきた」(E上、p.195-96)。この点でエマは、ちょうど『高慢と偏見』におけるキャサリン・ド・バーグ夫人の、それほど不愉快ではないバージョンのようである。ちなみに、キャサリン・ド・バーグ夫人は、へりくだって地位の低いエリザベス・ベネットを訪問したとき、エリザベスがすでに彼女の訪問の理由を知っていると推測していたのである。

地位や自分自身の戦略的技能に対する評判を得ることについての強迫観念が、エマがハリエットとエルトン氏とを結び付けようと乗り出すことになった最初の要因である。エマが、ハリエットと自分自身が牧師館を訪れ、ハリエットとエルトン氏が二人きりになれるように、こっそり自分だけは抜け出してくるという計画を立てたとき、「エマは、計画は成功したと思った」(E上、p.142)。単に、エルトン氏がハリエットを愛するようになることでは十分ではなかった。ハリエットもまた、[エマが] そうした状態になるような戦略を立てたことを誇りに思わなければならなかった。「ハリエット、おめでとう！ 心からそう言わせていただくわ。こういう愛情を生み出すことができたことを、誇りに思っていいわ」(E上、p.117)。ハリエットの縁談を成立させた功績は、他の結婚と公に比較することで測られるのであって(「あなたとエルトンさんの結婚は、ミス・テイラーとウェストンさんの結婚に匹敵するわ」E上、p.118)、カップルの幸福によってではなかった。初めからエマの目標は、彼女の戦略的な腕前をナイトリー氏や他の人々に証明してみせることで、ハリエットを結婚させることはその目的のための単なる手段にすぎなかった。エマはミス・テイラーをウェストン氏と結びつけたことに特別なプライドをもっていた。なぜなら「ウェストンさんはぜったいに再婚しないと、みんなが言っていた」(E上、p.18) からである。したがって、彼女の戦略的腕前によってさらに大きな栄誉を獲得するために、エマはもっとありえないカップルを成立させる必要があった。エマは戦略的に洗練されていたが、彼女の戦略的行動が社会的な栄誉という次元ではどのような「意味がある」のかについて頭がいっぱいになっていた。それとは対照的に、ナイトリー氏は相当な戦略的技能をもっていたが、それを自分では軽く見ていた。「残念ながらぼくには、エマのような予言や想像の才能はない」（E上、p.59)。彼女が失敗したあと、ハリエットの涙を見て、エマは自分の戦略的技能［の発揮］を放棄することはできなかったが、あまり見せびらかさないように努力することにした。「自分はもう二十一歳であり、素朴で無学な人間に戻ることはできないが（中略）謙虚さと慎重さを忘れずに生きてゆこうと、エマはあらためて自分に言い聞かせながらハリエットのもとを去った」（E上、p.221)

人を操作することに慎重になったエマは、［人の気持ちを］察知する自分の技能を誇示することに後退した。もちろん、人の気持ちを察知することが最も重要な対象は、誰が誰を愛しているかについてである。エマと同い年のジェイン・フェアファクスが、叔母のミス・ベイツおよび祖母ベイツ夫人のところに滞在するために到着した。彼女の両親はすでに亡くなっていたので、ジェインはキャンベル大佐とその夫人に、彼ら自身の娘ミス・キャンベルと一緒に育てられた。ミス・キャンベルは最近ディクソン氏と結婚し、彼とともにアイルランドに引っ越していた。キャンベル夫妻はアイルランドに［娘夫婦を］訪問しにいったが、ジェインはハイベリーを訪問することに決めたので、ジェインとディクソン氏の間には秘密の愛情があったために、そうやって［アイルランドに行かないことで、会うのを］避けているのだと、エマはただちに推測した。エマにとって、この結論は全く信じがたいものではなかった。なぜなら、伝えられたところによると、ジェイン・フェアファクスは先のミス・キャンベルよりもはるかに美しく、ディクソン氏は自分の妻よりもジェインの歌声を好むと公にしており、また、ディクソン氏はジェインをボートから落ちないように助けていたからである。

財産や家族からの援助がわずかしかないので、ジェイン・フェアファクスは住込みの家庭教師として生活の糧を得ていた。エマは、例えば、ジェインがフランク・チャーチルについての本当の情報を一切提供しないので、彼女が嫌いだった。フランク・チャーチルは、ミス・チャーチルとの最初の結婚で生まれたウェストン氏の息子であった。母が早くに亡くなると、フランクは母の兄弟の家で育てられ、後にその苗字を身に帯びることになった。フランク・チャーチルは、父の新しい妻に敬意を示すために、すぐにでも訪問しなければならないと期待されており、エマは彼のことを自分のために用意された人なのだと考えることになる。「もし私が結婚するとしたら、年齢、人格、社会的地位からいって、フランク・チャーチルこそふさわしい相手かもしれない。両家の関係からいっても、フランク・チャーチルは私と結婚するために存在しているように思える」（E上、p.186）

フランク・チャーチルが、困窮し病気がちな叔母、チャーチル夫人からついに暇を告げられると、エマは彼の自分への温かく、あけっぴろげな称賛に注目した。彼は実際、「何を言えばエマに喜ばれるか」非常によくわかっていた（E上、p.297）。彼女は、彼が散髪をするためだけにはるばるロンドンにまで出かけていくのを奇妙に思ったが、ナイトリー氏の非難の的になるような想像を考えから排除することで、彼「のそうした行動」を擁護した。「ナイトリーさん、あなたはフランクを『軽薄な馬鹿な男』と言ったけど、それは違うわ。もし彼が軽薄な馬鹿な男なら、もっと違う態度を取ったはずよ。つまり、散髪のためにロンドンへ行ったことを得意そうに自慢したか、恥じたか、どちらかだわ。もし軽薄な男なら、自分のおしゃれをひけらかしたでしょうし、馬鹿な男なら、自分の虚栄心を弁護するために、醜い言い逃れをしたはずよ」（E上、p.328）。表面に現れることで頭がいっぱいのエマにとって、フランク・チャーチルの性格を示すような事柄といえば、意思決定それ自体ではなく、彼がそれを公に示すやり方にある。後に、エマは「ふたりが一緒のところをはじめて見る人が、ふたりのことをどう思うか、それを観察するのも楽しみ」にするようになったのである（E上、p.328）。ベイツの家に、贈り主不明のピアノがジェイン・フェアファクス宛てに届いたとき、エマは、それは彼女の守護者であるキャンベル大佐からではなく、ディクソン氏からに違いないと示唆すると、フランク・チャーチルはそれに同意して、「でもいまは、あのピアノは愛の贈り物に間違いないと、ぼくは思っています」（E上、p.338）と言った。

フランク・チャーチルはただちに、ジェイン・フェアファクスのことを調査し、別の場合には彼女を悩ます、エマの協力者になった。ベイツ夫人は二人を招いて、この新しいピアノに対する意見を述べさせた。ジェイン・フェアファクスが楽器の前に腰を掛けると、フランク・チャーチルは彼女に尋ねた。「ミス・フェアファクス、アイルランドのお友達は、あなたが喜ぶ姿を想像して楽しんでいるでしょうね。あなたのことを思い出しては、ピアノはいつ届くだろう、正確な日にちはいつだろう、などと考えているでしょうね。もうピアノが届いたことを、キャンベル大佐は知っていると思いますか？」（E上、p.373）「ジェインとディクソン氏のことをそれ以上当てこするのはやめて、とエマは思ったが、面白がらずにはいられなかった」。それで、エマはささやいた。「はっきり言いすぎよ。当てこすりがわかってしまうわ」（E上、p.375/p.376）。エマは、彼女の戦略的同志であるフランク・チャーチルが彼女に恋をしていることを受け入れ始めた。特に、彼がぎこちない告白を始めた後、部屋に入ってきた父親によって結局それを中断されてからは。エマは、自分がフランク・チャーチルに恋をしているかどうかについて思案したが、そうではないと結論づけた。彼女は彼を励まさないよう自分自身に言い聞かせ、ハリエットが敗者復活の賞品になりうるだろうかと考えた。

ウェストン夫人は、ナイトリー氏がジェイン・フェアファクスに恋をしているかもしれない、また、彼女の演奏に対する明白な称賛の態度からして、彼は自分でピアノを購入しさえしたのかもしれない、とエマに示唆した。ナイトリー氏はまた、寒い朝に、ジェインとミス・ベイツを迎えに行くのに自分自身の馬車を遣わしてもいるし、ジェイン・フェアファクスが喜ぶような種類のリンゴをたっぷりと、ベイツ家の住所に送ってさえいる。エマはこうした［事態が真である］可能性を「身分違いの恥ずべき結婚」なのだとみなし、そんな考えを片っぱしから打ち壊してしまうことに着手した（E上、p.348）。エマは、ジェインが参加する次の舞踏会について、ナイトリー氏には関心がないことに注目し、彼がジェインに決して結婚を申し込まないという明白な主張をするようにまんまと導いた。ナイトリー氏はエマに、「きみはずいぶん遅れているね」と指摘し、すでに彼がジェインと結婚するだろうという認識をコール氏に捨てさせているのだと告げた。「その話なら、コール氏が六週間前に言っていた（中略）／ぼくはすぐに違うと言った。彼は謝って、それ以上何も言わなかった。コールはみんなより情通になろうとか、面白いことを言おうとか思っていないからね」（E下、p.69/p.71）

舞踏会において、エルトン氏は、ハリエットとダンスを踊ってくれないかというウェストン夫人の要求をあからさまに拒絶したので、パートナーのいない若い女性は彼女だけになった。しかし、普段はダンスをしないナイトリー氏が近づいていって、ハリエットをダンスに誘い、エマを喜ばせた。ハリエットは翌日も［苦難から］救われた。そのときはフランク・チャーチルが、ハリエットにお金をせびっているジプシーの少年たちを追い払ったのだ。エマは、「それがハリエットの身に起き、しかも、偶然フランクが通りかかって彼女を救うことになったのだ。まさに不思議な巡り合わせとしか言いようがない（中略）この事件のおかげで、ふたりの気持ちが急接近することは間違いない」（E下、p.142）という意見を述べた。エマはハリエットに、［誰か特定の人の］名に触れることなく、紳士の「人並み外れたすばらしさ」に関する彼女の称賛と、救われたことに関する彼女の感謝の気持ちを表明させた。「あの方が近づいてくるのを見たとき……あの高貴なお姿……それまでの私のみじめな気持ち。なんという変わりようでしょう！（中略）地獄のようなみじめさから、天国のような幸せに変わったのです」（E下、p.153）

ナイトリー氏はフランク・チャーチルの様子を観察していた。そして、彼がジェイン・フェアファクスを意味ありげに眺めているのを見ると、ナイトリー氏は二人の間になんらかの個人的な関係があることに感づいた。彼がエマに警告しようとすると、エマはあまりにも当惑して、彼女とフランク・チャーチルとは、ジェイン・フェアファクスとディクソン氏との道徳的に認められない関係を疑う共同プロジェクトを進めていたことを明らかにすることができなかった。また、彼女は、ジェイン・フェアファクスとフランク・チャーチルについて、「あのふたりには、愛情とか恋心とかいったものはぜったいにありません」と強く主張した。ナイトリー氏はエマのあまりの自信に「たじろ」いでしまった（E下、p.168）。

エマとフランク・チャーチルは、誰もが気の利いた話題を一つ、あるいは退屈な話題を三つ話さなければならない、というゲームによって、退屈な会話を盛り上げようと努力した。ミス・ベイツは、自分は三つの退屈な話題を容易に思いつくことができると申し出て、エマは、ミス・ベイツが話題を三つだけに絞るのに苦労するかもしれないということに同意しないわけにはいかなかった。後に、ナイトリー氏がこの生意気さについてエマを叱責した。エマは次のように言って自己を弁護した。「彼女には、善良さと滑稽さが入り混じっているんです」。ナイトリー氏は［エマの言い分に］同意したが、それはエマの見解の文字通りの意味についてではなく、そうした見解を特に不快なものにする社会的な文脈についてなのだと説明した。「彼女は貧乏で、生まれたときより落ちぶれてしまった。年を取ったらもっと落ちぶれるだろう（中略）彼女はきみを赤ん坊のころから知っている。きみの成長をずっと見てきたし、きみは小さいころ、彼女にかわいがられて大喜びしたものだ。それなのにきみは今日、うわついた気分で調子に乗って、彼女を笑いものにして侮辱したんだ！　姪ごさん（やみんな）のいる前で！」（E下、p.206-207）エマは自分の残酷さを反省し、彼女らしからぬ様子で泣いて家に帰ったのである。

数か月のちで、ジェイン・フェアファクスは、エルトン氏の新しい妻であるエルトン夫人の計らいで、ついに家庭教師の仕事を得るための申し込みをした。幸運にも、フランク・チャーチルは叔母であるチャーチル夫人が亡くなったので、もっと御しやすい叔父から結婚の許しを得ることができ、ついにジェイン・フェアファクスとの秘密の婚約について公にすることができた。エマは、ピアノが愛の贈り物であると考えた点で正しかったが、それはディクソン氏ではなく、フランク・チャーチル自身からの贈り物だった。フランク・チャーチルはロンドンに散髪に行っている間に購入の手はずを整えていたのだ。エマの過ちは、散髪を、単に特定の目的をもった行動を隠ぺいするためのものではなく、虚栄の印だと考えたことにあった。ナイトリー氏の疑念は正しかった。エマはその疑念を、自分で勝手に思い込んでいたフランク・チャーチルとの戦略的なパートナーシップのゆえに、はねつけたのだ。フランク・チャーチルは、彼女に対して、戦略家としては自己中心的な存在を演じることで、エマを騙したのだ。つまり、自分の戦略的能力に過剰なプライドをもつことは追従を招き、それによって、「他者に」操作される別の道を作ってしまうのだ。フィールズ（W. C. Fields）が言うように、「正直な人を騙すことはできない」(Marshall 1939)のである。とにかく、エマのディクソン氏に対する疑いは、初めから彼女の考えだったのであり、フランク・チャーチルは単にそれに乗っかっただけである。彼はエマに彼の秘密を告げようとしたが、結婚の申し出ではないこの告白は、彼の父によって中断され、無様なものとなってしまった。フランク・チャーチルが、エマが「自分のすばらしさを見せつけて」いたと指摘したことでも、また、自分自身の戦略的能力に関するフランク・チャーチルの虚栄が、彼をさらに背伸びさせ、ほとんど大失敗に終わらせることになるということについても、ナイトリー氏は正しかった(E上、p.234)。馬車を仕立てあげるというペリー氏の計画について、ベイツ家(ベイツ夫人、ミス・ベイツ、それにジェイン・フェアファクス)の間で実際に議論されていたら、それは公にも知られていることなのだと、おおっぴらな会話で彼は認めていたのだ。このように、彼は、ジェイン・フェアファクスとの秘密の会話をほとんど暴露していたのだ。

エマは、今回フランク・チャーチルの婚約のニュースで再びがっかりしているだろうハリエットのことを心配したが、ハリエットは、エマが彼のことについて触れたことにさえ驚かされた。ハリエットが称賛している救済者はナイトリー氏だったからだ。エマは、ナイトリー氏が最近ハリエットに非常に大きな注意を払っていることに気づいていて、「エマのような鋭敏な知性は、ひとたび疑惑を察知すると、疑惑解明のために一気に突き進むのである(中略)ハリエットがフランク・チャーチルを愛するのはかまわないのに、ハリエットがナイトリーさんを愛するのはなぜいけないのだろう? ナイトリーさんとの結婚にハリエットが希望を持っていると聞いて、私はなぜこんなに不愉快な気分になるのだろう?」と考えた(E下、p.261)。ただ、競争者の能動的脅威だけが、ナイトリー氏は自分と結婚しなければならないとエマに悟らせたのだ。エマはただちに、自分自身の権利を守るために何をすべきかを知った。それは「ハリエットがナイトリーさんとの結婚に望みを持つようになったのはなぜか、その理由を問いただすことは、私自身のためにもぜひ必要だ」(E下、p.262)ということだった。エマは、どうしてハリエットが、ナイトリー氏が彼女に興味をもっていると考えるのか、可能な限り詳細に知ろうと会話を誘導した。ハリエットが去ると、エマは初めて彼女自身の感情を深く吟味した。「自分の気持ちを理解することが、完全に理解することが、第一に重要なことだ（中略）／エマはそれを失う危機にさらされてはじめて気がついた。ナイトリー氏にとって自分が一番だということ。つまり彼の関心と愛情の対象として、自分が一番だということ。それがエマの幸福に大きく関係していたのだ」（E下、p.268/p.272）

ナイトリー氏は三七歳くらいで、「エマ・ウッドハウスの欠点が見える数少ない人物のひとりだった。エマの欠点を、本人に面と向かって指摘できる唯一の人物だった（中略）／小さいころからエマを愛し、見守ってくれた。誰にも真似のできない熱心さで、彼女を立派な人間にしようと努め、彼女が正しい行ないをするように見守ってくれた」（E上、p.16/E下、p.273）。しかし、特にミス・ベイツに対する彼女の行動を彼が非難した後では、エマは、ハリエットのほうがずっと彼の愛情を受けるにふさわしいのではないかと心配していた。

ナイトリー氏はエマに会いに来た。彼女がフランク・チャーチルの婚約で落ち込んでいるに違いないと考えたからだ。エマは、フランク・チャーチルに対して本当の意味で興味をもったことは一度もないと断言し、ナイトリー氏は「ひとつの点で、ぼくは彼がうらやましい」（E下、p.294）と告白した。エマは自分自身の厚かましさを非難した後で（「私は鼻持ちならないほどうぬぼれて、他人の心を知っていると思っていた。許しがたいほど思い上がって、他人の運命を左右しようとした」E下、p.269）、話題を変えることで状況をコントロールしようとした。エマは、ナイトリー氏が単に自分の主張をすることさえ許さなかった。エマは、彼がハリエットについて話していると考えていたので、彼には話してほしくなかったのだ。しかし、エマは重要な再考察を行い、ナイトリー氏が彼女を信用することを可能にしなければならないと考えるようになった。「私にはつらいことだけど、彼の話を聞いてあげよう。ハリエットとの結婚をためらっているなら、彼の決意を助けてあげよう。それでいいのだと言ってあげよう。ハリエットの美点をほめてやり、あなたは何でも自分の好きなようにしていいのだと言って、どっちつかずの状態から彼を解放してあげよう」（E下、p.294-95）。彼女はナイトリー氏に、散歩を続け、友達として気軽になんでも話すべきだと告げた。

ナイトリー氏はそれにおとなしく従った。「ぼくは真実しか言わない。ぼくはきみを非難してお説教ばかりしてきた。でもきみは、イギリスじゅうのどんな女性よりも立派にそれに耐えてくれた。だからエマ、これから話す真実にも耐えてほしい（中略）ぼくが冷淡な恋人だったということもわかっている。でも、わかってほしい」（E下、p.296）。エマはついにナイトリー氏の想いを理解した。散歩を続け、土地をぐるっと回って別の道を歩いては、ナイトリー氏が話をできるようにするというエマの最も重要な戦略的選択は、誇らしげに語られるものでも、称賛を受けるようなものである必要もなかった。大事なのは、それがうまくいくものであるということである。事実、エマはそれが優美ではないと感じていた。『もうひとまわりしましょう』とエマが言い出し、自分でとめた会話を再開したのだ。これにはナイトリー氏もびっくりした。エマも自分の矛盾した行動に気がついた。だがありがたいことに、ナイトリー氏はなぜかその矛盾に目をつぶり、それ以上の説明は求めなかった」（E下、p.298-99）。長年にわたるナイトリー氏のエマに対する講義や教育プログラム、それに進んで教育を受けようとするエマの態度は、彼の彼女に対する愛の基盤であった。したがって、ミス・ベイツに対するエマの仕打ちについての彼の講義は、彼の配慮と愛情の表現であって、嫌悪感などではなかった。ナイトリー氏が意思決定を助けたり、決心するのを促したりする、彼の戦略的パートナーになるというエマの決意は、彼女のライバルを益するとしても、散歩を続けるという彼女の決定の動機となったのであり、それゆえ、結果的に彼女の成功の基盤となったのである。今回の場合、彼女は、他者の動機を正しく推測したり、人を巧みに操作したりすることではなく、人は自分自身のことを話す自立した存在であると単に認めることで成功した。

フランク・チャーチルに対するナイトリー氏の嫉妬は、彼のエマへの愛を「たぶん（中略）目覚めさせた」のであり、こうして彼とエマ、二人の愛情は、［恋の］ライバルたちによって掻き立てられたのである（E下、p.300）。ハリエットの戦略的技能は発達した。エルトン氏の愛情を彼女が感知したことは、エマの解釈によるところが大きいし、完全に間違っていたが、ナイトリー氏の関心に気づいたのは、すべて彼女自身の力によるものである（初めはハリエットに関するエマの高い評価について懐疑的だったが、ナイトリー氏は彼女を知るための努力を行った）。ロバート・マーティン氏はハリエットにもう一度プロポーズし、今度は、ハリエットはなんのアドバイスの必要もなしにそれを受け入れ、ちょうど『説得』においてアン・エリオットがラッセル夫人から脱却したように、エマの指導を脱却した。

エマはあらゆるオースティン作品のヒロインの中でも最もとらわれていない人物であるが、最も独立した人物であるとはとても言えない。彼女は称賛と確証を求め、自分の戦略的行動が他者によって、特に自分の指導者ナイトリー氏によって評価されることを絶えず気にかけている。エマの周りには彼女の能力の真価を認める能力のある専門家がいなかったので、このことは理解可能である。『高慢と偏見』のエリザベス・ベネットには父が、『分別と多感』のエリナーとマリアン・ダッシュウッドには母がいて、『説得』のアン・エリオットは十分に成熟していたので、自分の技能を見せびらかすことには注意を払っていた。また、『ノーサンガー・アビー』のキャサリン・モーランドと『マンスフィールド・パーク』のファニー・プライスはあまりにも若かったので、自分の技能をひけらかすのを控えることができるとはわからなかった。ナイトリー氏の批判は手厳しいが（例えば、「そんなふうに知性を悪用するなら、知性なんてないほうがいい」E上、p.99）、少なくとも彼は［エマのことを］理解していた。エマの父は戦略的な面では望み薄の人で、彼女の姉イザベラは「頭の回転が遅くて、何をやっても自信がなかった」（E上、p.57）。以前彼女の家庭教師だったウェストン夫人もまた、戦略的技能に優れてはいなかった。ウェストン夫人はエマとナイトリー氏の潜在的能力に気づくことができたはずだが（ナイトリー氏は、エマが「美しさそのもの」〔E上、p.61〕だったという彼女の見解に同意していたし、エマがナイトリー氏とジェイン・フェアファクスとの縁談について話したとき、エマのことを苛立たしいと証言した）、彼女はフランク・チャーチルの婚約のニュースでエマをがっかりさせたことを心配する他には何もしていない。エマには仲間や同志が必要で、フランク・チャーチルが到着してエマが興奮したのは、戦略的な洞察力のある彼なら、彼女にもその能力を認めてくれるかもしれないという期待があったからである。エマのナイトリー氏との縁談は最終的には彼女にそうした戦略的なパートナーを与えることになったのである。

第6章　オースティンによるゲーム理論入門

　オースティンはゲーム理論の核となる概念を注意深く構築している。それは、選択（人はある行動を、それを行うことを選択したために実行する）、選好（人は最も高い利得をもたらす行動を選択する）、それに戦略的思考（行動を取る前に、人は他人がどのように行為するのかについて考える）といったものである。ある人の選好は、その人の選択によって最もよく顕示される。戦略的思考には、「洞察力」を含むいくつかの別名がある。オースティンは、戦略的思考（の欠如）を戦略的に未熟な人を通じて例示している。そのような人物は、自分には戦略的技能があると考えているが、実際にはそうした才覚をもち合わせていないのである。戦略的技能をもったオースティン作品の登場人物たちは、ある人の選好を、その目を観察することによってどのようにして感知するかを知っている。本章と次の章では、オースティンの六作品を一まとまりの著作のように取り扱っていくつもりである。

選択

オースティンにとって、選択は興味の中心にあり、それに執着しているともいえる。最も重要な選択はただ一つ、結婚すべきかどうか、するとしたら誰とか、に関する女性の選択である。オースティン作品のヒロインたちは頑としてこの選択を他のどんな干渉からも擁護している。ルーシー・スティールと極秘の婚約をしたためにエドワード・フェラーズが家族から勘当された後、ジョン・ダッシュウッドは、フェラーズ家では今度、エドワードの弟ロバートを代わりに裕福なモートン嬢と結婚させる気でいるのだと妹のエリナー・ダッシュウッドに告げる。エリナーはモートン嬢に関心をもつことはできなかったが、次のように原則を擁護した。「ミス・モートンは、結婚に関しては選り好みしないタイプなのね」（SS、p.406）。エドマンド・バートラムは、ヘンリー・クロフォードの姉妹たちが、ファニー・プライスがヘンリーの求婚を断わったことで驚いたとファニーに告げたが、彼女はこう答えた。「たとえすべての点で完璧な男性でも、自分が好きになった女性から必ず愛されると思うのは、間違っていると思います」（MP、p.539）。第1章でも触れたように、ハリエット・スミスがロバート・マーティンの求婚を断わった後、エマ・ウッドハウスはナイトリー氏の憤慨に答えて言った。「プロポーズを断わる女性がいるなんて、男性には理解できないでしょうね！　女性は結婚を申し込まれたら、必ず『はい』と返事をすると、男性は思っているんですもの」（E上、p.94）。キャサリン夫人がエリザベス・ベネットにダーシー氏と婚約しないと約束するように命令したとき、エリザベスは自分の選択する権利を擁護して言った。「奥さまや、私と何の関係もない人たちの指図は受けずに、私が幸せになれる道を進むつもりだと言ってるだけです」（PP下、p.255）。ジョンソンによれば（Johnson 1988, p.84）、「オースティンの同時代人の間ではおそらく急進的と宣言された者たちだけが、そうした率直な意見を堂々と述べる登場人物に共感をもつことができたのだろう」ということである。それとは対照的に、アン・エリオットの妹で、英雄的ではなく、自己中心的なメアリー・マスグローヴなら、キャサリン夫人の味方をしてこう言うだろう。「自分で勝手に結婚相手を選んで、親類縁者に不愉快な思いをさせたり、迷惑をかけたり（中略）する権利は、どんな女性にもないはずよ」（P、p.127）と。

思慮深い男性たちは、女性たちが選択できることに気がついている。エドマンド・バートラムはノリス夫人に対して、芝居で演じるようにとファニーに圧力をかけるのをやめ、彼女に「みんなと同じように、ファニーにも自分で選ばせる」よう求めた（MP、p.225）。フランク・チャーチルは、「どの程度の知り合いかということは、女性が決めることです」（E上、p.310）と述べている。バカな男たちは、そうしたことに気づいていない。ジョンソンは次のように述べている。「オースティン作品に登場する多くの男性たちは……人からの答えとして『ノー』という言葉を受け止めることができない」（Johnson 1988, p.36）ジョン・ソープは、女性とダンスをするためには、その意向を相手に尋ねないといけないことを知らなかったのである。彼はキャサリン・モーランドのところへ行き、こう言った。「ミス・モーランド、ぼくたちはもう一度いっしょに踊ることになりそうですね」（NA、p.81）

オースティンにとって、選択ができることは、ほとんどいつの場合でも良いことなのである。「選ばれるより選ぶほうがどんなに気持ちがいいか」（E上、p.25）。選択できることには権限が伴う。エリザベス・ベネットは、ダーシー氏について「決める権利はダーシーさんにあるというわけね。ダーシーさんは、何でも自分の思いどおりにするんですね。彼ほどそれが好きな人はいないんじゃないかしら」（PP上、p.314）と指摘している。同様にエマは、自分と父が社会的身分の低いコール家が主催するパーティーに出席すべきではないと信じているが、招待状が来ないときには、彼女は「即座に断わってやろうと思っていた」（E上、p.321）と感じている。土地を再度造園するというラッシュワース氏の計画について議論しているとき、思慮深いエドマンド・バートラムは、彼は自分自身で選択することを望み、専門家の職人を雇いたくはないだろうと述べた。「ぼくが自分の庭園を改良するとしたら、造園家の手に任せたりはしませんね。たとえ美しさの程度は劣っても、自分で考えて、自分で手を加えて、すこしずつ良くなっていく美しさのほうがいいですね。造園家の失敗より自分の失敗を甘受するほうがいいですね」（MP、p.90）。それとは対照的に、浅はかなメアリー・クロフォードは「レプトン氏のような造園家に頼んで、お金を払って、それに見合うだけの美しい庭園を造ってもらうわ。それに私は、全部完成するまで絶対見ないわ」と考えている。ファニーは、どうするかまだ心を決めていない段階だったので、静観することに決めた。「でも、庭ができていく様子を見るのは楽しいと思うわ」（MP、p.90）

選択できることが悪い結果になるように思える一つの事例は、ファニーが舞踏会に何を着ていくかを決めなければならなかったときのことである。ファニーは、兄ウィリアムから贈られた琥珀の十字架を大切にしまっていたが、それを付けるための鎖が必要だった。ファニーはエドマンドから贈られた金鎖か、メアリー・クロフォードから贈られた金のネックレスか、どちらかを選ばなければならなかった。ファニーはエドマンドのくれた金鎖の方をずっと好んでいたが、エドマンドは、彼自身のメアリーへの関心のゆえに、ファニーがメアリーからもらったネックレスを着けるように願った。しかし、「ミス・クロフォードからプレゼントされたネックレスをつけようとしたが、どうしても、ネックレスを十字架の穴に通すことができないのだ。エドマンドの忠告に従って、そのネックレスをつけていくつもりでいたのだが、十字架の穴には太すぎてつけられないのだ。それゆえ、エドマンドからプレゼントされた金鎖にせざるを得なかった。ファニーは大喜びで十字架に金鎖をつけた。彼女が心から愛しているふたりの男性からプレゼントされた記念の品が、しっかりと結び合わされたのだ（中略）すぐに何の無理もなく、ミス・クロフォードのネックレスもつけようという気持ちになった」（MP、p.410）。メアリーから贈られたネックレスはあまりに太くて十字架に付けられた穴を通らなかったため、ファニーには選択の余地はなく、彼女は気に入っていたエドマンドのくれた金鎖を気兼ねなく身に着けることができた。しかし、その問題が解決すると、彼女はメアリーがくれたネックレスをも身に着けることにするという選択の権限を行使した。選択をしないことが良い結果になりそうなときでさえ、それでも別の選択が良い結果になりうることをオースティンは示しているのだ。
それに対応して、オースティンにとっては、選択のできない人々は嘲りに値するか、それ以下の存在なのである。ショッピングのための旅行において、マリアン・ダッシュウッドはパーマー夫人が、「きれいな物や、高価な物や、目新しいものなど何にでも目を奪われて、どれもこれも買いたがるのだが、何ひとつ自分で決められず、有頂天の喜びと優柔不断のうちにだらだらと時間を空費する」のをどうにか我慢できたのだった（SS、p.225）。エマとショッピングをするとき、「ハリエットの買い物はいつも時間がかかる。何を見ても目移りがして、人に何か言われると、すぐに気が変わるからだ」（E上、p.360）。ハリエットが、買ったものをどこへ配達してもらうべきか決定できなかったとき、エマは我慢できなくなって「あなたはもう考えなくていいわ」と指示を出した。そして、ハリエットの代わりに決定した（E上、p.364）。もっと深刻な場合では、ウェストン氏の最初の妻であるミス・チャーチルは、家族の願いに反して彼と結婚したが、彼女はアンスコムにある両親の家での贅沢「な暮らし」を完全にあきらめることができず、こうして「ふたりは収入以上の生活をした（中略）夫への愛は変わらないが、彼女はウェストン大尉の妻であると同時に、エンスクーム屋敷のチャーチル嬢でありつづけたかったのである」（E上、p.23）。ミス・チャーチルは選択ができずに、三年のうちに亡くなった。ついでに言えば、マライア・バートラムとヘンリー・クロフォードとの間の破滅的なスキャンダルは、彼らが選択ができないために生じたのである。マライアは結婚生活を続けることとヘンリーに求愛されることとの間で選択できず、ヘンリーはファニーに求婚することとマライアの冷淡さに打ち勝つことの間で選択ができなかった。「マライアから冷たい態度をされたことに我慢ならなかった。かつてマライアは、クロフォード氏の態度に一喜一憂していたのだから、彼の気持ちも当然かもしれない（中略）／結局彼は、そうするよりほかにどうしようもなくてマライアと出奔したが、最後の瞬間まで、ファニーに後ろ髪を引かれる思いだった」（MP、p.722-23/p.724）
オースティンにとって、選択とは拘束的なものである。つまり、選択とは不可逆のものである。一度選択を行えば、それをしなかったという振りはできない。友人であるシャーロット・ルーカスの新婚家庭を暇なコリンズ氏と訪問した後で、エリザベス・ベネットは嘆いた。「かわいそうなシャーロット！　彼女をこんな夫のところに残していくのはやりきれない！　だが、シャーロットは何もかもわかっていて、自分でこの道を選んだのだ」（PP下、p.27）。許しを求めてウィロビーがマリアンを訪問したとき、お金のためにミス・グレイと結婚したあとでさえ、エリナーは次のような意見を述べた。「ウィロビーさん、あなたは間違っています、ものすごく間違っています（中略）奥さまのこともマリアンのことも、そんなふうにおっしゃってはいけません。あなたはご自分でご自分の道を選んだのです。誰かから無理強いされたわけではありません」（SS、p.452）

選択をする能力がないのは、意志の固さが欠如しているのが原因であるに違いないと、オースティンは一貫して非難している。エマとナイトリー氏が、フランク・チャーチルが彼の父の新しい妻を訪問することを何か月も延期しているのはなぜか議論しているとき、エマは「伯父さまと伯母さまが許してくれない」だろうし、ナイトリー氏は「人さまのお世話になって生きること」を理解していないのだと考えた（E上、p.226-27）。しかし、ナイトリー氏はきっぱりと答えた。「エマ、男がその気になれば、いつでもできることがひとつある。それは、義務を果たすということだ。策略や小細工ではなく、断固たる決意によって義務を果たすのだ」（E上、p.227-28）。ダーシー氏が、他人の忠告をあまりに早く受け入れてしまうことで友人のビングリー氏をたしなめたとき、最初エリザベスはビングリー氏を擁護した。「ダーシーさんは、友情や愛情の力をまったく考慮に入れないようですね」（PP上、p.87）。しかしながら、ビングリー氏が説明もなく、彼女の姉のジェインへの求婚を保留したとき、エリザベスはダーシー氏とキャロライン・ビングリーの介入を正しく見抜き、彼女の立場を逆転させた。「いまは彼にたいしても、怒りと軽蔑を感じないわけにはいかなかった。おとなしい性格と意志の弱さのために、腹黒い家族や友人の言うなりになって、自分の幸せを彼らの気まぐれの犠牲にしようとしている、そういうビングリー氏に腹が立つのだ」（PP上、p.231）

オースティンは強制された選択を嫌悪している。ノリス夫人がトム・バートラムに、グラント博士とラッシュワース夫人とのカード・ゲーム［ホイスト］でのプレーにおいて、先取点［ラバー］を獲得するのを手伝ってくれるように頼んだとき、トムはファニーをダンスに連れ出すことによってその場を逃れた。トムはファニーに愚痴をこぼした。「それに、ぼくにたいするあの頼み方はなんだい！　みんなの前でいきなり言い出して、ぼくに断わる余地も与えやしない！　ぼくはああいうやり方が大嫌いなんだ。ああいう言い方をされるとむかむかする。人にものを頼んでいるようで、選択の余地を与えているようで、実は有無を言わせず言うとおりにさせるという、ああいうずるいやり方が大嫌いなんだ」（MP、p.185）。明らかにトムは、その人生が強制された選択に満たされているファニーに対して彼の主張を行っている。エドワーズ（Edwards 1965, p.56）が注意しているように、『マンスフィールド・パーク』においては「人々からその選択を奪うことが、実質的にすべての重要な出来事の核心部分に存在している」。ジェイン・フェアファクスが（フランク・チャーチルが彼女に宛てて出した手紙を他人に知られないように）定期的に自分の家族からの手紙を、雨の日でさえ、早朝に郵便局に取りに行っていることが見つかったあと、エルトン夫人はジェインに、彼女自身の手紙を取りに行かせている召使に、ジェインの手紙も一緒に取りに行かせようと告げた。エルトン夫人は、おぞましくもジェインに、この問題において何も選択させないつもりだった。『『ジェイン、もう何も言わないで』とエルトン夫人は言った。『もう決まったのよ（中略）その件は決まったものと思ってちょうだい』』（E下、p.83）。最後に、『説得』のプロット全体は、アン・エリオットが、ウェントワース大佐［の求婚］を拒否するという彼女の最初の強制された選択をいかにして乗り越えるかにまつわるものである。アンとウェントワース大佐がついに互いの気持ちを理解し合うと、二人は「長い試練ののちに再び結ばれたために、最初の愛の告白のときよりも一層大きな幸福感に包まれた。前よりも一層やさしく愛し合い、一層深く信頼し合い、お互いの性格も真実も愛情も一層しっかりと理解できるようになり、前よりも大胆にかつ正しく行動できるようになった」（P、p.399）。いまやアンは成長し、もはや強制されることなく、「前よりも大胆にかつ正しく行動できるように」なり、彼女がウェントワース大佐と結婚することを選んだことは、八歳の頃の過ちを単に正しただけではなかった。［選択する］権限を与えられ、強制されなくなったことで、その選択も結果も改善されたのである。

オースティンは、思慮深く選択するためには、起こりえたかもしれない事柄によって他にどのような選択がありえたのか（経済学においては、これは「機会費用」と呼ばれている概念である）、反実仮想について理解する必要があると説明している。メアリー・クロフォードは、聖職者になるというエドマンドの職業選択は熱意ではなく、怠惰を助長するのだと論じた。エドマンドとファニーはそれには同意しなかったが、メアリーは自分の義理の兄であるグラント博士をその証拠として挙げた。「グラント博士は（中略）たびたび立派な説教をなさって、とても立派な方だと思います。でも私は、グラント博士は怠惰でわがままな美食家だと思います。博士は何事においても、自分の味覚を第一に考えないと気がすまないし、他人のためには指一本も動かそうとしないわ」。エドマンドは負けを認めたが（「ファニー、どうやらぼくたちに不利なようだ。グラント博士を弁護する気にはなれないからね」）、ファニーは、他の職業ならグラント博士はもっとひどいことになっていたと論じた（MP、p.171）。「グラント博士の悪い点はいろいろあると思いますけど、もっと活動的で世俗的な職業についたら、その悪い点がもっとひどくなる可能性があるわ（中略）グラント博士は、牧師以外の職業についた場合よりも、いまのまま牧師をしているほうが、自制心を働かせる努力をすると思うわ」（MP、p.172）。メアリー・クロフォードとエドマンドは、ファニーよりも戦略的にもっと経験があるように見えるかもしれないが、ファニーだけが、意味のある反実仮想は、グラント博士が職業を全くもたないことではなく、別の職業をもつことであることを理解していたのである。エドマンドがファニーに、彼がメアリー・クロフォードの性格を気にかけており、プロポーズするべきかどうか確信をもてないと告げたとき、おそらくファニーは、意味のある選択とはメアリーと結婚するか誰とも結婚しないかではなく、メアリーと結婚するか、彼女自身のような他の若い女性と結婚するかであると示唆したかったのだろう。同様に、なぜ洗練されたジェイン・フェアファクスが鼻持ちならないエルトン夫人とそれほど多くの時間を過ごすのか、エマが疑問に思ったとき、ウェストン夫人は「彼女がエルトン夫人とのおつきあいを、心から楽しんでいるとは思わないわ、エマ。でも、一日じゅう家にいるよりいいんじゃないかしら。伯母さまのミス・ベイツはいい人だけど、一日じゅう一緒にいるのは大変だと思う。ミス・フェアファクスがどういう人たちとおつきあいしているかを見て非難する前に、一日じゅう家にいたらどうなるか、それも考えてあげなくてはいけないわ」（E下、p.66-67）と提案したのである。

適切な反実仮想を理解すること、つまり、異なった選択をしたならば起こりえた事柄のあらゆる側面を想像することは、常に容易なことではない。アンがウェントワース大佐の友人であるハーヴィル大佐とベニック大佐と会ったとき、彼らの友人関係は「ギブ・アンド・テイクの義務的な招待や、見せびらかしのための形式的なディナーなどとはまったく違った」ので、アンは、彼女がウェントワース大佐の最初のプロポーズを拒否していなかった場合にありえた仮想現実の生活を考えるようにと促された。「『こんなすばらしい人たちが、私のお友達になっていたかもしれないのだ』と思うとアンは、ますます沈んでゆく気持ちと戦わなくてはならなかった」（P、p.164-65）。アンは、いくつかの反実仮想、つまり、一連の出来事によってすでに不可能にされてしまった事柄は考える価値がないことを知っていた。バースでのコンサートの間、エリオット氏はアンに対する自分の注意を持続して、ウェントワース大佐に嫉妬の発作を起こさせたままにした。アンは、ウェントワース大佐がいなかったとしたら自分がエリオット氏のことをどのように考えたかという疑問を呈するほどに、彼への友好を感じた。しかし、アンは、この反実仮想は不適切だと知っていた。「もしウェントワース大佐がいなかったら、私はエリオットのことをどう思っただろう？　でもそんなことを考えても意味はない。私にはウェントワース大佐という人が存在するからだ。今の宙ぶらりんの状態が幸せな結果になろうと、不幸な結果になろうと、私の愛は永遠にウェントワース大佐のものなのだ」（P、p.315-16）

ゲーム理論において数値的な利得を仮定することは、本質的には、複雑な感情の混合物が単一の情感に縮約可能であるという通約可能性を仮定することと同じなのである。オースティンは、この仮定が問題になりうるということを認めていた。例えば、クロフト提督とその夫人にアン・エリオットを馬車で家に送り届けるようにと手配したとき、アンはウェントワース大佐のことをこう思った。「これは（中略）あの人の心の温かさとやさしさの表われなのだ。こうしたウェントワース大佐の気持ちを思うと、アンは、喜びと苦しみに引き裂かれたような感情に襲われたが、喜びと苦しみとどちらが大きいかは自分にもわからなかった」（P、p.153）。リーガン（Regan 1997, p.134）は、「例えば、友情と昆虫採集をどうしたら比較できるだろうか？　そのように異なった事柄はともに価値がある場合があるが、どうして一方が他方よりも価値があるなどと言えるのだろうか？」と疑問を投げかけている。

しかし、オースティンは通約可能性に賛同している。オースティンはほとんどいつも、感情の混合物が、通常は時間の経過とともに、単一の感情に解消されることを認めていた。ファニーが参加した最初の舞踏会において、ヘンリー・クロフォードはすばやく最初の二つのダンスをファニーと踊る約束をした。そして、「このときのファニーの幸福感は、たいへん人間的なものであり、明暗相半ばするものだった。ダンスの開始の時間が迫っているので、最初のダンスのパートナーを確保できたことは、とにかく非常にありがたいことだった（中略）しかし、申し込みをしてくれたことはありがたいが、同時にファニーは、クロフォード氏の態度にたいして、はっきりといやな感じを持った。彼はちらっとネックレスを見て、にやっと笑ったのだ。彼はたしかに笑ったとファニーは思い、赤くなってどぎまぎしてしまった」（MP、p.414-15）。ファニーは感謝の気持ちと嫌悪感の両方を経験し、「彼がほかの人のほうへ行ってしまうまで、落ち着きを取り戻すことができなかった。でもそれからやっと、パートナーが見つかったという満足感がすこしずつ胸にこみあげてきた」（MP、p.415）。ファニーが心を落ち着けるや否や、彼女は二つの対立する感情を単一の真の満足感に解消することができたのである。ヘンリー・クロフォードはファニーに、彼女の兄ウィリアムの昇進を確実にしたと告げた後にプロポーズしたところ、ファニーは「矛盾する感情に襲われて極度の混乱に陥りながら（中略）／ファニーはあらゆることを感じ、考え、そして身震いした。激しい興奮状態のまま幸福感に満たされたかと思うと、突然みじめな気持ちになり、深い感謝の念を覚えたかと思うと、突然激しい怒りがこみあげた」（MP、p.461）。しかし、その日の終わりには、そうした困惑は解消された。苦しみは消えていったが、喜びは続いたからである。「ファニーはこんなに激しい苦しみと喜びを同時に味わった一日は、生まれて初めてだと思った。でも幸い喜びのほうは、この一日で終わってしまうものではなかった。ウィリアムが海軍少尉に昇進したという事実は、これから毎日思い出すことができるからだ。そして苦しみのほうは、たぶんもう二度と戻ってこないだろう」（MP、p.470-71）。ルーシー・スティールが自分の兄と結婚したという手紙をエドワード・フェラーズが受け取ったとき、それによって二人の婚約が解消されたので、彼は「驚きと恐怖と解放の喜びで、しばらくはただただ呆然としてしまった」（SS、p.503）。エドワードはエリナーに、「文章の欠陥を内容が補っている手紙はこの一通だけだと思う」と告げた（SS、p.505）。エドワードは自分の驚き、恐れ、それに喜びを単一の満足感に解消していないにしても、彼は文体と内容という全く異なる二つの側面が互いに補い合うことができるとわかったのである。

オースティンは実際に、ある感情が、全く異なる種類の別の感情によって埋め合わされることに満足している。マリアンがウィロビーに振られた後で、ジェニングズ夫人は彼女を元気づけようとしていたので、エリナーは「いろいろなお菓子や、オリーヴの実や、暖炉の火などでマリアンの失恋の痛手を癒そうとするジェニングズ夫人の努力を、面白がって眺めたことだろう」（SS、p.264）。食べ物や身体的な温かさといった即物的な喜びは傷心を癒してはくれないと考える人もいるが、ジェニングズ夫人は的を射ていた。キャサリン・モーランドは、雨が止んだ後でさえ、ティルニーが計画していた散歩に現れなかったのでがっかりした。それで、ジョン・ソープ、イザベラ、それに彼女の兄と一緒に馬車に乗って出かけることにした。「キャサリンの気持ちは、まことに落ち着かないものだった。ティルニー兄妹との散歩という大きな楽しみを失った悔しさと、ブレイズ城の見物という新しい楽しみへの期待と、種類はまったく違うが、ほとんど同じ程度の悔しさと期待に心を引き裂かれたのだ。（中略）ティルニー兄妹に軽んじられたと思うと彼女の胸は痛んだ。でも一方、ユードルフォ城のような古いお城――ブレイズ城はユードルフォ城みたいな古いお城だと彼女は勝手に想像しているのだ――を探検できると思うと、その楽しみは、どんな悔しさも帳消しにできる大きな慰めとなった」（NA、p.125-26）。キャサリンは極めて異なった種類の二つの感情の混合物を経験したが、一方の感情が他方に対して完全な埋め合わせ以上のものになったのである。ラッセル夫人は、サー・ウォルター・エリオットがバースで借りている家に訪問するのを毛嫌いしていた。なぜなら、彼女は、サー・ウォルターとその娘エリザベスのゲストであるクレイ夫人を嫌っていたからだ。しかし、サー・ウォルターの推定相続人であるエリオット氏もまたしばしばそこを訪問していた。ラッセル夫人は彼のことを気に入り、彼をアンの婚約者に考え始めた。「ラッセル夫人はエリオット氏をすっかり気に入り、おかげであの忌まわしいクレイ夫人のことはあまり気にならなくなった」（P、p.240-4）。自分がかつて使っていた勉強部屋に腰を掛けて、ファニーは「虐待、嘲り、無視といったものの痛み」を思い出したが、エドマンドや伯母のバートラム夫人、それに教師であったミス・リーたちの親切さに慰められもした。「こうしたことが、いまではすべて混じり合い、時の流れのためにいやな記憶は薄れ、昔の苦しみも、いまではみんな懐かしく思えるのだった」（MP、p.231-32）。エリザベス・ベネットは通約可能性に依存していた。彼女がダーシー氏と結婚すれば、彼の家族は彼女を軽蔑するだろうとキャサリン夫人が脅すと、エリザベスは「でも、ダーシーさんの奥さまになれば、幸せなことがたくさんあるでしょうから、後悔はしないと思います」（PP下、p.251）と答えたのである。

ほんの数回、オースティンは明示的に、幸福や悲しみに対して数値的な例を用いている。ヘンリー・ティルニーが、ウッドストンにある自分の家にキャサリンと自分の妹や父親を迎える準備をするために、その数日前にノーサンガー・アビーを離れたとき、彼は金融市場を流通する貨幣と幸福とを等しく置き、「この世の喜びには代償がつきものだということです。われわれは往々にして、非常に不利な条件で喜びを買うのです。つまり、支払いを受けられないかもしれない為替手形を買うために、目の前の幸せという現金を支払うことがあるのです（中略）ぼくは、水曜日にウッドストンであなたたちに会う幸せを手に入れるために、目の前の幸せ、つまりここでの滞在を、予定より二日早く切り上げて出発しなければならないのです。しかもその水曜日の幸せは、悪天候などの理由で中止になるかもしれないのです」（NA、p.320）という意見を述べている。リディア・ベネットがウィッカムと未婚のまま駆け落ちすると、エリザベス・ベネットは、このためにダーシー氏は自分の家族と何のかかわりをもたないことになるだろうと確信したのである。つまり、「ダーシーとのことがなければ、リディアの不始末もこれほど落ち込まずに耐えることができるだろうし、眠れぬ夜ももっと少なくてすむだろうと、エリザベスは思った」（PP下、p.155）。［ここでは］恐れが眠れぬ夜の数で測定されている。

通約可能性を前提にすれば、ある感情の強さは、それを埋め合わせるために必要な別の感情の多さによって測定可能である。経済学においては、これは「補償変分」の概念と呼ばれている（Rosen 1986）。例えば、コーネル大学を卒業する大学四年生は、平和部隊に行く代わりに現エクソンモービルで働くことに対して、年収として平均で一万三〇三七ドルを要求する（Frank 2004, p.88）。ダーシー氏はリディアの結婚について金銭的な負担を担い、そうしてベネット家の評判を守ったが、エリザベスだけが、自分の家族が彼に対して負っていることに気づいていた。ビングリー氏とダーシー氏が不意に訪問してくると、ベネット夫人はダーシー氏を鼻であしらい、ビングリー氏が何か月もこの家族のことを無視してきたにもかかわらず、ひたすら彼の接待をした。「母親のばかばかしいおせっかいに、エリザベスの恥ずかしさはますます募った（中略）将来ジェインと自分がどれほど幸せになろうと、このみじめな思いはけっして消えないだろう」と思ったエリザベスは、「おふたりといくらおつきあいをしても、このみじめな気持ちが救われる日なんて来るはずない！」と独り言を言い、二人とは二度と会いたいとは願わなかった。しかし、エリザベスは、ビングリー氏がジェインに惹かれている様子を見ると、「だがそのみじめな気持ちは、まもなくかなり救われた。ジェインの美しさがビングリーの愛の炎を再び掻きたてていることがわかったからだ」（PP下、p.220）。オースティンは、この瞬間の感情的な緊張が、エリザベスの感情でさえ正反対の方向へといかに揺れ動かすものであるかを、からかいの種にしようとしているのかもしれないが、オースティンは、ただ通約可能性に有利な形で、確実に線引きするためだけに、通約不可能性の可能性を認めていたという別の解釈がある。恋人の称賛は、もしそれが結婚に導くのなら、花嫁の妹にとっては、最も厳格な計算の下でも、幸福の数年間をもたらす可能性が高いだろう。

同様に、エドマンド・バートラムとメアリー・クロフォードが、サザトンの地にファニーを一人で残していったとき、「エドマンドは、ファニーが一緒でないことを残念が（中略）ったそうだ。この言葉が、ファニーにはせめてもの慰めだった。でもほんの数分だと言ったのに、一時間もひとりぼっちにされた苦しみは、そんなことでは治まらなかった」（MP、p.160）。最後に、マライア・バートラムの事件とそれに続く離婚の後、マライアが離れた場所でノリス夫人と暮らすために出て行くと、「ノリス夫人がマンスフィールドを去ったことは、サー・トマスの生活に大きな慰めをもたらした。（中略）ノリス夫人から解放されるという幸福がもたらされたのだから（中略）もちろん、この幸福をもたらした不幸はあまりにも苦い不幸だったけれど」（MP、p.719）。サー・トマスにとって、ノリス夫人のいない生活の喜びは、その家族の評判が地に墜ちることとほとんど釣り合うほど大きなものだったのである。

顕示選好

対立する感情の［うちどれが一番］強いかは、人の選択によって明らかになる（顕示される）。これが、経済学における「顕示選好」の考えである（例えば、Varian 2006）。ジェイン・ベネットが、ビングリー氏の妹キャロラインから、彼女の兄はダーシー氏の妹ジョージアナと結婚する可能性が極めて高いだろうことを伝える手紙を受け取った後、ジェインはエリザベスに尋ねた。「かりにビングリーさんが私を思ってくれているとしても、ご家族やお友達は、ほかの方との結婚を望んでいるのよ。そういう人と結婚して、私が幸せになれると思う？」エリザベスは答えた。「よく考えた結果、ビングリーさんの奥さんになる幸せよりも、ビングリー姉妹の希望にそむくつらさのほうが大きいと思ったら、結婚はきれいさっぱりあきらめればいいわ」（PP上、p.209）。同様に、エリザベスはダーシー氏の感情の強さを、彼がプロポーズしたということから推定できた。「身分違いの障害を乗り越えて、私と結婚したいと思うほど、そんなに激しく私を愛していただなんて！　彼はその障害のために、ビングリー氏とジェインの結婚に反対してふたりの仲を裂いたのだ（中略）まったく何もかもが信じられない驚きだ。知らないうちにそんなに愛されていたのはうれしい気もする」（PP上、p.332）。たとえ無意識に感情によって動機付けられていたとしても、人の決定はその感情の強さを顕示しているのである。

人の選好になんらかの疑問があるなら、その選択が答えになる。フランク・チャーチルは、ジェイン・フェアファクスは優れたピアニストであるに違いないとエマに告げた。その理由は以下の通りである。別の女性を愛してはいたが、ディクソン氏は「その男性は、ミス・フェアファクスがいるときは、婚約者にピアノを所望しないんです（中略）その男性は音楽の才能がある人です。だから、ミス・フェアファクスのピアノはすばらしいという証拠になると思います」（E上、p.312）。ウィロビーと出会う可能性があるかもしれないと考えて、マリアンがジェニングズ夫人とロンドンについていくことに同意したとき、エリナーは気づいた。「それにしてもマリアンは、人の好き嫌いがあんなに激しくて、ジェニングズ夫人の言動をあんなによく知っていて、いつもあんなに嫌っているのに、（中略）ウィロビーと再会するためなら、自分の神経過敏な感情が、ジェニングズ夫人の無神経な言動によってどんなに傷つけられようと、すべて無視するつもりなのだ。これはつまり、ウィロビーと再会することが、マリアンにとっていかに重要なことであるかを示す証拠であり（中略）これほど強力かつ十分な証拠」だと（SS、p.212)。

選好は仮想的な選択によってさえ顕示されうる。ジョン・ソープが、エリナーやヘンリー・ティルニーと一緒に散歩しようというキャサリンの計画を放棄させ、彼と一緒にブレイズ城に馬で行くように誘導したことを彼女が理解すると、「ティルニー兄妹から悪く思われるくらいなら、ブレイズ城探索の楽しみをあきらめたほうがましだと思った」（NA、p.128)。エドワード・フェラーズが受け取るはずだった遺産を弟であるロバートが相続した後でさえ、幸福なエドワードは「長男に戻りたいという望みなどまったくなさそう」だった（SS、p.523)。アンはマスグローヴ姉妹の幸福を称賛したが、「アンの場合も、自分の洗練された教養豊かな知性を、ヘンリエッタやルイーザの幸せと取り替えたいとは思わなかった」（P、p.69)。エドマンド・バートラムがメアリー・クロフォードに最後のお別れを告げたとき、ファニーの満足感の深さは、「みんな喜んで、自分の最高に陽気な気分とでも交換したことだろう」（MP、p.712）ほどであった。フランク・チャーチルに恋をしているのかどうかエマが考えているとき、彼女は最初に自分の感情を分析した。「この無気力と、無関心と、うつろな気持ち。座って何かをしようとしても、その気になれない。家のことが、何もかも退屈でつまらなく感じられる。やはり私は恋をしているのだ。そうでなければ、私は世界一おかしな人間だ。少なくともこの二、三週間は」（E下、p.31)。しかし、全く得心のいくことは、彼女が異なるシナリオの間で選択をするだろうということだ。「ふたりの愛の進展と結末を想像したり、面白い会話を空想したり、すてきな手紙の文章を考えたりする。でも、空想のなかでフランクにプロポーズされると、エマは必ず断わった」（E下、p.33-34)

利得最大化モデルに対するありふれた反対意見は、二つの選択肢は多くの点で異なっている可能性があるので、それらを直接比較することはできない、というものである。アンダーソン（Anderson 1997, p.99）は、「ヘンリー・ムーアの彫刻『横たわる像』は、チヌア・アチェベの小説『崩れゆく絆』に比べて、本来的に同じくらい優れた芸術作品だろうか？　そうした問いに答える際にいったい何がポイントになるのだろうか？」と問いかけている。しかし、オースティンは直接的な比較を好んでいる。メアリー・クロフォードはトム・バートラムを好きだったが、しばらく離れていた後で、彼がマンスフィールドに戻ってくると、彼の話を聞き、「彼女は、六週間ぶりに見るトムとエドマンドを比較して、次男だが絶対にエドマンドのほうがいいと、あらためて確信したのだった」（MP、p.175）。エマがナイトリー氏と婚約した後で、彼女はフランク・チャーチルと会話し、「エマはふたりの男性を比較して思った。フランク・チャーチルに会えたのはうれしいし（中略）ナイトリーさんの人格のすばらしさをいまほど強く感じたことはない、と」（E下、p.378）。エドワード・フェラーズは愚かにもルーシー・スティールと婚約してしまった。なぜなら、「ルーシーはどこから見ても、とても気立てのいい親切なお嬢さんに思えたし（中略）それまでほかの女性にほとんど会ったことがないので、比較もできないし、欠点もわからなかった」（SS、p.500）。ときには比較だけによって、ある選択肢が真に好ましいことがわかるものなのだ。

戦略的思考に対する名称

オースティンは、戦略的思考について言及する際には、「洞察（penetration）」「予見（foresight）」「深い知性（sagacity）」を含む、特定の用語を使用している。例えば、ベネット氏はエリザベスに次のように語っている。「こういうことには、若い娘は勘が鋭い。でも、おまえがいくら賢くても、この手紙の主が誰か、ぜったいにわからん」（PP下、p.260）。マリアンがミドルトン夫人を訪問する家族に同行する代わりに、家にとどまることを望んだとき、ダッシュウッド夫人は、彼女がウィロビーの訪問を待ち受けているに違いないと結論した。「バートン屋敷から戻ると、ウィロビーの二頭立て二輪馬車《カリクル》と従僕が家の前に待機していた。ダッシュウッド夫人は自分の推測が当たったと確信した。そこまでは彼女の予想どおりだった」（ＳＳ、p.107）。「予見」と並んで、「洞察」という用語が、ビジョン［をもつこと］としての戦略的思考と類比的に用いられている。イザベラ・ソープはキャサリンに、ジェイムズがプロポーズするだろうことを彼女はすでに知っていたに違いないと告げた。「ええ、そうなのよ、キャサリン！　ほんとにそうなのよ。あなたの目に狂いはなかったわ。ああ、あなたのそのいたずらっぽい目！　その目は何でもお見通しね！」（ＮＡ、p.178）同様に、「ほんとに知っている（sagacity）」という語のすでに廃れた意味には、匂いに関する鋭い感覚というものがある。

　馬車の中でのエルトン氏の突然のプロポーズの後で、エマは思い出した。「はじめてそのことを考え、その可能性があるかもしれないと思ったのは、ジョン・ナイトリー氏に言われてからだった。ナイトリー兄弟に洞察力があることは否定できない」（Ｅ上、p.211）。ジョン・ナイトリー氏は「いたずらっぽく」、疑い深いエマに警告した。「彼はきみへの善意にあふれている（中略）／自分の振る舞いに気をつけたほうがいい。自分が何をしているのか、何をしようとしているのか、よく考えたほうがいい」（Ｅ上、p.175-76）。ランドールズへ向かう道では、ジョン・ナイトリー氏はエマとエルトン氏と同じ馬車に乗った。しかし、その帰り道、「ジョン・ナイトリー氏も妻につづいて乗り込んだ。二台目の馬車で来たことを忘れて」いたためだ。それで、エマとエルトン氏を二人っきりにしてしまったのである（Ｅ上、p.201）。おそらく、ジョン・ナイトリー氏は、エルトン氏の行動がエマに対する自分の警告を立証するだろうことを予期して、［それを］意図的に「忘れた」のである。洞察力がある人は、他人の選好を見定め、戦略的にそれらの選好が自らを表すように仕向けることができるのである。

　オースティンの六つの小説の中には、特に「構想（scheme）」と名付けられている五〇の戦略的計画がある。エドワーズ（Edwards, 1965, p.55）は「おせっかい（meddling）」がオースティンの小説におけるテーマであり、

「実際、それはほとんどの古典的作品や人生におけるわれわれの困難の多くにかかわるテーマである」と述べている。例えば、エリザベスがコリンズ氏のプロポーズを断わった後、彼と話してくれたことでエリザベスはシャーロット・ルーカスに感謝したが、「じつはシャーロットの親切は、エリザベスの思いも及ばぬところにほんとうの目的があった。コリンズ氏の関心を自分に引きつけて、彼の関心がエリザベスに戻らないようにすること。それがシャーロット・ルーカスのほんとうの目的だった」（PP上、p.212）。ときおり、「構想」は、単なる人との約束を意味するようにしか用いられないことがある。例えば、リディアがロンドンでウィッカムと一緒にいるとき、彼女は次のように言った。「叔父さまの家に二週間もいたのに、一度も外出しなかったし、パーティーも一度もなかったの」（PP下、p.189）。しかし、もちろん、約束はしばしば戦略的な意図を伴っている。マリアンとウィロビーが最初に出会ったとき、「サー・ジョンが前から計画していた室内と屋外のさまざまな催し事が実行に移された。バートン屋敷でたびたび舞踏会が開かれるようになり（中略）それらの催し事には必ずウィロビーも招待された」（SS、p.75）。その婚約の後で、コリンズ氏とシャーロットは「愛の告白と幸福の設計で忙しく一週間を過ごした（PP上、p.241）。そして、実際、ある戦略的計画は、夢と同様の、みんなの行動が正確に落ち着くべき場所に収まるようなシナリオなのである。

「口実（contrive）」という用語も同様に用いられるが、その頻度はもっと低い。例えば、エマとハリエットがエルトン氏の牧師館のそばを歩いていて、ハリエットがそこを見にいくことに興味を示したとき、エマは言った。「中に入る口実があればいいんだけど（中略）ちょっと思いつかないわね」（E上、p.133）。「手練手管（art）」は、戦略的操作に関する別の用語である。それは、ウィロビーが別の女性と婚約していることを知ったときの、次のマリアンの驚嘆［の言葉］において用いられている。「それにしても、この女性って誰かしら？　どんな手練手管を使ったのか、いつから計画していたのか、どんな腹黒いたくらみだったのか知らないけど」（SS、p.260）。「手練手管」には、キャサリン夫人がエリザベスにダーシー氏から離れているように警告したときのように、説得という含意が伴っている。「でも、あなたの手管と誘惑に負けてのぼせあがって、自分と一族にたいする義務を忘れるということはありえます。あなたが彼をたぶらかしたかもしれません」(PP下、p.249)。「秘密主義(sly)」は、ガーディナー夫人がエリザベスに、ダーシー氏が秘密裏に、ウィッカムにお金をやってリディアと結婚させたことを手紙で伝えたときのように、隠蔽と関係があるものである。「彼はとっても秘密主義です。あなたの名前を一度も口にしませんでした。でも、秘密主義は最近の流行なのかしら」(PP下、p.201)

「狡猾さ(cunning)」には明らかに否定的な含意が伴っている。例えば、スミス氏がアンに、いかにしてエリオット氏が、アンの父サー・ウォルターとクレイ夫人との結婚を阻止するためにその家族に入り込んだかについて告げた後、アンはこう答えている。「狡猾な人間のすることは、いつ聞いても嫌なものね」(P、p.342)。しかしながら、他の用語のどれもが［当該の行為に対して］必然的に不賛成を意味しているわけではない。例えば、キャサリンにプロポーズするために、コリンズ氏はベネット家から「こっそり」抜け出している(PP上、p.213)。ティルニー将軍がその妻を殺害、あるいは幽閉したという疑念をもって、キャサリンは「自分の巧みな質問に顔を赤らめながら」、ティルニー夫人の肖像がかけられている場所をエリナーに尋ねた(NA、p.272)。

ときには、「計算(calculate)」という用語が戦略的思考を表すために用いられている。例えば、ウィロビーを推薦するための、サー・ジョン・ミドルトンの一連のパーティーでは「ウィロビーとダッシュウッド一家の交際はますます親密さを増した」(SS、p.75)。もちろん、「計算」には数学的な含意が伴っている。ゲーム理論に対する共通した反対意見は、人々は数学的モデルにおいて仮定されているようには計算などしていない、というものである。例えば、エルスター(Elster 2007, p.5)はこう書いている。「現実の人々は、一流の学術専門誌に掲載された論文の数学付録にあるような、多くのページにわたる計算を実行するだろうか?　わたしはそうは思わない」

しかし、オースティンの小説では、計算が困難であるとか、「冷徹である」、あるいは不自然であるといった暗示を少しも示すことなく、人々はのべつ幕なしに計算をしている。ウィロビーはマリアンに「サマセット州の屋敷で自分で育てた馬」を提供しているが、それは「女性が乗るのにぴったりの馬」だったのである（SS、p.82）。彼のライバルであるブランドン大佐もまた計算のできる人だった。マリアンが病気になったときに、彼はダッシュウッド夫人を呼び戻すという提案をしたが、その際、「冷静に落ち着いて行動し、必要な手筈をてきぱきと整え、いつごろ戻れるかを正確に計算してエリナーに伝えた」（SS、p.426）。冷静だが、薄情ではないブランドン大佐の計算は、心が温かくなるような安心感を提供したのである。同様に、コリンズ氏がベネット氏の財産を相続したので、彼がルーカス夫人の娘シャーロットと婚約した後、ルーカス夫人は「いままでベネット氏の年齢など考えたことはないが、あと何年くらい生きるのかしらと、急に計算を始めた」（PP上、p.214）。彼女の計算の素早さは、彼女の喜びの表現であった。ルイーザの突堤からの転落の後、ウェントワース大佐は、自分でも驚いたことに、他の人々は彼が彼女と婚約していたと考えていたことを知り、彼の兄弟の家に引きこもって、「自分のくだらないプライドのために目が見えなくなって、とんでもない間違いを犯したことを嘆いていた」（P、p.404-405）。ウェントワース大佐は過ちを犯したが、それは計算が難しいとか不自然であるからではなかった。ハーヴィル大佐は、「一年間の航海を終えて帰国の途についたけれど、ほかの港に立ち寄らなくてはならなくなったとする。そういうとき男は、その港に妻子が迎えに来るには何日かかるかを計算し、わざと計算を間違えて、『その日までにはとても来られないな』などとつぶやき、心の中では、それよりも半日も早く来てくれることを祈」っている（P、p.389）。このように、男性が家族から離れているときにどんなことを感じるかを感じてほしいとアンに頼んだ。計算は、自分自身の期待と折り合いを付けていくのと同じように人間的なものであるが、それと同時に、期待に反することを望みもするのである。

ところで、オースティンは「理性的（rational）」という用語を使っているが、それは、クロフト夫人がその弟ウェントワース大佐に、女性は軍艦においても完全にくつろいでいられると告げたときのように、「妥当である

(reasonable)」あるいは「実際的である(practical)」といった、「ゲーム理論におけるほど」特定的ではない意味で使用している。そこではこう書かれている。「とにかく私は、あなたのそういう言い方が気に入らないの。自分は立派な紳士で、女性はみんなおしとやかな淑女で、まるで、女性は理性的な人間ではないと言わんばかりのそういう言い方が」(P、p.116)。エリザベスがコリンズ氏のプロポーズを断わった後、彼は「私の恋心をつのらせようという作戦ではないかと、考えざるをえないのです」と彼女に言った。そこでエリザベスは答えた。「私は、あなたをじらして悩ますような洗練された女ではありません。心の底からほんとうのことを言う、理性的な人間です」(PP上、p.190)。ここで「理性的」とは、戦略的ではない事柄を意味している。オースティンは「戦略的」という言葉の変種をたった一度だけ用いている。ダーシー氏がどうやらリディアの結婚にかかわっていたとエリザベスが聞いたとき、彼女は叔母であるガーディナー夫人に説明を求めた。「叔母さまが教えてくださらなければ、私はどんな手を使ってでも、絶対に探り出してみせる」(PP下、p.191)

「策略(manoeuvre)」「術中にはめる(taking in)」「捕える(catching)」「気を引く(setting one's cap)」といった、戦略的思考に対するもっと大げさな用語は、自分が何をしているのか本当にはわかっていない人々によって主に用いられている。メアリー・クロフォードは、「結婚というのは、巧妙な策略を必要とする取引だわ。地位や財産などの点で、とてもいい結婚だと思い込んだり、相手のすばらしい教養や善良な性格に、大きな期待と信頼を寄せて結婚したのに、いざ結婚してみると、完全にだまされていたことがわかり(中略)これはまさにだまされたってことでしょ?」(MP、p.73)と言っている。しかし、メアリーの姉であるグラント夫人は彼女のことを正して、こう言っている。「たとえ最初の計画がだめになっても、次の計画できっとうまくやるわ。人間はどこかに慰めを見つけるものよ」(MP、p.74)。もし、ある計算が失敗したなら、あるカップルは希望や信仰によってではなく、第二の計算によって救われるのだということに注意してほしい。サー・ジョンが、ウィロビーは「大いにつかまえる価値がありますよ」と言うと、ダッシュウッド夫人はこう答えている。「ウィロビーさんにそんなど迷惑をおかけする心配はございませんわ。うちの娘たちが彼をつかまえるなんて、そんなはしたない真似は致しません。そんなふうに育てた覚えはございません」（ＳＳ、p.63/p.64）。ウィロビーの舞踏会での様子をマリアンが訊き返したあとで、サー・ジョンは「ウィロビーの気を引くおつもりですな」と続けている。その言葉に刺激されて、マリアンはこう反対意見を述べた。「そういう言い方は大嫌いですわ、サー・ジョン」「しゃれたつもりの陳腐な言葉って大嫌い。『男の気を引く』とか、『征服する』とか、そういうのはとくに最悪。粗野で下品で」。サー・ジョンは「非難の意味がよくわからなかった」が、黙っていることができず、続けた。「そう、あなたは何人もの男性を征服するでしょうな。ブランドンもかわいそうに！　彼はもうあなたにすっかり征服されている」（ＳＳ、p.64-65）。サー・ジョンは、戦略的思考に関する専門用語を知っていると思っているが、マリアンの直接的な反対意見に対して何の応答もしなかったことに、彼の愚かさが現れている。マリアンがサー・ジョンに、ウィロビーはどのような種類の人物かと尋ねたとき、サー・ジョンは「ウィロビー氏の趣味や才能や性格といった、いわば人柄の色合いについては答えられなかった」のである（ＳＳ、p.63）。

戦略的中級者

実際、まずい戦略的思考とは、騙されやすい人ではなく、自分では何事かを知っているつもりだが、実際にはそうではない中級者によって、最もよく説明することができる。サー・ジョンのように容易に騙されやすいジョン・ダッシュウッドは、自分自身のことを、女性の戦略についてよく知っていると思い込んで、妹のエリナーにブランドン大佐を捕まえておくように指導している。「でも、世の女性たちがお得意の、あのちょっとした心づかいと秋波を送れば、彼の気持ちはすぐに決まるさ」（ＳＳ、p.306）。同様に、コリンズ氏は、エリザベス・ベネットが彼のプロポーズを断わったとき、自分自身を［恋の］エキスパートだと考えていた。「いや、よく存じております（中略）若いお嬢さまは、最初はみんなそうやって断わるものです。内心では受けるつもりでも、プロポーズされて、すぐに『はい』とは言わないものです」（PP上、p.187）

ジェニングズ夫人は、オースティン作品における典型的な［戦略的思考に関する］中級者で、「知り合いの若い男女を結婚させるチャンスがあれば絶対に逃さなかった」人物だった（SS、p.52）。ウィロビーが、相続することを期待していたアレナム屋敷を見るために、こっそりマリアンを連れ出した後、ジェニングズ夫人は自慢げに報告した。「ごまかそうとしてもだめよ。あなたたちが今日どこにいたか、私にはちゃんとわかってますよ（中略）マリアンさん、未来のおうちは気に入ったかしら？」（SS、p.96）ロンドンでは、ウィロビーはマリアンからの手紙には応えず、パーティーでは彼女に対して残酷なほど冷たく接した。一通の手紙が彼から届き、エリナーは「急に胸が苦しくなって顔を上げることもできず、体じゅうが震えて、ジェニングズ夫人に気づかれるのではないかと心配した」。しかし、ジェニングズ夫人はのんきにそのことには気づかないでいた。「エリナーの動揺ぶりには、敷物用の生地の長さを測るのに忙しくて気がつかなかった」（SS、p.246）。後に、ジェニングズ夫人は、ウィロビーがマリアンに、彼がミス・グレイと結婚するつもりだと伝える手紙を書いたことは、知ることはできなかっただろうと言っている。「でも、そんなこと私にわかるはずないでしょ？　ふつうのラブレターだとばかり思っていたし、若い人はそういうことでからかわれるのが大好きなんですもの」（SS、p.266-67）。ブランドン大佐が訪ねてくると、ジェニングズ夫人はエリナーにささやいた。「大佐はいつもどおりのむずかしい顔をしているわ。あのことをまだ知らないのよ。さあ、早く教えてあげて」。しかし、彼女はいつものように間違っていた。ブランドン大佐は、ウィロビーがミス・グレイと結婚することをすでに知っていたのである（SS、p.271）。後に、ジェニングズ夫人は、ブランドン大佐がエリナーとひそかに話しているのをこっそり観察していた。「でも夫人はたしかに目撃した。エリナーは顔色を変え、動揺の色をあらわにして大佐の話に耳を傾け、版画の寸法を測る仕事の手がとまってしまったのだ（中略）どうやら大佐は、自分の家のひどさを詫びているようなのだ。さあこれで、大佐がエリナーにプロポーズしたことは間違いないと夫人は思った」（SS、p.383）。しかし、結婚を申し出る代わりに、ブランドン大佐は単に、エドワード・フェラーズに生活費を与えることをエリナーに告げただけだった。エリナーがそのことを説明した後、ジェニングズ夫人の誤解は、「しばらくふたりで大笑いしたが、別に大きな失望感はなかった。ジェニングズ夫人としては、大佐とエリナーとの結婚から、ルーシーとエドワードとの結婚へと、喜びのかたちが変わっただけであり、しかも、大佐とエリナーとの結婚への期待が失われたわけではないからだ」（SS、p.399）。間違っていることが証明されても、ジェニングズ夫人は、エリナーとブランドン大佐が結婚するだろうという考えをもち続けた。

戦略的中級者の計画は逆効果を生む。シャーロット・ルーカスの父であるサー・ウィリアム・ルーカスは「粋なはからいを思いついて」、エリザベスとダーシー氏に一緒にダンスをさせようとしたが、失敗した（PP上、p.47）。後の機会に二人が一緒にダンスをしたとき、サー・ウィリアムが二人に「おふたりのすばらしいダンスはたびたび拝見したいものです。とくに、おめでたい席でぜひ拝見したい。ね、エリザベスさん？（サー・ウィリアムはちらっとジェインとビングリーのほうを見た）」と言ったとき、自分自身のことを利口だと思っていた（PP上、p.162）。ダーシー氏はサー・ウィリアムの視線を読み、いまや彼の友人であるビングリー氏がジェインと結婚するという真の危機にあることを理解して、それには反対するようにとビングリー氏を説得した。それで今度は、エリザベスが彼のことを軽蔑することになったのだ。サー・ウィリアムの計画は逆効果を生み、実際、計画に逆効果を生ませることとは、全く計画がないことよりも戦略的な愚かさを証明することになるのだった。ペンバリーでは、ダーシー氏とその妹ジョージアナのいる前で、キャロライン・ビングリーがエリザベスに、ウィッカムのことをほのめかす質問をした。それは、「エリザベスが好きだった男のことをほのめかして彼女を困らせようとした」ためであった。しかし、キャロライン・ビングリーは、ジョージアナが一五歳のとき、ウィッカムが彼女と駆け落ちしようとしたことで、彼女とダーシー氏のウィッカムとの関係には痛みを伴うものがあることを知らなかった。そのいきさつを知っていたエリザベスは、落ち着いて応答することができ、「ダーシーの心をエリザベスから引き離そうとしたこの出来事は、エリザベスがもうウィッカムのことを何とも思っていないということがわかったために、逆に、彼の心をますますエリザベスのほうへ引き寄せることになった」（ＰＰ下、p.106/p.107）

オースティンの［作品における］戦略的中級者は、ささいなことに誇りをもっている。ヘンリー・ティルニーについて「とても感じのいい青年ね」とアレン夫人が言ったとき、ソープ夫人は答えた。「ほんとにそうなのよ、アレン夫人（中略）母親の私が言うのもなんですけど、あんな感じのいい青年はどこを探したっていませんわ」。アレン夫人はものの道理を理解するのに十分なほど利口だったので、「アレン夫人はすこしも当惑した様子はなく、ちょっと考えてからキャサリンにささやいた。／『ソープ夫人は、息子さんのことと勘違いしたのね』」（ＮＡ、p.81）。召使たちの食事が始まる時間に、ディック・ジャクソンが二枚の板を召使部屋にいる父親のところに持ってきたので、彼が、タダ飯を食う計画でいるのだとノリス夫人は疑い、その計画をくじくことを自慢しはじめた。「私はそういう図々しい人間が大嫌いよ（中略）すぐにその息子に言ったの――まだ十歳だけど、うどの大木みたいなうすのろなのよ。よく自分が自分で恥ずかしくないわね――とにかく私はその息子に言ったの。『ディック、その板は私がお父さんに届けるから、あなたはさっさと帰りなさい』って」（ＭＰ、p.217-18）。彼女自身がたかり屋であったノリス夫人は一〇歳の子供の企みの裏をかくことを誇りにしていたのだった。同様に、シャーロット・ルーカスの弟の一人は、もし「ぼくがダーシーさんみたいな大金持ちなら（中略）ワインを毎日一本空けたいな」と宣言した。ベネット夫人は答えた。「現場を見つけたら、ビンを取りあげます」。そして、「そんなことさせるもんかとルーカス少年が言い、いいえ、ぜったいに取りあげますとベネット夫人が言い、ふたりの押し問答は、この日ルーカス一家の訪問が終わるまでつづいた」（ＰＰ上、p.36/p.37）。ベネット夫人は子供と引き分けにすることしかできなかったのである。ジェイン・フェアファクスとフランク・チャーチルとの婚約が公表されると、エルトン夫人はその秘密にかかわっていたことを非常に誇りに思った。エマがジェインを訪ねると、彼女はエルトン夫人が「いままでミス・フェアファクスに読んでいたらしい手紙を、秘密めかしたように折りたた」むのを見た。『手紙には名前は書かなかったわ。名前はいっさい書かなかったわ。私って、大臣みたいに用心深いの。我ながらうまくやったと思うわ』／（中略）これはもう何度も見せられた、エルトン夫人お得意の見せびらかしなのだ」（E下、p.335/p.336）。エルトン夫人はエマ自身よりも滑稽ではなかったが、［自分の推測の］確証［を得ることと］と［その正しさに対して］称賛［を受けることを］を切望したとき、彼女は、ディクソン氏がジェイン・フェアファクスの秘密の恋人ではなかったかという自分の自慢の推測を、フランク・チャーチルに認めさせないではいられなかった。「でも、あまりにも疑惑濃厚なので、ついしゃべってしまった。でも、フランクは私の話にすべてうなずいていたから、やはり私の推測は正しいのだ」（E上、p.356）。少なくとも、エマは結婚した際には戦略的中級者からは卒業しようと努力していたが、エルトン夫人はそうではなかったのである。

目

「洞察（penetration）」や「予見（foresight）」には視覚［的な要素］が含まれているが、第2章で議論したように、目は選好を表明するだけでなく、それを見抜くものでもある。ジェニングズ夫人は、「たった十日間会わずにいたあとに再会したときの手放しの喜びようや、エリナーと進んで話をしたがり、いつも彼女の意見を尊重するために、ブランドン大佐がエリナーに関心をもっていると考えた（SS、p.418)。しかし、エリナーは「いつも大佐の目の表情を見ていたが、ジェニングズ夫人は大佐の振る舞いしか見ていなかった（中略）大佐はひどく心配そうな表情をしたのだが、口では何も言わなかった。だからジェニングズ夫人は何も気づかなかった。でもエリナーは、大佐の目の表情のなかに、恋する男の過敏さと、過剰な心配ぶりをはっきり見て取ることができたのである」（ＳＳ、p.418)。目は行動や言葉よりも多くを語るものである。ファニーの最初の舞踏会で、バートラム夫人とノリス夫人は、ファニーの見栄えの良さをそのドレスに帰したが、サー・トマスは彼女の美しさについての正しい評価を心得ていた。「みんながディナーの席についたとき、ファニーに向けられたエドマンドとウィリアムの視線を見て、こう確信した」（ＭＰ、p.412)。ヘンリー・クロフォードがプロポーズすると、エドマンドはファニーの目にためらいを見て取ることができた。「ファニーはそれだけの価値がある女性だ（中略）でも、たとえどんなにすばらしい女性でも、その女性の目の中に、自分の勇気をかきたててくれるものがすこしでもなければ、自分はここまではできないだろう」（ＭＰ、p.510-11)

　フランク・チャーチルがエマ・ウッドハウスではなくジェイン・フェアファクスを称賛しているというナイトリー氏の疑いは、「フランクがジェインを一度ならず見つめているのを目撃した」ときから始まっている。「その見つめ方は、エマを愛する青年としては不謹慎と思われるような見つめ方だった」（Ｅ下、p.156)。ナイトリー氏は、「フランクはジェインと目を合わそうとしている、とナイトリー氏は思った」、そして後に、「彼は見ていないふりをして、三人をじっくり観察」できる位置に自分自身を置くことになる（Ｅ下、p.161/p.163)。ブッテ(Butte 2004, p.120) は、「人々の認知のあり方と、他者がどのように自分のことを認知しているかに関する人々の認知の後をたどる彼の能力が、実際、ナイトリー氏の知恵の核心にあるのである」と指摘している。表情を読み取る専門家であるナイトリー氏は、（第2章で説明した）ヌンチ（눈치）を身に付けている。それとは対照的に、サー・ウィリアム・ルーカスは、エリザベスとダーシー氏のダンスについて称賛し、こう言っている。「すてきなお嬢さんとの会話をこれ以上邪魔したら恨まれます。ほら、お嬢さんの美しい目が私をにらんでます」（ＰＰ上、p.162)。しかし、エリザベスはまだこのときはダーシー氏のことをまだ好きになっていなかったので、極めて躊躇しつつダンスすることに同意したのだった。サー・ウィリアム・ルーカスはヌンチを身に付けていなかったのである。

人の目を見ることは、非常に強力な情報源となるが、オースティンはその限界も認めている。バースでのコンサートでアンがウェントワース大佐と話した次の日、彼女の友人であるスミス夫人は彼女に告げた。「楽しい晩だったなんて、わざわざおっしゃる必要はないわ。あなたの目を見ればわかりますよ／（中略）あなたの顔にちゃんと書いてあるわ。あなたは昨夜、世界中でいちばん感じがいい男性とご一緒だったんでしょ？」アンは「スミス夫人の勘の鋭さにびっくりして呆然とし」たために顔を紅潮させた。彼女は「ウェントワース大佐の噂がなぜスミス夫人の耳に入ったのかわから」なかった（P、p.318-19）。スミス夫人は、エリオット氏がその最も好ましい人だと誤解していた。アンの目を見ることで、スミス夫人はアンの感情については完全に正しく「判断できたが」、その相手が誰なのかについては間違っていたのである。マリアンが病気の間にブランドン大佐が彼女を訪問したとき、「マリアンを見るときの大佐の悲しそうな目を、顔色の変化を見て、エリナーはすぐにこう思った。たぶん大佐の脳裏に、過去のさまざまな悲惨な光景がよみがえったのだ。マリアンとイライザの類似点は前からわかっていたはずだが、いまこうして、マリアンの落ちくぼんだ目、青白い肌、ぐったりとした弱々しい姿（中略）その類似点がいちだんと強められた」（SS、p.468）。イライザは孤児で、二人が子供だった頃のブランドン大佐の初恋の相手だった。彼女の保護者であるブランドン大佐の父親は、ウィロビーの性格を最もよく説明するものとして、エリナーにその話を聞かせたのだ。ウィロビーはイライザの娘を誘惑した。その子は同じくイライザという名で、彼女によって育てられた庶子だった。エリナーはブランドン大佐の憂鬱そうな目を読み取ったが、彼の心に関する彼女の深い理解は、彼の過去の経験に関する知識に基づいていた。それとは対照的に、「ダッシュウッド夫人は、目の前の光景をエリナーに劣らず注意深く見守っていたが、まったく違った先入観を抱いていたために、まったく違った見方をしていた。つまり夫人は、大佐の振る舞いには、きわめて単純明快な感情すなわち恋愛感情しか認めなかった」（SS、p.469）。ダッシュウッド夫人は、エリナーにできたのと同じように視線を読むことができたが、背景の物語は知らなかったのである。

第7章　オースティン作品における競合的なモデル

選択と戦略的思考の重要性を力説しているオースティンは、人間行動に関して［ゲーム理論と］競合するモデルを考えずにはいられなかった。彼女は、ゲーム理論的な世界観を維持しつつも、競合するモデルの妥当性を認めていたのである。実際、戦略的思考は、競合するモデルと比較し、相互の主張をぶつけ合うことによって最もよく理解されるのである。

感情

競合するモデルの一つ目は、人々の感情に焦点を当てるというものである。オースティンは、感情が悪い意思決定を引き起こすことがあることを認めていた。例えば、嫉妬深いキャロライン・ビングリーは、エリザベスの目を「意地悪そうなきつい目」だとダーシー氏に述べたが、それはただ、彼から「ぼくの知ってる女性のなかでいちばん美人」という応答を引き出しただけだった（ＰＰ下、p.109/p.110）。つまり、「ミス・ビングリーはとうとう彼に口をひらかせて満足だったが、皮肉にもその言葉は、彼女がいちばん聞きたくない言葉だった」のである（PP下、p.110）。感情に影響されて、ミス・ビングリーは自分の計画を十分に検討しなかったため、それが裏目に出てしまったのである。「人間は怒りに駆られると愚かなことをするものだ」（PP下、p.109）。ローウェンシュタイン（Lowenstein, 2000, p.428）が書いているように、「直接的な感情に起因する要因は、認知的な熟慮が欠けたところでは、行動に計り知れない影響をもちうる……行動が激しい感情的要因によって動かされている場合、人々が『意思決定』をしているという言葉の意味は濫用されているのである」

しかし、オースティン作品のヒロインたちは、感情に翻弄されているときでも、良い選択をしている。彼女たちは、「良い感覚」を用いることで、結果においてもそれを導き出すプロセスにおいても良い選択をしている。彼女たちの感情は、その決定を動かすに至るほど、妨げにはなっていないのである。感情は意思決定を曇らせるとともに、それを研ぎ澄ますこともできる。エドマンド・バートラムはファニーに金鎖を「きみの最も古い友人のひとりである、ぼくの愛情のしるし」として贈った後で、立ち去り始めたのである（MP、p.394）。ファニーは、その瞬間が終わるのを待たず、「まるで嵐のような苦痛と喜びの感情に襲われ、一瞬口をきくこともできなかったが、至上命令のような内なる声に促されて叫んだ。『待ってください！　ちょっと待ってください！』」と（MP、p.394）。感情が彼女を圧倒していたが、彼女の意志がその場を支配していた。同様に、ヘンリー・クロフォードがポーツマスにあるファニーの家に予期せず現れたとき、「分別というのは、いざというときには自然にその力を発揮するものだが、ファニーの分別もすぐにその力を発揮した」のである（MP、p.613）。茫然自失状態だったファニーは、なんとか彼のことを、彼女の母に彼女に求婚している者ではなく、兄ウィリアムの友人であると紹介することができた。『でも、これから一体どうなるのかしら』という恐怖感に襲われて、いまにも失神しそうだった」（MP、p.613）。ナイトリー氏がその愛をエマに告白したとき、「彼の真剣な目がエマを圧倒」し、「エマはあまりの驚きに、いまにも失神しそうだった」（E下、p.295-96/p.297）。しかし、「彼が話しているあいだ、エマの頭は活発に活動し、驚くべき速さで思考した。ナイトリー氏の話をひと言も聞き漏らさず、すべての真実を正確にとらえて理解した（中略）ナイトリーさんにとってハリエットは何物でもなく、私こそがすべてだったのだ」と（E下、p.297）。エマの感情は彼女の認知能力を妨げるどころか、その回転速度を増加させていたのである。

ルーシー・スティールがエリナーに、彼女が秘密裏にエドワード・フェラーズと婚約していることを告げたときエリナーの「確信は揺らいだが、自制心は揺らがなかった」（SS、p.184）。後に、エリナーがこのことを、ウィロビーのことで嘆き悲しんでいたマリアンに暴露したとき、マリアンは大げさに感情をあらわにして言った、「私はお姉さまになんてひどいことをしたの！　私の唯一の慰めであり、私の不幸を私といっしょに耐えてくれて、私のために苦しんでいるとしか見えなかったお姉さまに！」（SS、p.360）「こうして告白が終わると、ふたりは限りない愛情をこめてやさしく抱き合った」（SS、p.360）。しかし、エリナーには、これこそ、妹に行動するよう約束させるまさにうってつけの瞬間であることがわかっていた。「マリアンはいまはこういう精神状態なので、エリナーはマリアンからどんな約束でも簡単に取りつけることができた。つまり、エドワードとルーシーの婚約の件について誰かと話すときは、激しい言葉や態度は避ける」ように約束させたのである（SS、p.360）。マリアンの「不安は急速に高まり、すぐにハリス氏を呼びにやり、バートンの母を迎えに使者を送ろうと決意した」（SS、p.425）。マリアンは数か月の間は実家にとどまりたいと願っていたが、病気だったので、薬剤師の言うことを信じて、じっと安静にしてエリナーと数日間ともにいた。エリナーの警戒する気持ちが、彼女についに行動に乗り出す決意をさせた。ダッシュウッド夫人はいつものように、マリアンと同様、感情をあらわにしていて、彼女が訪れると、エリナーは、彼女がほとんどあらゆる機会をとらえて、マリアンの眠りを妨げるのではないかと心配したが、さすがのダッシュウッド夫人も、「最愛の娘の命がかかっているとなれば冷静になれたし、分別をもって振る舞うこともできた」のである（SS、p.460）。

ウェントワース大佐は、ベニック大佐がその愛情をあれほど容易に、前の婚約者であるファニー・ハーヴィルからルイーザに移すことができたことが理解できないと、アンに告げた。「あんなすばらしい女性をあんなに愛した男が、そう簡単に立ち直れるものではありませんよ！　立ち直れなくて当然だし、絶対に立ち直れやしません！／驚き、当惑し、息づかいが荒くなり、さまざまな感情が突きあげるように胸にこみあげた。この話題にアンが深く立ち入ることはできなかった。（中略）ほんのすこしだけ話を変えてこう言った。／『ライムにはずいぶん長いことといらしたんですね？』」（P、p.301-302）もちろん、第5章で論じたように、激しい感情的緊張の下で戦略的に思考するアンの能力は、たとえウェントワース大佐の手紙に圧倒されていたとしても、彼女が彼と再び会うこと確実にするという、ライムにおける彼女の熟練した緊急出動と危機管理対策によって示されている。ティルニー将軍が相続人ではなくなったキャサリン・モーランドをノーサンガー・アビーから放り出した後、キャサリンとエリナー・ティルニーの間では「さようならの言葉の代わりに、愛情のこもった長い抱擁が交わされた」。しかし、このときの激しい悲しみときまり悪さのためにキャサリンは、彼女の目的であったヘンリー・ティルニーとのコンタクトを維持する試みができず、「キャサリンは震える口で、相手にやっと聞こえるかぼそい声で、『どうぞ、お留守の方によろしくお伝えください』と言った」だけだったのである（NA、p.348）。

オースティン作品の男性たちについてはどうだろうか？　ダーシー氏は、エリザベスが彼のプロポーズを断わった後、「もちろん最初は腹が立ったけど、その怒りもすぐに正しい方向へ向かって」くれたことを思い出した（PP下、p.274）。彼の怒りは妨げになるどころか、むしろ目的をもった行動になった。ソロモン（Solomon, 2003, pp.146-47）によれば、「感情は断固としたものである（中略）それはそれ自体において戦略的であり、政治的なのである（中略）感情というものは、『情熱』や『感銘を受ける』といった事柄にかかわる言語全体が示唆するように、『「受動的に」生じる』のではない。感情とは、異論があるのを承知で拡大解釈すると、われわれが『「能動的に」行う』活動、個人的にも集団的にもわれわれのためになる戦略なのである」。エドマンドが最後にメアリー・クロフォードにさよならを言った後で立ち去ると、メアリーは彼を呼びとめた。それは、彼を「征服するために挑発しているような、不謹慎ないたずらっぽいほほえみだった」。しかし、エドマンドが後にファニーに告げたように、彼は「抵抗した。瞬間的衝動で抵抗し、そのまま歩きつづけた。そのあと、ときどきほんの一瞬だけど、彼女のほうへ引き返さなかったことを後悔したこともあった。でももちろん、引き返さなくてよかったと思って」いたのだったが（MP、p.709）。衝動的な感情は、正しい選択をする助けになることがある。ペソア（Pessoa, 2008, p.148）によれば、「感情と認知は脳内で強く相互作用しているだけでなく……共同して行動に寄与するために、しばしば統合されているのである」

強烈な感情が必ずしもまずい選択に導くとは限らないように、冷静さが必ずしも良い選択に導くとは限らない。例えば、エリナーは、ミドルトン夫人が「控えめなのは、生まれつき物静かなだけであり、分別があるから控えめなのではなかった」（SS、p.77）ことに気づいている。真の感情に欠けたオースティン作品の登場人物は、戦略的思考について、優れているどころか、それを苦手とする傾向がある。マライア・バートラムが結婚したとき、「バートラム夫人は気持ちの動揺に備えて、気付け薬を持って立ち、ノリス夫人は一生懸命泣こうと努め」た（MP、p.305）。ノリス夫人の夫が亡くなったとき、「夫に先立たれたことについては、ひとりでも立派にやっていけるとノリス夫人は考え」た（MP、p.38）。バートラム夫人は不作為のために、ノリス夫人はもっと能動的な無視のために、感情と戦略的センスの両方が欠けていたのである。

感情は人々の選択に影響を与えうるが、人々はまた、戦略的に自分たちの感情をコントロールすることができる。オースティンが示しているように、最もシンプルな方法は、しばらく時間を置くことである。エドワード・フェラーズがダッシュウッド家の人々に、ルーシー・スティールが彼ではなく彼の弟と結婚したことを告げた後、彼はエリナーが涙を浮かべながら部屋から出ていくのを見たため、妄想にとらわれてしまい、「そのまま何も言わずに部屋を出て、村のほうへと歩いていった。あとに残された者たちは、エドワードの境遇のあまりにも意外な、あまりにも突然の変化に、ただただ驚」いた（SS、p.497）。彼は数時間もの間「歩いて決心し」、家に戻ってエリナーにプロポーズしたのである（SS、p.498）。同様に、ヘンリー・ティルニーが、キャサリンに対するひどい扱いについてその父、ティルニー将軍と対峙したとき、「将軍は激怒し、父と子は憎しみ合う敵同士のように別れた。ヘンリーは激しく動揺し、しばらくひとりにならないと気持ちが静まりそうも」なかった（NA、p.377）。エドマンドがファニーに、二階にある彼女の部屋で、彼女［とメアリー・クロフォード］は彼「にとって、この世でいちばん大切なふたりだからね」と告げたとき、ファニーは、メアリー・クロフォードこそが彼の一番愛する人なのであって、自分自身は二番目なのだと自分自身に繰り返すことで「必死に自分の気持ちを静めようと」努めた（MP、p.398）。彼女は、エドマンドができるかぎりはっきりとメアリーの過ちを見ることができるようにさせることだけを望んでいるのだと自分に言い聞かせた。ファニーは自分自身が彼にふさわしいとは、よもや考えたくもなかった。しかし、こうしたあらゆる考えでは十分ではなく、加えてファニーは、エドマンドが彼女に残していった手書きのメモにうつつを抜かす次第であった。最後に、「ファニーは、理性と感情が入り混じった幸せな物思いによって、自分の考えを整え、気持ちを慰め、しばらくすると下の部屋へ下りていった。（中略）いつものように刺繍仕事を始め」た（MP、p.401）。ゼラーゾとカニンガム（Zelazo and Cunningham, 2007, p.136）によれば、「感情規制は様々な形で生じる……しかし、その最も明白なバージョンの一つは、意識的な認知的制御を通じた、意図的な感情の自己規制である」

確かに、ある種の感情的な反応は、意識的な制御の下にはない。ミュラン（Mullan, 2012, p.259）は、「オースティン作品のこれらすべてのドラマ化に欠けている表情の一つは（中略）赤面である。泣くことはどんな熟達した俳優にとっても容易であるが、オースティン的な赤面、つまり、最も真に非自発的な感情のシグナルについては、［演技することが］ほとんど不可能な事柄なのである」ことに気づいている。一般には、困惑のような感情に対する自動的な反応として理解されている赤面は、感情によって直接的に生じさせられた行動の原型的な例なのである。「他者が見ることのできる非自発的な反応としての赤面は、［人の］感情的な状態を『漏らしてしまう』」(Shearn, Bergman, Hill, Abel, and Hinds, 1992, p.431)。例えば、エリザベスとダーシー氏がペンバリー屋敷で思いがけなく出会ったとき、「すぐにふたりの視線が合い、ふたりの頬はみるみる朱に染まった」（ＰＰ下、p.78)。おそらくはそれが故意でなかったために、赤面は人の感情を正直に示すものと考えられる（Frank 1988)。例えば、ヘンリー・クロフォードがシェイクスピアを声に出して読んでいるとき、ファニーは彼のことを無視しようと懸命に努力したができず、彼女は「顔を赤らめて、さっきと同じように刺繍仕事に熱中」するという反応を示し、エドマンドは「ファニーの様子をこれだけ見れば十分であり、クロフォードにはまだ十分望みがあると思った」のである（ＭＰ、p.513)。

しかし、それでも、ときにはオースティンによって、赤面が部分的には選択の問題として理解されているのである。例えば、ジェイムズ・モーランドがその婚約者であるイザベラ・ソープに振られてしまった後で、彼は妹のキャサリンに手紙を書き、次のような文章で締めくくっている。「キャサリン、恋をするときはくれぐれも気をつけなさい」（ＮＡ、p.307)。手紙を読んで、キャサリンは取り乱してしまい、心配したヘンリー・ティルニーがその理由を知ろうとした。キャサリンはもう少しのところで、彼が読めるように手紙を手渡そうとしたが、「キャサリンは最後の一行を思い出して赤くな」り躊躇した。ヘンリーは、個人的な事柄ではない部分だけを声に出して読んではどうかとキャサリンに提案したが、キャサリンは考え直した。「『いいえ、ご自分でお読みください』さっきより頭がはっきりして、思い直してキャサリンは言った。『私、何を考えていたのかしら？（さっき赤くなったことを思い出してまた赤くなって）兄は、ただ私に忠告してくれただけだわ』」（ＮＡ、p.310-11)。自分が恋をしていることに言及した手紙を手渡すことで何事かを示唆しようとしているとヘンリーが考えている、そう考えたためにキャサリンが最初に赤面した。赤面によって、彼女が無垢であることが明らかになった。しかし、再度考えて、キャサリンは、赤面する必要のあることが彼女に起こっていたことに困惑した。完全に無垢な若い女性は、決してイチャイチャしろという兄のアドバイスを利用することが可能だとは考えなかっただろう。ハルゼー（Halsey 2006, p.232）の用語法を用いれば、キャサリンは、自分の最初の赤面が「透き通るような正直な」赤面であると考えたが、それをヘンリーが「ずる賢く抜け目のない」赤面として理解したかもしれないと気づいたために、再度赤面したのである。赤面のために赤面する羽目になるとわかっていたら、キャサリンはむしろ最初に赤面などしなかっただろう。キャサリンの最初の赤面は、彼女の困惑の感情によって説明される。彼女の二度目の赤面も同様に説明されるかもしれないが、そのためには（最初の赤面それ自体が困惑の原因であると彼女が把握しているという）認知的要素を含めなければならない。しかし、「赤面には治療的な性質がある」（Dijk, de Jong, and Peters 2009, p.290）。キャサリンの二度目の赤面は、少なくとも彼女が「自分が何を考えていたのかわからない」と叫んでいるように、最初の赤面を「取り消し」にするための意識的な選択としても説明可能であろう。

本能

別の競合するモデルは、人々の行動は選択ではなく、衝動や本能によって決定されているというものである。例えば、ヘンリー・クロフォードがファニーの父に紹介されたとき、プライス氏は「別人」になった。「クロフォード氏を前にしたプライス氏の態度は、洗練されてはいないけれど、なかなか立派なものであり、感じが良く（中略）クロフォード氏の洗練された礼儀正しい態度にたいする、プライス氏の本能的な敬意の表われだった」（MP、p.617）。プライス氏は、例えば、蔑みをやめることを意識的に選択してはいなかった。また、自分の行動を変化させていることに気づいてもいなかったかもしれない。むしろ、彼は状況が要求するのに合わせて「本能的に」変化していたのである。オースティンは礼儀正しさや社会的見栄に関係した他の例を提供している。ダーシー氏が、彼のプロポーズを断わるにあたってエリザベスが持ちだした非難に応えるために手紙を手渡すと、彼女は「無意識に受け取」った。そして、後に彼がペンバリーでエリザベスを出迎えると、彼女は困惑して、「思わず逃げ出そうとした」（PP上、p.334/PP下、p.78）。隠れることもまた本能的なものでありうる。サー・トマスが帰ってきたとき、ノリス夫人は、演劇のためのコスチュームである「ラッシュワース氏のピンク色のサテンのマントを本能的にさっと隠した」（MP、p.270）。また、キャサリンがノーサンガー・アビーの謎の部屋を探索していたとき、「将軍の姿を見た瞬間、キャサリンは本能的に物陰に身を隠した」（NA、p.290）。ホジソン（Hodgson 2010, p.3）によれば、「本能という概念は、大戦間に英語圏の社会科学から追放されていたが、いまや戻ってきた（中略）われわれはその言葉を、特定のきっかけで引き起こされることが可能な、あらゆる生物学的に受け継がれた反射的行動、感情、気質を記述するために広く用いている」。コスミデスとトゥービィ（Cosmides and Tooby 1994, p.64）は、本能は「なんら意識的な努力なしに、なんらフォーマルな指導なしに進歩する」と論じている。

しかし、オースティンは本能については懐疑的である。特に、もっと重要な事柄に対しては。ファニーはグラント夫人に牧師館での夕食に招待され、エドマンドは、ファニーが出ていくことをバートラム夫人に説得することに成功したと彼女に告げた。『『ありがとうございます。ほんとうにうれしいわ』とファニーは答えた。しかしエドマンドが去ってドアを閉めると、ファニーは、ふと、こう思わずにはいられなかった。『でも、私はなぜうれしいのかしら？　だって牧師館へ行けば、私を苦しめるものを見たり聞いたりするに決まっているんですもの』』（MP、p.330）。たとえ夕食において、ライバルであるメアリー・クロフォードがエドマンドと一緒にいるところを目の当りにするという苦しみを味わうことになるとしても、ファニーは本能的にエドマンドに感謝していた。おそらく、母性本能は最も強い本能の一つなのだが、ファニーが数年ぶりに実家の母のところに戻ったとき、あまりにもわずかな注目しか得られなかったことで彼女は失望した。「最初の日に母性本能が満たされると、プライス夫人にはそれ以上の愛情の源はなかったのだ。（中略）ファニーに分け与えるだけの時間も愛情もなかった」（MP、p.595)。ポーツマスのファニーの実家で、彼女の父が、C氏と駆け落ちしたR夫人について書かれた新聞記事はファニーの従兄のことなのだろうかと尋ねると、ファニーはそれを「不名誉な事実を認めるのをすこしでも遅らせたいという本能から」否定した（MP、p.678)。エマがフランク・チャーチルと出会う前から、「ウェストン夫人はフランクと私の結婚をひそかに望んで」いたが、もちろん、彼女がフランク・チャーチルについて考えていたことはほとんどが間違いだということが明らかになった（E上、p.191)。バースで一緒に通りを歩いていくとき、アンは、ラッセル夫人が数年ぶりにウェントワース大佐を見たときにどのような反応を示すのか心配になった。ウェントワース大佐が群衆の間から近づいてくると、アンは「本能的にラッセル夫人を見たが（中略）ときどき不安そうに夫人の顔をうかがった。そして（中略）夫人の視線がまっすぐに大佐に向けられていることが、つまり、夫人がじっと大佐を見つめていることが、アンにははっきりとわかった」（P、p.294-95)。しかし、ラッセル夫人はただ窓のカーテンを一心に見つめていただけで、アンの本能は役に立たなかった。「無駄な心配や用心をしていたおかげで、ウェントワース大佐が自分たちに気がついたかどうかを確かめる機会を逃してしまった」のだ（P、p.296)。明るい点としては、ルイーザ・マスグローヴがライムにおいて意識を失ったとき、「アンは本能が与えてくれるあらゆる力と熱意と思考力を振りしぼって、ヘンリエッタの介抱に当た」り、「ときどきみんなに声をかけ」ていた（P、p.184)。ここで本能は、直接的になんら特定の行動を引き起こすことではなく、力、熱意、そして何よりも思考力といった能力を供給することによって、助けになったのである。

習慣

習慣もまた人の行動を説明できるものである。『習慣』という言葉は一般的に、以前に採用された、あるいは獲得された行動の形態に携わる、多かれ少なかれ自己作動的な性向あるいは傾向を意味している」(Camic 1986, p.1044)。習慣は「周囲の環境によって形成され、生物学的というよりむしろ文化的に伝達されるものである」(Hodgson 2010, p.4)

オースティンは、習慣が行動に影響を与えうることを認めていたが、彼女はそれを好んではいなかった。オースティンの小説に現れるほとんどの習慣は悪いものである。最も一般的に言及される習慣は過剰摂取、利己性、それに不注意である。裕福なミス・グレイに自分の結婚を説明するために、ウィロビーはエリナーにこう告げた。「昔から金づかいが荒くて、いつも自分より収入の多い連中とつきあってきました」。そこでエリナーは彼の「怠惰と放蕩と贅沢の習慣」についてじっくり考えてみた（SS、p.439/p.455）。同様に、フィッツウィリアム大佐はエリザベスに、下の息子として、「ぼくらの生活は出費が多いから、どうしても誰かに頼ることになるんです。貴族階級の人間で、財産のことを考えずに結婚する人はいないでしょうね」と告げた（PP上、p.315）。エドマンド・バートラムは、メアリー・クロフォードの習慣が彼からのプロポーズを遠ざけているのではないかと心配していた。「ぼくは個人にたいしては何の嫉妬も感じていません（中略）ぼくが恐れるのは、金持ち階級の人たちの生活習慣です」（MP、p.647）。ビングリー姉妹は「収入以上の生活をし」ていたし（PP上、p.28）、イェーツ氏は「社交界の常連で、金づかいが荒いこと（中略）以外は、ほとんど何の取り柄もない人物だった」（MP、p.185）。また、トム・バートラムはその病気からは回復したが、「ただし、以前の無分別とわがままはすぐには直らなかった」（MP、p.713）。貧窮に陥ったアンの友人スミス夫人の夫であるスミス氏は「何事にも無頓着」で、「悪習」をもつエリオット氏との友人関係のために財政的に破滅し、「まじめな問題にはまったく無関心」な人だった（P、p.344/p.264/p.264）。ウッドハウス氏の自分自身の健康についてのほほえましくもうっとうしい強迫観念でさえ、彼の「心やさしい身勝手さ」によるものだったし（E上、p.11）、心気症的なアンの妹、メアリー・マスグローヴも同様に、「何かというとアンに助けを求めるのだ」った（P、p.56）。

ある種の習慣は良いものである。クロフト提督とクロフト夫人は「いつも夫婦で一緒に行動するという田舎の習慣を都会のバースへ持ちこんで」いた（P、p.277）。ルイーザとヘンリエッタ・マスグローヴもまたいつも一緒にいて、アンは「どんなにいやなことでも、どんなに不都合なことでも、何でも必ず連絡し合って、何でも必ず一緒にやらないと気がすまないらしい」ことを称賛していた（P、p.139）。アンと妹メアリーとが一番身近に共有していることは、「しょっちゅうお互いの家を行き来して暮らしている」ことである（P、p.62）。サー・トマスは「時間厳守の習慣」をもっており（MP、p.335）、エマの姉イザベラと父とは「ロンドンのかかりつけの医者であるウィングフィールド先生が大好き」ということを共有していた（E上、p.146）。そして、エマは、義理の兄ジョン・ナイトリー氏の「家庭を大事にする人で、何よりも自分の家庭を愛している」というその習慣を高く評価していた（E上、p.153）。ヘンリー・ティルニーは、若い女性として、キャサリンは「日記というすばらしい習慣」を身につけなければならないと、彼女のことをからかった（NA、p.31）。しかし、これらの良い習慣は悪い習慣ほどの力は持っておらず、悪い習慣が人々を愛のない結婚、病気、それに財政的破綻に引きずり込んでしまうことを防ぐほどではないのである。

ヒロインたちの人生行路に直接影響を与える最も重要な習慣は、さっさと振り払うべき痛ましい過去の遺産である。アンとウェントワース大佐が最終的にお互いを理解した後で、ウェントワース大佐は、八年前に求婚を断わられたという思い出によって自分があまりにも弱気になっていたことを認めた。アンは、自分がいまやどれほど大人になっているか、また、現在の状況がいかに前とは異なっているかを認識すべきだったと告げたが、ウェントワース大佐はこう説明した。「あなたの心の強さや冷静な決断力に気づいたのに、その知識を役立てることができなかった。その新しい知識もすべて、何年ものあいだぼくを苦しめてきた昔の感情に呑み込まれ、埋没し、まったく見えなくなってしまったのです」（P、p.407）。トム・バートラムがファニーに、（別荘管理人の妻の役をするという）彼女の働きが必要なのだと告げたとき、「ファニーは用事を言いつけられるのだと思って、すぐに立ち上がった。ファニーに用事を言いつける習慣は、エドマンドがやめさせようと努力したのだが、まだなくなっていなかったからだ」（MP、p.222）。ヘンリー・クロフォードのプロポーズを受け入れた後で、ファニーはメアリー・クロフォードをできる限り避けたが、メアリーが彼女と二人きりで話したいと願ったときには、ファニーの「すぐに人の言うとおりにする習慣［により］（中略）すぐに立ち上がり、先に立って朝食室を出た。とてもみじめな気持ちだったが、そうするより仕方がなかった」（MP、p.545）。習慣がファニーを従順でみじめな立場にしていて、それを乗り越えなければならなかったのである。

習慣は道徳的堕落、さらには悪事ギリギリのところにまで導く可能性がある。ヘンリー・クロフォードが結婚したマライアと駆け落ちした後、メアリーが二人の行動は単なる軽率な行為であって、不道徳なことはないと考えていることにエドマンドは愕然とし、彼女にそう告げた。エドマンドは［彼女に］道徳感の目覚めを一瞬垣間見たが、彼女が自分の習慣によって引き戻されてしまうのを見ただけなのであった。「いろいろな感情が混ざり合っていたのだと思う。ほんの一瞬だけど、激しい心の葛藤があり、真実をすなおに認めたい気持ちと、認めることの恥ずかしさが闘っているようだった。でも、結局最後は習慣が勝ってしまった（中略）でも笑いはしなかったけど、その返事は笑ったようなものだった。彼女はこう言ったんだ。『まあ、ほんとにすばらしいお説教ね。最近教会でなさった説教の一部なの？』」（MP、p.708）ヘンリー・クロフォードは、ファニーに彼女の兄が昇進できるのを手助けすると告げた後すぐに彼女にプロポーズした。その見返り［の要求］はファニーの気分を悪くさせた。「彼はそういう人なのだ。何かをするときは、必ず邪悪なことを混ぜなくては気がすまない人なのだ」（MP、p.461）

オースティンにとって、習慣と合理的選択は必ずしも対立するものではない。ときには、習慣が選択を行うために必要な解決策を確実に提供することができる。エマは、チャーチル家での「小さいときから（中略）の命令に従」えば、フランク・チャーチルは容易には再婚した両親を訪問することができないだろうと考えていた。しかし、ナイトリー氏はこう主張した。「先延ばしなどという一時しのぎの策を弄さずに、きちんと義務を果たす習慣を、もっと早く身につけておくべきだった」（E上、p.230)。同様に、ハリエットがエルトン氏に恋い焦がれ続けているとき、彼は他の女性とまもなく結婚するところだったので、エマはハリエットがより強い「自制心を身につけること」を願った（E下、p.39-40)。

オースティンは二度、習慣と合理的選択の両方が妥当な説明になりうるが、その場合には合理的選択のほうがより重要であるということを認めている。エドマンドは三週間の間出かけてしまっていたので、「ファニーにとっては、静けさと安らぎの一週間だったが、ミス・クロフォードにとっては、退屈といらだちの一週間だった。それは多少は、ふたりの性格と習慣の違いから生じたものだった。つまり、ファニーはすぐに満ち足りた気持ちになれるが、ミス・クロフォードのほうは、何事においても我慢することに慣れていないという大きな違いがあるからだ。しかしそれ以上に、ふたりが置かれた状況の違いが、もっと大きく関係していたかもしれない。エドマンドの不在という事実にたいするふたりの気持ちは、まったく正反対だった」（MP、p.434)。ファニーにとっては、エドマンドとメアリーとの仲が進展することに対するどんな遅れも喜ばしいものだったが、メアリーは（エドマンドが選んだ職業である）聖職者をあまりに公然と嘲ってしまったので、エドマンドがもっと他の魅力的な女性と出会いはしないかと心配していた。習慣はファニーとメアリーの感情の違いをいくらかは説明するが、彼女たちの選好の違い、つまり、「興味のあること」はもっと多くを説明する。

同様に、ジェイン・フェアファクスは、郵便サービスの信頼性に注意を促すことで、自分が早朝に郵便局に行ったことから話題を変えようと努力していた。「郵便局員は、慣れによって熟練者になるんです。最初からある程度の目と、手先の速さは必要だけど、毎日やっているうちに上達するんです。さらに説明が必要なら（中略）郵便局員は、それで給料をもらっているということです。それが、彼らの驚くべき有能さの謎を解く鍵です。だから、人びとはお金を支払い、良いサービスを受けられるのです」（E下、p.84)。習慣は郵便局員の信頼性にとって重要だが、根本的な説明は彼らが給料を貰いたいからだということである。ギュンター・トレイテルが（私信で）指摘するように、オースティンは郵便サービスの信頼性を明確に示さなければならなかったのである。後に、ジェイン・フェアファクスがフランク・チャーチルに手紙を書いたが返事がなかった際に、返事の手紙が配送遅れになったり、輸送途中になくなったりすることはないために、彼には返事を書く気がなかったのだと結論できるためである。しかし、話の筋書きのどこにも、郵便サービスの信頼性に関する特定の説明にかかわる部分はない。おそらく、人々は良いサービスを受けるべきだというジョン・ナイトリー氏の主張は、政府の説明責任についてのものだったのだろう。サザーランドとル・ファイエ（Sutherland and Le Faye 2005, p.203）によれば、この指摘は彼の政治的キャリアへの興味を意味している。しかし、このことは、なぜ彼が明示的に、給料を受け取るためだという説明と習慣であるという説明とを比較したのか、あるいは、彼がともかく説明について語ったかを説明しない。オースティンの理論的立場に反して、ジョン・ナイトリー氏は習慣よりも合理的選択を好んだというわけである。

最後に、エドマンドは、ファニーがヘンリー・クロフォード［のプロポーズ］を拒否したのは、こう考えたからだ。「ファニーは習慣に支配され、新しいことには支配されない性格です。だから、クロフォード氏からプロポーズされるというまったく新しい経験をすぐには受け入れられないのです」（MP、p.540）。しかし、エドマンドは完全に間違っていた。ファニーはヘンリー・クロフォードを好きではなかったのだ。ファニーが彼［のプロポーズ］を拒否したのは、彼女の選好によるのであって、習慣によるのではなかったのである。

規則

別の競合するモデルは、人々はその行動の基礎を「旅をしているときは、トイレを利用する機会を逃してはいけない」といった、規則や原則に置いているというものである。規則を用いる理由の一つは、トイレがある次の休憩所にいつ到着するのかを推定するといった、選択する際の認知的な困難さを避けるためである。規則は「意思決定者にそれほど努力を要しないやり方で情報を処理することを可能にする」(Shah and Oppenheimer 2008, p.207)。例えば、ヘンリーとメアリー・クロフォードがファニーをポーツマスで拾い上げ、マンスフィールドへ帰してあげると提案したとき、ファニーは、彼女を運んでくれる条件は彼女の叔父、サー・トマス次第なのだということがわかっていた。ファニーは良い点と悪い点とを比較してみた。マンスフィールドへ帰ることは「飛び上がりたいほどうれしいが、そこには重大な問題点があった。自分の喜びがクロフォード兄妹によって与えられるからだ。ファニーはこの手紙を読んで、ミス・クロフォードの気持ちと、クロフォード氏の振る舞いは、非常に非難されるべきだと思った」(MP、p.671)。ファニーは、メアリー・クロフォードにマンスフィールドへ来ることを許し、それによってエドマンドと再び会ってしまうという構想を嫌悪していたので、実のところ「正しい判断」が可能であるかさえ確かではなかった(MP、p.671)。しかし、ファニーにはある規則があった。「幸いなことに、『その申し出を受け入れたいが受け入れるべきではない』という自分の気持ちや、『自分はどうすべきか』ということについて、自分で考えて決める必要はなかったし、それに、自分がエドマンドとミス・クロフォードを引き離すべきか否かということも、自分の判断で決める必要はなかった。というのはファニーには、こういう場所に適用すべき規則があり、その規則がすべてを解決してくれたのだ。つまり、サー・トマスにたいする畏敬の念と、サー・トマスの考えを無視して勝手なことをしてはいけないという気持ちが、自分のなすべきことを決めてくれたのである。クロフォード兄妹の申し出は、絶対に断わらなくてはいけない」(MP、p.672)。この規則は物事を簡単にしてくれた。ファニーは自分自身の選好を比較考量し、自分自身で選択する必要はなくなったのである。

規則や原理は、適切な行為を要請したり、単に有益なガイダンスだったりといった、道徳的な命令であることもある。エリナーは、ルーシー・スティールのエドワード・フェラーズとの秘密の婚約について一人で苦しんでいた。なぜなら、彼女はある約束をしていたからだ。つまり、「エリナーは、ルーシーにたいしてつねに名誉と正直さを忘れずに振る舞」うということである（SS、p.194-95）。約束を守ることは、道徳的な命令である。婚約のことが公になると、エリナーはそのことについては何も語らないよう全力を尽くした。「エリナーがこの話題を避けたのはこういう理由［原理から］だ。つまり、ふたりでこの話をすると、エドワードはまだエリナーを愛しているということを、マリアンがあまりにも熱心に断言するので、その考えがますます頭から離れなくなるからであり、エリナーとしては、その考えを頭からすっかり追い払いたいと思っているからだ」（SS、p.368）。原理に基づいて話題を避けることによって、エリナーは、エドワードが本当は自分のことを愛しているのだというマリアンの示唆から自分の心を守った。この原理は道徳的な命令ではなく、良い考えであるにすぎない。自分の帰郷を叔父の判断に任せるというファニーの規則はこれらのどこか中間にある。自分の叔父を尊敬することは美徳であるが、道徳的な命令ではなく、叔父に逆らわないことはよい考えでもある。同様に、キャサリン・モーランドの両親はヘンリー・ティルニーとの結婚を承諾したかったが、彼らは「しっかりした信念の持ち主であり、ヘンリーの父親が反対しているあいだは、この話をこれ以上進めるわけにはいかなかった」のだ（NA、p.379）。自分たちが承諾する前に、ティルニー将軍が承諾してくれるのを待つことは、道徳的命令ではないが、適切な行為と整合的であり、二つの家族の将来の調和にとって良いことだったのである。

原理や規則はオースティンにとって重要だったし、人々はしばしば、良くない規則に従っているとか、原理をもっていないことで非難される。例えば、エドマンド・バートラムはファニーに、メアリー・クロフォードについて「ファニー、彼女の欠点は、すべて道徳心の欠如が原因なんだ」（MP、p.705）と告げた。オースティンは、原理（principle）をしばしば、人の動機を支配したり、安定させるものとして理解している。例えば、サー・トマスが娘たちの養育について熟考していたとき、「道徳心［principle］、つまり、現実の生活で発揮されなければならない道徳心が欠けていたのだ。マライアとジュリアは、自分の気持ちや性格を制御することの大切さを教えられなかったのだ」（MP、p.715）ということを認識したのである。

しかし、オースティンは、原理と選択との間の関係はそれほど単純ではないことに気づいていた。例えば、ノリス夫人が自慢とし、「夢中にさせる原理」であるそのケチさは、夫の所得が低いために始まったものだが、自分自身の子供がいないので、「本来なら子供に向けられるはずの心づかいが、すべてお金に向けられることになったのだ」（MP、p.17）。原理は選択を支配できるが、人はその原理を選ぶこともできるのである。

また、原理は選好を穏やかにするとともに、向上させもする。サー・トマスが、ファニーの部屋に暖炉がないことに気づいたときこう述べた。ノリス夫人は「何事も限度というものがある」ということを信奉しているが、「おまえのことに関しては、彼女はすこし行き過ぎがあったかもしれない（中略）いや、しかし、そうした用心も、結局は必要なかったということになるかもしれないが、とにかく、みんなおまえのためを思ってしてくれたことなのだ。それに、これだけははっきり言える。若いときに、多少の貧しさや不自由さを経験すると、裕福な暮らしのありがたさが二倍になるということだ」（MP、p.474-75）。ここでは、原理は、後の人生におけるファニーの顧客満足度を増加させるものである。満足度を倍加するものであって、満足度の支配者ではないのである。ファニーはこう誓いを立てた。「私はエドマンドを愛しているけれど、過剰な愛情や、自分勝手な愛情は、厳に慎まなければいけない（中略）ファニーは立派な道徳心と勇気を備えた人間」だった。原理に従うことによって、ファニーはエドマンドに対して利己的ではなく、公平であろうとし、また自分自身の心を守ろうとした。しかし、「エドマンドにたいする過剰な愛情は慎まなければいけないという決意をしたすぐあとに、ファニーは、エドマンドが書きかけていた手紙を、まるで、望んでも得られない宝物のように手に取り（中略）女性の熱烈な愛情は、伝記作者の熱烈な愛情をも凌ぐほど激しいものなのだ」（MP、p.399/p.400-401）。運動した後、人が過剰なデザートを摂取してもよいと感じるように、ファニーの原理は彼女の欲望を支配はしなかったが、それを強化したのである。

最後に、オースティンは、規則や原理がしばしば、ともかく自分がしたいと思うことを先に進めるための隠れ蓑にすぎないことに注意することで、懐疑的になることを推奨していた。例えば、アンの妹の義理の母であるマスグローヴ夫人は、こう言っている。「嫁のことには、私はいっさい口出ししないことにしていますの。何を言っても無駄ですもの。でもね、ミス・アン、あなただけにはお話ししておくわ。あなたならどうにかできるかもしれませんもの。じつはね、嫁のところの子守女は問題があると、私は思っていますの」(P、p.76)。ファニーにヘンリー・クロフォード［のプロポーズ］を受け入れるように説得するという非常に骨の折れる試みの後、サー・トマスは「これ以上ファニーにうるさく言うのはやめて、表立った干渉は控えようと決心した（中略）サー・トマスはこの方針［principle］に従い、ファニーと話をする最初の機会をとらえると、（中略）こう言った（中略）『いや、ファニー（中略）私はおまえに、気の進まない結婚を強要するつもりはない』」(MP、p.500-502)。しかし、サー・トマスはすぐにファニーの気持ちを変えさせるために、彼女をポーツマスに送りだした。男性についてキャサリンと話していると、イザベラ・ソープは、ティルニー大佐の無礼な誘惑を受け入れた後でこう断言した。「私は男性の言うことなんて聞かないことにしているの。（中略）男性はすっごくずうずうしくなるものよ」(NA、p.53)。ティルニー将軍は、キャサリンを追い出す少し前に、こう言っている。「ミス・モーランド、これが私の生活信条なんです。わずかな時間と心づかいですむことなら、なるべく隣人の機嫌を損ねないようにする」ということが、と(NA、p.319)。エマはハリエットにこう告げている。「一般論としては、私はこう思っているわ、ハリエット。女性は結婚の申し込みを受けても、迷いがあるなら絶対に断わるべきよ」(E上、p.81)。もちろん、これは単に、ハリエットがマーティン氏のプロポーズを断わるように仕向ける策略だったのだが。エリナーはマリアンに、ウィロビーについて、「あらゆる点で、自分の快楽と安楽だけが、彼の行動原理なのよ」(SS、p.484)と告げているし、同様にアンも「エリオット氏は腹黒い策略家で、自分の利害しか考えない人なんですね。道徳心がまったくない人なんですね」（P、p.343）と結論づけている。

社会的要因

妬み、プライド、栄誉、責務、名声、礼儀正しさといった社会的要因が、競合する別の判断基準である。これらの要因はときには合理的選択による説明の範囲外であると考えられる。例えば、クレイマーは「合理的選択理論は……社会をないがしろにしている」と書いている（Cramer 2002, p.1846）。しかしながら、オースティンは、社会的要因は人の選好の一部として取り入れられている可能性があることに注意している。例えば、ファニーの母であるプライス夫人は、ひどい結婚をした。妹のノリス夫人によって責められた後、彼女はもはや自分の姉妹たちとは話をしなくなった。「だが十一年後、プライス夫人は、もはやプライドも、昔の恨みも捨てざるを得なくなった。自分を助けてくれるかもしれない立派な親戚を失うわけにはいかないからだ」（MP、p.11-12）。プライス夫人のプライドは、自分の姉妹たちとコンタクトを取らないようにさせたが、最後には低所得、障害をもった夫、九人目の子供といった事柄がそれを上回る動機付けを提供したのである。別の例では、ジョン・ソープがキャサリンを騙してブレイズ城への乗馬に合流させようとした後、キャサリンはその遠出自体によって「ある程度は」自分の欲求を満たすことができるかもしれないが、彼女は「人に何をすべきかを考え（中略）自分が人にどう思われるかを考え」（NA、p.152）、ティルニー家との縁談を守ることを選択したのだ。言い換えれば、プライドや義務といった社会的要因、それに人々が自分のことをどのように考えるかといったことが選好において、経済的困窮や満足度といった他の要因に匹敵するような要因になりうるのである。

オースティンはしばしば、こうした社会的要因を非難している。キャサリン夫人は、「名誉と礼儀と分別が、いいえ、あなたの利害がその結婚を禁じるのです。そうです、ベネットさん、あなたの利害の問題です。彼の家族や親戚の意向を無視して勝手な結婚をしたら、みんなからよく思われるはずがありません。あなたはみんなから非難され、無視され、軽蔑されるでしょう。あなたの結婚はダーシー家の恥となり、みんなあなたの名前さえ口にしなくなるでしょう」（PP下、p.251）という脅しをすることによって、エリザベスに対してダーシー氏と結婚しないという約束をするよう強制しようとした。キャサリン夫人は、すべては利害に帰着するのだと認めていたし、また名声や礼儀作法は、強硬な社会的忌避、「関係破壊的行為」（Crick and Grotpeter 1995/またBender 2012, p.190も参照のこと）についての単なる見せかけにすぎないことも認めていた。テイラー（Taylor 2006, p.xiv）は、ゲーム理論は、主として忌避や問責のような制裁という文脈でしか社会的規範を考えていないので、「規範の本質的な特徴――その規範性」、その「道徳的動機」を無視しているのだと論じている。オースティンは、一人の人間の規範性は別の人間にとっては詐欺なのだと論じている。

ファニーがヘンリー・クロフォードのプロポーズを断わったとき、人々は、考えられる限りあらゆる社会的要因によって彼女にプレッシャーをかけた。メアリー・クロフォードは、ファニーはヘンリーに関心をもつ他の多くの女性に勝利したのだとして、社会的栄誉に訴えた。「ああ！　何十人もの女性たちが羨望と嫉妬に狂うことでしょうね！　あなたがヘンリーのプロポーズを断わったと聞いたら、みんなびっくりして絶対に信じないでしょうね！（中略）これはあなたにとってはものすごく名誉なことだわ。（中略）その大勢の女性たちの恨みをあなたが晴らしてあげるんですもの。いいえ、ほんとに、こんな名誉な勝利を拒む女性なんているはずがないわ」（MP、p.550/p.555）。メアリーはまた、他人と順応することにも訴えた。「ね、ファニー、ヘンリーにたいして無関心でいられる女性なんて、あなただけよ」（MP、p.553）。第5章で言及したように、ヘンリー・クロフォードは、ウィリアム・プライスの昇進を確かなものにすることによって互恵性に訴え、バートラム夫人はファニーの責務に訴えた。サー・トマスは「おまえは私にたいして、子供としての義務があるわけではない。しかしファニー、もしおまえが、恩知らずな行為をしてもよいと思っているの」かと説教すると、ファニーは急に泣きだした

（MP、p.484）。これらすべての社会的要因に対して、ファニーの決断は大胆なものだった。例えば、独立心のあるエマでさえ、社会的制裁の［恐れの］ためだけに、侮蔑しているエルトンのためにディナーを主催したのである。「ほかの家がみんな、エルトン夫妻のために結婚祝いのパーティーを開いているのに、うちだけが開かないのは問題だ。そんなことをしたら不愉快な疑惑を招き、何か恨みでもあるのではないかと思われてしまう」（E下、p.74）

社会的規範はしばしば、抑えの利かない利己性に対する必要な強制手段だと考えられているが、自分に敵対するものでないときには、その意向に沿うことは容易である。ファニーは、結婚すべきかどうか、あるいは誰と結婚すべきかについて「利己的」で「個人主義的な」選択をするべきだっただろうか？　社会的要因は心をむしばむ利己性に対する防波堤であるという考え方は、特権をもつ人にとっての気取り、さらには武器なのだと考えられるかもしれないのだ。

イデオロギー

社会的要因は単に人の選好に影響を与えるのではなく、むしろ、人が意思決定を行うためのイデオロギー的な環境全体を生み出すのだとしばしば論じられている。「行動は常に社会的状況の下にあり、個人の動機づけのみに言及するだけでは説明ができない」（Granovetter 1990, pp.95-96）。例えば、ヘンリー・クロフォードのプロポーズを受け入れるか否かに関するファニーの決定は、単に、彼女の叔父の願いに逆らうことの費用と便益に関する決定だっただけではなく、八年以上も叔父の家に暮らしてきた、従属的な立場にいた姪であるというファニーの文脈の下でも理解されなければならないのである。「ある個人の別の個人への最も些細な『反応』でさえ、これらの人々の、そして彼らの間の歴史全体を宿しているのである」（Bourdieu and Wacquant 1992, p.124）。イデオロギー的な環境は、「虚偽意識」におけるように、何が自分自身の利益であるかについて考えることにさえ影響を与えうるものである。スコットは、イデオロギーがいかに人の評価に影響を与えるのかに関して、「厚い」バージョンと「薄い」バージョンを記述している（Scott 1990, p.72）。「厚いバージョンは、支配的なイデオロギーが、従属的なグループの人々に対して、そのイデオロギーに従属する理由を説明し、正当化するような価値観を能動的に信じるよう説得することによって、その魔法を発動するのだと主張する（中略）薄いバージョンは（中略）支配的なイデオロギーは、従属的なグループが暮らす社会的秩序が自然で、不可避のものであるということを彼らに納得させることで、従順さを引き出すにすぎないと主張する。厚いバージョンは「人々からの」合意を主張する。薄いバージョンは「人々に」降伏してもらうことで満足する」

この問題に最も近い事柄について、オースティンが触れたのは、エリナー、マリアン、それにエドワード・フェラーズが、他者についての意見を形成する最善の方法について議論していたときである。エリナーはしばしば、「誰かを実際より陽気だと思ったり、暗いと思ったり、あるいは、利口だと思ったり、馬鹿だと思ったり。そういう誤解がどこから生まれるのかはわからないけど。本音の言葉に左右されることもあるし、他人の言葉に左右されることもあるわ。自分でよく考えて判断しないから、そういう誤解をすることになる」と感じていた。マリアンは「他人の意見に左右されるのが正しいと思っていたわ。世間の人たちの意見に従って判断をするのが、正しいのかと思っていたわ。それがお姉さまの教えじゃなかったかしら」とからかった。そこで、エリナーは自分の信条を明確にした。「いいえ、全然違うわ、マリアン。他人の意見に従いなさいなんて言った覚えはないわ。私があなたに注意したのは、あなたの振る舞いのことよ。（中略）たしかに私はあなたにたびたび注意したわ。私たちの知り合いにたいしてもっと礼儀正しく振る舞いなさいって。でも大事な問題に関して、みんなと同じような考え方をしなさいとか、みんなの意見に従いなさいとか言った覚えはないわ」（SS、p.132-32）

この軽い会話は、オースティンによる独立した思考の擁護と、イデオロギーに関する厚い理論の拒否を表している（Waldron 1999, p.67も参照のこと）。他者は、何が社会的に期待されているかに関する規範を通じて自分の行動に影響を与えることができるかもしれないが、他者に自分の判断や思考過程への影響を与えさせてはいけないのである。マリアンは後に、ずっと家に帰りたいと願っていたにもかかわらずダッシュウッド夫人が彼女にロンドンにもっと長く滞在するようにと告げたとき、この教義を適用した。「マリアンはすべて母の指示に従うと約束していたので、何の反対もせずにそのままロンドンにとどまった。でもそれは、じつはマリアンの希望と期待にまったく反することだった。お母さまは大事な点を誤解している、この指示は間違っている、とマリアンは思った」（SS、p.293）

スコットによれば、厚いバージョンであれ薄いバージョンであれ、イデオロギーに関する理論については、わずかな経験的なサポートしか存在せず、また、人が虚偽意識に従うように見える唯一の理由は、抑圧された人々がその異端的思考を、適切な機会が訪れるまで、戦略的に隠ぺいしているからなのである（Kelley 1993も参照のこと）。ファニーは、自分が家系からいっても財産的にも不利な状態にあるために、彼女とエドマンドとの結婚はありえないと考えさせるような社会的文脈に十分気づいていたが、彼女はこうした制約が自分の思考過程を限定するのを許さなかったし、また、どうすべきかは知っていたが、自分の望みが何であるかは自分がわかっているという事態を変えることも許さなかった。「ミス・クロフォードがエドマンドに思いを寄せても、すこしもおかしくはないけれど、ミス・クロフォードと同じように私がエドマンドに思いを寄せたら、頭がおかしくなったと言われるだろう。私にとってエドマンドは、たとえどんなことがあろうとも、友達以上の存在ではあり得ないのだ。なぜあのような罪深い禁じられた思いが胸に浮かんだのだろう。ほんのすこし想像することさえ、私には許されないことなのに。私はもっと理性的な人間にならなくてはいけない」（MP、p.399-400）。イデオロギーは女性の愛にはかなわないのである。メアリー・クロフォードが舞台から退くと、ファニーは自分の心情をオープンにしたのである。

陶酔

人々はいつでも自分自身のことをコントロールできているわけではなく、無作為に事を起こすこともあるし、予想もつかないこともする。こうしたことが、別の競合するモデルでは考えられているようである。「社会科学や行動科学において研究されている現象は、本質的には予想不可能で、不確定なものである可能性がある」(Cziko 1989, p.17)。しかし、オースティン作品の登場人物が過ちを犯すときは、ほとんどいつも、その人のパーソナリティや価値観と整合的なのである。例えば、ミス・ベイツに対して次から次へと出てくるエマの侮蔑や、キャサリンによる、ティルニー将軍が妻を殺害したのだという疑惑などがそうである。マリアンがエリナーの肩に身を寄せて泣きだしたとき、「ブランドン大佐は思わず立ち上がってふたりのそばに駆け寄った」(SS、p.323)。彼の行動は意識的な選択ではなかったが、マリアンに対する彼の献身的な愛と整合的なものであった。

アルコールの影響の下でさえ、オースティン作品の登場人物は知性的に、首尾一貫した目的をもって行動している。馬車の中でエルトン氏がエマにプロポーズしたとき、彼は「ワインを飲んではいるが、気持ちを奮い立たせる程度で、理性を失うほど飲んではいなかった」(E上、p.203)。ウィロビーがマリアンに謝罪するために不意に現れたとき、エリナーは彼が酔っているのだと考えたが、「彼の落ち着いた態度と、話すときの理性的な目を見て、少なくとも酔った勢いで来たわけではないとエリナーは思った」(SS、p.436)

まったく説明のつかないような何かを誰かが行うということにもっと近い例を挙げよう。エリザベスがネザーフィールドの舞踏会で踊っているときに、「ダーシー氏が話しかけてきて、つぎのお相手をお願いしますと言った。エリザベスは突然の申し込みにびっくりして、つい承諾の返事をしてしまった」(PP上、p.158)。この場合でさえ、エリザベスはダンスが始まる前に再考する時間があったのだが、「ばかなことをしちゃだめよ。いくらウィッカムさんを好きでも、ダーシーさんのほうが十倍も身分が上なんだから、失礼がないようにしなくちゃだめよ」（ＰＰ上、p.159）と分別よくアドバイスしていたシャルロット・ルーカスから急かされて、意識的に彼と踊ることを選択しているのである。

制約

最後に、オースティン作品における独り身の若い女性たちは、ほとんどまったく経済的な独立性をもっておらず、誰かの妻となるか家庭教師になるほかにはキャリア・パスを考えることができないので、彼女たちはほとんど選択などできないような制約の下にあるように思われるかもしれない。言い換えれば、考えるべき別のモデルは、人の選択ではなくて、その制約がその行動を最もよく説明するようなものになるだろう。［ところが、それとは反対に］デューゼンベリーは、「経済学とは、まったくのところ、いかに人々が選択するのかについての学問である」と書いている（Duesenberry 1960, p.233。Abott 2004, p.49からの引用）。

こうした見解に対するオースティンの最も直接的な応答は、ヘンリー・クロフォードのプロポーズを受けたファニーが、彼女の同志であるメアリー・クロフォードと二人きりで話すことを恐れるくだりにある。そこでファニーは、「ミス・クロフォードの不意打ちを避けるための用心として、できるだけバートラム夫人のそばを離れないようにし、東の部屋には行かないようにし、植え込みの散歩道をひとりで散歩するのも控えることにした」（ＭＰ、p.544）。ファニーの計画はしばらくの間はうまくいったが、「ミス・クロフォードは、何もせずにチャンスを待っているような人ではなかった。ファニーとふたりだけで話をするためにやってきたので、すぐに低い声でこう言った。『どこかでちょっと、あなたとふたりでお話がしたいの』」（ＭＰ、p.545）。チャンスを前にして、誰もじっとしているはずがないのである。

「断わることなど不可能だった」ので、メアリー・クロフォードと話すことにしたファニーは、確かにメアリーよりは独立しているとは言えないが、ファニーでさえ、一人でいることを避けるため戦略を行使したのであり、それはある程度は成功したのである（MP、p.545）。おそらく、『マンスフィールド・パーク』全体におけるテーマは、ファニーのように他人に依存している人でさえ、戦略的に思考することを学び、なんとかしてうまく立ち回る余地を見つけることができる、ということなのである。バートラム夫人のそばに居続けるといったファニーの戦略にはおそらく自明なものもあったが、他はそうではない。メアリー・クロフォードがファニーと話したがったとき、彼女は植え込みの散歩道を避けたが、エドマンドが「ふたりだけで話す機会を見つけ次第、話してみます」と宣言したときには、彼の父が「ファニーはいま植え込みの散歩道にいる」（MP、p.526-27）と彼に教えたからである。

ついでに言えば、オースティンは、社会的制約がいかに素早く人に戦略的思考を学ぶことを促すかに気づいていた。ネルズは、オースティンの小説では、「テレパシーを発達させる必要性」は、「女性が強いられている、受け身の性格と移動に関する不自由さ」によるものだと記している（Nelles 2006, p.127）。第5章で言及したように、ファニーの最初の戦略的立ち回りは、マライア・バートラムとヘンリー・クロフォードと合流するために鍵を持って自分の家の入口に戻ったが、二人がすでに彼を置いて立ち去っていたために困惑しているラッシュワース氏を説得することだった。ファニーが行動を起こしたのは、誰もが身に付けている社交的な礼儀正しさが要求したからだった。若い女性に期待されているように行為することが彼女の行為にとって制約でなかったとしたら、彼女はラッシュワース氏を動かす最善の方法は、彼にお世辞を言うことだということがわからなかったはずである。

同様に、エリナーは、ルーシーのエドワード・フェラーズとの秘密の婚約を人にはもらさないと約束したことで、社会的な制約の下にあった。最終的に二人の婚約のことが公になると、エリナーはマリアンにこう説明した。「誰にも言わないとルーシーに約束したので、秘密を守らなくてはならなかったの。だから、エドワードとルーシーとの婚約をほのめかすようなことは一切言えなかったし、私のことで、家族やお友達に心配をかけたくなかったの。話してもどうしようもないことですもの（中略）／私はいまはもう平静な気持ちでこの問題を考えることができるし、自分から進んで慰めを受け入れることができるけど、そういう気持ちになれたのは、絶え間ないつらい努力の結果なの。ひとりでにそうなったわけではないの」（SS、p.357/p.359）。もし［秘密を］知っていたとしたら、自分の母親や姉がどんなことをしただろうかと考えながら、エリナーは、自分の不幸を彼らと共有することを避けようとした。エリナーは、ルーシーを直接的に裏切ることなしに、彼らにいかにして［秘密を］告げるかという難しいパズルを解こうと努力したが、最後には、戦略的な推論から、あからさまに約束を破ることなしには、彼らは自分のことを信じてくれないだろうと結論した。沈黙［の約束］に制約されて、エリナーは、自分の最も深い個人的な蓄えから、努力と奮闘を引き出さなければならなかったのである。

第8章　何が戦略的思考ではないかに関するオースティンの見解

オースティンは、戦略的思考をそれと混同される可能性のある概念と注意深く区別している。それは、利己性、人が行う「べき」事柄に関する道徳的観念、経済的価値、取るに足らないゲームに勝利することなどである。他の社会理論家と同様に、オースティンは概念的明確性を追求している。しかし、彼女はまた、利己性や利益中心主義、人を出し抜く術、それに若い女性たちに「どのように振る舞うべきか」を伝えるような通俗的な教えといったものを推奨しようとはしていないことを特に明確にしようとしている。戦略的思考は陳腐な処方箋と混同すべきではないのである。

戦略的思考は利己性とは違う

オースティンにとって、戦略的思考とは利己性と等価なものではなかった。もちろん、人々の中には、ウィロビーやルーシー・スティールのような、戦略性と利己性の両方の模範となる人物もいる。しかし、人は親切な動機の下に戦略的であることもできるのだ。例えば、サー・トマスは、ヘンリー・クロフォードのプロポーズを受け入れることによる物質的な満足度をよく理解できるようにするために、ファニーを陰鬱なポーツマスに送ったのだった。サー・トマスはこの計画における「自分の賢明な判断に満足したことだろう」。そして、無理もないことだが、自分がファニーの幸福を向上させるために行為しているのだと信じていた（MP、p594）。人はまた、利己的である一方で、戦略的には劣っているということがありうる。「自己中心的で冷たい」と「知性の欠如」がファニー・ダッシュウッドには組み合わさっていて、その過ちには、もっと危険なルーシー・スティールを招き入れることで、エリナーを兄エドワード・フェラーズから遠ざけてしまうということが含まれていた（SS、p.313）。

彼女がロバート・フェラーズと結婚してしまうと、義母であるフェラーズ夫人の好意を再び受けるためにこびへつらうことで、ルーシーは、単なる「抜け目なさ」ではなく、「自己中心的な抜け目なさ」をもつ者として記述されている（SS、p.520）。抜け目なさ、言い換えれば、戦略的思考は、それ自体で利己性を意味するのではない。同様に、エリナーはルーシーのことを「無教養で、狡猾で、自分勝手」と呼んでおり（SS、p.192）、アン・エリオットはスミス夫人について、「自分の利益のために、人の信頼に背いて」いるという意見を述べている（P、p.342）。「巧妙さ」や「策略」といった言葉には、ずる賢さという言外の含みがあるが、これらはそれ自体として利己性を意味しているわけでない。バースにおいて、クレイ夫人とエリオット氏の二人がサー・ウォルターの屋敷の周りをうろついていた。その際、クレイ夫人はサー・ウォルターと結婚したいと願っていたが、エリオット氏はサー・ウォルターの財産を相続することを確実にするために、彼女の願いを阻止しようとしていたのである。エリオット氏のより高度な戦略的な洗練さは、もっと複雑な利己性を意味しているのであって、より大きな利己性ではなかった。「エリオット氏のエゴイズムに比べれば、クレイ夫人のエゴイズムは非常に単純で罪がない。そう思うとアンは、困った結婚ではあるけれど、いますぐ父とクレイ夫人の結婚に賛成してあげたいとさえ思った。父とクレイ夫人の結婚を阻止しようと陰険な策をめぐらしているエリオット氏の鼻を明かすためなら、ほんとにそうしてもいいとさえ思った」（P、p.355）。第7章で議論したように、どちらかといえば、オースティンは、利己性を戦略的思考ではなく、習慣に関連付けているようである。例えば、グラント博士の「わがままという悪癖」やヘンリー・クロフォードの「自分の勝手気ままな生活」（MP、p.171/p.356）のように。

オースティンは、目的をもち、それに向かって戦略的に行動することは、人を自分勝手で利己的な存在にするわけではない、ということを明らかにしている。オースティン作品のヒロインたちの目的は結婚することだが、真実の愛情は利己性とは異なるものである。そのことは、エリナーがルーシーのエドワード・フェラーズとの婚約を評価したやり方に表れている。「エドワードは（中略）結婚しても幸せになれる可能性はまったくないのだ。ルーシーのほうに真実の愛情があれば、すこしは可能性があるかもしれないが、ルーシーのほうにも、もう真実の愛情などないのだ。男性の愛情がすっかり冷めていることがわかっているのに、その男性をいつまでも婚約で縛りつけるというのは、真実の愛情などではなく、女性の利己心以外の何物でもないのだ」（SS、p.207）。真実の愛情は相互的であることが必要なのである。

人が自分で選択をすることは利己性と同一のことなのだと言うことは、単に脅迫の手段となりうるものだ。ノリス夫人は、ファニーが「ひとりで散歩するのが好きで、秘密をつくるのが好きで、独立心が旺盛で、すごく常識はずれのところがある」（MP、p.491）と不平を漏らしていた。ノリス夫人は、ファニーが独立した選択を行うことに我慢できなかった。いつどこで散歩するかといった些細なことについてでさえ。このことを聞いて、「これほど不当なものはないと、サー・トマスは思ったが」、ファニーにヘンリー・クロフォード「のプロポーズ」を受け入れるよう無理強いした際に、「自分もさっき同じようなことを言ってしまった」のである（MP、p.491）。エリザベスが、ダーシー氏とは決して婚約しないことを約束するのを拒否したとき、キャサリン夫人は叫んだ。「なんて恐ろしい、自分勝手な娘でしょ！　あなたと結婚したら、彼がみんなの笑いものになるのがわからないの！」（ＰＰ下、p.254）ノリス夫人やキャサリン夫人にとって、若い女性を独立心があるとか利己的だと呼ぶことは、まさに、その女性が自分自身で選択を行わせないための別の方法にすぎないのである。

戦略的思考は道徳的なものではない

人が望んでいることと、その人が望む「べき」ことは容易に混同されてしまう。例えば、一日に五箱も煙草を吸う人は合理的選択をしていないのだと言いたい誘惑にかられることがある。しかし、オースティンは、この二つをはっきりと区別していた。ナイトリー氏はジェイン・フェアファクスにプロポーズするかもしれないとウェストン夫人がほのめかしたとき、エマは慌てて言った。「ウェストン夫人、よくそんなこと思いつくわね。いいえ、ナイトリーさんは結婚しちゃだめ！　かわいいヘンリーからドンウェル・アビーを取り上げるつもり？　だめ、だめ、ドンウェル・アビーはヘンリーが継ぐの。ナイトリーさんが結婚するなんて絶対反対。結婚なんてするわけないわ」（Ｅ上、p.346）。エマはナイトリー氏の甥の（また、彼が結婚しないかぎり相続者である）小さなヘンリーのために語ったのだが、もちろん、問題は、ウェストン夫人が指摘したように、ナイトリー氏が何をなすべきかではなく、何をするつもりなのかなのだった。「でも問題は、これが彼にとって悪い結婚かどうかではなくて、彼がこの結婚を望んでいるかどうかだし、彼は望んでいると私は思う」（Ｅ上、p.349）

戦略的思考は、人が何をなすべきかに関する道徳律を定めるものではない。エリザベスの姉であるメアリー・ベネットは他者の心を理解するのが非常に苦手で、「陳腐な道徳論」によって自分の妹たちを啓発教化するのが好きだった（ＰＰ上、p.106）。例えば、リディアがウィッカムと駆け落ちし、家族が次に何をなすべきかについて不安げに考えていたとき、メアリーは何の役にも立たないことを口にしたのである。「私たち女性には有益な教訓になるわ。つまり、女性は一度貞操を失うと、取り返しがつかないということ。一度道を誤ると、とめどない破滅に向かうということ」（PP下、p.139）。舞踏会では、キャサリン・モーランドは、ジョン・ソープがすでに彼女と最初のダンスを踊ると約束していたので、はるかに好ましいヘンリー・ティルニー［からのダンスの誘い］を受け入れることができなかった。こうして、「いやなことがあまりにつぎつぎに起きるので、キャサリンはこういう有益な教訓を得た。舞踏会であらかじめパートナーが決まっているということは、必ずしも若い女性の威厳や楽しみを増すとはかぎらないということだ。この教訓的な物思いにふけっていると突然肩を叩かれて、彼女は我に返った。振り返ると、ヒューズ夫人とミス・ティルニーと若い紳士が立っていた。／『ミス・モーランド、お邪魔して申し訳ありません』とヒューズ夫人は言った。『どうしてもミス・ソープが見つかりませんの。それでソープ夫人が、あなたならこのお嬢様を隣に入れて下さるだろうっておっしゃいますので』」（NA、p.75-76）。教訓的な物思いにふけっていたときに、キャサリンは、自分のことをヘンリーの妹の隣に並ばせるというヒューズ夫人の単純な戦略から、ずっと有益なことを学び、そこから利益を得たのである。

戦略的思考は経済的ではない

戦略的思考はまた、倹約や物質主義、金銭中心主義といった「経済」と関係した様々な概念と混同されたりもする。しかし、オースティンは、経済的価値と戦略的思考とをはっきりと区別している。特に、「倹約は絶対に必要」だという考えに従い、「倹約を邪魔するものはなかった」というノリス夫人を通じて、そのことを示している（MP、p.17）。ノリス夫人は、芝居『恋人たちの誓い』の主題がどうであるかとか、サー・トマスが承認するかどうかに関係なく、芝居を続けたがっていた。「いままで準備にかけたお金が全部無駄になるわ。そんなことになったら、私たちにとってすごく不名誉なことよ」（MP、p.216）。舞台のためにカーテンを縫いながら、四分の三ヤードという途方もない大きさの緑色のラシャ一巻を救うために、彼女は注意深い計画をもって対処した。

サー・トマスが戻ってきて芝居を中止させると、[彼女は] 幕を「こっそり自分の家に持ち帰ったのだ。ちょうど自分の家で、緑色のラシャの生地が必要だったのである」(MP、p.292-293)。ノリス夫人は自分自身のことを戦略的に洗練されていると考えていた。しかし、第5章で議論したように、彼女がファニーをサザトンへの旅行から除外しようと画策した際、「自分が立てた計画を変更したくないのだ。そして変更したくない理由は、ひとえに、自分が立てた計画だからであり、それ以外に理由はなかった」(MP、p.123) のである。エドマンドは、ファニーへの招待を確実にしておくことで、容易に彼女 [の計画] の裏をかいた。ノリス夫人は、マライアのラッシュワース氏との結婚を誇りに思っていた。「ラッシュワース氏がマライアを好きになるように仕向けて婚約を実現させたのは、すべて私の手柄だとノリス夫人は言った」(MP、p.283)。しかし、その結婚が堅固でないことは初めから明らかであった。結婚式において、サー・トマスは不安だったが、ノリス夫人は「最高にご機嫌だった (中略) ノリス夫人の自信に満ちた勝ち誇った表情を見た人は、みんなこう思ったことだろう。『ノリス夫人は生まれてこのかた、不幸な結婚生活というものを一度も耳にしたことがないのだ。それに、自分が手塩にかけて育てたマライアがどういう性格か、まったくわかっていないのだ』と」(MP、p.306)

戦略的に初心者であるジョン・ダッシュウッドもまた、金銭的要因 [の重要性] に重きを置いていて、妹であるマリアンの病気は所得の減少をもたらすことになると見積もっていた。「あの年ごろで病気をすると、花の盛りがいっぺんに台無しだ (中略) 私の予想では、もうマリアンは、年収五、六百ポンド以上の男性との結婚は無理だろうな」(SS、p.311)。ブランドン大佐がエドワード・フェラーズに生計の道を与えることに決めたことを聞いたとき、ジョンはその提案を大佐の親切心ではなく、その生計の道を自分が売りに出したとしたらいくらの金銭的価値になるかという観点から評価した。「前任者が高齢で、病弱で、すぐに空席になる可能性が高いとすると――たぶん千四百ポンドで売れる」(SS、p.403)

もちろん、オースティン作品における戦略的技能が高いヒロインたちは、お金のことを完全に無視してしまうということはなかった。マリアンは、結婚が「お互いに相手を犠牲にして利益を得ようとする商取引みたいなもの」（ＳＳ、p.55）ではありえず、また「お金が幸せをもたらすことができるのは、お金以外に幸せをもたらすものがない場合だけ」（ＳＳ、p.128）であると信じていたが、周知の通り、彼女にとって基本的に必要な額は「年収千八百ポンドから二千ポンド」（ＳＳ、p.129）だと宣言していた。エリザベスが、ちょうど祖父から財産を相続したばかりのミス・キングに対するウィッカムの心遣いについてガーディナー夫人に話したとき、エリザベスは、人はお金が無関係だという振りはできないと論じた。「でも、叔母さま、お金目当ての結婚と、分別のある結婚と、どこが違うの？ どこまでが分別で、どこからがお金目当てだと言えるの？ 去年のクリスマスに叔母さまは、お金のない彼が、お金のない私と結婚するのは無分別だと言って反対なさいました。それなのに、お金のない彼が、一万ポンドのお金持ちの女性と結婚するのは、お金目当てだからけしからんとおっしゃるんですか？」（ＰＰ上、p.264-65）

オースティンにとって、戦略的技能と金銭上の技能は必ずしも両立するわけではないものだったが、必ずしも互いに相反するものでもなかった。サー・ウォルター・エリオットの弁護士であるシェパード氏は、顧客を優しく扱う親密な空間とより大きな市場の空間の双方における戦略的技能を兼ね備えていた。トレイテル（Treitel 1984, p.552）は「シェパード氏は並外れて自分の思い通りに事を進めるのが得意であった」ことに注目している。サー・ウォルターが金銭的問題を抱えていたとき、シェパード氏はサー・ウォルターに対して「言葉巧みにロンドンをあきらめさせて」、より安価な場所だということで、「結局バースを選ばせた」のである（Ｐ、p.25）。ケリンチ屋敷が貸しに出ていることをシェパード氏が下品にも宣伝することをサー・ウォルターが禁じたとき、シェパード氏は、クロフト提督とあらかじめ話をしていた可能性が十分あるが、「和平で、わがイギリス海軍の裕福な海軍将校たちがどっと上陸いたします」と報告し、その直後に、クロフト提督が「ケリンチ屋敷が貸しに出されるかもしれないという噂を耳にし」たと、サー・ウォルターに告げたのである（Ｐ、p.30/p.37）。シェパード氏は、自分の顧客の不相応なプライドを保ちつつ、巧みに屋敷の借り手を見つけた。また、彼の娘であるクレイ夫人もそんな彼を見習った可能性が十分あり、「人のご機嫌を取るのがたいへん上手」で「機敏な頭と、つねに人に気に入られようとする愛想のよさを備えており、単なる容姿の魅力よりはるかに危険な魅力を持ってい」た（P、p.28/p.58）。

戦略的思考は取るに足らないゲームに勝つことではない

オースティンはしばしば、ホイストのようなカード・ゲームやバックギャモンといったボードゲームを「作品の中で」取り上げている。他のゲーム理論家（例えば、Binmore 2007）がしているように、こうしたゲームを用いて、オースティンが戦略的思考について説明しようとしていると考える人もいるかもしれない。それよりむしろ、オースティンはこれらのゲームを、取るに足らないことにあまりにも集中しすぎて、より大きな社会的文脈を見失ってしまうという、過剰な脱文脈化の傾向を説明するために用いているのである。オースティンは、戦略的思考とは単純に「勝つこと」以上の事柄に関するものであるということを強調しているのである。

カード・ゲームやボード・ゲームを好むオースティン作品のキャラクターたちは、一般的に社会的領域における戦略的思考が得意ではない。「小説の中のゲーム愛好者たちは……たいてい利己的で無責任、あるいは考えのない人物である」（Duckworth 1975, p.280）。聞き手の趣味を全く誤解していたコリンズ氏は、ベネット家の姉妹たちを楽しませようとして、フォーダイスの『若い女性のための説教集』を「単調なもったいぶった調子で」朗読した（PP上、p.120）。これ以上我慢できなくなったリディアに中断されて、コリンズ氏はベネット氏とバックギャモンをプレーすることに逃げ込んだ。ビングリー氏の義理の兄弟であるハースト氏は、「料理と酒とトランプゲームのことしか頭にない怠け者」（PP上、p.62）で、マンスフィールドでのファニーの最初の舞踏会の後の夜、眠そうなバートラム夫人はファニーに「トランプを持ってきてちょうだい。ほんとに私、頭がぼうっとしているわ」（MP、p.430）と頼んだ。これとは対照的に、エリザベスはカードで遊ぶよりもむしろ「本でも読ませていただきます」（PP上、p.65）と言ったのだった。また、ミドルトン夫人が、みんなでカジノで遊ぶことを提案したとき、マリアンはこう宣言した。「トランプは大嫌いなんです。私はピアノのところへ行きます」（SS、p.197）。エリナーは、ジェニングズ夫人の仲間たちが「トランプばかりで（中略）まったく面白くない」（SS、p.229）と思っていた。

現実世界での戦略的思考に長けたオースティンのキャラクターたちがカードをプレーするときは、より広い社会的文脈を視野に入れて、もっと真剣なゲームを心に描きながらプレーする。彼女たちは、ホイストのような「人工的な」ゲームに集中するように要求する脱文脈化に抵抗する（アレグザンダー・ポープに関するSilver〔2009/2010〕の記述も参照のこと）。ダーシー氏とビングリー氏がベネット家を訪問したが、ダーシー氏が何を企んでいるのか、エリザベスにはわからなかった。妹についての社交辞令を交わした後で、ダーシー氏はエリザベスの横に、無言で立ったままだった。エリザベスは話しかけるのがいくぶん不安になったが、彼女の「望みもたちまち断ち切られてしまった。四人で行なうホイストのメンバーとして、彼はベネット夫人に強引に連れ去られ、ほかの三人といっしょにテーブルについてしまったのだ。エリザベスはすべての望みを失い、ふたりはそのあとずっと別々のテーブルでトランプをすることになった。もはや彼女にできることは、せめて彼が自分と同じように、トランプがうわの空になるくらいに、たびたびこちらを見てくれないかと願うくらいのことだった」（PP下、p.228-29）。エリザベスとダーシー氏にとって、ホイストは、会話やアイ・コンタクトを通じて二人がある種の理解にいかにして達するかに関する本物のゲームからの、表面的な逃避にすぎないのであった。ウィロビーがマリアンを口説いていたとき、「バートン屋敷のパーティーでトランプゲームになると、彼はいかさまをして、自分とみんなには悪い手を配り、マリアンだけにいい手を配った」。ウィロビーにはもっと大きな目的があり、カード・ゲームはその単なる手段にすぎなかったのである（ＳＳ、p.76）。大切なミス・テイラーがウェストン氏と結婚するために出発してしまうと、エマは、父が彼女の不在を嘆くことがないようにしようとして、「バックギャモンのお相手をしよう。父には、なんとか楽しい夜を過ごしてもらいたい」（Ｅ上、p.14）という計画を立てた。

カードをプレーすることは、他の人々を脇に追いやるという戦略的機会を提供してくれる。マラン（Mullan 2012, p.147）によれば、「［オースティンの］小説におけるゲームの第一の役割は、登場人物たちを分断し、処分してしまうことにある」。ウィッカムは、富くじゲームと称するカード・ゲームをプレーしている間、リディアとエリザベスの間に腰かけていた。リディアは「すぐにゲームに夢中になり、賭けと賭け金で頭がいっぱいになって、人間のことなどどうでもよくなってしまった。それでウィッカム氏は、ゲームはちゃんとやりながらエリザベスと話をすることができた。エリザベスも喜んで彼の話を聞いたが、彼女がいちばん聞きたいこと、つまり、ダーシー氏とはどういう知り合いか、ということまでは聞けそうになく、ダーシー氏の名前を口にする勇気もなかった」（ＰＰ上、p.134-35）。ここで、リディアがゲームに没頭してくれたことが、ゲームにありきたりの努力しか注いでいなかったエリザベスとウィッカムにとっては都合がよかった。ミドルトン夫人がカジノ［というゲーム］をしようと提案したとき、エリナーははじめゲームに参加していたが、ルーシー・スティールがすでに、ミドルトン夫人の娘のためにかご［の製作］に自発的に取り組んでいることにすぐ気がついたので、彼女はエドワード・フェラーズとの秘密の婚約についてルーシーと二人きりで話をするチャンスを得た。エリナーはこう提案した。「私が降りれば、ルーシーさんのお手伝いができるかもしれませんね。紙縒り細工の紙を縒ってあげられます。それに、かごはまだぜんぜん出来ていませんし、ルーシーさんひとりでは、今晩じゅうに仕上げるのはとても無理ですわ」。エリナーとルーシーはテーブルの前に腰かけて作業をしていたが、マリアンはピアノを演奏していた。「幸いピアノがすぐそばにあったので、これなら例の話題を持ち出しても、ピアノの音にまぎれて、トランプテーブルのほうまで聞こえる心配はないと、エリナーは判断した」（SS、p.198/p.199）。ここで、カードをプレーすることは様々な役に立っている。エリナーとルーシーが二人きりで話すことができ、マリアンが場を離れることができ、さらにそのピアノの音がエリナーとルーシーの声を遮ってくれることになったのである。ビングリー氏がベネット家を訪問したとき、「ジェインとビングリーをふたりだけにしようというベネット夫人の画策がまた始まった」。家族はみな座ってカードをプレーし始め、エリザベスは、みんなが没頭しているので、自分だけその場を離れて、別の部屋で手紙を書くことができると結論した。なぜなら、「母親の計画を邪魔するために自分がジェインのそばにいる必要はないと思ったのである」。しかし、エリザベスが応接間に戻ってくると、ジェインとビングリー氏が二人きりでいて、プロポーズがなされていたので、「驚いたことに母親が一枚上手だった」ことを思い知らされた（PP下、p.236）。他の人々がカードをプレーしている間、エリザベスは、巧妙に自分だけその場を離れられると考えた。しかし、おそらく、ベネット夫人はエリザベスの利口さを視野に入れてカード・ゲームをセッティングしたのである。エリザベスが最も大きな障害になるということがわかっていたので、ベネット夫人は彼女を先に追いやらなければならなかったのだ。エリザベスは、［自分が］カードをプレーすることではなく、他のみんなにカードをプレーさせることでベネット夫人の計画を無効にできるという自分の予想に従ったが、逆にその予想の間違いによって自分が無力化されたのである。

カード・ゲームに関してオースティン作品で最も長いエピソードは、スペキュレーション［投資ゲーム］に関するものである。そのゲームでは、プレーヤーはチップかコインをより大きな数のカードに賭ける。マンスフィールド・パークでのディナーの後で、ホイストとスペキュレーションのためのテーブルができた。そこで、バートラム夫人は、どちらのゲームもよく知らなかったので、サー・トマスに投資ゲームに参加するよう指示された。なぜなら、「サー・トマスはホイストに参加するつもりなので、こう考えたのだろう。『妻と組になってホイストをやるのだけは、ご免こうむりたい』と」（MP、p.360）。バートラム夫人は、カード・ゲームという制限された領域でさえ参加することについて［サー・トマスとは］平等ではなかったし、どのゲームをプレーするかについて選ぶこともできなかった。それとは対照的に、サー・トマスは、ホイストにおいてだけでなく、ゲームが埋め込まれている社会的文脈においても、戦略的に考えることができた。ヘンリー・クロフォードはファニーをもてあそぼうと思って（彼はまだ彼女に深く惚れていなかった）、バートラム夫人とファニーの間に腰かけ、二人にゲームについて教えてあげようと提案した。しかしながら、ウィロビーとは対照的に、ヘンリーは、単に女性［を射止めるため］だけでなく、実際にゲームに勝ちたいと思っていた。ヘンリーは「余裕たっぷりな感じで、とても楽しそうにゲームを進め、巧みな駆け引きといい、すばやい機転といい、茶目っ気たっぷりな厚かましさといい、すべてにおいて抜群の能力を示してゲームを活気づけた」。そして、ファニーをもっと競争的な気持ちにしようとした。「彼はファニーの勝負意欲をかきたて、貪欲さをかきたて、心を鬼にしてゲームをするようにと、絶えず励まさなくてはならなかった。でもファニーは、とくにウィリアムと張り合う場合は、なかなか心を鬼にすることができなかった」（MP、p.362/p.361）。兄ウィリアムがファニーのクイーンを競りに行ったとき、ヘンリーは、ファニーが競りから降りることを確実にしたので、エドマンドは「ファニーは、ウィリアムに勝たせたいんですよ（中略）かわいそうなファニー！　お兄さんにだまされたいのに、思いどおりにだまされることもできないなんて！」（MP、p.368）と指摘した。エドマンドが気づいていたように、「三分後には、スペキュレーションのルールを完全に理解した」ファニーは、ゲーム自体を非常に面白いものとは思えず、愛する兄を最も思いやるという社会的文脈全体とゲームとを分離することもできなかった（MP、p.361）。

聖職者としての将来の家となるソーントン・レイシー村の牧師館を改修するためにエドマンドがお金を費やすべきだと、ヘンリーはゲームをプレーしながら、くどくどと指図した。エドマンドは、「牧師館の建物と庭は快適なものにして、あまり費用はかけずに（中略）ぼくにはそれで十分だし、ぼくのことを思ってくれる人たちも、それで満足してくれると思う」と答えて、エドマンドに金銭上大きな期待をいだいていたメアリー・クロフォードをいらつかせた（MP、p.365）。メアリーは、別の人のジャックに過大な額を賭けることでメッセージを送り、こう叫んだ。「私は残りを全部賭けて、女の心意気をお見せするわ。冷静で用心深い勝負なんて私は嫌いよ。じっと座って何もしない生き方なんて私にはできないわ。そういう生まれつきなの。たとえこのゲームに負けるとしても、戦わずに負けたりはしないわ」（MP、p.366）。メアリーは、エドマンドにもっと実入りの良い人生を追求させるために、カード・ゲームという小さな世界を、［人生という］より大きなゲームに見立ててみせたのである。彼女は勝負に勝ったが、「ジャックのカードを買い取るために支払った額よりも、儲けのほうが少なかった」（MP、p.366）。真に戦略的技能を備えたオースティン作品の登場人物は、小さなゲームのことなど気にせず、それが［より大きな社会的文脈において］何かを意味していたり表現しているわけではないことを知っているのである。

第9章　オースティンによるゲーム理論の革新

オースティンは特に五つの点でゲーム理論における進歩を成し遂げた。本章ではそのうちの四つについて論じる。残りの一つ、つまり、察しの悪さに関するオースティンの分析については第12章に譲ることにする。第一に、オースティンは、第三者を操ることを目指して二人の人物が協力して戦略的に行動することにより、いかにして親密な関係を築いていくかを検討している。第二に、オースティンは、ある個人の心の内部にある複数の人格間の関係が、単一の命令系統の場合よりはずっと複雑なものになりうることに注目している。第三に、オースティンは、例えば、選択肢が新しい社会的意味をまとうときに、個人の選好がどのように変化するのかを考察している。第四に、オースティンは、真の一途さは頑固さと同じものではなく、むしろ協力関係において能動的に忠誠心を示すことや戦略的思考を必要とするものであると論じている。

戦略的操作におけるパートナーシップ

当然、結婚こそがオースティンの小説において焦点となる目標なのであり、ヒロインたちはその戦略的技巧を駆使してこの目標を実現しようとする。しかし、戦略的思考は別の重大な役割をも果たす。ほとんどいつも、カップルの関係は、協働して別の人々を戦略的に操作するか、少なくとも監視するということから始まる。戦略的なパートナーシップは、結婚や親密な関係に向けての最も確実な基盤となるものである。戦略的思考は、孤立した個人を前提とはしていない。実際、オースティンは、協力関係における戦略的思考は緊密な人間関係の基礎を形成するのだと論じている。

エマとナイトリー氏は、恋のライバルたちが二人の間に割り込んできた後で初めて、互いの愛情の強さを理解したのかもしれないが、二人で戦略的なチームワークを組むことが安心感を生み、また二人で力を合わせれば何でもできるという万能感を生じさせていることについては、明らかにもっと前からその兆候があった。ウッドハウス氏が、自分の娘イザベラとナイトリー氏の弟であるその夫ジョン・ナイトリー氏について、海辺の空気は体によくないのでサウスエンドで休暇を過ごしてはいけない、また、彼ら自身の健康のためには、代わりにハイベリーにいる自分を訪問すべきことをしゃべらずにはいられなかったときに、エマは話題を何度も変えた。なぜなら、彼女は、自分の父の頑固さのゆえに、即座に口論が始まる危険性があるとわかっていたからだ。エマの最善の努力にもかかわらず、彼女の父は自分の意見を主張し、薬剤師である友人のペリー氏の権威に訴えた。このことは、ジョン・ナイトリー氏に次のように叫ばせるには十分なことだった。「彼［ペリー氏］は聞かれもしないのに、意見を言う必要はない。ぼくのすることに、なぜ彼が口を出すんです？」（E上、p.166-67）しかし、ナイトリー氏が飛び込んできて「大きな声で割って入」り、その「機転のおかげ」で、彼が所有する土地にあるいくつかの小道のうちの一つを移動することについて、自分の弟の意見を尋ねたのだった（E上、p.167/p.168）。こうして、ナイトリー氏は、状況を察知する能力と戦略的技巧を証明しただけでなく、言外に、自分とエマが明示的な計画がなくてもチームワークを発揮できる関係であることについても証明したのだ。ウッドハウス家とナイトリー家がランドールズ屋敷でディナーを取っているとき、雪が降り始めて、そこで夜を過ごすことになるか、それより悪いことには、家路の途中で雪で立ち往生してしまう可能性が浮かび上がってきた。エマの姉イザベラがまず、子供たちのところに早く帰るために夫と一緒に辞去しようと願い、父とエマはそこにとどまるべきだと考えた。しかし、父の場合はなおさらのこと、エマは、そこで夜を過ごしたくなく、何をすべきかという問題や降雪のひどさについて、激しい議論となった。「ああしたほうがいい、こうしたほうがいいと、みんなで話し合っていると、ナイトリー氏とエマが短い会話を交わして、事は決まった。／『お父さんは落ち着かないようだ。もう帰ったほうがいい』『みなさんがよければ、私はいつでも』『ベルを鳴らそうか？』『お願いします』」（E上、p.200）。二人が相談してみんなが従うべきプランを編み出すことは、二人にとっては当然の仕事とみなされており、二人の間の短い言葉のやり取りは、二人がすでに互いにその理解を共有していたことを例証している。

それに従えば、エマとナイトリー氏を最も困惑させることとは、二人のチームが解消させられ、別の人と組まされる可能性だった。エマは、戦略的技能に優れたフランク・チャーチルが「みんなの趣味に合わせて話ができる人だと思う。みんなにいい感じを与えたいと思っていて、実際にそれができる人だと思」っていることを予期していた。ナイトリー氏はフランク・チャーチルのことを次のように形容して応じた。「老練な政治家気取りで、みんなの性格を読んで、（中略）エマ、そんな青二才が目の前に現われたら、きみだって虫ずが走ると思う」（E上、p.233/p.234）。ナイトリー氏は守りに入る傾向があまりに強く、それはエマに感づかれてしまう。「フランク・チャーチルが自分と性格が違うからといって、それだけの理由でフランク・チャーチルを嫌うなんて、心の広いナイトリー氏らしくない」（E上、p.234）。逆に、エマが「激しく傷ついた」のは、ナイトリー氏が「自分はしばらくロンドンで暮らすが、ほんとうはドンウェル・アビーを離れたくないのだ」とハリエットに告げたように、「私ではなくハリエットに、自分の胸の内を明かしている」からだった（E下、p.265）。ナイトリー氏はエマではなくハリエットに対して、彼の気持ちを理解してくれるように願い、自分の決定を打ち明けたのだった。

エマとナイトリー氏との縁談が告知されると、二人が完璧なチームワークを組めるという見通しは、エマを特に幸福にさせた。「だが、エマが心の底から感じた最高の幸せは、これでナイトリー氏に隠し事をしなくてすむということだった（中略）これは自分の義務であり、かつ、自分の性格にいちばん合っている。これからは隠し事はいっさいなく、何でも彼に打ち明けることができるのだ」（E下、p.370）。これは、喜ぶにしては奇妙な事柄のように思われる。なぜなら、彼女はこれまでも友人としてナイトリー氏には完全に正直であることができていたし、また、いずれにせよ結婚は完璧な信頼を約束してくれるものではないからである。その幸福の中で、エマは、彼女の結婚観にとって戦略的パートナーシップがいかに根本的なものであるかを表明しているのである。同盟を結んだことで、エマとナイトリー氏は、ウェストン氏に自分たちの婚約について話したら何が起こるのかについて予測するのに十分以上の戦略的な知識・技能を手にしたのである。「ウェストン夫妻に知らせてからどれくらいでハイベリーじゅうに広まるかと計算したほどだ。村じゅうの家庭で晩の話題になって、人々を驚かせているだろうとふたりは想像した」（E下、p.359）

エドマンド・バートラムとファニーとの戦略的パートナーシップは奇妙な形でスタートした。エドマンドは『恋人たちの誓い』に出るべきかどうかについてファニーの意見を尋ねたが、彼の心は実際には決まっていた。なぜなら、彼は全くの他人と芝居で共演することからメアリー・クロフォードを守りたかったからである。エドマンドはメアリーについてファニーと話をするのが習慣になっていた。そこでは、頻繁にメアリーを称賛し、彼女の失敗を残念がるファニーに対して弁護するのが常であった。しかし、ファニーが我慢強く話を聞いてきたことは、エドマンドが「メアリーとの関係について」疑いを持ち始めたときに報われることとなった。メアリーは、エドマンドが選んだ職業である聖職者をバカにしていて、自分自身が非常に裕福になるという意図を冗談のネタにしていたのだ。エドマンドはこう打ち明けた。「彼女は道徳に反するようなことを考えているわけではないけど、ときどき道徳に反するようなことを口にするんだ。冗談にそういうことを口にするんだ。冗談だということはわかっているけど、彼女のそういう言葉がぼくの心を苦しめるんだ」。ファニーは、まだ実際に彼に対してアドバイスしようと決心したわけではなかったので、こう答えた。「あなたのお話を聞くだけでいいのなら、できるだけあなたのお役に立ちたいと思います。でも私には、ミス・クロフォードのことで意見を言う資格なんてありません。私に意見を求めるのはやめてください。私は意見なんて言えません」（MP、p.406-7/p.407）。ファニーが推奨した事柄の一つは、エドマンドが、メアリーについて後で後悔するかもしれないようなことを彼女には告げないほうがいいということだった。エドマンドはそのことを請け合って言った。「その時は絶対に来ない（中略）ぼくがこんな打ち明け話をできる相手はきみだけだ。でも、ぼくがミス・クロフォードのことをどう思っているか、きみは前からよく知っているね（中略）彼女の小さな過ちについて、ふたりであんなに何度も話し合ったじゃないか。ファニー、ぼくのことを心配する必要はない。ぼくはもう、ミス・クロフォードのことはあきらめた」（MP、p.408）。彼の答えはファニーを有頂天にさせた。それは、彼がメアリーのことをほとんどあきらめてしまったからだけでなく、［メアリーのために］二人の間で会話ができなくなるかもしれないという彼女の予想を固く拒絶したからでもあった。ファニーは賛同した。「私はもう、あなたの言いたいことなら、何を聞いてもこわくないわ。どうぞ遠慮なく、言いたいことを何でもおっしゃってください」（MP、p.409）

ファニーは、エドマンドが留守にしている間、ヘンリー・クロフォードからプロポーズを受けた。そして、エドマンドが帰ってきたとき、［彼はこう思った。］「ファニーが心を開いて相談する相手はぼくしかいない（中略）こんな大事なときに、ファニーがぼくから遠ざかり、何も言わずによそよそしい態度を取るなんて、まったく不自然だ。こんな不自然な状態は、なんとかしてやらなくてはいけないし、きっとファニーも、ぼくになんとかしてもらいたいと思っているはずだ」（MP、p.526）。こうして、自分が最初の行動を起こすべきだと結論し、ファニーニーが並木道を歩いているときに、エドマンドは彼女と二人きりで話そうとした。その後に、「ミス・クロフォードの魅力が、またエドマンドを支配し」はじめると、エドマンドはプロポーズをするためにロンドンに出かけていく計画を立てた。「ファニーはいままでと同じように、自由にミス・クロフォードの名前を口に出せるのはこれが最後だと思うと、胸がいっぱいになった」（MP、p.532/p.571-72）。再び、こうした秘密自体が親しい関係に導かないなら、なぜ第三者について話すことができることがそれほど重要なのだろうか？ ヘンリー・クロフォードが結婚しているマライアと駆け落ちし、メアリーが自分たちの破局をいかにも何気ないもののように扱うことにエドマンドが唖然としたとき、彼の失望の深さは、ファニーと話すことさえ躊躇したことによって測られる。「以前は、ミス・クロフォードに関するエドマンドの打ち明け話をたびたび聞かされて、ずいぶんつらい思いをしたけれど、いまこそその打ち明け話をしてほしいと、ファニーは思った（中略）エドマンドの口から再びミス・クロフォードの名前を聞けるようになるまでには、そして以前のように、ミス・クロフォードに関する打ち明け話を聞けるようになるまでには、長い時間がかかるだろう」（MP、p.699-700）。いまやファニーの側がエドマンドに口を割らせるターンとなり、そうすることにより、彼女は彼の心を射止めたのである。

　キャサリン・モーランドは、フレデリック・ティルニー大尉のイザベラに対する態度について警告を受けた。イザベラはキャサリンの兄ジェイムズと婚約していた。キャサリンはヘンリー・ティルニーに、彼の兄にそんなことはやめさせるよう求めた。ヘンリーはキャサリンの心配を深刻には受け止めなかったので、最終的にはキャサリンは直接的に尋ねた。「でも、ティルニー大尉はどういうつもりなんですか？ イザベラの婚約を知っていながら、ああいう振る舞いをするのは、一体どういうつもりなんですか？（中略）／ご兄弟なんですから、あなたはティルニー大尉の心をご存じのはずですもの」（NA、p.228）。ヘンリーは、ただそれを推測できるだけだと答え、兄はすぐにバースを去り、イザベラのことは忘れるだろうとキャサリンに保証した。イザベラがティルニー大尉と婚約する計画であることを告げる手紙を自分の兄から受け取った後、キャサリンは、ティルニー大尉が父親の同意を求めに来る前に、自分たちの側から見た事の顛末をティルニー将軍に告げるべきかについて、ヘンリーとエリナーは、ティルニー将軍はイザベラには財産がない点で反対するだろうこと、また、ともかくティルニー大尉は父に直接面と向かってお願いする勇気はないだろうと予想した。キャサリンは、それでもヘンリーはティルニー将軍と話をするべきだと示唆したが、「ヘンリーはその提案に、彼女が期待したほど飛びついてこなかった」。それで、ヘンリーは完全に受動的なアプローチを採用した。「父にそんな手助けは必要ないし、兄が自分の愚かさを告白する前に、ぼくがよけいなことを言う必要はない。兄は、自分の話は自分で話すべきです」(NA、p.317)。キャサリンは、ティルニー大尉が永久に去っていったと告げるイザベラの手紙を受け取ったとき、ヘンリーに尋ねた。「大尉はなぜあんなにイザベラに言い寄って、私の兄とイザベラの仲を裂くような真似をしたんですか?(中略)/恋のたわむれのために(中略)?」(NA、p.331-32)ヘンリーはただ同意を示して頭を下げることしかできなかった。それで、彼はキャサリンに対して、「あなたは、生まれつき気高い心を持っているので、普通の人とは違った考え方をする。普通の人は、自分の家族をえこひいきしたり、自分の家族にひどいことをした人間に復讐したくなるけど、あなたはそういうことができない」ために、「ティルニー大尉のことを」理解することが困難なのだと告げたのである。それによりキャサリンの気持ちはやわらげられた。「キャサリンはこんなふうに褒められて、怒りの気持ちが消えてしまった」のである(NA、p.333)。

それゆえ、ついに彼の父がキャサリンを追い出したとき、ヘンリーはキャサリンの家に、単に父のためだけでなく、二人の間の暗黙の戦略的パートナーシップに関する自分自身の無知のためにも、お詫びに出かけねばならなかった。ヘンリーは一貫して、自分の兄についてのキャサリンの不安を軽く見ており、実際そのことに対処するために全く何もしてこなかった。たとえ、兄の介入が彼女の恐れが正しかったことを証明した後であっても。ヘンリーは、キャサリンの不安を父であるティルニー将軍に示す必要があるとは考えていなかった。それは、少なく見積もっても、彼の父に、彼が彼女に口添えしようと願っていることを示したことだろう。彼の兄の下劣さが完全に明らかになったときにも、彼はキャサリンの欲求不満を分かち合うことさえせず、代わりに彼女の機嫌を取ろうとしたのである。キャサリンに「そのよく聞こえない耳を向けたことでは」、ヘンリーは「ずっと礼儀正しかったが、本質的な意味では将軍と変わるところはなかった」(Johnson 1988, p.38)。最後に、ヘンリーは、ティルニー将軍がキャサリンを追い出したとき、彼女の利益を代表するためにその場にはいなかったのである。こうしてキャサリンの追放は、残酷な老人による突発的な決断であっただけでなく、実力行使よりもウィットを選び、友情関係を真剣に取り上げないという、「ヘンリーによる」繰り返されたマイルドな無視がもたらした末の手ひどい結果なのでもあった。戦略的パートナーシップにおけるこのひどい無視は、結婚の申し込みによってしか修復されえないのである。

ウェントワース大佐とアン・エリオットの戦略的パートナーシップは、ライムにおける、「ルイーザに対する」緊急治療の必要性によって築かれた。最初、ウェントワース大佐は自分自身で医者を呼びに行こうとしたが、ライムのことをよく知っているベニック大佐が行くべきだというアンにただちに同意した。ハーヴィル大佐とその妻は、医者を待つためにルイーザをただちに自分たちの家に連れてくるべきだと、そろって主張した。「ハーヴィル大佐は妻に目配せし、すぐに方針が決まった」(P、p.186)。ウェントワース大佐とアンは、ハーヴィル大佐夫妻のような暗黙のコミュニケーションができるわけでもなく、エマとナイトリー氏のような戦略的チームワークの経験もなかったが、ウェントワース大佐は、彼の功績により、明示的にアンの指示を求め、それに従うことにより、そうしたパートナーシップをその場で生み出したのである。彼は、人に指示を求めることに躊躇しないたぐいの男だったのだ。

ウェントワース大佐が姉のクロフト夫人に、彼女や自分と一緒にアンが馬車に乗るように主張させたとき、二人は以前に暗黙的に一緒に行動していたのではないかと言う人もいるだろう。アンの役割は、完全に受動的なものではなかった。彼女はクロフト夫人の要求を受け入れなければならず、馬車に乗ることで、ウェントワース大佐の礼儀正しさを認めるのではなく、その優しさを認めることになるのだとわかっていた。アンは、自分自身の策略の自発的な共犯者になったのである。

それ以前に、一九歳のアンとウェントワース大佐が恋に落ちたときすでに、二人は共有された理解、「至福のような時」をもっていた（P、p.45）。しかしアンは、特に二人の戦略的パートナーシップにダメージを与える仕方で、そうした関係を解消していた。アンは第三者であるラッセル夫人が介入することを認め、さらに悪いことには、アンは、二人が結婚しないことは彼にとって好都合だと信じていた。「自分は何よりも『あの方』のためを思って慎重に振る舞い、自分を抑えているのだと信じることが、最後の別れの悲しみにたいする一番大きな慰めだった」（P、p.47）。彼のことを拒絶することについて気持ちをすっきりさせたアンは、彼自身が知っている以上に、自分のほうが彼の利益が何であるかをよく知っていると思っていた。アンは、何が本当の望みであるかについての彼の直接的な言明を受け入れなかった。「なぜならアンは、このあとさらなる苦しみに耐えなくてはならなかったからだ（中略）［しかし、］ウェントワースはこの婚約解消にまったく納得せず、頑として意見を変え」なかった（P、p.47-48）。八年後、アンが自分自身の疑いと幻想だけをもち続けていて、彼の本当の気持ちについての最も薄っぺらい証拠でさえもつかもうとしていたときに、そんな彼女にふさわしいものを手に入れた。「ウェントワース大佐のいまの気持ちがわからないのだ。ルイーザとベニック大佐が婚約したことで、失恋の痛手に苦しんでいるのかどうか、それがまったくわからないのだ。それがはっきりするまでは、アンはいつもの正常な自分に戻ることはできなかった」（P、p.293）。しかし、アンがウェントワース大佐の手紙を読んだ後、二人は最終的に互いのことを理解するようになり、互いに話をする前に二人が最初にしたことは、チャールズ・マスグローヴのために一緒に芝居を上演することだった。それは、彼がウェントワース大佐のために、代わりにアンを家に連れてきてもかまわないかと尋ねたときだった。ウェントワース大佐は「もちろん二つ返事で承知した。

こみあげる笑いは必死にこらえたが、心の中はまさに欣喜雀躍、ひそかに小躍りして喜んだ」(P、p.399)

エリザベスとダーシー氏の戦略的パートナーシップは、最初はありそうもなかったが、それにもかかわらず、検出可能なものだった。ジェインがネザーフィールドでの病気から回復をみている間、ベネット夫人が彼女の容態を見るために到着すると、「田舎じゃ交際範囲も狭いし、変化もない」(PP上、p.75)というダーシー氏のコメントに腹を立てることで、ただちに夫人はその愚かさを露呈してしまった。「母親の言葉に真っ赤になって」エリザベスはダーシー氏についてこう言った。「ダーシーさんはそんなことおっしゃってないわ。田舎ではロンドンほどいろんな人間に会う機会はないと、そうおっしゃってるだけよ。それに、それはほんとだと思うわ」(PP上、p.76)。ベネット夫人が「うちだって、二十四軒のお宅と食事のおつきあいをしてるじゃありませんか」と鼻を鳴らすと、エリザベスは話題をシャーロット・ルーカスに変えようとしたが、それはベネット夫人にジェインのほうがずっとかわいいと宣言させるだけに終わったのだった(PP上、p.77)。ベネット夫人が、かつてある求婚者が愛の詩をジェインに書いたことを思いだすに至ると、エリザベスは再び話題を変えようと口をはさんだ。「そういう詩の効用を最初に発見した人は誰かしら?」今度はダーシー氏が話題の転換を引き受けて答えた。「ぼくは『詩は恋の糧』だと思っていましたがね」。エリザベスは続けた。「強くて健康な、ほんものの恋ならそうかもしれません(中略)でも、弱々しい、淡い恋は、美しいソネットをひとつ歌えば消えてしまいます」(PP上、p.79)。こんな調子で会話が続いた。ダーシー氏は、お返しに微笑んだだけだった。少なくともわずかな度合いであっても、ダーシー氏はエリザベスとの間で、ナイトリー氏とエマとのように行動し、彼女の導きに従い、両親が彼女や彼自身をさらに困惑させることから阻止しようとしたのである。エリザベスはダーシー氏を好きではなかったが、彼の意図を理解したうえで彼のことを擁護しようとしたのだ。そして、ダーシー氏は、ごくわずかの間であったが、彼女の意図に従って行為することで彼女に報いたのであった。

その日遅く、エリザベスとダーシー氏は、ビングリー氏がどのような決定をすべきかについて議論した。ダーシー氏はビングリー氏にこう告げた。「だいたいみんなそうだけど、きみの行動も、状況に左右されやすいほうだと思う。たとえば、きみが馬に乗ろうとしているときに、『ビングリー、来週までいてくれないか』と友達から言われたら、きみはそうすると思う。つまり、行かないと思う。もう一ヵ月いてくれないかと言われたら、一ヵ月だっていると思う」(PP上、p.86)。ビングリー氏を後押しするため、エリザベスはダーシー氏に言った。「つまり、理由もわからずに友の頼みに簡単に応じるのはよくないと、ダーシーさんは考えるわけね」(PP上、p.87)。ダーシー氏は、想像上の友人が、ビングリー氏がここにとどまるべきだということに特に何も意見しなかったと言うことにより、彼がとどまる選択をするというこの筋書きを具体化した。エリザベスは、この筋書きはまだ完全ではないと答えた。「友情や愛情を感じている相手から何かを頼まれたら、理由など聞かずに頼みに応じる場合だってあるんじゃないかしら(中略)ああいう場合はどうしたらいいか、それはそういう状況が起きたときに改めて考えたほうがいいと思います」(PP上、p.87-88)。ダーシー氏は、もっと詳細な事柄[を知ること]が必要であることに同意した。「そういう議論をするなら、(中略)その前にまず、ふたりがどの程度親しい友人なのか、それに、どの程度重大な頼みなのか、そういう点をもっとはっきりすべきです」(PP上、p.88)。ダーシー氏やエリザベス(それにオースティン)にとって、これは真剣な議論だった。与えられた状況で、人々がいかに決定を行うのか、またこうした決定が賢明なものであるかどうか、そこに二人の関心があった。しかし、ビングリー氏はそれを真剣には受け取らず、その友人の背丈やサイズも特定しなければならないと茶化した。ダーシー氏は笑ったが、「エリザベスは彼が気分を害したのがわかったので、笑うのを控えた」。ダーシー氏は、ビングリー氏が議論を打ち切ろうとしたことを非難したが、エリザベスは、ダーシー氏は妹に手紙を書くという自分の役目に戻るべきだと示唆し、「ダーシーは忠告に従って手紙を書き終え」た(PP上、p.88-89)。再び、エリザベスはダーシー氏の感情を理解しようとし、笑わないことによって、その理解に従った行為をしたので、ダーシー氏はついにはエリザベスの指示に従ったのであった。

この取るに足らないやり取りにおいて、エリザベスとダーシー氏は、協働することについてあるパターンを確立した。エリザベスはそれを嫌ってはいたが。エリザベスがダーシー氏のプロポーズを断わったとき、彼女はそうする理由をはっきりと述べたので、ダーシー氏はそれを彼女の指示なのだと受け取ることができた。エリザベスは、ビングリー氏がジェインと結婚しないよう説得したことでダーシー氏を非難したが、エリザベスへの彼の手紙の中で、ダーシー氏はこう書いていた。「私はこう確信しました。ジェインさんはビングリー君の好意を喜んではいるが、自分から好意を示して、ふたりの仲を深めるつもりはない、ということです……私が間違っていたのでしょう」（ＰＰ上、p.337）。ベニック大佐のほうがライムのことをよく知っているということにウェントワース大佐が同意したのと同様に、ダーシー氏は、エリザベスのほうが彼女の姉のことをよく知っていることを認めたのである。エリザベスはジェインのことを知っており、ダーシー氏はビングリー氏のことを知っていたので、こうしたエリザベスの［プロポーズの］拒否とそれに対するダーシー氏の手紙の返事は、ジェインとビングリー氏との仲を取り戻すための共同プランを形成したのである。ビングリー氏がいかに決定するかに関して二人が初期に共同して研究したことは、まったく適切なことだったのである。ダーシー氏がするべきことは、ジェインがビングリー氏を実際に愛しているということを彼に請け合うことだけであった。後に、リディアがウィッカムと駆け落ちしたとき、ダーシー氏は、ウィッカムが自分の妹ジョージアナとの間で以前に犯した駆け落ち未遂に関する、苦い気持ちで手に入れた知識を思い起こした。ダーシー氏は最初、ジョージアナの以前の家庭教師で、ウィッカムのかつての共犯者であったヨーンジ夫人に袖の下を贈り、ウィッカムの居場所を聞き出し、次にウィッカム自身に袖の下を贈ってリディアと結婚させた。ダーシー氏は、戦略的パートナーとしての自分の才覚を証明することにより、エリザベス［の心］を射止めたのである。

エドワード・フェラーズは、正直なところ大した戦略的パートナーではなかった。マリアンは正しくこう言っている。「彼の目には、知性と勇気を示すような情熱の輝きがないわ」（ＳＳ、p.27）。エドワードが家族によって絶縁された後で、ブランドン大佐が彼に生活費を与えることを提案したとき、エドワードは、エリナーが果たしたと思われる役割ゆえに彼女に感謝する振りをしたが、それはおおよそ彼の戦略的思考の範囲のことであった。エドワードの戦略的能力のほとんどは、ルーシー・スティールとの秘密の婚約を気づかないうちに明らかにしてしまうことを防ぐことに集中していた。例えば、マリアンが、彼が指にはめている指輪に、ルーシーの髪の一部がからみついていることに気づいたとき、彼はしどろもどろになって、その髪は彼の妹ファニーのものに違いないという（マリアンの示唆にただちに同意したのである（マリアン自身は、その髪はエリナーのものに違いないと考えていた）。マリアンが冗談めかしてエドワード・フェラーズのことをよそよそしいと言ったときには、「彼はこう答えた」「ぼくの態度がよそよそしい！　一体どういうふうによそよそしいんですか？　ぼくはあなたに何を言えばいいんですか？　あなたはぼくに何を言ってほしいんですか？」（SS、p.134）

ブランドン大佐とエリナーは、真の戦略的パートナーだった。［ジェニングズ夫人は］「大佐とエリナーの親しそうな様子を見ていると、あの立派な桑の木や、掘り割りや、イチイの木陰のあるデラフォード屋敷の女主人におさまるのは」マリアンではなくて、「エリナーかもしれないと思いはじめた」（SS、p.296）。ブランドン大佐はエリナーに、マリアン［との恋］について助けになってほしいとお願いした。「妹さんが二度目の恋愛に反対するのはやむを得ないとして、何か区別はないんですか？（中略）相手の心変わりや、やむを得ない事情のために初恋が実らなかった場合でも、その人はそのあと一生恋をしてはいけないんですか？」（SS、p.79-80）かつて一度恋をしたことがあるブランドン大佐は、自分の求婚を可能にしてくれるかもしれない抜け穴を探し求めていた。ジェニングズ夫人が、ダッシュウッド家の一番下の妹、マーガレットから、いまにもエリナーのお気に入りの人の名前をからかおうとしたとき、「こういう品のないからかいが大嫌いな」ミドルトン夫人は、話題を天候に変えた。「でもとにかく、ミドルトン夫人の切り出してくれた雨の話題は、すぐにブランドン大佐が引き継いでくれた。大佐はどんなときでも他人の気持ちを思いやる人なのだ。ふたりは雨の話題を続けた」（SS、 p.88)。再び、エマの指示に従い、自分の兄とウッドハウス氏との間の直接的な対立を避けるために話題を変えたナイトリー氏と同様に、ブランドン大佐はミドルトン夫人によって提示されたその機会をとらえて、エリナーのさらなる困惑を防いだのだった。マリアンが病気になると、ブランドン大佐に頼って二人の母を連れてきてもらうことが、エリナーにとってはもっと自然なことになった。

ブランドン大佐とエリナーとの間の戦略的パートナーシップの基盤が十分に根を下ろすと、必要なことはマリアンをそこに接ぎ木することだけだった。「マリアンとブランドン大佐を結びつけたいと」ダッシュウッド夫人は願っていた。「それにエリナーとエドワードも、マリアンがデラフォード屋敷に嫁ぐことを心から願っていた（中略）自分にたいしてそのような家族の同盟が結ばれて（中略）［マリアンに］いったいどんな抵抗ができただろう？」（SS、p.523）

一度ルーシーとの婚約が解消されてしまうと、エドワードはエリナーと一緒に戦略的に考えることができるようになった。少なくとも、後で過去のことを振り返ってみた場合には。エリナーは、一体どのようにしてルーシーがロバート・フェラーズと結婚できたのか疑問に思った。「ロバートはルーシーのどこに惹かれて結婚したのだろう（中略）すでに兄と婚約していて、そのために兄はフェラーズ家から追放されたのだ。とにかくどう考えても理解できない」（SS、p.502）。エドワードは、「ルーシーも最初は、ぼくのためにロバートに一役買ってもらおうと思っていたのかもしれない。それがだんだんああいうことになったのかもしれない」（SS、p.503）と示唆した。エドワードは、自分たちが婚約していた間は、ルーシーがなんらかの真の愛情を自分に対してもっていたに違いないと、まだ信じていた。なぜなら、「彼女がどんな動機で行動したのか、ぼくはいまだにわからない。ぜんぜん好きでもなく、全財産がたった二千ポンドの男と運命を共にして、どんな得になると考えたのかさっぱりわからない。ブランドン大佐がぼくに聖職禄を提供してくれるなんて、彼女には予想もできなかったはずだし」（SS、p.507）［と考えていたからである］。エリナーは答えた。「いずれにしても、彼女は婚約を続けても何も損はしなかったのよ。今回のロバートとの結婚で証明されたように、あの婚約は彼女の気持ちも行動も束縛してはいなかったんですもの（中略）それに、もっと得になることが起きなかったとしても、独身でいるよりあなたと結婚したほうが彼女にとってはよかったのよ」（SS、p.507-508）。このようにエリナーとエドワードは、選択肢に関するルーシーの選好や他人の行動に関する彼女の予測について、完全に戦略的な言葉で話し合ったのである。

あるカップルが他者や自分たち自身の選択や動機について再検討を行う、このゲーム終了後の感想戦は、しばしば最大の親密さが生まれる瞬間となる。アレン家への徒歩の道のりで、ヘンリー・ティルニーのキャサリンへのプロポーズは、彼の父と彼自身の行動に関する説明と結び付けて行われた。それは、「父親のために弁明したいことがあったからだ。だが彼の第一の目的は、自分の気持ちをキャサリンに伝えることだった。そしてアレン氏の屋敷に着く前に、彼はじつにみごとにそれを実行した。キャサリンはヘンリーのその言葉を、何度聞いても飽きないと思ったほどだった」（NA、p.370）。ナイトリー氏は、フランク・チャーチルのジェイン・フェアファクスとの婚約のニュースの後、エマを慰めるという意図だけのために、彼女に会いに出かけた。エマはこう説明した。「私は虚栄心をくすぐられて、いい気になって、彼にやさしくされるのを黙って許していたんです（中略）私は彼を愛したことはないんですもの。彼がなぜああいう振る舞いをしたか、いまはその意味を理解できます。彼は私に恋をさせるつもりはなかったんです。ジェイン・フェアファクスとの関係を隠すための隠れ蓑にすぎなかったんです」（E下、p.291）。フランク・チャーチルの戦略的行動に関するこの議論には、当然エマ自身の選好に関する議論も含まれている。そして、［ナイトリー氏は］「エマがフランク・チャーチルにまったく関心がなく、彼女の心が完全に彼から離れていることを知ってうれしくなり（中略）希望が生まれた」ので、ナイトリー氏は自分自身の感情を告白しようという気持ちになった（E下、p.299）。ファニーとエドマンド・バートラムはメアリー・クロフォードの過ちについて何度も話し合ったが、二人が最も接近した瞬間は、エドマンドがファニーに、メアリーとの最後の会合について話したときだった。メアリーは、兄ヘンリーがエドマンドの妹で、既婚のマライアと駆け落ちした後、バートラム家は騒動を起こすべきではないと示唆した。「私が忠告したいのは、あなたのお父さまに大人しくしていただくことね（中略）お父さまのお節介のおかげで、マライアさんがヘンリーのもとを去るようなことになったら大変よ。ふたりがこのまま一緒にいる場合よりも、ふたりの結婚の可能性はずっと少なくなるわ」（MP、p.706）。エドマンドは、彼女が「重罪を犯したふたりがこのまま一緒にいることをぼくたちが認め、妥協し、黙認」するよう二人に勧めることを信じることができなかった。そこで、ファニーには、トム・バートラムの病気が深刻であり、もしトムが死ねばエドマンドが遺産相続人になるということをメアリーが聞いた後では、いっそうエドマンドのことを受け入れたがっているように見えると、付け加えることしかできなかった（MP、p.529）。メアリー・クロフォードの動機に関する知識は、エドマンドには特に痛ましいものだったが、ファニーとそのことを話し合うことで、エドマンドとファニーとの二人の連合は進展したのである。

エリザベス・ベネットが、リディアの結婚を平穏に支持してくれたことでダーシー氏に感謝し、彼女の家族が知れば、みなが等しく感謝するだろうと彼女が付け加えると、ダーシー氏はこう説明した。「しかし、あなたのご家族のためにしたわけではないので、ご家族のみなさんにお礼を言われる理由はありません。ご家族のみなさんに敬意は払いますが、ぼくはあなたのことだけを思っていたのです（中略）／あなたにたいするぼくの愛情と願いはまったく変わっていませんが、あなたのひと言で、ぼくはきっぱりあなたをあきらめ、二度とこのことを口にしません」（PP下、p.267）。このように、ダーシー氏の愛の宣言は、戦略的に行動することに対する彼の動機の説明に導かれたのである。このときにエリザベスは「ダーシー氏の求婚を」受け入れ、二人はただちに一緒に詳細にわたる分析に取り掛かった。それには以下のような詳細な事柄が含まれていた。エリザベスが予期せずにガーディナー家の人々とペンバリーに現れたとき、そこであのような温かな歓迎をもって迎えられたことに彼女が驚いているとダーシー氏は考えたこと、ダーシー氏の動機は、「昔のことを恨むようなケチな人間ではないことを示したかったから」で、「あなたの非難を肝に銘じて行ないを改めたことを示して、あなたの許しを得て、ぼくという人間を見直してもらおうと思った」ことなのだということ、そして、最後に、いかにしてダーシー氏が、直接的な観察により、ジェインがビングリー氏に対して真の愛情を抱いているかを個人的に確証し、この事実についてビングリー氏を説得したこと、である（PP下、p.274）。その後も、エリザベスはさらなる事後的な分析に取り組まないではいられなかった。エリザベスは「陽気で冗談好きないつもの彼女に戻り、ダーシー氏に、なぜ私を好きになったのかと質問した」（PP下、p.291）。エリザベスは聞いた。「私が生意気だから好きになったんですか？（中略）とくに、あいさつにいらしたときは、私のことなんて眼中にないみたいでした。（中略）私が言い出さなかったら、あなたはいつ話すつもりだったのかしら？」（PP下、p.291/p.292/p.293）アンとウェントワース大佐は、お互いに自分たちの愛情に気がついた後、「ふたりだけの思い出話と告白にたっぷりと浸ることができた。とりわけバースで再会後の、あの身を切られるような興味尽きないさまざまな出来事について、思う存分語り合うことができた」（P、p.399-400）。二人が完全な理解に達しても、いかにしてそれが達成されたかをリプレーすることの甘美さを減じることはないのである。

オースティン作品の心もとないが勇敢なカップルは、戦略的パートナーシップを通じて強固な絆を築き上げる。マライア・バートラムとヘンリー・クロフォードは、一緒に練習する機会を頻繁にもつことができるように、『恋人たちの誓い』での適役を得るために共同で策略をめぐらした。未亡人のクレイ夫人はアン・エリオットの父、サー・ウォルターと結婚するために策略をめぐらしてきた。サー・ウォルターの推定相続人であるエリオット氏は、サー・ウォルターが息子を儲けることを阻止することによって自分の相続を確実なものにしようと試みてきた。サー・ウォルターをもっと監視するためにだけ、彼はアンと結婚しようと願っていた。クレイ夫人とエリオット氏は、サー・ウォルターをうまくコントロールしようと競合する中で出会ったのである。「その後の噂によると、クレイ夫人はロンドンでエリオット氏の世話になっている」（P、p.417）ということも、驚くべきことではなかったのである。

戦略的パートナーシップはまた、女性たちの間での友情関係にとっても本質的なものである。スミス夫人のアンに対する親密さは、部屋に閉じ込められた病人としてであったが、情報提供者を確立するための道を発見した彼女のやり方によって証明された。つまり、エリオット氏はウォリス大佐にあらゆることを告げたが、大佐の妻は看護師をスミス夫人と共有していて、それによりスミス夫人はアンにエリオット氏の本当の意図について警告することができたのである。それとは対照的に、アン自身の姉妹たちは戦略家としては劣っていて、そのため、アンは彼らには正直に打ち明けることができなかった。もしそうできたならと願っていたとしても。マスグローヴ家の姉妹たちがやってきて、アンと彼女の妹メアリーに対して一緒に散歩に行かないかと誘ったとき、「アンには、マスグローヴ姉妹の表情から、ふたりともメアリーの同行を望んでいないことがはっきりとわかった（中略）アンは、この誘いにはぜひ応じたほうがいいと思った。自分が一緒に行けば、メアリーを連れて帰るときに役に立つかもしれないし、マスグローヴ姉妹の計画の邪魔をさせないようにできるかもしれない」（P、p.139）と考えていたが、メアリーは［散歩についていくことに］同意した。メアリーは顔の表情や社会的状況を読み取ることが苦手だったのだ。ルイーザ・マスグローヴがライムで［突堤から］転落したとき、メアリーの無能さは明白に証明された。「『死んだんだわ！　死んだんだわ！』メアリーが金切り声を上げて夫のチャールズにしがみついた」（P、p.182）。アンが残ってルイーザの看病をすべきだとウェントワース大佐が提案した後、メアリーは、義理の妹として、自分が代わりにルイーザと残ると主張することにより、すべてのことをぶち壊しにしてしまった。「アンは、メアリーの嫉妬深い無分別な要求にこれほど呆れたことはなかった」（P、p.191）。アンのもう一人の妹であるエリザベスは、もっとひどかった。アンが彼女に、クレイ夫人が彼女たちの父親の愛情を勝ち取ろうとしているかもしれないので、二人のバースへの移住にはついて行くべきではないと警告すると、「父とクレイ夫人はなぜそんな馬鹿々々しい疑いをかけるのか理解できないとエリザベスは言い」だしたのである（P、p.59）。

このように、戦略的パートナーシップは女性たちの友情関係にとってとても重要なのだが、「それを相手に求めるにあたって」最もきついアプローチ法は、友人を、重大な情報を出し渋りしてシェアしてくれない人だと非難することである。エリザベス・ベネットがジェインに自分とダーシー氏との婚約について告げたとき、ジェインはこう答えた。「でも、リジー、あなたもずいぶん秘密主義ね。ペンバリーとラムトンであったことを、何も話してくれなかったわね！」（PP下、p.281）エリナーとマリアンがロンドンに到着したとき、マリアンがウィロビーとコンタクトを取ろうとしていると疑って、エリナーはマリアンがロンドンに手紙が来るのを期待しているのかと尋ねた。マリアンがあいまいに答えると、エリナーは言った。「私を信用していないのね、マリアン」。マリアンは答えた。「あら、お姉さまからそんなことを言われるなんて！　お姉さまこそ誰も信用しないじゃない！」（SS、p.231）エマはジェイン・フェアファクスを憎んでいた。なぜなら、「ジェインのほんとうの気持ちを知るのは不可能だ。礼儀正しさという仮面をつけて、ぜったいに危険を冒すまいと決心しているかのようだ。いやになるほど警戒心が強くて、自分の心の内をぜったいに他人に見せようとしない」からだった（E上、p.258）。

男性たちの間では［パートナーシップの例として］、ハーヴィル大佐は、ウェントワース大佐に対して熟練した操縦士であり、友人の前でアンから［ウェントワース大佐に対する］その気持ちの一途さを宣言させることに重要な役割を果たしたのである。人に操られやすいビングリー氏でさえ、ダーシー氏の利益のために戦略的に行動することができた。彼とダーシー氏がベネット家を訪れたとき、彼はベネット夫人にこう尋ねた。「この辺に、またエリザベスさんが迷子になるような小道はありませんか？」こうして、ベネット夫人は、ダーシー氏をビングリー氏から遠ざけるために、ダーシー氏、エリザベス、そしてキティーが一緒に散歩に出かけたらどうかと示唆した。［これに対して］ビングリー氏はこう付け加えるだけでよかった。「それはいいですね（中略）でもキティーさんには無理じゃないかな」。こうして、エリザベスとダーシー氏が、彼女の両親に［二人の結婚に対する］合意をどのようにして求めるか、計画する時間を与えたのである（ＰＰ下、p.282）。

兄と妹の間では［パートナーシップの例として］、ウィリアム・プライスはファニーに、自分が少尉に昇進できるか不安があると告げたが、ファニーは彼にこう請け合った。サー・トマスは「何もおっしゃらないけど、兄さんの昇進のために、できるだけのことをしてくださるわ」（ＭＰ、p.377）。後に、ファニーがヘンリー・クロフォードのプロポーズのことで苦しんでいたとき、ウィリアムは「ファニーの気持ちはよくわかっているので、その件をほのめかしてファニーを苦しめたくはなかった」（ＭＰ、p.574）。それとは対照的に、ダッシュウッド家の姉妹と、彼女たちの異母兄弟であるジョン・ダッシュウッドの間にある溝は、彼の陰謀の下品さから明らかであった。彼は次のようにエリナーを煽り立てたのである。「ブランドン大佐を弟と呼べたら最高だろうな。大佐が所有するこのデラフォードの土地も屋敷も、何もかもすばらしい！　それにあの森林！　デラフォードのあの傾斜地の森林ほど立派な森林は、ドーセット州では見たことがない！」（ＳＳ、p.519）

父と娘の間では［パートナーシップの例として］、メアリー・ベネットがネザーフィールドの舞踏会でひどい歌声を聞かせたとき、エリザベスは「父親を見て、なんとかしてくださいと無言の嘆願をした。このままでは、メアリーは一晩じゅう歌いつづけるかもしれないのだ。ベネット氏はその嘆願に気づ」いた（ＰＰ上、p.176）。ベネット夫人がエリザベスに、コリンズ氏のプロポーズを受け入れないなら二度と口を利かないと告げたとき、ベネット氏は彼自身の回答をゲームの形で与えた。それは、戦略家仲間として、エリザベスはきっと理解してくれるとわかっていたからである。「今日からおまえは、両親のどちらかと親子の縁を切らなくちゃならん。お母さんは、おまえがコリンズさんのプロポーズを断わったら、二度とおまえの顔を見たくないと言っている。だがお父さんは、おまえがあんな男と結婚したら、二度とおまえの顔を見たくない」（ＰＰ上、p.195）と。

戦略的パートナーは共同して、人々だけではなく馬をも操作する。メアリー・クロフォードがエドマンドに乗馬のレッスンをお願いしたとき、まさにその様子をファニーは戦慄をもって見つめていたのである。「エドマンドはミス・クロフォードのそばへ行って何か話しかけ、手綱の使い方を教えるために彼女の手を取った」（ＭＰ、p.106-107）。ジョン・ソープの馬車に乗り込むと、キャサリンはティルニー兄妹に気づき、馬車を止めるように願った。チーム概念に対して何のコミットメントも示さずに、あらゆるチャンスを挫いてしまったジョン・ソープは、キャサリンを引き留めるべきだったかもしれないが、彼は「笑いながら馬に鞭を当てて、ますます速度を速め、奇声を発して馬車を走らせつづけた」（ＮＡ、p.127）。それとは対照的に、オースティンにとってクロフト夫妻「成功した結婚の（中略）プロトタイプであった」（Mellor 1993, p.57）。クロフト提督とその夫人は、自分たちの馬車をチームとして動かし、「一つの認知的ユニットとして機能させた」（Palmer 2010, p.152）。クロフト夫人は障害物を見つけると、「夫人が冷静に手綱をつかんで方向を変えたので、馬車は棒杭にぶつからずに無事通過した。そのあとも一度、夫人が大事なところで手綱をつかんだおかげで、馬車は轍《わだち》にもはまらず、肥やしの荷車にもぶつからずにすんだ。アンは、クロフト夫妻のぴったり息の合った御者ぶりを感心して眺め、この夫婦はあらゆることをこの調子で乗り切ってきたのだろう、などと思ったり」したのである（Ｐ、p.154-55）。

自分自身を戦略的に操作する

もし、ゲーム理論があまりにも原子的である［個人へと還元しすぎ］と批判されうるとしたら、それはまた十分に原子的ではない［個人の内奥に迫っていない］ということでも批判されるだろう。個人はしばしば、異なる部分あるいは「自我」の連合体として理解するのが有益である（例えば、Ainslie 1992, Benhabib and Bisin 2005, Fudenberg and Levine 2006, O'Donoghue and Rabin 2001を参照のこと）。ある個人は、他者を理解し、操作することができるのとちょうど同じように、自分自身について理解し、操作することができる。例えば、雨が降っていたので、アン・エリオットが、自分の妹とクレイ夫人と一緒に、ダルリンプル子爵夫人の馬車を家の中で待っている間、彼女はウェントワース大佐が通りを歩いてくるのを見て驚かされた。「アンの驚きはほかの人たちには気づかれなかったが、すぐに彼女は、『私はなんという大馬鹿者だ！　救いようのない大馬鹿者だ！』と思った。しばらく目の前が真っ白になり、何が何だかわからずにただ呆然としていた。でもやっと自分を叱りつけて我に返ると、みんなはまだ馬車を待って」いた（P、p.288）。ここで、アンは「認知的」あるいは「方針決定的」な自己と、「身体化された」あるいは「感情的」で愚かな自己とを持ち合わせている。アンの方針決定的自己は、彼女の身体化された自己の内省的な驚きを観察して、誰も彼女の身体化された自己の反応を見ている者はいないことを確かめたが、それでもまだそのことに動揺していたので、身体化された、感情的な自己に、再び機能するようにと叱りつけたのである。「アンは入口のドアのところへ駆け寄りたかった。じっとしていられない気持ちだった。まだ雨が降っているかどうか見たいのだ。ほかに理由などあるだろうか。ウェントワース大佐はもういないに決まってる。アンは席を立った。とにかく外を見に行くのだ。自分の頭の半分が、あとの半分よりいつも賢いとは限らないし、あとの半分が、最初の半分よりいつも愚かだとは限らない。とにかく、まだ雨が降っているかどうか見に行くのだ」（P、p.288）。いまやアンは明示的に二つの自己に分割されている。リチャードソン(Richardson 2002, p.149) によると、アンは「監督を行う意識的な自己と、潜在的には手に負えない、欲求に従う、無意識の自己との間で引き裂かれている」のである。外へ出ていきたいという強い傾向をもった「感情的」なアンは、完全なうまい口実をもっていて、体裁を気にしている、疑り深く、偽りがちで賢い「方針決定的」なアンに対して叛逆している。オースティンは一般的には自制を評価しているが、この例では、抑制された自己が抑制する自己とうまく渡り合っているのである。

実際、オースティンは、ある人の自己というものは、命令の階層的つながりよりはいくぶん複雑なものであることを強調している。クロフト提督とその夫人がそこを借りたくなるかどうか確かめるために最初にケリンチ屋敷を訪ねたとき、「アンはいつものように、ラッセル夫人の家まで散歩に出かけ、賃貸契約の話し合いが終わるまで家を留守にするのがいちばん自然だと思った。しかし同時に、提督夫妻に会う機会を逃すのは残念だとも思った」（P、p.54）。ここで、アンの「自然な」部分は、散歩に出かけるのを習慣にしていたが、ここではアンの「方針決定的」な部分が受け入れるような口実と弁明を提案している。ここで、アンの方針決定的な自己は、アンの習慣的な自己に対して、クロフト夫妻に会いに行くべきか、それとも避けるべきか、断固として意識的な選択をすることを要求してはいない。アンの方針決定的な自己は、この習慣的な自己が自分で選択するように仕向けているのだ。クロフト夫妻が引っ越してきて、ウェントワース大佐がすぐに「彼らを」訪問すると、アンの方針決定的な自己は、アンの感情的な自己に命令する普段の役割を再開した。マスグローヴ家でウェントワース大佐についてのおしゃべりについて、「こういう話を聞かされるのは、もちろんアンには新しい試練だった（中略）この試練に早く慣れなくてはいけないと思った（中略）こういうことに神経過敏にならないようにしなくてはならない」（P、p.87-88）という思いにさせた。アンとウェントワース大佐がついに出会った後、アンの方針決定的な自己は、好奇心旺盛なアンの感情的な自己につらく当たった（「では、あの人の心はどう受け取ったらいいのだろう？（中略）だがつぎの瞬間アンは、こんな問いを発した自分の愚かさに呆れた」）。しかし、結局のところ、それを押さえつけることはできなかった。「いかなる分別によっても」、彼がまだ彼女を魅力的に感じているかどうか詮索することを「抑えられ」なかったのである（P、p.101）。

アンは特に、ラッセル夫人が自分とウェントワース大佐が一緒にいるところを見ていないことに不安を感じていた。「ラッセル夫人が、大佐と私が一緒にいるところを見たら、夫人はきっとこう思うだろう。『ウェントワース大佐はずいぶん落ち着いているのに、アンはひどく落ち着きがない』と」（P、p.157）。冷静さとは概して、人が他人、特に自分より優れた人に観察されているということを自分の心の中に内面化することで得られるものである。ルイーザ・マスグローヴのライムでの転落の後、アンはラッセル夫人に何が起こったのか説明しなければならず、「ウェントワース大佐の名前を出さないわけにはいかなかった（中略）アンは最初その名前を言うことができず、ラッセル夫人の目をまっすぐに見ることもできなかった。でも思いきって、ウェントワース大佐とルイーザの恋愛関係について自分の感想を簡単に述べると、それからはもうウェントワース大佐の名前を口にするのが苦痛ではなくなった」（P、p.202）。ここでは、認知的で、方針決定的なアンは、叱責を与えたり、命令したりはしないで、むしろ、アンがまだウェントワース大佐のことを気にかけているとラッセル夫人に疑わせないような特定の戦略を工夫することで、困惑している感情的なアンを補助している。

アンとウェントワース大佐がついに互いの気持ちを理解するようになると、アンは「天にも昇るような幸せな気持ちで家に入っていった。あまりにも幸せすぎて、こんな幸せが長く続くはずはないと、ふと不安になるほどだった。このような有頂天の喜びに忍び寄る不安を追い払うには、自分の幸せに心から感謝してしばらく瞑想に耽るのが一番だろう。そこでアンは自分の部屋へ行ってそうすると、しだいに気持ちも落ち着いて、不安もすっかり消えていった」（P、p.408）。最高の幸せであるこの瞬間において、おそらく感情的なアンは、方針決定的なアンが彼女にスローダウンをするように告げ、この幸福は持続するはずだということを確信してもらう必要があった。おそらくアンは、彼女の方針決定的な自己の過剰な警告によって八年の間、手ひどく扱われてきたにもかかわらず、方針決定的な自己を完全に捨て去ることはできず、極端な幸福も、それをいくぶんか抑制しないでは受け入れることができなかったのである。おそらく感情的なアンは、勝利で胸がいっぱいになり、寛大にも、方針決定的なアンに対して当たり障りのない課題を見出してあげたのである。つまり、彼女の上機嫌に対するカバー・ストーリーの創作という課題である。それによって、彼女の上機嫌をもっと社会的に受け入れ可能な感謝の気持ちとして他者が理解可能にするためである。

オースティンは、エリナーとマリアンのダッシュウッド姉妹の異なる自己管理戦略を面白い方法で比較している。エリナーは自分の感情をどのようにして抑制するべきかを知っているが、この「感情の抑制は、エリナーの母親がこれから覚えなくてはならないことなのだが。ところが妹のマリアンは、感情の抑制などぜったいに覚えたくないと思っていた」(SS、p.12)。マリアンが感情を抑制しないのは、社会化によるものでも自然的な能力のなさでもなく、そのやり方を覚えようとしないという意識的な選択の結果なのだった。マリアンとウィロビーが出会い、互いに褒め合ったとき、「エリナーは、マリアンとウィロビーが愛し合うようになったことを驚きはしなかった。ただ、もうすこし目立たないように愛し合ってほしいと思った。もうすこし自制したほうがいいのではないかと、一、二度マリアンに注意したこともあった」(SS、p.75-76)。エリナーにとって自制とは、大体において、他者が自分を見る見方をコントロールすることだった。このことはマリアンにとっても真であったが、自分の感情的な自己を抑え込む代わりに、マリアンはそれを公共的消費に供するまで増幅したのである。ウィロビーが突然出発した後、彼女は自分の「激しい悲しみを」言い広めたのだ。[それにより]「マリアンは悲しみにおぼれて自分を慰めるだけでなく、もっともっと悲しまなければいけないと自分を責めているにちがいないのだ」[とエリナーに思わせたのである]（SS、p.110)。マリアンは自分自身をコントロールしていたが、その[声の]ボリュームを下げる代わりに、上げたのである。実際、今度はエドワード・フェラーズが明白な理由なしに去っていくと、エリナーは自分の感情を抑えつけ、「ウィロビーが去ったときマリアン[が]、自分の悲しみを増大させ定着させるために」選んだ手段は用いなかった。「悲しみを増大させたいか、静めたいか、ふたりの目的はまったく違っていた。当然、手段もまったく違っていて、それぞれの手段はそれぞれの目的にピッタリ適っていた」(SS、p.146)

言い換えれば、オースティンは、自己管理戦略は選択の問題であって、気質の問題なのではないと論じているのである。エリナーとマリアンの戦略が異なっているのは、二人が異なる目的をもっているからなのである。エリナーの目的は、母や妹に自分のことを心配させたくないということであったが、マリアンの目的は、彼女の苦痛は制御不可能であるということによって最もよく証明される、彼女自身の愛の深さを、可能な限り多くの聴衆に納得させることだったのである。実際、マリアンにとっては、エリナーが自分の感情を抑制していることは、単にその感情の浅さを示しているだけなのである。「愛情が激しい場合は、自制心を保つのは不可能だが、穏やかな愛情しか持っていない場合は、誰だって自制心を保つことができるし、そんなことは別に立派なことではないというわけだ」（SS、p.147）。マリアンがウィロビーから、ミス・グレイと結婚するつもりだという内容の手紙を受け取った後、仲の良いエリナーにとってさえ「身も世もあらぬこの悲しみ」があまりにも大きかったので、エリナーはこう命じた。「マリアン！　しっかりしなきゃだめよ！　お母さまのことを考えて。あなたを愛する人たちを死なせたくないと思ったら、元気を出さなきゃだめよ！　お母さまのために、元気を出さなくちゃだめよ！」しかし、マリアンは、お母さまがどんなに悲しむかを考えて。（中略）あなたと、あなたを愛する人たちを、エリナーは自分の悲しみの深さを理解していないと考えていた。「自分に苦しみのない人間が、人に元気を出せと言うのは簡単よ。幸せいっぱいのお姉さまに、私の苦しみがわかるはずないわ！」（SS、p.252）自分たちの母親に訴えることはうまくいかなかったので、次にエリナーは、世間体に訴えた。「その憎むべき敵が誰であろうと、あなたは自分の潔白を信じて、気持ちをしっかり持って、その邪悪な勝利感に浸っている人たちを見返してやりなさい」。しかし、マリアンは［自分の不幸を］世間に知ってほしがった。「私が不幸だということを、誰に知られたってかまわない。不幸な私を見て、世の中の人がみんな勝利感に浸ればいいわ」（SS、p.258-59）。マリアンは自分自身が病気になってしまうような極端な道を選び、ほとんど死にかけた。そして、その後になって初めて、自分を抑えることを約束した。しかし、第5章で触れたように、マリアンの拡大戦略は、一度究極のドラマに設定されると、基本的にはうまくいったのである。それは、彼女にウィロビーを与えはしなかったが、彼が自分の正直な気持ちを告白するために夜中にやってくるようにさせたのである。そして、ついでに言えばこのことは、ブランドン大佐がダッシュウッド夫人を連れてくることを可能にし、この先、自分がマリアンに求婚することについて［彼女の］母から励ましを受けることを可能にしたのである。

エリナーとマリアンの戦略は必ずしも対立していない。エドワード・フェラーズがルーシー・スティールと結婚したとダッシュウッド家が考えた後、エドワードが訪問してきた。彼が馬に乗って現れると、エリナーは腰に手をまわして独り言を言った。「落ち着かなくては。冷静にならなくては」。再びこの場合も、彼のふるまいに関して、エリナーはマリアンと母に「こう言いたかった。『エドワードに冷たい態度や、軽蔑したような態度はぜったいに見せないでくださいね』と」（SS、p.494）。しかし、エドワードが、ルーシーはエドワード・フェラーズ夫人ではなく、ロバート・フェラーズ夫人であると言うと、エリナーは「もうその場に座っていられなかった。走るようにして部屋を出て、ドアが閉まったとたん、うれしさがこみあげてわっと泣き出した。この涙は永遠に止まらないのではないかとさえ思った。エドワードはそれまでエリナーを見ないで、あらぬ方角ばかり見ていたが、いま彼女が走り去るのを見、そしてたぶん彼女のうれし涙を見たか、あるいは聞いた。彼は突然物思いに沈」んだ（SS、p.494）。マリアンが予想していたように、エリナーが自制心を失い、部屋から飛び出すことは、エドワードに彼女の本当の気持ちを明らかにすることであり、彼を有頂天にさせるものだった。とはいえ、エリナーを弁護すると、彼女はなんとかして別の部屋にたどり着き、涙があふれる前にドアを閉めることができたのである。おそらく、自制心を保つためのこの試みにはっきりと示された英雄的な行いが、彼女の愛情を最もよくエドワードに伝えたのである。このように、マリアンとエリナーの自制戦略は、組み合わせると両方とも有効なのである。

オースティンが記しているように、自分自身を戦略的に操作するべき理由の一つは、一つの自己が偏っているかもしれないと予期しているからである。エリザベスはダーシー氏に「最初に正しい判断をするのが、自分の意見を変えない人の義務ですわね」（PP上、p.164）と言っている。現在の自己は、理性を欠いた愚かな未来の自己を予期しつつ、慎重に判断しなければならないのである。よく見られる過ちの一つは「確証バイアス」というものである。それは、自分がすでに信じていることと整合的な議論に飛びつくというバイアスである。例えば、疑いをもっていたにもかかわらず、サー・トマスは、自分の娘であるマライアのラッシュワース氏との結婚は成功するだろうと信じていた。サー・トマスはこれを聞いてすっかり満足し、満足している自分にも満足し、この問題をそれ以上は突きつめて考えなかった。たぶんほかの問題なら、彼の分別が、もっとよく考えるように自分に命じたことだろう。（中略）つまり、ラッシュワース氏のような人物で満足するような子でよかったと――サー・トマスは大いに喜んだのだった」（MP、p.301-302）。アンが男女のどちらがより一途であるかについてハーヴィル大佐と議論した後、アンは二人が決して合意に達することはないかもしれないと示唆した。なぜなら、「男性は男性、女性は女性、それぞれ自分の性を贔屓目に見て、その贔屓目の上に立って、自分の性に都合のいい実例を見つけて積み上げていく」からである（P、p.389）。九一個の実験研究に関するメタ分析において、「人々はほとんど二倍多く……すでにもっていた態度、信念、あるいは行動に合致しないものより合致するものを選ぶ傾向があった」（Hart, Albarracín, Eagly, Brechan, Lindberg, and Merrill 2009, p.579; Baron 2008, p.215も参照のこと）

　オースティン作品における戦略的に思慮深い人々は、潜在的なバイアスについて自己批判的な態度をもって意識しておこうとしている。エリザベスへの手紙において、ダーシー氏は、彼女の姉ジェインがビングリー氏に何ら関心をもっていないと自分が信じていたと説明したが、それはその可能性を認めることによって、確証バイアスに対して自分自身を防御しようとしたのである。「彼女の心が動かないことを、私が願っていたのは確かです。しかしあえて言わせていただきますが、私の観察と判断は、希望や不安によって曇らされることはありません。つまり、彼女の心が動かないことを願うゆえに、そう確信したわけではありません」（PP上、p.337）。ナイトリー氏はフランク・チャーチルに疑念を抱いていたので、フランクとジェインを「観察せずにはいられなかった。そしてその観察の結果、フランクとジェインがひそかに愛し合い、了解し合っているのではないかという疑惑は、ますます強まるばかりだった。もしその観察が、詩人ウィリアム・クーパーが黄昏どきに炉端で歌ったように、『私が見ているものは、私がつくったもの』ではないとすれば」（E下、p.156-157）。ブランドン大佐は、「人間の心というのは、何かを信じたくない場合は、それを疑う根拠になるものをつねに見つけるものですからね」（ＳＳ、p.236）と述べている。

エドマンド・バートラムは、職業として聖職者を選ぶことは、父がすでに自分のために聖職者としての生活費［聖職禄］を用意してくれているという事実によってバイアスを受けていることを率直に認めている。「自分に聖職禄が用意されているとわかったから、牧師になる気になったのかもしれない。でも、それが悪いことだとは思わない（中略）／それに、安定した生活が約束されていることを若いときに知った人間は、みんな無能な牧師になるという理屈は、ぼくにはわからない（中略）でも、たしかにぼくは、自分に聖職禄が用意されているとわかったから、牧師になる気になったのかもしれない。それは否定しない。でも、それが悪いことだとは思わない」（ＭＰ、p.167-68）。ファニーは、エドマンドがメアリー・クロフォードと結婚する可能性が高いことに落胆していたが、メアリーに関する自分の悪い考えは、自分自身の個人的な利害にかかわらず、公平なものであると信じていた。それは、「ミス・クロフォードの悪しき心はそのまま残るだろう。ファニーはそれを思うと悲しくなった。自分のことは別にしても、そう、自分のことは別にしてもほんとうに悲しくなった。／ミス・クロフォードは最後の会話で（中略）本人は気がついていないが、道に迷った堕落した心の持ち主」だからだった（ＭＰ、p.561-562）。つまり、メアリーが責任を負うべき欠点は、自分自身のバイアスに気づいていないということなのである。

選好の変化

オースティンにとって、人の選好における変化は常に、注意を払い、説明するに値するものだった。オースティンは一般的には選好の変化には懐疑的であった。それは、選好の変化を主に不真面目な者や未熟な者が影響を受けやすい事柄への愉快な人間的な転落として見ていたからである。彼女は、気高い感謝というメカニズム、死を目前にした、あるいは恋に落ちた際の理解可能なメカニズム、わずかに疑わしい「参照点依存」のメカニズム、非難されるべきお世辞や説得のメカニズム、それに愚かな自己合理化のメカニズムを含む、選好の変化に関するいくつかのメカニズムを探求していた。また、ときには、選択肢自身が新しい特徴を獲得したり、新しい社会的意味を得たりすることでかなり変化してしまうために、人の選択肢に対する選好は変化する。

オースティンにとって、選好変化に関する最も称賛に値するメカニズムは感謝である。エリザベスのダーシー氏に対する気持ちの変化は、増大する感謝の思いを通じて記録されている。ダーシー氏が最初にプロポーズしたとき、エリザベスはこう答えていた。「感謝するのが当然ですし、感謝の気持ちが湧いてくれれば、私もすぐにお礼を申し上げたいのですが、残念ながら申し上げられません」（PP上、p.325）。エリザベスが、彼女の反対に応えるために書かれたダーシー氏の手紙を読んだ後でも、「彼の愛情に感謝したいし、彼の人格に尊敬の念さえおぼえるが、そうかといって彼を好きにはなれないし、プロポーズを断わったことは後悔していない」のであった（PP下、p.21）。最初は、彼女は全く感謝の気持ちを抱いていなかった。それから感謝の気持ちを抱き始めるが、彼女の心を変えるほど十分ではなかった。エリザベスがガーディナー家の人々とペンバリーを訪問したとき、家政婦のレイノルズ夫人がダーシー氏の人柄を褒め称えたので、「彼が示してくれた愛情にたいして、いままで感じたことのない深い感謝の気持ちがこみあげてきた」（PP下、p.77）。ダーシー氏が一日早く現れて、素晴らしい歓迎でもてなしてくれ、妹のジョージアナさえ紹介してくれたとき、エリザベスは次のことに気づいた。「彼女が彼に好意を抱きはじめた理由として、もうひとつ見逃せない動機があった。それは感謝の念だ。つまり、彼女を愛してくれただけでなく、プロポーズを断わったときの彼女の無礼な態度や、そのときに彼女が口にした不当な非難などをすべて許して、いまなお愛してくれていることへの感謝の念だった」（PP下、p.100）。実際、「感謝や尊敬が愛の基盤になるとしたら、エリザベスのこの気持ちの変化は当然ありうることだし、間違ってもいない」のだった（PP下、p.122）。ダーシー氏がウィッカムのリディアとの結婚を密かに支持していたことをエリザベスが知った後、彼女は感謝の気持ちを表明し（「あの話を知ってから、早くお礼を申し上げたいと、そのことばかり思っていました」）、それをきっかけに実りのある会話を始めることができた。ダーシー氏は彼の変わらぬ愛情を表明すると、エリザベスはこう答えた。「自分の気持ちは、あの四月以来すっかり変わり、いまは感謝と喜びをもって、あなたの愛を受け入れることができます」（PP下、p.266-68）。『高慢と偏見』の最後の文章はこうなっている。エリザベスとダーシー氏は、二人をペンバリーに呼び寄せてくれたことについて、ガーディナー「夫妻にたいする熱い感謝の念を、ふたりはいつまでも忘れなかった」と（PP下、p.305）。

感謝の気持ちは強力なものだが、おそらくその働きは単純なものである。感謝は愛情を生み出してくれるが、それ以上におそらく人が誰かを愛するようになるのは、相手が自分のことを愛してくれていると思えるときだろう。言い換えれば、ある人が別の誰かに対する選好を変化させるのではなく、むしろ二人は、第2章におけるベアトリスとベネディックのように、コーディネーション問題に直面しているのである。ヘンリー・ティルニーはキャサリン・モーランドに恋をしたが、オースティンはこう書いている。「ここで私ははっきりと言っておくが――彼の愛情は、彼女にたいする感謝の気持ちから生まれたものなのである。つまりヘンリーは、キャサリンから愛されていると確信したために、彼女のことを真剣に考えるようになったのである」（NA、p.370）。ここで、フランク・チャーチルのことを考えていたエマについて、「彼が私に恋心を抱いて、特別な好意を寄せていることは間違いない。エマははっきりそう確信した。すると不思議なことに、自分はぜったいに恋愛はしないと言っていたのに、『もしかしたら、私も彼をすこし愛しているかもしれない』と思いはじめた」（E下、p.31）と記されている。エマはフランク・チャーチルに感謝の気持ちを感じていなかったが、彼が自分のことを愛していると信じることが、彼女が彼のことを愛しているのかどうかを考えさせるには十分だったのである。メロー（Mellor

1993, p.56）は、男性の感謝の気持ち、特にヘンリー・ティルニーのキャサリンに対する気持ちは虚栄心に基づいているが、［女性である］エマの反応についても虚栄心がよい説明になっているようである、と論じている。メローはまた、感謝の気持ちは、劣った者、典型的に女性が、優れた者に対して感じるものだが、これではダーシー氏のガーディナー夫妻への感謝の気持ちは説明できない、とも論じている。

感謝の気持ちを抱く場面は『高慢と偏見』では繰り返し現れるが、コーディネーション問題についてもそうなのである。シャーロット・ルーカスがエリザベスと、エリザベスの姉ジェインについて話しているとき、シャーロットは、自分が相手を愛していることを相手が知れば知るほど、相手が自分を愛してくれるようになるという意味で、愛とはコーディネーション問題なのだということに同意している。「それがほんとの恋心になるためには、何かの励ましが必要なのよ（中略）ビングリーさんは間違いなくジェインを好きだと思うけど、ジェインが何の反応も示さないと、ただ好きってだけで終わってしまうかもしれないわ」（ＰＰ上、p.39）。実際、ビングリー氏の求婚を止めさせたのは、ジェインが無関心であるということをダーシー氏が彼に説得したからなのである。ダーシー氏がビングリー氏に、自分が間違っていて、いまはジェインが彼のことを愛していることを真剣に信じていると告げるや否や、それだけでビングリー氏のジェインへの気持ちが蘇ったのである。ベアトリスとベネディックのように、エリザベスは最初、ダーシー氏に対して横柄に接していた。なぜなら、彼女は彼が自分に対して横柄であることを予期していたからである。彼女がシャーロットに告げたように。「すごく意地悪そうな目をしているの。失礼なことをされる前に、こっちから失礼なことをしてやるわ。そうしないと負けそうだもの」（ＰＰ上、p.43。エリザベスが「ベアトリスのようである」ことについてはKnox-Shaw 2004, p.88も参照のこと）。ペンバリーを訪問した後で、エリザベスとガーディナー夫人はお互いに長い時間、ダーシー氏について話し合ったが、それぞれが相手に話の口火を切ってほしがっていた。「エリザベスは、ガーディナー夫人がダーシーをどう思っているか知りたかったたし、ガーディナー夫人も、エリザベスがダーシーの話題を始めてくれたらさぞかし喜んだことだろう」（PP下、p.110）。ドゥーディ（Doody 1988, p.231）によれば、（オースティンは読んだことがあり、『ノーサンガー・アビー』では言及されてもいる）フランシス・バーニーの小説『カミラ』全体の要点は、みなに「自分の心を与える前に、他人の心を得ること」を教える求婚システムに不満を表明することだった。

瀕死の経験は、人の選好を非常に効果的に変化させることができる。ルイーザ・マスグローヴが転落［の怪我］から回復した後、彼女は「文学の趣味をもち、感傷的な物思いに」耽るようになった。「突堤《コップ》から飛び降りて大怪我をしたあのライムでの一日は、ルイーザの運命にまことに大きな影響を及ぼしたようだが、それに劣らぬ大きな影響を、彼女の健康と活力と勇気と性格にも生涯及ぼすことになるだろう」（P、p.275-76）。トム・バートラムは病気から回復すると、「バートラム家の長男としてのあるべき姿に戻り、父親の役に立ち、節度と落ち着きを身につけ、もう自分のためだけに生きるようなこともなくなった」（MP、p.714）。マリアン・ダッシュウッドが［病気から］回復すると、彼女は「時間はすべて音楽と読書に当てるの。もう計画を立てたし、これからはまじめにきちんと勉強するつもりよ」（SS、p.472）と宣言した。瀕死の経験はうまく効果を発揮するものだが、偶然の場合を除いて適用することは難しい。

人の選好を変える同様のメカニズムには、恋に落ちるという、もう一つの激しい感情状態がある。ナイトリー氏は、フランク・チャーチルのジェイン・フェアファクスとの秘密の婚約が暴露されたことで打ちのめされているに違いないと考えて、エマを訪ねたが、エマは、フランク・チャーチルには決して心を惹かれたことはないとはっきりと言った。そこでナイトリー氏は、フランク・チャーチルは完全に卑劣だったわけではない、と論理的に結論したが、本当に彼の意見を変えたのは、彼自身の愛情をエマが受け入れてくれたことで彼が上機嫌であったことである。「わずか三十分のあいだに、彼の精神状態は不幸のどん底から、完璧な幸福としか言いようのないものへと変わったのである（中略）／ふたりが庭から家に戻ったとき、ふたりは手を取り合って約束を交わし、エマはナイトリー氏のエマになっていた。もしこのときフランク・チャーチルのことを思い出したら、ナイトリー氏は彼をたいへんな好青年と思ったかもしれない」（E下、p.300-301）。アン・エリオットはこのメカニズムに気づいていた。ウェントワース大佐は、八年前の［求婚に対する］アンの拒絶によってまだ傷ついていたが、アンと再び出会うと、アンは見分けがつかないほど変わってしまったとヘンリエッタに告げ、アンは彼のその意見を耳にした。しかし、二人がついにお互いの気持ちに気がつくと、ウェントワース大佐はアンにこう告げたのである。「ぼくの目に映るあなたは変わるはずがない」。だが「アンにとって、ウェントワース大佐のこの褒め言葉はいっそう貴重なものだった。なぜならウェントワース大佐は、アパークロスで八年ぶりにアンに再会したとき、『あの人はすっかり変わってしまって、つい気がつきませんでした』と言ったのだ。つまり、アンの美しさが変わっていないから彼の熱烈な愛情が蘇ったのではなく、彼の熱烈な愛情が蘇ったために、『ぼくの目に映るあなたは変わるはずがない』という褒め言葉を口にしたのである。ほんとうに、アンにとってこんなにうれしいことはなかった」（P、p.404）。ウェントワース大佐の愛の深さは、彼の判断を逆転させるほど強いものであることによって証明された。ウェントワース大佐は誠実であったが、少しばかり愚かでもあった（ナイトリー氏のように、おそらくより親しみやすいあり方で）。確固としたアンの選好は、決して同じように逆転したりはしないだろうから。

選好変化のもう一つ別のメカニズムは、「参照点依存性」である。結果の利得は、比較の参照点、あるいは人が慣れ親しんでいる現状に依存しうるものである（Tversky and Kahneman 1991）。例えば、少尉となったファニーの兄ウィリアムは、［彼女のところを］訪れて、興奮しながら彼の新しい軍服を見せた［がった］が、［それを着て見せることは］できなかった。なぜなら、彼は勤務中ではなかったからである。エドマンド・バートラムは「こう思った。『ファニーがその軍服を見るチャンスに恵まれる前に、その軍服の新しさも、それを着る人間のういういしい気持ちも色あせ』（中略）なぜなら、一、二年経ってほかの連中が少佐や中佐に昇進するのを、指をくわえて眺めている少尉の軍服ほど、情けないものはないからだ」（MP、p.563）。少尉の制服［を着ること］は、士官候補生にとって素晴らしい栄誉であったが、少尉であることに慣れてしまえば、それは「不名誉のしるし」（MP、p.563）になるのだった。

オースティンは、『マンスフィールド・パーク』において、ファニーがヘンリー・クロフォードのプロポーズを断わった後の諸章の中に、参照点依存性に関するさらに六つの例を含めている。ある程度まで、参照点依存性はプロットを進ませる役割を果たしている。人をうんざりさせるようなメアリー・クロフォードは、プロポーズを受け入れるようにファニーを説得し続けたが、お別れを言うときになると、思いがけず親切になった。そして、「これまでそういう経験があまりにも少なかったため」に、「ファニーは他人から愛情のこもった扱いを受けると、とりわけありがたく思う傾向が」あった（MP、p.558）。クロフォード兄妹が去った後、サー・トマスは、ファニーがヘンリーをもっと評価するようになっていることを期待した。そして、いまや彼［ヘンリー］はいなくなった。「サー・トマスがつぎに当てにしたのは、『ファニーはクロフォード氏がいなくなったことを寂しがるのではないか』ということだった。ファニーは彼のプロポーズを災難と感じて、そう思い込んでいたかもしれないが、いざ彼がいなくなると、心にぽっかり穴が開いたような寂しさを感じるのではないかと、サー・トマスは大きな期待を抱いた」（MP、p.559）。ファニーはヘンリー・クロフォードに対する気持ちを変えていなかったので、サー・トマスは、ファニーをポーツマスにある以前の家に訪問させた。それは、「マンスフィールド・パークと同じような安楽な暮らしが一生保証されることの価値――をファニーが正しく認識するのではないかと、サー・トマスは思った」からである（MP、p.564）。サー・トマスは、ヘンリーのプロポーズが、マンスフィールド・パークでの現状から見るよりも、ポーツマスでの現状から見るほうがより良く見えることを期待したのである。実際、ファニーが人が多くてうるさいポーツマスの家の中に座っていると、「マンスフィールド・パークの上品さ、礼儀正しさ、規則正しさ、調和、そしてあの平和と静けさが、絶えずファニーの頭に浮かんだ。つまり、それらと正反対のものが、ポーツマスの家を支配しているから」だった（MP、p.599-600）。ほんの数週間前、マンスフィールドでは、ファニーはメアリー・クロフォードに出ていってもらいたかったが、彼女からの手紙を受け取ると、「ファニーの気持ちにたいへんな変化が生じたのである！　つまりファニーは、久しぶりにミス・クロフォードから手紙をもらって、ほんとうにうれしかったのである。いまこうして上流社会から追放されて（中略）自分の心が住んでいた世界に属する人から来た手紙、しかも愛情と、ある程度の上品さを備えた手紙は、ほんとうにうれしかった」のである（MP、p.601）。最後に、ヘンリー・クロフォードが既婚のマライアと駆け落ちして、二つの家族間の関係が断絶した後、メアリー・クロフォードは「マンスフィールドで身につけた高級な趣味を満足させてくれる人。しかも性格も態度も立派な人（中略）そして最後にエドマンド・バートラムのことを完全に忘れさせてくれる人」（MP、p.726）を見出すことが難しくなった。メアリーがエドマンド・バートラムと親しくなると、他の男性に対する彼女の選好は低下したのである。

同様に、過去の失敗は現在の成功をより好ましく見えるようにしてくれることがある。前日に、ソープ家の人々と兄と一緒に馬車に乗ったために、ティルニー家の人々とは会えなかった後、キャサリン・モーランドはエリナー・ティルニーを見かけて、彼女に話しかけようと近づいた。「こんどこそ絶対に友達になるのだという固い決心をもって、キャサリンはミス・ティルニーのところへ歩み寄った。きのう絶好のチャンスを逃したという悔しさがなかったら、これほどの勇気は出なかっただろう」（NA、p.102）

別の関連したメカニズムは、選択肢の利得が比較されるものに依存するというものである。マライアが結婚してジュリアが彼女と一緒に暮らすために去っていった後、ファニーは「バートラム家の客間で唯ひとりの若い女性となり」（MP、p.308）、ヘンリー・クロフォードは、大声で言った。「いまは完全に美人と言ってもいい（中略）姿も、態度も、全体的な印象も、ほんとうに見違えるほど美しくなった。身長も、十月以来二インチは伸びたんじゃないかな」。しかし、メアリー・クロフォードはそれにこう答えた。「彼女と比較する背の高い女性がいなかったからそう見えただけよ（中略）きのうのディナーでは、お兄さまが注目する若い女性は一人しかいなかったし、お兄さまはああいう席では、若い女性に注目しないと気がすまないからよ」（MP、p.345-46）。後に、ヘンリーがポーツマスにファニーを訪ねたとき、彼女はヘンリーのことをもっと親切で思慮深いと気づいたのだが「いま、マンスフィールドとまったく違う環境のもとでクロフォード氏に会ったのであり、マンスフィールドとポーツマスの環境の違いが大きく関係しているのだが、彼女はそれを考慮に入れずにこう思った」のである（MP、p.634）。

ファニーは、神ならぬ身であり、まだ若かったので、参照点依存性には影響を受けやすかったが、このことは強さであるよりは弱さであると考えられた。キャサリンはまた非常に若かったので、参照点依存性が彼女の無邪気さの一部であった。それは明らかに彼女にとって最終的には有利な結果に導いた。他の若い女性が周りにいないので、ヘンリー・クロフォードがファニーの評価を改訂したというのはバカげたことだったからである。

オースティンにとって、人の選好を変化させることについて、最も非難されるべきメカニズムは、お世辞と説得であった。それらはただ非常に若い人（とラッシュワース氏のような愚かな人）にしか働かないものだからである。キャサリン・モーランドが、ジョン・ソープが好きかと兄ジェイムズに尋ねられたとき、「もし友情もお世辞も絡んでいなければ、たぶんキャサリンは、『あんな人、大嫌いよ』と答えただろう。ところがなんとキャサリンは、すこしもためらわずに、『あの人、大好きよ。とても感じがいいわね』と答えてしまったのである」（NA、p.66-67）。キャサリンは若かった。「もしキャサリンが、もうすこし歳を取っていて、もうすこしうぬぼれが強ければ、この程度の言葉で判断を曇らされることはないだろう。しかしまだ十七歳で、自分の魅力に自信のないキャサリンが、世界一すてきな女性だと言われた」のである（NA、p.66）。若いファニーは、お世辞に対して難攻不落ではなかった。オースティンはこう書いている。「もちろん世の中には、難攻不落の十八歳のお嬢さんはいるかもしれない（中略）つまり、いかなる才能と策略と心づかいとお世辞をもって言い寄られても、自分の分別に反する恋は絶対にしないというお嬢さんはいるかもしれない。そうでなければ、そういうお嬢さんが小説に登場するはずがない。でも私は、ファニーがそういう難攻不落のお嬢さんだとは思わない」(MP、p.348)。ラッセル夫人は、アン・エリオットが一九歳のときには、ウェントワース大佐と結婚しないように説得した。「アンはまだ若くておとなしい性格だが、父の意地の悪い無言の反対には逆らうことができたかもしれない(中略)しかし、自分があんなに愛しかつ信頼しているラッセル夫人から、あのような首尾一貫した反対意見を、あのようなやさしい態度で何度も言われると、アンはとても逆らうことはできなかった」(P、p.47)。お世辞や説得が若い人にだけ機能するというのは良いことである。というのは、これら二つの事柄はほとんどの場合、決して有益ではないからである。

ときには、選好の変化に見える事柄が実際には何の変化でもないことがある。例えば、コリンズ氏が最初はジェイン・ベネットにプロポーズを計画し、それからエリザベスにプロポーズし、最後にはシャーロット・ルーカスにプロポーズしたが、これは選好の変化ではない。彼の行為は、ジェインを最も好み、エリザベスが二番目で、シャーロットが三番目であったという彼の選好と整合的だったのである。

また、何かに対する人の選好は変化しうるものである。それは、何か新しい特徴や性質と組み合わされた結果であって、その事柄に対する人の選好そのものが変化したわけではないのである。例えば、ベネット夫人が、ダーシー氏を嫌うことから好きになるに至ったのは、一見すると一貫性のないように見えて困惑させられるが、全くそのようなことはなくて、彼が彼女の義理の息子になるという追加的な特徴を備えるようになったからなのである。「リジー、私はいままであの人をあんなに嫌っていたけど、よくお詫びを申し上げておくれ。きっと許してくださるわ。ああ、かわいいリジー、ロンドンにも家を持つのね！　何もかもすてきなことばかり！　ああ、三人の娘が結婚するのね！　年収一万ポンド！」(PP下、p.289) ナイトリー氏がジェイン・フェアファクスを好きだということをウェストン夫人が示唆すると、エマは、彼は決して結婚しないに違いないと主張した。なぜなら、彼女の甥ヘンリーは、ナイトリー氏の甥でもあったが、もはや遺産相続者ではなくなるからである。しかし、ナイトリー氏のプロポーズを受け入れたときには、エマは「今回は、ヘンリー坊やにたいする権利侵害ということが、エマの頭に浮かばないのだ（中略）それを考えてやらなければならないのに、エマはその件に関しては、いたずらっぽい微笑を浮かべただけだった」（E下、p.328-89）。もし彼女自身が彼の妻であり、相続権が彼女自身の子供に移るなら、エマはナイトリー氏が結婚することに我慢するつもりがあったのである。

最も興味深い種類の組み合わせは、何かに対する人の選好が、新しい社会的意味をもつようになったために変化するときである。ヘンリー・ダッシュウッドが亡くなったとき、彼の妻であるダッシュウッド夫人と娘のエリナー、マリアン、それにマーガレットはノーランドにただお客として残った。なぜなら、ダッシュウッド氏の先妻の子であるジョン・ダッシュウッドが［家の］所有権を得たからである。夫人と娘たちはいずれは出ていく計画だったが、愛する我が家の近くにとどまりたかったのである。しかしながら、ジョン・ダッシュウッドの妻であるファニーがダッシュウッド夫人に、彼女の兄エドワード・フェラーズは自分の結婚には高い期待を抱いているので、エリナーは「エドワードを誘惑」すべきではないとほのめかしたために、怒ったダッシュウッド夫人はただちに出ていくことを決心したのである（SS、p.34）。そんなとき、バートン・コテッジに宿泊するようにとの誘いが来た。「バートン・コテッジは、サセックス州から遠く離れたデヴォン州にある。その家がどんなにすばらしくても、二、三時間前なら、その遠い距離が最大の難点になっただろうが、いまはそれが最大の利点だった。ノーランドから遠く離れることは、もはや悲しいことではなくむしろ望ましいことだ。あんな嫁の居候でいつづける不幸に比べたら、まさに幸福そのものだ」ったからである（SS、p.35）。同様に、マライアがラッシュワース氏と結婚しようとしていたのは、父サー・トマスが外国から帰ってくる頃で、その間にマライアは臆面もなくヘンリー・クロフォードの好意を受け入れていた。サー・トマスが帰ってきたとき、ヘンリーがもし真剣であったならすぐに行動しなければならなかったが、その代わりに何も言わずに去っていった。マライアはできるかぎり結婚式を遅らせようとしていたが、いまやただちに結婚式を挙げたいと願った。「たしかに、ヘンリー・

クロフォードはマライアの幸せを破壊したが、そのことを彼に悟られてはいけない。彼の名誉や世間体を将来まで破壊させてはならない。彼女がマンスフィールド・パークに引きこもって、ヘンリー・クロフォードに恋い焦がれ、彼のためにサザトン・コートもロンドンもあきらめ、経済的にも精神的にも独立したすばらしい生活もあきらめたなどと、彼に思わせてはいけないのだ」(MP、p.303-304)。ラッシュワース氏との結婚から得られるマライアの利得は、それによってヘンリー・クロフォードを困らせることができるために、増加したのである。

同様に、もし何かに対する人の評価が、そのことについてもっと学ぶことによって変化するなら、それは本当の意味で選好の変化ではないのである。ヘンリー・クロフォードは、長年の船旅から帰ってきた兄のウィリアムに対するファニー・プライスの愛情の強さを見たとき、「ファニーの魅力はいっそう増した。いや、二倍も魅力的になった。なぜなら、彼女の豊かな感受性がその顔色を美しくして、その表情を輝かせているのだが、その豊かな感受性そのものが大きな魅力だからだ。ファニーが男性を愛する能力を持っていることを、ヘンリー・クロフォードはもはや疑わなかった」(MP、p.355)。ヘンリーは、ファニーの心［の変化］がもたらしてくれる事柄を知ったので、もっと彼女に魅了されるようになったのである。ウィロビーがミス・グレイと結婚するためにマリアンとの関係を絶ったことをみなが知った後、エリナーは「お節介な悔やみの言葉」や「騒々しい親切」にうんざりし、ミドルトン夫人の自己中心性をありがたく思った。「親戚や友人たちのなかに、少なくともひとりはこの件に無関心な人間がいると思うと、とても心が休まった。ミドルトン夫人は、エリナーに会っても何も聞きたがらないし、マリアンの健康を気づかうようなこともしない。そういう人間がひとりでもいるというのは、エリナーの疲れた神経にはたいへんありがたかった。／どんな性格でも、そのときの事情によって、真価以上に評価される場合があるのだ」(SS、p.295/p.294/p.294-95)。エリナーのミドルトン夫人ら一団に対する選好は変化していない(後の出来事では、彼女はミドルトン夫人のことを相変わらず面白みがない人だと気づいた)。むしろ、エリナーは、ミドルトン夫人の無関心が人に利得をもたらしてくれるという、思いもよらない機会を発見したのである。

最後に、ある人が自分自身の、あるいは他者の選好が変化したと言うとき、これは本当の変化ではなくて、単に自分自身の行動の合理化にすぎないという場合がある。マライアとジュリア・バートラムの両方を口説いていたヘンリー・クロフォードは、『恋人たちの誓い』のアガサの役をマライアに演じてほしいという選好を断固として主張した後で、彼は最初、激怒したジュリアを「やさしい態度でお世辞を連発して」なだめようとしたが、「すぐに自分の芝居のことで忙しくなり、マライアとの恋のたわむれだけで手いっぱいであり、ジュリアとまでたわむれる暇はなくなった。それゆえ彼は、ジュリアとの仲たがいには無関心になり、この仲たがいはむしろ好都合だと思った」(MP、p.244)。ヘンリーははじめにジュリアとの仲たがいを何とかしようとしたが、怠惰からその考えを変えて、それは良いことだとみなしたのである。ヘンリーは他者の選好を、自分の都合の良いように自由に変化しうるものだと見ていたのである。例えば、いまやラッシュワース夫人となっていたマライアが、彼のファニーへのプロポーズのことを聞けば、頭がおかしくなってしまうとメアリー・クロフォードが彼に告げたとき、ヘンリーはこう答えたのである。「ラッシュワース夫人はものすごく怒るだろうな。彼女にとっては苦い薬だ。つまり、ほかの苦い薬と同様、ほんの一瞬苦い味がするけど、ぐいと飲み込んでしまえば、苦い味はすぐに忘れてしまうだろう」(MP、p.452)。おそらく、ヘンリーは単に他者の選好を彼自身のものと同様に長続きするものだと見ていたのである。あるときには、ヘンリーは「自分もウィリアム・プライスのようになりたいと思った。すばらしい誇りと情熱をもって派手な手柄を立て、自分の力で、立派な地位と財産への道を切り開きたいと思」っていたが、次の瞬間には「一瞬にして我に返り、『いや、やはり馬も馬丁も自由に使える、金持ちの身分のほうがいいかな』と思った」のである(MP、p.356/p.357)。

合理化[の議論]がある瞬間から別の瞬間に変化するとき、われわれは不合理性に近づいているのである。ジェイムズ・モーランドがイザベラ・ソープに踊ってくれるようお願いしたとき、彼女は、キャサリン・モーランドに相手が見つかるまでは踊ることができないと言った。「あなたの妹さんと一緒でなければ、私は絶対に踊らないわ。そうしないと、一晩じゅう離ればなれになってしまいますもの」。しかし、三分後には、イザベラはキャサリンに告げた。「ねえ、キャサリン、悪いけど先に踊るわ。あなたのお兄さまが、早く踊りたくてうずうずしているの。行っても構わないわね?」(NA、p.71) 次の日、四人が馬車で出掛けたとき、ジョン・ソープは、彼女の兄ジェイムズの馬車について「あんな老いぼれ馬車は見たことがない!(中略) 五万ポンドもらっても、あんなおんぼろ馬車に乗るのはご免だな。二マイルだって走りたくない」と言いつつ、自分の馬車をキャサリンに自慢した。[彼の言うことを] 真剣に受け取ったキャサリンは、ジェイムズに危険を知らせ、引き返させるようにとジョンに懇願した。それで、ジョン・ソープはジェイムズの馬車について、「御者の腕が確かなら馬車は安全です (中略) ぼくに五ポンドくれたら、あのおんぼろ馬車で、釘一本なくさずにヨークまで往復してみせますよ」と宣言した。キャサリンは「目を丸くして聞いていた (中略) 彼女は途方にくれてしまった (中略) おしゃべりな人間の癖を知らないし (中略) 彼女の両親は、自分を偉く見せるために嘘をついたり、いまこう言ったのにつぎの瞬間に正反対のことを言ったりすることはいっさいなかった」(NA、p.91/p.92/p.92)。ジョン・ソープの自慢話は、「私が言うことはすべて嘘である」といった単なる論理的矛盾ではない。人は、選好を変えることなしに矛盾した言明をすることが可能である。ジョン・ソープを不合理なものにしているのは、彼が表明した選好をひっくり返してしまうことにある。エドマンド・バートラムはこのことに気づいていた。『恋人たちの誓い』で役を演じることを拒否した後、彼は、メアリー・クロフォードがまったく見ず知らずの人と親密な関係を演じることを阻止するために、自分も劇に参加することを決め、こう述べた。「こんな矛盾したことをさせられるのはいやに決まってる。最初からこの計画に反対していたのに、しかも、あらゆる点で最初の計画よりもひどくなっている今になって、のこのこ参加するなんて馬鹿みたいだ」(MP、p.235)

オースティンは、どのように選好が変化しているのかを追跡しているが、確実にもっと深い疑問は、そもそも選好がどのように形成されるのかである。しかしながら、ほとんどのゲーム理論家は、こうした疑問を探求の範囲には属さないものと考えている。「古典的な経済学／ゲーム理論のモデルは……選好を外生的なものとみなしている。それらは所与のものとして与えられており、分析はそこから始まるのである」(Legro 1996, p.119)。オースティンも例外ではない。感謝の気持ちがヘンリー・ティルニーのキャサリンへの愛、エリザベスのダーシー氏への愛、それにおそらくファニーのエドマンド・バートラムへの愛（一〇歳のファニーが兄ウィリアムに手紙を書くのをエドマンドが手伝った後、「その喜びに輝く表情と、ほんのちょっと口から出た飾らない言葉が、彼女のあふれるような感謝と喜びの気持ちを十分に伝えていた」MP、p.29［と記されている］）を説明するが、オースティンはこれらすべての愛の起源を説明する必要性を感じてはいない。例えば、キャサリンがヘンリー・ティルニーに興味を抱くことは当然のこととされており、エリナーのエドワード・フェラーズとのつながりの始まりは、「ある特別な事情」「芽ばえた恋」（SS、p.23）のように大ざっぱにしか記述されていない。エドマンドがメアリー・クロフォードに魅惑され始めるようになったのも、当惑させられるほど至極当たり前な事柄となっている。「快活で美しい女性が、優雅なハープをかかえて窓辺に座っている。窓は床まであるフランス窓で、こぢんまりとした芝地にむかって開け放たれ、芝地を囲む灌木は、夏の青々とした葉を茂らせている。もうこれだけで、どんな男性の心をとらえるのにも十分だった」（MP、p.102-103）。メアリー・クロフォードの反応は同じくありふれたものである。「さしあたり感じのいい人だと思い、そばにいてほしいと思い、それだけで十分だった」（MP、p.103-104）

オースティンは、人々は新しい選好を獲得しうると記している。キャサリンは、エリナー・ティルニーが彼女にどのようにしてヒヤシンスを慈しむかを教えてくれたのだと述べた後、ヘンリー・ティルニーはこうコメントした。「新しい楽しみを覚えたわけだ。幸せになるには、楽しいことをたくさん知っていたほうがいい（中略）あなたがヒヤシンスを好きになってよかった。何かを好きになる習慣が大事なんです」（NA、p.262-63）。例えばライバルによって行動するように強要されるまでは、人は自分自身の選好を知らないこともあるということを、エマとナイトリー氏が描き出していると言うこともできるだろう。

一途さ

選好の変化の対極にあるのが一途さであり、オースティンはそれを本質的な美徳だと考えている。オースティンは一途さを重んじているが、一途さと頑固さとを慎重に区別しており、また、一途さと移り気との微妙な違いを驚くほど明確にしている。オースティンは一途さを根本的に戦略的なプロセスと理解しているのである。

一途さに関するオースティンの模範的な例は、アン・エリオットとウェントワース大佐のものであり、二人の互いに対する愛は、八年の隔たりがあっても消えずに残っていた。一途さは二人の愛を基礎づける際だけでなく、その戦術的成果においても、本質的なものであった。ハーヴィル大佐によって焚き付けられたうえで発せられた、女性の一途さの方が優れているというアンの表現が、最終的にウェントワース大佐に彼の気持ちを再度宣言させたのである。

二人の軌跡は、一途さを祝福すると同時に、それを分析するものでもある。アンは一九歳のときに、ラッセル夫人に、ウェントワース大佐のプロポーズを断わるようにと説得することを許してしまい、それから八年後に断固たる決意という美徳に取りつかれた状態で彼が戻ってきた。「ウェントワース大佐はアン・エリオットを許してはいなかった。アンは彼にひどい仕打ちをしたのだ。彼を見捨て、彼を裏切ったのだ。さらに悪いことに、その行為によって、アンの性格の弱さが暴露されたのであり（中略）アンは、家族や友人たちの願いを入れるために彼を見捨てたのだ。強引に説得されて彼を見捨てたのだ。それはまさに、弱さと臆病さ以外の何物でもないのだ」（P、p.103）。アンにとって潜在的なライバルであるルイーザ・マスグローヴと散歩しながら、ウェントワース大佐はこう宣言した。「従順すぎて優柔不断な人の一番困った点は、どんな影響力も当てにできないということとです（中略）ほかの誰かに何か言われると（中略）ぼくのまわりのすべての人たちに第一に望むことは、気持ちをぐらつかせず、強い意志を持つことです」（P、p.146-47）。しかし、ルイーザがライムで突堤から転落したとき、彼女の転落は、ウェントワース大佐がそんなことはしないようにと説得していたにもかかわらず、さらにもう一度、突堤の石段から飛び降りたいと彼女が強情に主張したことが原因であることにアンは思いを巡らせていた。それゆえ、アンは、ウェントワース大佐が「以前ルイーザにむかって、『幸せになりたいと思ったら、強い意志を持たなくてはいけません』と言い、断固たる性格こそ幸せをつかむ道だと言った」ことに疑問をもつだろうかと思案した（P、p.193-94）。アンとルイーザとを比較して、ウェントワース大佐は正しい概念的区別を学んだ。「あのライムの事故でぼくは学んだのです。断固たる心の強さと、片意地な強情さとの違いを。そして向こう見ずな大胆さと、冷静な決断力との違いを」（P、p.402）。一途さとは、無頓着さや頑固さのことではなくて、断固たる決意それ自体のことなのである。一途さとは、意志の安定さや固さのことなのである。アンやウェントワース大佐にとって、一途さには、大変な努力、忍耐、それに信仰が必要であったのと同じく、他人が何を考えているかについて戦略的に考えることも必要だった。疑いが生じるときには、アンは「理性を信じて、理性の命ずるままにこう考えることにした。／『もし私たちがほんとうに愛し合っているなら。いつかはきっと心が通じ合うときが来るはずだ。私たちはもう子供ではないのだから、相手のささいな欠点を見つけていらいらしたり、ちょっとした勘違いに惑わされて、自分たちの幸せをみだりにもてあそぶようなことをしてはいけないのだ』」と（P、p.366）。それとは対照的に、第5章で触れたように、ルイーザは、ウェントワース大佐が彼女を受け止める準備ができるほんの数秒前に突堤の石段から飛び降りてしまったのである。「大佐は仕方なく両手を差し出した。――が、ルイーザが飛び降りるのが一瞬早すぎた。ルイーザは固い石畳に落ちて倒れ、すぐに抱き起こされたが、なんと気を失っていた！」（P、p.182）ルイーザの過ちは、単なる強情さにではなく、戦略的思考の欠如にこそあったのである。彼女は、飛び降りる前に、ウェントワース大佐の心的状態について考えることをせず、すでに彼のほうでは用意ができていると単純に仮定してしまったのである。ルイーザは、自分とウェントワース大佐が相互に理解し合う前に行動したのである。魚を盗み取るウサギのテクニックを表層的に真似したキツネが釣り人に叩き殺されたように、ルイーザはウェントワース大佐の注意を引こうとして、一途さにとって真に必要なことが何かを理解しないまま、断固たる決意を表層的に示したのである（そして、「キツネと」同じく、叩き殺されたのである）。

真実の一途さは戦略的思考を必要とする。最終的に互いの愛を理解し合った後、ウェントワース大佐はアンに、彼女がその従兄エリオット氏のターゲットになっており、またラッセル夫人の友達であるのを見て、いかにがっかりしたかを説明した。「しかもあなたのいとこのエリオット氏が、あなたにぴったり寄り添って話をしたり、ほほえんだりしているではありませんか！　そして恐ろしいことに、あなたとエリオット氏はまさに理想のカップルという感じでした！　そして影響力のある人たちは、全員、あなたとエリオット氏との縁組を望んでいるにちがいないのです！（中略）いやでも昔のことを思い出してしまいます。ぼくは彼女の影響力の強さを知っています。彼女の説得によって、ぼくたちの仲が引き裂かれたという事実は、忘れようと思っても忘れられるものではありません！――とにかくどう考えても、ぼくにはまったく望みがないと思うしかありません！」アンはやさしく応えた。「たしかに私は昔、ラッセル夫人の説得に従いました。でも、その説得に従ったことがたとえ間違いだったとしても、これだけは言わせてください。あれは安全のための説得であり、危険を避けるための説得だったからこそ、私は従ったのです。私はあの説得に従ったとき、人間としての義務に従ったつもりでした。でも、今回のエリオット氏との場合は、義務に応援を求めることはできません。好きでもない男性と結婚したら、あらゆる危険を招くことになりますし、あらゆる義務に反することになりますもの」（P、p.406-407/p.407）。アンの発言の要点は、ウェントワース大佐は、以前彼女がいかに人に説得されていたかについての面影のみを見る代わりに、彼女が自分自身で決定をしていることを認識し、彼女の選好に含まれている要因を考えるべきだということである。

その後、さらに考えを進めて、アンはこう続けた。「あのときの私にとって、ラッセル夫人は文字どおり母親代わりだったのです。でも誤解しないでください。彼女の忠告が完全に正しかったと言っているわけではありません（中略）それでもやはり、ラッセル夫人の忠告に従ったのは正しかったと思っています」（P、p.410）。ウェントワース大佐は、より深刻で、辛い反実仮想を元にして応えた。「しかし、一度断られた女性にもう一度プロポーズするというのは、ぼくのプライドが許さなかったんです。ぼくはあなたの気持ちがわかっていなかった。自分で自分の目を閉じてしまって、あなたの気持ちをわかろうとしなかったし、あなたを公平な目で見ようとしなかったのです（中略）ぼくがくだらないプライドにこだわらなければ、あなたもぼくも、六年間の別離と苦しみを味わわずにすんだかもしれないのです」（P、p.412）。いかにアンが人に説得されやすいかを考えることに心を奪われて、意図的に彼女を理解しようせず、すでに［誤解する］リスクはなくなっていたが、アンがいまだに彼と結婚したいかどうかを考えないことによって、ウェントワース大佐はむしろより気まぐれなやり方で行為していたのである。

気まぐれについて、オースティンは冗談半分に、それが必ずしもよく定義された概念ではないと考えていた。フランク・チャーチルのハイベリーへの訪問は予測不可能なものだった。なぜなら、彼は養母のチャーチル夫人から許可を与えられるに違いないからである。エマは不平を言った。「彼が来られるかどうかは、チャーチル夫人の気まぐれ次第なんですってね」。しかし、ウェストン夫人はこう答えた。「まあ、エマったら（中略）ぜったいに気まぐれを当てにできるって、どういうことなの？」（E上、p.190）ぜったいに気まぐれであることなど可能なのだろうか？　ビングリー氏がベネット夫人に、「このネザーフィールド屋敷も、引っ越そうと思い立ったら五分でおさらばでしょうね」と告げた後、ダーシー氏は、自分自身のしなやかさに自信をもっているように見えることで、彼のことを責めた（PP上、p.74）。本章の最初のほうで触れたように、たとえビングリー氏が馬に乗って出発する準備ができていたとしても、もし友人がここにとどまるべきだと告げたなら、もう一か月そこにとどまることを容易に決心するだろうことを、ダーシー氏は示唆していた。ダーシー氏の方がむしろ「友達の頼みを断わってさっさと行ってしまう」とビングリー氏がジョークを言ったので、エリザベスは意見を述べずにはいられなかった。「それじゃ、あなたが軽率な決断をしても、頑固に押し通して実行すれば、それで軽率さは帳消しになると、ダーシーさんは考えているってことですか？」（ＰＰ上、p.86/p.87）エルスター（Elster 1983, p.11）は同様にこう記している。「おおらかであろうとすることは、自滅的な計画である。というのは、まさにそのように行為しようとすることがその目的と干渉してしまうからである」。ビングリー氏は、ジェインは彼の愛情には応えなかったというダーシー氏の意見にがっかりさせられていたが、彼女は実は彼のことを愛しているとダーシー氏が彼に保証すると、容易に回復した。「ダーシーがビングリーを思いのままに動かしている様子を思うと、エリザベスはほほえまずにはいられなかった」（ＰＰ下、p.276）

病気から回復した後、もっと勉強熱心になろうというマリアンの断固たる決意は、相変わらず衰えを知らない熱心さで駆動されていた。「エリナーは、このような立派な計画を立てたマリアンの栄誉を称えた。でもついこのあいだ、マリアンを無気力な怠惰と悲嘆の日々へと追いやったあの旺盛な想像力が、こんどはまた、このような理性的な活動と立派な自制心を示す計画にたいしても、同じような行き過ぎをもたらす作用をしているのを見て、苦笑せざるをえなかった」（ＳＳ、p.473）。自分自身の性格をあまりにも急に変えようとすることで、マリアンはある意味で彼女の性格とひどく整合的に行動したのである。彼女にとって、自分自身をゆっくりと賢明に変えていくこと、ゆっくりと自制的になっていくことは、実際のところはもっと整合的ではないものに見えたことだろう。あまりも急速にかつ不幸な形でウィロビーに引き寄せられることになった抑制のない熱情は、彼女がブランドン大佐と結婚するときには、良き代役として役立つことになった。「マリアンは中途半端に愛することなどできない。だから彼女の心は、かつてウィロビーに捧げられたように、やがてすべて夫に捧げられるようにな

った」（SS、p.524-25）

マリアンの熱情が彼女を気まぐれにしたのか一途にしたのかは、いつその問いが出されるのかに依存している。

彼女がその愛情をウィロビーからブランドン大佐に変えたときには、彼女を気まぐれにしたと言えるが、彼女がブランドン大佐に心を傾けたときには、彼女を一途にしたと言えるのである。ビングリー氏がジェインをあきらめるよう説得されたとき、彼の指導力は彼を気まぐれにしたが、彼が再び［ジェインと一緒になるように］説得されたときには、彼を一途にした。人の一途さはいつの時点で評価されるべきだろうか？　エリザベス・ベネットによれば、それは最後の瞬間においてのみである。エリザベスとダーシー氏が互いの愛情を理解し合った後で、彼女は、自分たちのこれまでの感情は完全に無視すべきだと彼に告げた。［なぜなら］二人の感情は「あのときとはすっかり変わってるんですもの、あの手紙に関する不愉快なことは全部忘れたほうがいいわ。私の悟りの境地を、すこし見習ったほうがいいわ。私は過去のことは、楽しいことだけ思い出すことにしているの」（PP下、p.272）ということだからである。

第10章　戦略的思考のデメリットに関するオースティンの考え

そのコストやデメリットを認識することなしには、戦略的思考に関するどんな分析も完全ではないだろう。ゲーム理論家はめったにこの点には深入りしないが、［戦略的思考の分析に関する］オースティンの熱意は包括的である。

はじめに、そして極めて明瞭に、オースティンは、戦略的思考が精神的努力を要するものであると記している。つまり、ある人の戦略的思考の能力は無尽蔵ではなく、戦略的思考は他の認知的要求と競合している。エリザベスは、最初はダーシー氏のことを誤解していた。それは部分的には、彼女が自分の探知能力のすべてをビングリー氏に向けていたからである。「エリザベスはビングリー氏とジェインのことに気を取られて、自分がダーシー氏の関心の的になりはじめていることには気づかなかった」（PP上、p.42）。ダーシー氏がプロポーズをした後、エリザベスがそのニュースを胸のうちに収め、姉ジェインをがっかりさせないようにこのことを伝えるにはどうしたらよいかについて慎重に戦略的に振る舞うためには努力が必要だった。「だがそれよりも、ダーシー氏のプロポーズの件を、家に帰るまでジェインに黙っていることのほうがたいへんだった（中略）そんな秘密を黙っているのはたいへんだが、考えてみると、どこまで話すべきかわからないし、いったん打ち明けたら、ビングリー氏のことにも触れなくてはならないだろうし、そうするとジェインを悲しませるだけだ。エリザベスはそう思って、この秘密を打ち明けるのをなんとか思いとどまった」（PP下、p.29）。長くご無沙汰した後、ビングリー氏がベネット家をダーシー氏とともに訪れたとき、「ジェインは去年と同じように振る舞おうと努め、去年と同じように話しているつもりなのだが、思うことがありすぎて、つい黙りがちになってしまう自分に気がつかなかった（PP下、p.221）。

バースでのコンサートでアンはウェントワース大佐と話をした後、彼が「何か言いかけて最後まで言えなかった言葉。半ば目をそらしながら、明らかに何か言いたそうにちらっとこちらを見たこと。――こうしたことはすべて一つの事実を示しているとしか考えようがなかった。あの人の心が私に戻ってきたのだ！（中略）あの人は私を愛しているのだ！／アンはこうした狂おしい思いに襲われ、それに伴うさまざまな光景が目に浮かび、すっかり心を掻き乱されて、まわりのことがまったく目に入らなかった。部屋を進んでいくときも、ウェントワース大佐の姿は目に入らなかったし、探そうともしなかった。みんなの席が決まり、それぞれの席に落ち着くと、アンは、ウェントワース大佐が近くの席にいないかとまわりを見まわしたが、目の届く範囲では見当たらなかった」。アンはウェントワース大佐の感情を解釈し、その意味することを想像することに没頭していたが、それは彼の隣に座る機会を逃すという現実のコストをもたらしたのだった。しかし、アンは、彼女の戦略的思考の能力は無制限ではないことを受け入れ、「しばらくは音楽鑑賞という小さな幸せで我慢しなければならなかった」（P、p.305-306/p.306）。ウェントワース大佐の感情はそれ自体、最後まで言葉を発せなかったという彼自身の認知的困難さによって示唆されている。「エマは人の役に立つことなら、自分のことは考えないんだ」というウッドハウス氏の言葉は、エマの親切さを告白することを意図していたものだが、エマが、自分自身のためであるかを考えることなしに、他人をうまく操るためにかなり多くの時間を費やしていることについての宣言として見たほうがもっと正確である（E上、p.20）。
もし戦略的技能をもっていることが知られているなら、他者からの要求によって過度な重荷を背負わされることがある。アンが妹のメアリーと一緒にいたときに、彼女は次のような重荷を感じていた。「自分がみんなから信頼されすぎて（中略）たとえばアンは妹のメアリーに影響力を持っていると思われているので、『あなたの力でメアリーのわがままを何とかしてほしい』という無理なことを頼まれたり、ほのめかされたりした。チャールズはアンにこう言った。『あなたからメアリーに言ってほしいんです。いつもいつも自分は病気だと思い込むのは、いいかげんにやめなさいって』ところがメアリーは、気分が落ち込んだときにアンにこう言った。『チャールズは、私が死にかけているのを見ても、どこも悪くないって言うに決まってるわ。ねえ、アン、お姉さまからチャールズに言ってほしいの。私はほんとうに重病なんだって』」（P、p.74）
戦略的思考に関する別のコストとして、より複雑化した道徳的生活というものがある。エリナーは、マリアンが「嘘をつくことを」望んでいないために、あらゆる嘘をつかなければならなかった。「［マリアンは］どんなささいなことでも、思っていないことは言いたくないからだ。だから、礼儀上必要なうそを言う役目はいつもエリナーが引き受けた」（SS、p.171）。エリナーは、努力においても正直さにおいても、マリアンには耐えられないようなコストを支払わなければならなかった。それほど自明ではないものでは、ジェイン・フェアファクスが、その秘密の婚約をしていた間、「間違ったことをしたという意識が頭から離れず、いつも不安にさいなまれ、人を責めてばかりいる怒りっぽい人間」（E下、p.279）だということを認めていた、というものがある。もし、ジェイン・フェアファクスがマリアンのようであり、感情を爆発させずにはいられなかったなら、フランク・チャーチルと結婚するという彼女の望みは危険にさらされていたに違いないが、少なくとも彼女は「うそだらけの生活」（E下、p.345）に耐える必要はなかっただろう。
戦略的思考が得意であることは、より広い範囲の結果に自分が責任をもつことになると考えられるがゆえに、後悔［する出来事］の範囲を広げるものである。ナイトリー氏がハリエット・スミスに関心があるかもしれないと聞いてエマがショックを受けたとき、「あのハリエットさんなのだろうか（中略）片時も頭から離れないその反省ゆえに、エマはいっそうみじめな思いに苦しめられた」（E下、p.284）

戦略的思考は、他者の行動に対する言い訳を生み出すことに熟練させてくれるので、道徳的な妥協に陥ることがある。エマはナイトリー氏に、フランク・チャーチルが彼の新しい義理の母ウェストン夫人に敬意を払うことを長く遅らせていることについて、自分たちが釈明すべきだと告げた。なぜなら、養子として育ててくれた家族から彼を解放することに困難を覚えていたからである。「生まれ育った境遇が違うからよ！　どうしてわかってあげられないの？　心のやさしい青年が、子供のときからお世話になっている育ての親の意向に逆らうことが、どんなに大変かわからないの？」（E上、p.230）ファニーがエドマンドに、婚約していないジュリアよりも婚約しているマライアにヘンリー・クロフォードがもっと関心があるようだと警告したとき、エドマンドは次のように言い逃れをした。「そういうことはよくある。男はプロポーズを決心する前は、意中の女性よりも、その姉妹や親友を特別扱いするものなんだ」（MP、p.179）

たとえどれほど有益であろうとも、戦略的な洞察を単純に自分の心の中に思い浮かべているだけのことが苦痛になることもある。エリザベスは、キャロライン・ビングリーとダーシー氏が、彼女とビングリー氏を結婚させないようにしていることをジェインに納得させようとしたが、ジェインはこう答えた。「でも私は、みんなが言うほど、世の中は下心やたくらみばかりだとは思わないわ（中略）そんな勝手な想像で私を苦しめないで」（PP上、p.235/p.237）。ジェインは現実から目をそらしていたかもしれないが、エリザベスのような冷静沈着な人物でさえ、エドマンドとメアリー・クロフォードが一緒に『恋人たちの誓い』の稽古をするのを手伝わなければならず、その稽古が招来するだろう事柄をじっと見つめなければならなかったファニーのような経験をすることなど想像できなかっただろう。ファニーは、台本にそってエドマンドとメアリーに指示を出しながら、次のように感じずにはいられなかった。「自分には絶対できっこない（中略）エドマンドの演技が熱を帯びてくると、彼女の心は激しく動揺し、ちょうど彼がプロンプターの助けを必要としたときに台本を閉じて顔をそむけてしまった。でもこれは、ファニーが疲れたためだと受け取られ、かえってお礼を言われて同情された。しかしファニーは、自分はもっと同情されて当然だと思った」（MP、p.260）

ある状況では、戦略的にならず、他者がどうするつもりなのかについてあまり考え過ぎないことのほうが良いことがある。コリンズ氏は花嫁候補に順番をつけてアタックしていた。彼は最初にジェインにプロポーズすることを計画し、次にエリザベスにプロポーズし、最後にシャーロット・ルーカスへのプロポーズに成功した。彼の採用したアルゴリズムはまったく戦略的なものではなかった。彼は、例えば、プロポーズを受けた女性が、自分が二番目や三番目の選択であることを知ってどう感じるかなど、それぞれの候補がどのような反応を示すのかについて深く考えなかったからである。しかし、コリンズ氏の方法は称賛に値するほど直接的で、エリザベスとダーシー氏の行き当たりばったりさや、アンとウェントワース大佐のためらいと比べて、好ましいものである。

戦略的思考が得意であることは、人々が自分を助けることを躊躇させてしまうことがある。妹や母のために、エリナーはルーシーの秘密の婚約を心にしまい、エドワードのことは気にしていないという振りをした。エリナーとマリアン、それにダッシュウッド夫人が、ルーシーがフェラーズ夫人となり、それゆえ（後であきらかになるように、間違って）彼女がエドワードと結婚したことを知ったとき、ダッシュウッド夫人は「［エリナーの］その青ざめた顔から、どんなにひどいショックを受けているか気がついてがく然とした」。そして、「エリナーの慎重な、思いやりのある心づかいに惑わされて、私はたいへんな思い違いをしてしまった（中略）そしてそう思い込んだために、私はいままでずっと、エリナーにたいして不公平で、無関心で、不親切でさえあったにちがいない」ことを恐れたのである（SS、p.487/p.490-491）。エリナーがもっと［戦略的］技能に劣っていたなら、彼女は母からの慰めをもっと早くに受けられたであろう。

戦略的思考はずる賢さや狡猾さと同じものではないが、魅力的なものでもない。キャサリンがティルニー家の人々と散歩に行くという約束を破ったとき、完全に彼女の責任であったわけではない。というのは、雨が元々の計画を不確実なものにしていたし、ティルニー家の人々は時間通りには現れなかったからである。しかし、彼女はヘンリー・ティルニーのところに走っていき、謝罪した。「小説のヒロインのような感情ではなく、ごく自然な感情が彼女を襲った（中略）彼の非難がましい冷たい態度によって自分のプライドが傷つけられたとは思わなかった（中略）キャサリンは、今回の行き違いという不幸な出来事の責任を、すべてわが身に引き受けた。少なくともそういう態度で、弁明の機会をただひたすら待つことにした」（NA、p.136-37）。キャサリンは、ヘンリーが先に行動するように仕向けることも可能だったかもしれないが、その代わりに、自然だと思われることを行い、この戦略性のなさが成功に導いたのである。エリザベスは姉のジェインをこうからかっている。「お姉さまは頭もいいし、何でもよくわかってるのに、他人の欠点やばかなところは、まったく見えないんですもの。他人にやさしいふりをする人ならたくさんいるわ（中略）でもそうではなくて、ほんとに他人のいいところだけを見て［いるのは］（中略）お姉さまくらいなものよ」（PP上、p.27-28）。エリザベスは、［『フロッシーとキツネ』の］フロッシー・フィンリーのように、騙されやすいように見えることが、それ自体戦略になりうることを知っていて、本当の意味で戦略的ではないことでジェインのことを褒め称えた。ビングリー氏が「そんなに簡単にわかられてしまうのは情けないですね」とからかったとき、エリザベスは彼に、「それに、複雑でわかりにくい性格のほうが人間として上だとは限りませんわ」（PP上、p.74/p.75）と断言したのである。

なぜ無邪気なことが魅力的なのだろうか？　オースティンは、男性たちにとって「女性の愚かさは容姿の美しさを増すことになる」（NA、p.167）という意見を述べているが、例えば、ヘンリー・クロフォードがファニーに恋をしたときのように、女性に主体性が欠けていることはそれ自体魅力的なことでありえるのである。エマは、自分自身のことを反省して、ハリエットに［ヘンリー・クロフォードと］同様の態度をとっていた。「心の温かさとやさしさに、愛情あふれる率直な態度が加われば、どんな頭の良さよりも魅力がある（中略）ああ、大好きなハリエット！　どんなに頭が良くて、先見の明があって、判断力がすぐれた女性がいても、私はあなたと取り替えるつもりはない」（E下、p.41）。エマは、心のやさしさを、クリアな思考、先見の明、それに良い判断の反対のものとみなしていて、容易に［その心の内が］わかることや誘導しやすいことでハリエットのことを褒め称えた。ヘンリー・クロフォードやエマのような人々にとって、無邪気な人々は、彼らが何を望んでいるか、何がしたいのかについて考える必要もなく、妻といった、人が望むどんな社会的役割をも担わせることができるので、都合が良いのである。

無邪気さはまた、誠実さとしても高く評価される。アンは「いつも冷静で絶対に失言をしない人の誠実さよりも、ときには不注意なことや軽率なことをしたり言ったりする人の誠実さの方が、はるかに信頼できる」と思っていた（P、p.264）。戦略的行動は、必ずしも不誠実であるわけではない。例えば、エリナーがルーシーの秘密について黙っていたとき、彼女はマリアンに対して正直ではなかったかもしれないが、不誠実なわけではなかった。どちらかといえば、彼女は誠実に真実を秘匿していたのである。しかし、明白に戦略的ではない行動は、明らかに何も隠された動機がないという意味で、誠実なものである。キャサリンが二度目にエリナー・ティルニーと出会ったとき、『あなたのお兄さまは、ダンスがとてもお上手ですね！』とキャサリンは、会話が終わりに近づいたころ、大きな声で無邪気に言った。ミス・ティルニーはびっくりして、面白そうにほほえんで言った」（NA、p.103）。サー・トマスが家に帰ってきて、『恋人たちの誓い』が上演されているのを知ったとき、サー・トマス自身が「昔ぼくたちに、そういうことを奨励していました」と言うことで、トム・バートラムとイェーツ氏は、なんとか言い逃れをしようとした。しかし、物分かりの悪いラッシュワース氏は、「ぼくはもう、最初ほど芝居が好きではなくなりました。客間でぼくたちだけでのんびり座って、何もしないほうがずっといいです」と言いだし、サー・トマスは心からそれを是認したのである（MP、p.277/p.279）。トムとイェーツ氏のずる賢さの後では、ラッシュワース氏の痛ましいほどの誠実さは、今回の場合、絶妙なタイミングだったので、「ほかの人たちは、思わずほほえまずにはいられなかった」のである（MP、p.280）。エマがフランク・チャーチルにはじめて出会ったとき、彼女はフランクの父親であるウェストン氏が、二人が結婚するかもしれないと期待していたことを知っていた。「ウェストン氏が息子と私の仲を気にしているのは間違いないと、エマは思った。うれしそうな顔でこちらを何度もちらちら見ていたからだ」。それとは対照的に、ウッドハウス氏は幸いなことに察しが悪かった。「いっぽうのウッドハウス氏は、こういうことにはまったく頭が回らない人で、男女の仲を見抜いたり疑ったりする能力はまったくない（中略）お父さまが男女の仲に鈍感でよかった、とエマは思った」（E上、p.298）

もし他者がある人のことを戦略的だと考えていないなら、彼らは、自分たちが操られる可能性はないものと考えて、その人のことを信頼するだろう。メアリー・クロフォードがロンドンに出発したとき、彼女はエドマンドが自分に興味をもっているかについてファニーに確認を取った。「自分の魅力を確信できるような褒め言葉を期待していたからだ。自分の魅力をいちばんよく知っているはずのファニーに、それを言ってほしかったのだ」（MP，p.298）。エドマンドが結婚適齢期の姉妹をもつオーウェン氏を訪問すると、メアリーは尋ねた。「おそらく、あなたは彼が結婚する可能性は全くないと考えているのでしょう、少なくとも今は」。それは、彼女がファニーから「ええ、そう思います」という答えを引き出したかったからである（MP、p.441）。メアリーは、エドマンドが独身であることについて、ファニーもまた関心をもっていることに気づいておらず、ファニーに自分の絶望感を告白し、ファニーに彼女の期待を操作する機会を与えてしまったのである。ファニーはエドマンドはすぐには結婚しないだろうと答える際に、「自分がそう信じ、いまミス・クロフォードに言ってしまったことが――すなわち、エドマンドは当分のあいだ誰とも結婚する気はないということが――間違いではないことを願っていた。ファニーは、自分の答えが事実上正しいかどうかの問題ではなく、戦略的な意味での問題なのだということに気づいていた。もしファニーが、メアリーはオーウェン氏の姉妹たちのことは心配しなくていいと言った場合には、メアリーは、エドマンドが彼女に惹かれているのだとなおさらいっそう考えるので、どんな励ましもエドマンドとメアリーを結婚させる可能性を高めることになるだろう。他方で、もしファニーが、エドマンドがオーウェン氏の姉妹たちと結婚する可能性があると言えば、メアリーはエドマンドに対して、強烈な牽制攻撃を仕掛けるかもしれない。それはファニーにとってもっと悪いことになるかもしれない。ファニーは決定を行い、最善の結果を期待した。メアリーは、おそらくファニーの戦略性を疑って、「鋭い目つきでファニーを見た。そしてファニーがぽっと赤くなったのを見て、また元気を取り戻し」た（MP、p.441）。メアリーはファニーの赤面から確信を得た。そこには誠実さが保証されているように思えたからである。

同様に、もし他者があなたのことを戦略的だと考えるなら、彼らは、あなたがすでにすべてのことを知っていると考えるので、あなたのことを信用しないだろう。ウェストン夫人は、エマがフランク・チャーチルとジェイン・フェアファクスとの婚約について深く失望してるに違いないと心配して、彼女に直接的に告げることをためらった。「ほんとうに何も知らないの？（中略）エマ、これから何を聞かされるか想像もできない？」（E下、p.239）ハリエットもまたエマに尋ねた。「あなたは気づいていましたか？（中略）フランク・チャーチルさんがジェイン・フェアファクスを愛しているって。そうね、たぶんあなたは気づいていたわね。（ハリエットは顔を赤らめてつづけた。）あなたは人の心を読める人ですもの」（E下、p255）。フランク・チャーチルはウェストン夫人に、エマは彼が婚約したことをすでに知っているに違いないから、自分とエマとの形式ばらない親密さについて非難されるべきではないと［手紙に］書いた。「別れのあいさつに行ったときに、もうすこしで真相を告白しそうになりましたが、そのときに私は、彼女がすこし勘づいているのではないかと感じました。しかしそのあと、彼女が私の真意をある程度見抜いていたことは確かです。全部はわかっていなかったかもしれませんが、彼女の鋭い頭脳が一部を見抜いていたことは確かです」（E下、p.309）。しかしながら、これらの例は、ナイトリー氏が

「ひとつの点で」フランク・チャーチルを妬んでいるという告白に導く誤解に比べれば自明なものである。エマは「いまにもハリエットの話が出てきそうだ」と考え、しばらく沈黙して、どのようにしたら話題を変えられるかその方法を考えようとしていたが、ナイトリー氏が邪魔をした。「彼の何がうらやましいのか、たずねないんだね。関心を持つまいと思っているんだね。きみは賢い。でも、ぼくは賢くなれない。エマ、きみがたずねたくないことを、ぼくは言わなくてはならない。言ったあとすぐに、言わなければよかったと後悔するかもしれないが」（E下、p.294）。ナイトリー氏は、エマには戦略的な技能があることを知っていたので、彼が正確には何について妬んでいるかをエマが尋ねないということで、彼が彼女を愛している可能性について彼女は理解しているが、その愛情を受け取りたくはないのだと結論した。彼はエマが頭の回転の速い人だと知っていたので、彼女が沈黙しているのは無関心の表れだと受け取った。頭の回転の遅い人が沈黙してもなにも意味しなかっただろう。エマは次のように答えることで、過ちの度合いを悪化させたのである。「『それなら言わないで。どうか言わないで』懇願するようにエマが言った。『すこし待って。よく考えて。言って後悔するようなことは言わないで』」（E下、p.294）。幸運にも、エマは再考して会話を続け、最悪の事態を避けることができた。ナイトリー氏にとっては、誠実であるためには、人は賢明ではありえないのだった。

戦略的技能をもつことは、何もないところに戦略性を感じさせてしまうことがある。第5章で言及したように、ジェニングズ夫人がマリアンに彼女の母からの手紙を手渡したとき、マリアンはそれがウィロビーからのものではなかったので非常にがっかりし、「ジェニングズ夫人はまったくの善意からある手紙を持参したのだが」意図的に自分を傷つけたとしてジェニングズ夫人のことを非難した（SS、p.275）。シャーロットの結婚の後、エリザベスがコリンズ家を訪問したとき、コリンズ氏が、もし彼女がプロポーズを受け入れていたなら得ることができたはずのライフスタイルを見せつけようとしているのだと彼女は考えた。「彼は部屋の広さや内装や家具について自慢そうに説明したが、エリザベスは、これは私にむかって言っているのではないか、つまり、彼のプロポーズを断わったことを私に後悔させようとして言っているのではないか、と思わざるをえなかった」（ＰＰ上、p.269）。この考えは不合理ではないが、後にエリザベスとシャーロットが家で一緒に座っているとき、「エリザベスは最初は、なぜシャーロットは食堂を居間として使わないのだろうと不思議に思った。食堂のほうが広くていい部屋で、眺めもいいからだ。だがすぐに、これにはシャーロットの深い計算があるのだとわかった。なぜなら、彼女たちが書斎と同じような明るいいい部屋にいたら、コリンズ氏は自分の書斎で過ごす時間がいまより少なくなって、彼女たちがいる食堂にたびたび顔を出すかもしれないからである。エリザベスはシャーロットの深い計算にあらためて感心した」（ＰＰ上、p.288-89）。シャーロットがコリンズ氏を避けるために意図的に魅力的ではない部屋に座っているというこの結論は、あまりにも行きすぎている。例えば、どんな居心地の良さの違いでさえも、ほとんど審美眼のないコリンズ氏に印象を残すだろうと信じる理由はエリザベスにはないからである。自分とシャーロットはまだ親密であると信じたいエリザベスは、シャーロットの戦略性をあまりにも一生懸命に称賛しようとしたのである。

戦略的思考が得意であることは人を高慢にする。もちろん、エマがその最良の例である。ナイトリー氏がジェイン・フェアファクスを好きなのだと自分は考えているとウェストン夫人が彼女に告げた後、エマはナイトリー氏を誘導して、ジェインにはなんの関心もないと彼に言わせようとし、後にエマは「勝ち誇ったように」ほくそ笑んだ。「さあ、ウェストン夫人（中略）ナイトリーさんとジェイン・フェアファクスの結婚について、どう思いますか?」ウェストン夫人はこう答えた。「あまり私をいじめないで」（Ｅ下、p.72）。別の例はファニー・ダッシュウッドで、彼女は「うまく切り抜けたことを喜び、かつ、自分の機転に得意満面となり」、破滅的なことに、自分の夫がエリナーとマリアンを招待することを阻止するために、ルーシーとアン・スティールを自分の家に招待したのである（ＳＳ、p.346）。それほどあからさまではないものの、エドマンド・バートラムはファニー・プライスに、ヘンリー・クロフォードは彼女にプロポーズする前に彼に相談すべきだったと告げた。「ぼくと同じくらいきみのことをよく知ってから、それから話せばよかったんだ。ぼくと彼がふたりで力を合わせれば、きっときみの気持ちを動かすことができたと思う。ぼくの理論的知識と、クロフォードの実践的知識が力を合わせれば、絶対に失敗するはずがない。彼はぼくの計画に従って行動すべきだった」（MP、p.530）。エドマンドは、間違ってはいたものの、ヘンリーが彼のより優れた理論的（戦略的）知識とファニーに関する個人的知識を認めるべきだったと考えていたのである。同様に、ヘンリー・ティルニーは「女性の心を彼女たちよりもよくわかっていると信じていた」（Johnson 1988, p.37）。キャサリンがヘンリーとエリナー・ティルニーに、イザベラがキャサリンの兄ジェイムズとの婚約を解消したと告げた後、ヘンリーはマインド・リーディングのコンテストに勝とうとするかのようになった。「あなたは親友のイザベラさんを失って、自分の半身を失ったような気持ちでしょう。心にぽっかり穴が開いて、何物によっても埋められない感じでしょう。もう人とつきあうのもうんざりだし、バースでイザベラさんと楽しんだ娯楽の数々も、彼女がいなくては、考えただけでもぞっとするでしょう。舞踏会も、もう絶対に行く気にはなれない。何でも遠慮なく話ができる友達、絶対に信頼できる友達、どんなに苦しいときでも相談に乗ってくれる友達、そういう友達には、もう二度と出会えそうにない。あなたはいまそういう心境ではありませんか？」キャサリンはこう答えた。「いいえ、そんなことありません（中略）そういう心境でないといけませんか？」（NA、p.314）

戦略的思考の最初のステップは、他の人々は自分とは違うふうに考えることがあるということに気がつくことである。しかし、自分の能力を過信していると、他の人々の考えが透けて見えると考えるようになり、彼らが考えているに違いないことについての自分の考えと、彼らが実際に考えていることとを、混同することになるのである。シュルツ（Schulz 2010, p.331）によれば、『高慢と偏見』は、自分自身を人間の本性について洞察力のある学者であると信じている人々が、常に、また劇的に、互いを誤解してしまうことについての本なのである」。エリザベスは、シャーロットがいまだに彼女と親密であり、コリンズ氏を避けるという彼女の選好を確かに共有していると考えたがり、エドマンドは、自分がファニーのことを最もよく知っていると考えたがり、キャサリンと初めて出会ったとき、彼女が日記に自分のことをどのように書くつもりなのかを正確に予測したがったヘンリー・ティルニーは、テレパシー能力の指導者としての自分の地位を高めようとしていた。もちろん、エリザベスはすぐに、自分がどれほど他人（特に、ダーシー氏）を誤解する可能性があるのかを学び、エドマンドはメアリー・クロフォードから、他者に関する彼の推定がいかに誤っている可能性があるかを学び、ヘンリー・ティルニーは、キャサリンの心配事（彼女が大声で訴えたので、それが何かを知るにはテレパシーは必要ない）に注意を払わないことが、彼女を彼の父の言いなりにさせてしまうことになるのだと学んだのである。「分別のなさは、神のような支配力を仮定することの報酬なのである」（Knox-Shaw 2004, pp.199-200）。真の戦略的知恵は高慢とは無縁なのである。

第11章　オースティンが意図していたこと

戦略的思考は人間同士のかけ引きに欠くことのできないものなので、それは避けることができないのだと考える人もいるかもしれない。実際、登場人物が他者の行動を予測するようなどのようなセリフや議論も、何らかの形で戦略的思考を説明するものとなる。しかし、戦略的思考を説明することは一つの事柄にすぎず、それを中心的な理論的関心事にすることこそが、実はもっと野心的な事柄なのである。

これがオースティンの意図していたことだろうか？　もしそうでないなら、［彼女の作品に］多くの特定的で、場合によっては不必要な詳細が含まれていることについて説明しなければならなくなるだろう。それは例えば、ビングリー氏と結婚することの喜びと彼の妹たちを困らせることに対する痛みのどちらが大きいかは、ジェインが彼の求婚を拒否することを選ぶかどうかによって最もよく推し量ることができるというエリザベスのジェインに対する議論や、あるいは、エルトン氏との時間を過ごすというジェイン・フェアファクスの決定は、彼女の叔母と家にとどまるといった他の選択肢がうんざりするものであることによって説明されるというウェストン夫人の議論である。［あるいは］オースティン［作品において］の過剰なほどの「計画」［という言葉］の使用や（ヴェルムール［Vermeule 2010, p.187］によれば、「オースティンが執拗に弄んだ言葉」である）「洞察」に対する称賛について説明しなければならないだろう。［あるいは］オースティンのかなり直接的な理論的主張について説明しなければならないだろう。それは例えば、自分の理解ではなく、自分の行動によってのみ他者に影響を与えるべきだというエリナーの教義や、キャサリンは自分自身の動機に合わせて他者の行動を考えているとヘンリー・ティルニーが彼女に告げたことなどである。

また、意図についての疑問は、オースティンにとって本質的なことではなかった。ティルニー将軍は最初、キャサリン・モーランドをノーサンガー・アビーに招き入れ、後でそこから追い出している。この二つの行動は完全に正反対の意図をもっているように取られるが、両方ともキャサリンがヘンリー・ティルニーの心をうまくつなぎ留めておく機会を生み出すものだった。キャサリン夫人はエリザベス・ベネットにダーシー氏と結婚しないことを約束するよう命令したが、それによって意図せずにエリザベスが彼に手紙を書く機会を生み出した。エリザベスは、自分がダーシー氏と結婚しないと約束することを拒否したと、キャサリン夫人が彼に告げるだろうことを予期していただろうか？　エリザベスは、ダーシー氏に希望を与えるという明示的な意図をもって、キャサリン夫人の命令を拒絶したのだろうか？　それはわからないが、エリザベスはそうしようとすることで少し損をしたのである。われわれは、サー・トマスがファニー・プライスをヘンリー・クロフォードと結婚させる意図をもって彼女をポーツマスに送ったことや、アレン夫人が何の意図もなしにキャサリン・モーランドをバースに連れて行ったことを知っている。ガーディナー夫人は、ダーシー氏と出くわす可能性を意図してエリザベスをペンバリーに連れてきたのだろうか？　クロフト夫人は、弟であるウェントワース大佐をアン・エリオットの近くに連れてくるという意図をもって、ケリンチ屋敷を借りるようにと夫であるクロフト提督を説得したのだろうか？　これらの疑問に対する直接的な証拠はないが、それはさほど大きな問題ではない。重要なのは、ヒロインたちがこうした機会を与えられていたということである。オースティンがその小説でゲーム理論を伝授しようと意図したかどうかにかかわらず、そうしたメッセージを受け取るかどうかは読者に任されているのである。

オースティンが戦略的思考を中心的に考えていたことの最もはっきりした「決定的証拠」は、彼女が子供たちを［作品の中で］いかに使用していたかを見ればわかる。子供が登場するのは、ほとんど決まって戦略的な文脈なのである。例えば、ダッシュウッド家の人々がミドルトン夫人と初めて出会ったときのことについてはこう記されている。「ミドルトン夫人が賢明にも、六歳になるかわいい長男を連れてきた（中略）話題がなくなって困ったら、いつでも子供の話題に戻ればいい。名前や年を聞いたり、かわいらしさをほめたり、あれこれ質問したりすればいい。質問には子供に代わって母親が答えたが、そのあいだ子供は、母親にまつわりついてうつむいているばかりで、これにはミドルトン夫人がびっくりした。家ではずいぶん騒がしい子なのに、人前に出るとなぜこんなに内気になるのかしらと驚いたのだ。ともあれ、改まった訪問に際しては、話題に困らないように必ず子供同伴で行くべきである」（SS、p.46）。スティール家の姉妹がミドルトン夫人のご機嫌を取りたいと思ったとき、彼女たちは、夫人の子供たちを褒めるのが最善だとわかっていた。「子供を溺愛する母親というのは、わが子をほめてもらいたがることにかけては誰よりも貪欲だが、同時に、誰よりも信じやすい人間である。要求は法外だが、お世辞なら何でも鵜呑みにするのである」（SS、p.168）。アンの甥チャールズは都合よく転落して鎖骨を脱臼したので、アンが彼の世話をするために家にとどまることが可能になり、それによって八年ぶりにウェントワース大佐と会うという懸念事項を遅らせることができた。後に、二歳になる彼女の甥ウォルターが彼女の背中に抱きつくと、彼を持ち上げてやることによって、ウェントワース大佐が無言でアンへの愛情を示すことが可能になった。ロバート・マーティンがハリエット・スミスと結婚するのに十分な身分なのかどうかについて意見が分かれてしまった後で、エマは八か月になったばかりの姪を利用してナイトリー氏と和解した。「エマは、彼が部屋に入ってきたときに（中略）赤ん坊が仲直りの手助けをしてくれるかもしれないと思ったからだ」（E上、p.154）

子供たちはまた、戦略的思考を学ぶ生徒として持ちだされる。第5章で議論したように、下の妹であるキティー・ベネット、マーガレット・ダッシュウッド、それにサラ・モーランドは滑稽なほどの素朴さからスタートしたが、最後には学習した。例えば、キティー・ベネットが彼女の父親に、自分はリディアのように駆け落ちなんかしないと告げた後、悲惨な状況でもジョークを言うことを止めることができないベネット氏はこう叫んだ。「ぜったいだめだ！　私もやっと用心ということを学んだから、おまえにその成果を見せてやる。将校なんて二度と家へ入れるものか。いや、村を通ることだって許さん」。すると、キティーは「この脅し文句を真に受けて泣き出してしまった」（PP下、p.157）。しかし、後にビングリー氏がベネット家での夕食の約束に思いがけず早くやってきたので、ベネット夫人が娘たちの髪を整え、ドレスを用意するのを急かされるはめになると、ジェインは「でもキティーのほうが早いわ。三十分も前から支度してるの」（PP下、p.233）と述べた。キティーは単なる「余分の」登場人物なのではなく、「われわれがいかに人々を表面的に認識したり、見定めたりするかを代表する人物」なのである（Woloch 2003, pp.118-19）。キティーは、マーガレット・ダッシュウッド、サラ・モーランド、それにスーザン・プライスと同様に、戦略的思考を学ぶ下の妹である。ジェイムズ・モーランドがイザベラ・ソープと婚約したとき、イザベラの下の妹アンとマリアは、その事実に自分たちで見当をつけることが期待されていた。ナイトリー氏がエマと婚約したとき、ナイトリー氏はどうして自分の弟は全然驚いているように見えないのか不思議に思い、こう考えた。「たぶん、このあいだ弟の家に滞在したときに、いつものぼくとは違っていたんだろうな。いつもは弟の子供たちとたくさん遊んでやるのに、あのときはあまり遊んでやらなかった。ある晩、子供たちから、『伯父さんはいつも疲れてるみたいだね』と言われたのを覚えてる」（E下、p.354）。このように、婚約を察知するという課題は子供たちに託されているのである。

子供の戦略性［の獲得］はダッシュウッド家の窮状から始まる。エリナーとマリアンの父であるヘンリー・ダッシュウッド氏は、彼の叔父の相続者であり、妻と娘たちを養うためにこの遺産を頼りにしていた。しかしながら、この叔父がノーランドの地所をすっかり、ヘンリー・ダッシュウッドの息子ジョンの四歳になる息子に残すことに決めたのである。この［遺産の］変更は「片言のおしゃべり、何でも自分の思いどおりにしたがるわがまま、かわいらしいいたずら、耳を聾《ろう》するばかりの騒々しさなどなど、これら二、三歳児の魅力」によって勝ち取られたのである（SS、p.9）。しかし、子供の誕生がまた、最後にはエリナーに勝利をもたらす一連の決定を生み出した。つまり、新しい孫を世話するために、ジェニングズ夫人はマリアンとエリナーを二人っきりでロンドンに残していったのである。こうして、ジョン・ダッシュウッドはその妻に、彼の妹たちは自分たちと一緒にいるべきだと示唆することになった。そこで、彼の妻であるファニー・ダッシュウッドは、兄エドワード・フェラーズからエリナーを遠ざけておくために、代わりにルーシーとアン・スティールを招待した。アンはフェラーズ家のルーシーに対する愛着を見て取ると、ルーシーとエドワードの秘密の婚約を暴露してしまう。エドワードは家族に追い出される羽目となり、こうしてルーシーはロバート・フェラーズと結婚し、エドワードを解放することで、彼がエリナーにプロポーズする自由を与えたのである。

　子供たちは幼い頃にどうやって戦略性を発揮するかを学ぶ。ミドルトン夫人の息子ジョンは「アン・スティールのハンカチを奪って窓の外に投げる」ことで、人の気を引くことを学び、夫人の三歳になる娘アンナマリアは、誤ってピンでひっかき傷をつくった後で、人々の注目を浴び、砂糖菓子をいっぱいもらった。「泣いたおかげでこんなに手厚い扱いを受けたのだから、女の子はすぐに泣きやむほど馬鹿ではなかった」（SS、p.169/p/170）

　戦略的思考の学習は早い時期から始まるために、子供時代に学べなかった教訓やそのとき誤って教えられたことは、もっと後になって人を躓かせることになる。子供として、マライアとジュリア・バートラムは伯母であるノリス夫人に尋ねた。どうしてファニー・プライスは「ほんとに変な子で、ほんとにお馬鹿さんなの。だって、音楽も絵も習いたくないって言うんですもの」。ノリス夫人は、バートラム家の姉妹は「記憶力の悪さを気の毒に思ってあげなくてはいけないわ」、彼女たちとファニーの間には、「ずっと好ましいことに、違いがあるのよ」

と答えた（MP、p.33/p.32）。バートラム家の姉妹をファニーの立場に置いてみせる代わりに（サザーランドとル・ファイエ〔Sutherland and Le Faye 2005, p.167〕によれば、「疑いもなくファニーはジュリアとマライアからの嘲りを予測して震えあがっていた」）、ノリス夫人は彼女たちの身分に裏打ちされた思考を強化したのだった。ダーシー氏はエリザベスにこう告げた。「子供のときに正しい行ないを教えられましたが、自分の性格を直すことは教えられませんでした（中略）両親から甘やかされて育ちました（中略）ぼくは自己中心的な高慢な人間になり、家族以外のことは考えず、自分と家族以外の人間を見くだし、自分の考えや価値と比べて、他人の考えや価値を見くだすようになりました。両親はそれを黙認し、奨励し、わざわざ教え込んでいるかのようでした（中略）あなたは私に大事なことを教えてくれました。最初はつらいけど一番ためになる教訓を、ぼくに与えてくれたのです」（PP下、p.272-73）。ダーシー氏が受けた教訓は、プロポーズするとは戦略的な状況なのであり、男性は女性からの［好意的な］返事を当然に思ってはいけないということであった。「ぼくはあなたにプロポーズしたとき、断わられるとは夢にも思っていませんでした。当然受け入れられると、うぬぼれていたのです。しかしあなたは、ぼくが自分の気に入った女性から気に入られるほどの男ではないということを、教えてくれたのです」（PP下、p.273）

人は常に、戦略的思考について、その生涯を通じてもっと学ぶことができる。エマは、戦略的でありすぎることには落とし穴があることを学び、「過去の過ちを教訓にして、私が謙虚さと慎重さを身につけること」を願った（E下、p.369）。重要なニュースを手に入れたときにはファニーに手紙を書くとエドマンドが言ったとき、ファニーは、予定していたメアリー・クロフォードへのプロポーズについて彼が話すつもりに違いないとわかった。そして、それがいかに奇妙なことであるかと記している。「ああ！　エドマンドからの手紙が恐怖の手紙になるなんて！（中略）人間の心の移ろいやすさというものが、私はまだ十分にわかっていないのだ」と（MP、p.572）。サー・トマスのように年配の者でさえ、環境が変われば人の選好も変わりうるということを、年を取ることで学んだのである。「ファニーが自分の娘になるのだと思うと、ほんとうにすばらしい授かりものをしたと、心の底から感謝した。サー・トマスのその気持ちは、十歳のファニーを引き取る話が出たときの彼の気持ちと、なんという違いだろう。時の流れは、人間の計画とその結末のあいだに、つねにこのような違いをもたらして彼らを教育し、隣人たちを楽しませるのである」（MP、p.730）。ダーシー氏は、こう言っている。「いや、初対面の人と気軽に話せる人がいますが、ぼくはそういう能力に欠けているんです（中略）みなさんみたいにうまく調子を合わせられないし、相手の話に関心がありそうな顔ができないんです」。しかし、ピアノの前に腰かけていたエリザベスは、それは実践上の問題なのであって、才能の問題ではないと答えた。「あら、それなら私の指と同じですわ（中略）はじめてのピアノで上手にお弾きになる方がいますけど、私の指は、はじめてのピアノだとうまく動いてくれません。力も速さもいつもの調子が出ないし、表現力もいつもみたいにいきません。でもそれは、自分が悪いのだと思っています。私も面倒なことが嫌いで、練習をしないからです。でも、私の指自体が、上手な人たちの指より劣っているとは思いませんわ」（PP上、p.300）

戦略的思考は、標準的な学校教育の一部にはなっていない。アンの友人であるスミス夫人は彼女の看護婦であるルックを称賛している。彼女は「とても抜け目がなくて、頭がよくて、分別のある人よ。看護婦という職業は、人間性を観察するには絶好の職業だし、分別と観察力をしっかり備えたルックさんは、話し相手としては最高よ。いわゆる『最高の教育』を受けたというだけで、聞くに値するようなことは何も知らない人たちより何倍もすばらしいわ」（P、p.255）。いずれにせよ、伝統的な学校教育は助けにならないのである。エマは、フランク・チャーチルがどこからともなくハリエット・スミスを助けるために現れたと、物乞いのジプシーから聞いた。「すてきな青年と美しい乙女のこういう不思議な巡り合わせを聞いたら、どんなに冷たい心の持ち主でも、どんなに冷静な頭脳の持ち主でも、ある種の想像をかきたてられずにはいられないだろう（中略）言語学者だろうが、文法学者だろうが、数学者だろうが、エマが見たようなことを目撃し、若い男女が抱き合って現われた姿を目にし、ふたりの話を聞いたら、いったいどう思うだろう。この事件をきっかけに、ふたりがお互いに特別な感情を抱くようになるのではないかと、思わずにはいられないだろう。ましてやエマのような、想像力のたくましい女性なら、あらゆる推測と予言に夢中になるのは当然だろう」(E下、p.141)。戦略的思考はこうした「想像家」にとっての研究領域なのである。その専門分野は、言語学者や文法学者、数学者の伝統的な領域よりも重要さが低いわけではない。オースティンが生み出した造語である「想像家」は、おそらくゲーム理論家を名指すために特別に用意された最初の用語である。

想像家に対する教材は小説である。小説は「人間性に関する完璧な知識と、さまざまな人間性に関する適切な描写(中略)選び抜かれた言葉によって世に伝えられた作品なのである」(NA、p.47)。ノンフィクションは役に立たない。キャサリンが家に戻ってきて、ヘンリー・ティルニーのことでふさぎ込んでいると、彼女の母は、「自分の家がいやになってしまった若い女性の話」に関する本に収められた評論を読むようにと彼女に求めたが、それは無益なことだった(NA、p.367)。また、メアリー・ベネットは、適切な行いに関する「本もたくさん読んで」役に立たない格言を学んだ(PP上、p.14)。

オースティンの小説がゲーム理論の教科書であることを知るためには、これらの小説がどのように始まり、終わるのかを考えてみればいい。六作の小説すべてにおいて、[物語は]何らかの種類の戦略的操作とともに動きだしている。ジョン・ダッシュウッドの四歳になる息子の狡猾さは、ダッシュウッド家の姉妹たちとその母をノーランドから追い出すことになり、娘たちを支えてほしいという父の最後の願いに対するジョン・ダッシュウッドのコミットメントは、彼の妻によって、「あるいは季節ごとに、お魚や猟の獲物を届けてあげるとか」という程度にまでそぎ落とされることになった(SS、p.19)。ジェイン・ベネットは、彼女の母が雨の中、彼女を馬の背に乗って送り出したために病気になり、ネザーフィールドにとどまることになった。エマは彼女の家庭教師ミス・テイラーにウェストン氏を結び合わせ、ハリエット・スミスとエルトン氏を次の[彼女の手腕を示す]デモンストレーションの素材にすることにした。サー・ウォルター・エリオットは、彼の弁護士シェパード氏がクロフト提督を［借り手として］見出したので、ケリンチ屋敷を貸し出した。サー・トマスはファニーだけを引き受けることをノリス夫人に説得された。これを聞いてサー・トマスはびっくりした。それは完全にノリス夫人の権限を越えるものだろうからだった」（MP、p.18）。こうして、ノリス夫人は、無報酬の「個人アシスタント」を得たのである（Sutherland and Le Faye 2005, p.162）。キャサリンの教訓はバースで始まったが、何か不思議な力が彼女をそこにやったに違いない。「しかし、若い女性がヒロインになるときは、近所じゅうの四十軒の家が邪魔をしても、その勢いを止めることはできない。必ずや何かが起きて、彼女の行く手にヒーローが現われるにちがいないし、実際現われるのである」（NA、p.14）

これらの小説は定期的に戦略的思考における難問をもたらしてくれる。例えば、いかにしてロバート・フェラーズとルーシー・スティールが最後には結婚に至ったのかを振り返ると、それは「エリナーの心にとってはうれしい出来事であり、彼女の想像力にとっては滑稽な出来事でさえあるが、彼女の理性と判断力にとってはまったくの謎だった」（SS、p.502）のである。ヘンリー・ティルニーがキャサリンに、なぜ彼の父が彼女を追い出したのかを説明したとき、オースティンはその詳細を読者の想像に任せている。「さて、ヘンリーはこの時点で、これらの事実のどれだけをキャサリンに伝えることができたのか、将軍からどれだけの事実を知ったのか、どの部分を自分の推測で補ったのか、どの部分をジェイムズの手紙で知ったのか――こうしたことはすべて、賢明な読者のご判断にお任せしたい」（NA、p.376）。トッド（Todd 2006, p.106）は、オースティンの作品において、「推測したり、頭を悩ませたりすることに慣れてくると（中略）読者の応答にも影響が出て、隠された戦略や……秘密の策略の発見へと導くのである」と論じている。

ナイトリー兄弟は、トッドが示唆しているように、ハリエット・スミスとロバート・フェラーズを一緒にロンドンに連れていくために共謀したのだろうか？　サザーランドとル・ファイエ（Sutherland and Le Faye 2005, p.180）は、この線に沿ってクイズ本まるまる一冊を書いていて、そこで例えば、メアリー・クロフォードが、エドマンドに対する競争相手を排除するために、彼女の兄ヘンリーがファニーを追い求めるよう励ましたかどうか、尋ねている（Sutherland 1999およびMullan 2012も参照のこと）。ヘンリー・ティルニーは、「鼻持ちならないイザベラが義理の妹にならないよう」にするために（Sutherland and Le Faye 2005, p.153）、兄のティルニー大尉に、ジェイムズ・モーランドとイザベラ・ソープの仲を裂くよう勧めたのだろうか？　シェパード氏は、彼の娘であるクレイ夫人がサー・ウォルターと結婚したとき、自分の財産をより多く残すために、サー・ウォルターが（バースに移ることで）支出を減らすよう勧めたのだろうか？　メアリー・マスグローヴは、彼女の姉であるアン・エリオットにかつてプロポーズを行った自分の夫チャールズが、これ以上フラフラしないようにするために、アンがウェントワース大佐と結婚することを手助けしたのだろうか（Sutherland and Le Faye 2005, p.221）？　これらの問題は読者のために残しておこう。

六作の小説すべてが、望ましい結末を確実にするためには正しい戦略的操作が必要であることを示すような謎かけでもって終わっている。キャサリンとヘンリー・ティルニーが婚約した後、ティルニー将軍の同意を得るのを待つだけになったとき、次の疑問が投げかけられる。「ティルニー将軍のような性格の人間が、そんなにすぐに気持ちを軟化させるとは、どういう事情の変化があったのだろう？」その答えは、ヘンリーの妹エリナーが爵位のある人と結婚することになったことにあり、こうして、エリナーが［将軍に］「ヘンリーの許しを請うと、『そんなに馬鹿な結婚をしたいなら勝手にしろ！』という許可を与えたのである。そして将軍の異常な上機嫌は、そのあともいっこうにおさまらなかった」（NA、p.380-81）。キャサリン夫人は「甥の結婚に激怒した（中略）とくにエリザベスを悪しざまにののしったので、しばらくはつきあいが途絶えてしまった」。そこで、エリザベスは「叔母の無礼を水に流して、和解を申し出」るようにダーシー氏を説得したので、「キャサリン夫人は最初はちょっと抵抗したが（中略）ようやく怒りもおさま」ったのである（PP下、p.305）。同様に、エドワード・フェラーズは母に対して何も「恥じてもいないし、後悔もしていな」かったが、エリナーは彼を説得して妹であるファニー・ダッシュウッドのところへ行かせたので、「自分のために尽力してくれるように直接ファニーに頼むことに決まった」のである。これにより、エドワードは彼自身の家族に再び受け入れられたのである（SS、p.514/p.515）。このことが一件落着してしまうと、マリアンをブランドン大佐と結び合わせるという戦略的操作が最後に残された。［彼女たち］より成熟しているアンとウェントワース大佐は、年配の親族をなぐさめる必要はなかった。二人の婚約に関して興味深い疑問は、ウィリアム・エリオット氏にいったい何が起こったのかということである。彼は、クレイ夫人をサー・ウォルターから引き離すために、アンと結婚しようとしていた。エリオット氏とクレイ夫人は、結局は一緒になることになった「エリオット氏の狡猾さとクレイ夫人の狡猾さと、最後にどちらが勝つかは、いまのところ何とも言えない。エリオット氏は、クレイ夫人がサー・ウォルターの妻になることは阻止したけれど、もしかしたらクレイ夫人の甘言と愛撫にたぶらかされて、結局は自分の妻として、すなわちサー・ウィリアムの妻として迎えることになるかもしれない」（P、p.418）。ファニー・プライスの結婚には何の反対もなかったが、バートラム夫人は彼女を手放すことができなかった。「エドマンドの幸せのためだろうが、ファニーの幸せのためだろうが、とにかく、自分の世話をしてくれるファニーがいなくなってしまうのだから、そう簡単にこの結婚を祝福するわけにはいかなかった」（MP、p.731）。この謎に対する答えは、スーザンにある。というのは、「ファニーの代わりに、スーザンがマンスフィールド・パークにとどまることになったからである。スーザンは、バートラム夫人の姪としてここに住むことになったのだが、スーザンはもちろん大喜びで、まさに天にも昇る心地だった（中略）お相手する人たちの性格をすぐに理解し（中略）すぐにみんなから歓迎されてみんなの役に立った」（MP、p.731）

最も興味をそそられる謎は、ウッドハウス氏のエマへの依存が彼女の結婚といかにして両立しうるかということである。このことは、父のために決して誰とも結婚しないと以前に誓いを立てたエマにとって、長年にわたる問題であったものだ。忍耐強く「説得をくり返」したので、ウッドハウス氏は「まあ、一、二年後くらいには結婚ということになっても悪くはないかな、と思うようになった」(E下、p.356/p.357)。しかし、本当の解決は、近所に家畜泥棒が入ったことだった。それは、ウッドハウス氏を非常に慌てさせ、同居する義理の息子としてナイトリー氏の保護を強く願う気持ちにさせたのである。こうして、ウッドハウス氏の不機嫌は最終的に報われることになった。この「偶然の」[戦略的]操作は、フランク・チャーチルがハリエットを救うことを可能にしてくれたジプシーのように、どこからともなく現れたものだが、信じがたいものではなかった。オースティンは、一見したところ不可能な状況がまさに適切な環境の変化によって解消されうること、また、初めはそれが問題の原因でさえあるような不利に見える事柄が、有利な事柄として利用されうるということを示しているのである。成功した戦略的操作は、十分に創造的であれば、常に可能である。家畜泥棒はまさにエマか彼女の共謀者たちによって生み出された噂だったかもしれない。というのは、盗難に遭ったと言われている家畜小屋の一つは、エマの親友であるウェストン夫人のものだからである。オースティンは彼女自身の戦略的思考に関する技能を示そうとしたのかもしれない。実際、問題は小説の一番初めに提示され、物語の間中ずっと問題であり続けるので、読者にはその解決を考える十分な時間が与えられているのだ。[もちろん、]オースティンにとっては、解決を考えるのは容易だったはずである。

誰もが戦略的思考が上手くなる(下手になる)ことが可能であり、誰もが学ぶことができる。しかし、オースティンによれば、少なくとも戦略的思考のある側面に関しては、女性特有の領域となっている。例えば、舞踏会でキャサリンがジョンを避けようとしたことがヘンリーを惹きつけることになったという状況である。「若い女性なら、同じような心の動揺を経験したことがおありだろう。会うのを避けたい男性に追いかけられる危険を経験したことが、少なくともそういう危険を感じたことがきっとおありだろう。そして、好かれたい男性の関心を引こうと必死になった経験もきっとおありだろう」(NA、p.106)。ナイトリー氏がプロポーズしたとき、エマはレディたちにシェアされている戦略的文化を楽々と利用している。「エマの進むべき道は、平坦ではないけれどはっきりしていた。／そこでエマは、『ただひと言、きみの声を聞かせてほしい』というナイトリー氏の言葉に答えて口をひらいた。彼女は何を言ったか。もちろん、言うべきことを言った。女性はいつもそうするものだ。絶望する必要はないということを示し、男性にもっとしゃべる気にさせたのである」（E下、p.298）

また、女性たちの間には、互いの戦略的能力に敬意を表し、お互いにそれを相手に向けないという暗黙の了解もあるようである。メアリー・クロフォードが、どうしてファニーが彼女の兄ヘンリーのプロポーズを断わることができたのか理解できておらず、また、「ぼくやぼくの父と同様、彼女は、この結婚が実現することを心から願っている」のだとエドマンドがファニーに告げたとき、ファニーはこう答えた。「私はこう思います（中略）女性はみんなこう思っているはずです。みんながすばらしいと思っている男性からプロポーズされても、それを断わる女性がいるかもしれないし、どうしてもその男性を好きになれない女性がいるかもしれないって」（MP、p.537/p.539）。プロポーズを断わる女性の権利は、すべての女性が守るべき事柄の一つなのであり、ファニーは特に、仲間の女性であるメアリー・クロフォードがある男性の機嫌を取るためにその権利について妥協しようとしていることに腹を立てている。ピアノは既婚のディクソン氏によって愛情の表現としてジェイン・フェアファクスに贈られたという疑いについてエマがフランク・チャーチルに告げたとき、「ジェイン・フェアファクスとディクソン氏に関する疑惑を（中略）しゃべってしまったこと［は］（中略）女性同士の仁義に外れた行為かもしれない」とエマは考えた（E上、p.356）。キャロライン・ビングリーはダーシー氏に、エリザベスは「女性であることを卑下して男性に取り入るタイプなのよ（中略）でも私に言わせれば、それは卑しい女の卑しい手口だわ、卑しい手練手管だわ」と告げた（PP上、p.70）。しかし、もちろん、ダーシー氏に対してエリザベスを貶める際の、エリザベスには「女性同士の」連帯感が欠けているというキャロラインの非難は、彼女自身にずっとよく当てはまるものである。ダーシー氏は彼女が何をしているのか理解しており、こう答えた。「そうですね（中略）

女は男の気を引くためにいろんな手練手管を使うけど、そういう手練手管はみんな卑しいものです。ずるさが関係するものはすべて軽蔑に値します」（ＰＰ上、p.70）

女性たちは、小説にその戦略的知識をうまく盛り込み、発展させていたのかもしれないが、彼女たちは歴史的に不利な立場に置かれてきた。「自分たちの物語をつくる点で、男性は女性より断然有利だったし、教育程度も男性のほうがはるかに高かったし、ペンを握ってきたのもほとんどが男性ですもの」（Ｐ、p.388）。実際、マンスフィールド・パークでの最初の数週間の間、ファニーが剝奪された状態にあることについての最も確実なサインは、兄への手紙を書くための「便箋がない」というところに表れている（ＭＰ、p.28）。こうした不利な状況では、女性たちは連帯し合うべきなのであった。「小説のヒロインが、別の小説のヒロインから贔屓にされなければ、いったい誰が彼女を守ったり、尊敬したりするだろうか？（中略）お互いに仲間を見捨てないようにしようではないか」（ＮＡ, p.45-46）

したがって、卑劣さや狡猾さというそしりを避けるためには、おそらく他人を誤解させておくことが必要になる。エマは、エルトン氏の酔ったうえでの彼女へのプロポーズは迷惑極まりないことだと思っていたが、ミス・ベイツは一見愚かそうに見えたそのことをわかっていた［が、そうでないふりをした］（また、もしミス・ベイツが知っていたなら、みなが知っていることになる。ヴェルムール［Vermeule 2010, p.183］は彼女のことを「小説においてはギリシア悲劇のコロス役であり、彼女の言葉は、そこからコロスの無意識が言葉となってあふれ出す通気口のようなものである」と呼んでいる）。エルトン氏が結婚したというニュースを受け取ると、ミス・ベイツは言った。「でも、そういえば、コール夫人が私にささやいたことがあったわ。でも私はすぐに言ったの。『いいえ、エルトンさんはほんとうに立派なお方です。でも――』つまりその、私はこういうことにはとても鈍感なの。敏感だなんて言うつもりはありませんわ。目の前のことしか見ません。でも、エルトンさんがお金持ちの女性との結婚を望んでも不思議はないわ。あら、すみません、こんなことを言ってしまって。お嬢さまは、私が誰も傷つけるつもりはないことをよくご存じですから、私のばかなおしゃべりを止めずに聞いてくださるんですね」（E上、p.271）。ここで、ミス・ベイツは自分の洞察をおしゃべりと責任放棄によってカモフラージュしている。キャサリンは、イザベラ・ソープがヘンリーとエリナー・ティルニーのために自分の兄を振ったと、二人にうまくほのめかすことができた。二人は彼女の落胆を同情をもって分かち合った。「なぜだかよくわからないが、キャサリンはこの会話によって、ものすごく気持ちが楽になった。絶対に言うまいと思っていたイザベラとティルニー大尉のことを、いつの間にか言ってしまったが、そのおかげで気持ちが楽になったのだから、それを後悔するわけにはいかなかった」（NA、p.314-15）。キャサリンは、その告白は自分がやりたくてやったことではないということを記録に残すために、そう主張したのである。彼女はどういうわけかそうするように導かれたのだ。小説において戦略的思考を探求し、理論化する際に、おそらく女性たちは、その目的についてあまり大っぴらにしないことがベストなのだ。エリザベスが述べているように、「人間は人に何かを教えるのが好きなの、［でも、］大したことは教えられない」からだ（PP下、p.231）。

第12章　オースティン作品における察しの悪さについて

ときに人々は、他の人々が彼ら自身の決定をその選好に基づいて行っていることを理解しない。このことを私は「察しの悪さ」と呼ぶ。これは、オースティンの『エマ』を映画化したエイミー・ヘッカリングの『クルーレス』という作品に基づいている。オースティンの戦略的思考に関する包括的な分析は、戦略的思考がはっきり不在であることを理解することにも及んでいるのである。

オースティンは、察しの悪さについて五つの説明を提示している。一つ目は、生まれつきの才能の欠如である。人々には「生まれつき」戦略的思考には適応できず、代わりに、数字や視覚的な細部、字義通りの意味、それに明白な身分上の区別にたよる傾向のある人たちがいる。二つ目は、社会的距離である。例えば、未婚の人は既婚の人を理解するのがそれほど得意ではない。なぜなら、その人は結婚した経験がないからである。腹を割った話を十分にすることなしには、かなり異なる経験をしている人々を理解するのは難しいものである。三つ目は、過剰な自己参照である。つまり、他者を理解するために、自分自身をテンプレートとして過剰に用いてしまうということである。四つ目は、身分の維持である。高い身分にある人は、低い身分の人の意図を理解する習慣がないので、もしそれを理解しようとすれば、身分上の区別を不明瞭にする危険を冒すことになる。五つ目は、他者の選好は直接的に操作可能であるという思い込みが、ときには現実になってしまうということである。つまり、他者の選好を変えることができるのだから、それについて考える必要はないというわけである。最後に、これらの説明を、キャサリン夫人やティルニー将軍のような最高位にある人々の決定的な失態に当てはめてみよう。

生まれつきの能力の欠如

オースティンは戦略的思考に対するトレーニングの重要性を強調しているが、個性の違いを許容している。例えば、ラッセル夫人と比較してのアン・エリオットの［高い］戦略的能力は、経験を凌駕する「生まれつきの能力」によるものである。「人間にもいろいろなタイプがあるけれど、普通の人より洞察力の鋭い人がいる。人間の性格を鋭く見抜ける人がいる。つまり、普通の人がいくら経験を積んでも身につけることができないような鋭い洞察力を、生まれつき備えた人がいる。そしてラッセル夫人は、人間の性格を見抜く力においては、アンよりもはるかに劣っていたのである」（P、p.415-16）

第2章で触れたように、自閉症スペクトラムであることは、他者の心的状態の理解に弱点があることと関係がある。自閉症と関係する他の三つの人格特性には、数へのこだわり、視覚的細部への注視、字義通りの意味への拘泥というものがある。興味深いことに、これら三つの特性は、オースティン作品における戦略的思考が苦手な人に見出されるのである。最初の特性である数へのこだわりは、コリンズ氏とラッシュワース氏がよい例となる。コリンズ氏は、エリザベスに彼の庭を見せたときに、正確な数字を特定してみせた。「庭のあらゆる部分をつぎつぎに指さして解説した［が］（中略）なにしろつぎつぎに指さすので（中略）美しさを鑑賞する暇もない。それに彼は、四方にひろがる畑の数も言えるし、遠くの森の木の数まで言うことができた」。それで、彼はパトロンであるキャサリン夫人の「屋敷の正面だけでも窓がいくつあるとか」を説明してエリザベスに印象付けようとした(PP上、p.270/p.277)。ラッシュワース氏は、「カッセル伯爵は、セリフが四十二もあるんです。ね、すごいでしょ?」と言うことで、『恋人たちの誓い』における自分の役の重大さを擁護し、アンハルトのセリフを数え上げることでエドマンドがその役を演じる手助けもした(MP、p.220)。第11章で触れたように、フランク・チャーチルがハリエット・スミスを優雅に救出した後、エマは「言語学者だろうが、文法学者だろうが、数学者だろうが、[いま]見たようなことを目撃し(中略)たら、いったいどう思うだろう。この事件をきっかけに、ふたりがお互いに特別な関心を抱くようになるのではないかと、思わずにはいられないだろう」と考えた(E下、p.141)。言語学者や文法学者は戦略的思考が苦手だが、数学者はさらに苦手なのである。

二番目の特性は、視覚的細部への注視である。優れた戦略家はもちろん他者を(特にその目を)注意深く観察すべきだが、オースティンにとっては、たいていが衣装や身体的見栄えに関するものである視覚的細部への注視が、戦略的思考の弱さと結びついている。アレン夫人にとっては、「衣装道楽が夫人の情熱のすべてであり」、自分自身とキャサリンのバースでの初めての舞踏会に備えて、衣装を買うことで日々を過ごしていたが、舞踏会で誰かと知り合いになるという望み以外に、そこで何をするべきかについては考えなどなかったのである(NA、p.19)。キャサリンが、ヘンリー・ティルニーと彼の妹との約束を破ってしまったことで、彼にしきりに謝罪したとき、彼女はアレン夫人にサポートしてくれるようアピールした。「私のことを、ずいぶん失礼な人間とお思いになったでしょうね。でもほんとに、あれは私のせいではないんです。ね、おばさま、そうでしょ? ティルニーさんと妹さんはフェートン馬車でどこかへ出かけたって、みんなが私に言ったのよね。だから私はみんなとドライブに行くしかなかったの。でも私はその一万倍も、ティルニーさんと妹さんと一緒に散歩がしたかったんです。ね、おばさま、そうでしょ?」キャサリンを助けるために、アレン夫人がすべきだったことはただ同意することだったが、彼女は[そのことを]理解できず、代わりにこう答えた。「ね、キャサリン、私のドレスをくしゃくしゃにしないで」（NA、p.137）。同様に、ラッシュワース氏は、色彩や華美な装飾によって容易に気を散らされてしまう。彼の婚約者であるマライア・バートラムは『恋人たちの誓い』においてヘンリー・クロフォードといくつかのシーンをともに演じたが、ラッシュワース氏には何も疑いをもたせなかった。というのは、ラッシュワース氏は「伯爵役は豪華な衣装を着なければいけないと言って、服の色も選んであげた。ラッシュワース氏は、軽蔑するようなふりをしながらも、豪華な衣装という点がたいへん気に入り、自分の衣装のことで頭がいっぱいになり、ほかのことは何も考えられなくなってしまった」からである（MP、p.212）。ラッシュワース氏は興奮していた。「ぼくの役はカッセル伯爵で、最初は青い服を着て、ピンク色のサテンのマントを羽織って登場するんです。それからあとで、こんどはすごくお洒落な乗馬服で登場するんです」（MP、p.212-13）。ウィッカムが最終的にリディアと結婚することに同意した後、ベネット夫人は、なぜウィッカムがこの決定をしたのかについて考えなかった。その代わりに、ベネット夫人はリディアの婚礼衣装のことを心配し、いきなり「キャラコ、モスリン、キャンブリックなどと、注文品の名前を言いはじめた」のである（PP下、p.169）。

視覚的細部への注視は、単なる虚栄心以上のものになりうる。一般に、社会的相互作用「人々との交わり」について身体的見栄えを通じて考える人たちがいる。キャサリンはアレン夫人に、ヘンリー・ティルニーの両親もまたバースを訪れるのかと尋ねたが、アレン夫人は最初は「どうだったか」思い出せなかった。「ええ、いらっしゃると思うけど、ちょっとわからないわ。あ、そうだわ、おふたりとも、もう亡くなったんじゃないかしら。少なくとも、お母さまは亡くなったはずよ。そう、間違いないわ。ティルニー夫人はもう亡くなったわ。ヒューズ夫人がこうおっしゃっていたもの。ティルニー夫人つまりミス・ドラモンドは、結婚式のときに、とても美しい真珠の装身具一式をお父さまからいただいたんだけど、その真珠の装身具一式を、いまはミス・ティルニーがお持ちなの。つまり、ティルニー夫人が亡くなったときに、形見としてミス・ティルニーに贈られたの」（NA、p.97）。もし美しい真珠のことがなかったら、アレン夫人はティルニー夫人が生きているのか死んでいるのか、思い出せなかっただろう。バートラム夫人にとって、彼女の息子トムの病気についての知識は、彼を実際に見たとき以上のものではなかった。「バートラム夫人は、自分の目で見ていない苦しみにたいしては、想像力がまったく働かないのだ。トムがマンスフィールド・パークに運ばれてきて、その変わり果てた姿を自分の目で見るまでは、バートラム夫人は、自分の動揺と不安と、かわいそうな病人について、たいへんのんきな調子で書いていた。しかし、ちょうどファニー宛の手紙を書きかけていたときに、トムが変わり果てた姿で帰ってきた」(MP、p.656-57)。ラッシュワース氏は、友人の地所であるコンプトン屋敷がいかに改修されたかを見た後で、サザトンの屋敷を改修しようという気持ちにさせられた。「ぼくの友人スミス氏のコンプトン屋敷を、ぜひあなたにお見せしたいですね(中略)屋敷の玄関までのアプローチは、あの地方で一番すばらしいんじゃないかな。アプローチから見た屋敷の眺めが、じつにすばらしいんです。きのうサザトン・コートに戻ったとき、自分の屋敷が牢獄みたいに見えました。ほんとに、陰気な占い牢獄みたいに見えましたよ」(MP、p.62)。客たちが改修について意見するためにサザトンを訪れたとき、ラッシュワース氏は「自分から意見を言うことはほとんどなく、ときどき、『スミスのコンプトン屋敷をぜひお見せしたいですね』と言うだけだった」(MP、p.151)。ラッシュワース氏は友人の土地と自分自身の土地を完全に視覚的なイメージで理解しており、他のやり方では話すことができなかった。彼はただ、自分の見ているものを他人が見ることができたらと願うだけだったのだ。バースにおいて、アンの姉であるエリザベス・エリオットは最初、ウェントワース大佐にお礼を言うのを拒否したが、後に彼をパーティーに迎え入れた。なぜなら、彼は見栄えが良かったからである。「とにかくいまのウェントワース大佐は、カムデン・プレイスの客間をいっそう華やかにしてくれるはずだ」(P、p.375)

圧倒的な身体的見栄えの良さは、戦略的技能に優れた人々でさえ誤りに導くことがありうる。ダーシー氏が自分のことを虐待しているとウィッカムが苦情を言った後、エリザベス・ベネットは、「ウィッカムさんの顔はうそをついてる顔じゃなかったわ」と言った。そして、ジェイン・ベネットについて言えば、「彼女の性格として、ウィッカム氏のような感じのいい青年の言葉を疑うこともできな」かったのである（PP上、p.150/p.149）。しかし、ウィッカムと彼の家族との間にあった過去の出来事を説明するダーシー氏の手紙を読んだ後、エリザベスはウィッカムの見栄えを実際の証拠と照らし合わせて評価するようになった。「彼の顔と声と態度を見ただけで、すぐに立派な人物と決めてしまったのだ（中略）あの魅力的な態度や話しぶりはすぐに目に浮かぶが、ほんとに立派な人物かどうかという点になると、メリトンの町の人たちに評判がいいとか（中略）そういう漠然としたこと以外は何も思い浮かばなかった」（PP下、p.10）。自分たちの誤りに気づいて、エリザベスとジェインは見栄えの良さがもつ力を認識したのだった。ジェインは大声で叫んだ。「ウィッカムさんもかわいそう！　お顔はあんなに善人そうなのに！　態度も飾り気がなくて、あんなに感じがいいのに！」エリザベスは、ウィッカムとダーシー氏とを比較しながら皮肉を言った。「『あのふたりの教育には重大な欠陥があるわね』とエリザベスは言った。『片方は善人だけど、そうは見えなくて、もう片方は善人に見えるけど、そうではないというわけね』」（PP下、p.41）。同様に、ウィロビーのエリナーへの深夜の告白の後、「彼が自分の心に及ぼす影響力は、本来ならあまり重きを置いてはいけない事柄によって強められていると、エリナーは思った。たとえば、あの類いまれなる魅力的な容姿。彼の場合は長所にならないけれど、あの率直で、愛情のこもった、快活な態度」によって（SS、p.458）。ベネット氏が愚かなベネット夫人と結婚したのは、彼が「ある女性の若さと美貌と、それが発散する表面的な明るさに引かれ」たからであった（PP下、p.58）。

オースティン作品における戦略的思考が弱い人の第三の特徴は、言葉や記号が話されたり書かれたりする社会的文脈の下でではなく、耳で聞いたまま、目で見たままの事柄やその形式的な意味といった、字義通りの意味に拘泥してしまうということである。例えば、ベネット氏は、メアリーが本から言葉を一字一句、書き写しているので、「必要なことをすでに」学習しているのだとジョークを言った。「初対面のときは、必ず誰かに紹介してもらわなければいかんという、社交上の礼儀がばかばかしいと言うのかね？　それは賛成できんね。メアリー、おまえはどう思う？　おまえはまだ若いのに、よく物を考えるし、本もたくさん読んで、ちゃんと抜書き帳も作ってる」（PP上、p.14）。メアリーは音楽を一生懸命勉強したが、「気取りとうぬぼれ」をもって演奏したので、他者が自分のことをどう見ているのかがわからなくなっていた。それで、エリザベスが「目配せを送ったり無言のお願いをして」いるにもかかわらず、熱心に歌い続けたのである（PP上、p.45/p.175）。それとは対照的に、ジェイン・フェアファクスとフランク・チャーチルは秘密裏に婚約していたが、「そのことを」互いに公には話をすることができなかったので、「ジェインは、実際には、ピアノを使って話をした」のである（Wiltshire 1997, p.71）。メアリーは「通奏低音と人間性の研究に励」んだ（PP上、p.106）。通奏低音とは、第14章の図5に示したような、低音部の旋律に付く和音を特定するために数字を用いる音楽記譜法の一種である。メアリーは楽譜の上に書かれた音符として音楽を理解したが、演奏者と聴衆との間のコミュニケーションとしては理解せず、人間性の研究でも同様であった。ともかく、ベネット氏はメアリーのことを、実際の社交場の交わりについてではなく、礼儀作法についての本から学ぶような、人の紹介に関する規則や形式についての権威なのだと訴えたのである。ナジェント（Nugent 2009, p.91）によれば、メアリー・ベネットは「文学で著名な作品における間抜けな人についての最も早い例の一つである」。ベネット家がコリンズ氏から、自己紹介と、ベネット家を相続する人に償いをしたいという彼の望みを表明した手紙を受け取ったとき、エリザベスとベネット氏は、コリンズ氏がこの手紙によって正確には何を伝えたいのか困惑した。しかしながら、メアリーが注目したのは次の点だった。「でも、文章の点から言うと（中略）そんなにひどい手紙じゃないと思うわ。和解の申し出に『オリーブの枝』の故事を使うのは目新しいことではないけど、うまく書けてると思うわ」（PP上、p.112）。メアリーは、コリンズ氏の意図ではなく、彼の手紙の書き方、特にそこに盛り込まれた故事に注目した。メアリーはコリンズ氏に好意を示し、「コリンズ氏の才能をいちばん高く評価しているのはメアリーだし、彼の考え方はしっかりしていると感心している」のも彼女だった。そのしっかりしたところこそ、エリザベスの「観察力が鋭い」ところとは正反対だった

（ＰＰ上、p.217/p.28）。

エマの最初の大きな過ちは、字義通りの意味に対する彼女の過剰な注目にあったのだと批判することができるだろう。エマは、自分が描いたハリエットの肖像画に対してエルトン氏が熱烈な興味をもっていたので、彼が彼女のことを愛しているに違いないと考えた。彼をそれを「貴重な預かり物」と呼び、額に飾るためにロンドンに持ち帰った（Ｅ上、p.76）。しかし、エルトン氏は肖像画に描かれている字義通りの対象ではなく、それを描いたエマのことを称賛したのである。

ウッドハウス氏は、その娘と同様に、その肖像画を見て、字義通りに絵の中でハリエットが「小さなショールを一枚肩にかけただけで、外に座っている。なんだか風邪を引きそうだ」ということを心配した（Ｅ上、p.74-75）。それとは対照的に、エルトン氏は、ハリエットを戸外に配置するという芸術的な技能を称賛した。「ミス・スミスを外に座らせたのは大成功だと思います（中略）こんなみごとな肖像画は見たことがありません」（Ｅ上、p.75）。同様に、ボートに乗った二人の男性の版画をバースの版画店のショーウィンドーで見たとき、クロフト提督はアンにこう述べた。「こんな船を見たことがありますか？　画家というのはおかしな連中ですな。こんなぶかっこうな古い貝殻みたいな小舟に乗って、命の危険を冒す人間がいると思っているとは、呆れたもんです」。そして、「大きな声でおかしそうに笑いながら」、「この船は一体どこで造られたのかな？」と冗談を言った（Ｐ、p.278）。クロフト提督は、二人の男性の命ではなく、版画家の専門技術を心配しているのであり、また、船が航海に適しているかどうかは本当の問題ではなく、笑いの種にすぎないことをわかっていたのである。

エマはハリエットに、ちょうどメアリー・ベネットの抜き書きのコレクションのように、彼女自身のコレクションになぞなぞを書き写させることを促し、エルトン氏にもなぞなぞを提供するよう求めた。エルトン氏はエマとハリエットに対し、謎かけ詩（シャレード）を編み出した。その最後の二行はこうなっていた。「あなたの機敏な知性が正解の文字を見つけ／あなたのやさしい瞳に、承諾の光りが輝きますように！」エマは、これはまさにハリエットへの愛の告白に違いないと結論した（E上、p.112）。シャレードの内に秘められた意図のために、ハリエットはそれを自分のノートに書き写すことはとうていできないと感じたが、エマは特に自分に向けられた謎かけである最後の二行を削除しさえすれば問題ないと言った。「最後の二行がなくても立派なシャレードよ」（E上、p.122）。エマは、シャレードの字義通りの言葉を、その最後の二行が示唆していること、そして、エルトン氏が自らそれを手渡しに来たという社会的文脈から切り離すことを完全に望んでいた。それからエマは、脱文脈化されたバージョンを父に読み聞かせることにしたのである。

アレン夫人は独り言を言うのが好きだった。「夫人は刺繍仕事をしているときも、針がなくなったり糸が切れたりするたびに（中略）返事をする人がいてもいなくても、大きな声でそれを口にせずにはいられないのだ」。つまり、アレン夫人の話は社会的文脈によっては変化しないのだ（NA、p.84）。彼女がソープ夫人と話をしていたとき、「ふたりは『会話』と言っているけれど、意見の交換はほとんどないし、共通の話題がないこともしばしばだった」（NA、p.44）。アレン夫人にとって、会話とは言葉を話すことだった。それとは対照的に、ミス・ベイツは文脈を過剰に取り入れて、メッセージの受け手に関するごく些細な個人的事柄にまで「何か隠された意味を読み込もうとするのだった。「ニュースの断片を耳にしたとき、もし彼女が特定の姿勢で立っていたなら、彼女の姿勢はただちに、教訓として伝えることが彼女の義務であるような事件の一部になるのである」（Simpson 1870［1968］, p.259）

また、数へのこだわり、視覚的細部への注視、字義通りの意味への拘泥というオースティン作品における戦略的思考に弱い人々の三つの特性は、自閉症スペクトラムの人々にも共通している。ファーガソン・ボトマー（Ferguson Bottomer, 2007, p.113）は、他の多くの自閉症スペクトラムの性格特性を『高慢と偏見』に見出している。例えば、ダーシー氏のダンス嫌いは、自分の体の動きを、特に他者と調和させることにしばしば困難を感じている自閉症スペクトラムの人々と共通している。「自閉症」の概念は一九四〇年代に最初に特徴づけられ、それ以来議論が続けられてきた（Silverman 2012）。オースティンはこうした三つの性格特性が重なり合った状態をもっと早くに指摘していたのである。

これらの三つの性格特性は、「発話行為」的な意味とは反対の、脱文脈化された字義的意味への傾向性として広く理解することが可能である。発話行為的意味とは、言明がいかになされているか、それを誰が、どのような社会的設定の下で発話しているか、といったことに依存するような意味のことである（Austin 1975）。数字、色、モスリン、真珠といったものは、言語学者や文法学者によって研究される言葉と同様に、コリンズ氏のように「しっかりしたところ」がある。「39」はほとんどあらゆる文脈で「39」である。

こうした「しっかりしたところ」は望ましいものでありうる。あらゆる意味には議論の余地がありうるが、ある種の用語が条件付きではなく不変であることは有益である。例えば、私は何人連れであるかとウェイターに尋ねられると、「二人です」と答えるが、レストランの座席という文脈で「人」が何を意味するのかについては何らかのあいまい性があるかもしれない。妻と私は、自分たちは二人だけなので早く席につかせてほしいという意味でそう言うのかもしれない。それで、席につくと、四歳になる子供のために椅子を引っ張ってくるというわけだ。しかし、「二人」が何を意味するかについては、わずかな文脈上の違いしかないし、戦略的になる理由もそれほどないだろう。ヘンリー・ティルニーは、自分の父とキャサリンの訪問に備えてごちそうを準備するために出かけて行ったとき、キャサリンはどうしてそのような努力が必要なのか理解できなかった。なぜなら、ティルニー将軍の言葉によれば、「食事は家にあるもので十分だ」ったからである（NA、p.319）。キャサリンは自問した。「将軍は、特別食事を用意する必要はないと、あんなにはっきり言いながら、腹の中では正反対のことを考えているとしたら、一体どういうことなのだろう？　まったくわけがわからない！　もしほんとにそうなら、人の気持ちをどう理解したらいいのだろう？」（NA、p.321）あらゆることに戦略的であるべきではない。コミュニケーションには字義通りであるべきものもあるのである。

社会生活において、社会的役割や社会的地位は字義的な意味を生み出す一つの手段である。ある人は数年の訓練期間と長い選抜期間を経て警察官になるが、ある与えられた瞬間には、ある人は制服やバッジを身に付けているから警官なのだと考えるほうがずっと容易なことがある。戦略的思考が得意ではない人にとって、あるいは見知らぬ複雑な社会的状況に置かれた人は誰でも、社会的役割は非常に役に立つ。ウッドハウス氏でさえ、社会的役割の助けを借りて他者の視点を手に入れることができたのである。ジェイン・フェアファクスがスモールリッジ夫人の家政婦になるために出かけようとしたとき、ウッドハウス氏はエマにこう告げたのである。「そうだろう、エマ。ミス・フェアファクスと新しい奥さまとの関係は、ミス・テイラーと私たちの関係と同じだからね」（E下、p226）。ジェイン・フェアファクスの将来に待ち受ける社会的関係は、ミス・テイラーがそうだったように、家政婦という同じ社会的役割を彼女が占めることになるので、予測可能だったのである。ウッドハウス氏がエマに「とくに花嫁には、ぜったいに失礼があってはならない（中略）主賓はつねに花嫁だ」と言ったとき、彼は再び、社会的役割をもとに考えていた。なぜなら、彼は戦略的思考が得意ではなかったからだ。彼の方針は人々を結婚させるよう促すものだとエマが冗談を言っても、ウッドハウス氏は「彼女の言うことがわからなかった（E下、p.58）。

同様に、自分が世話をしているときにマリアンが病気になると、ジェニングズ夫人は、自分を同じ社会的役割に置いて、病気の娘の母であるダッシュウッド夫人の視点を獲得した。「ジェニングズ夫人はこう考えた。ダッシュウッド夫人がマリアンを思う気持ちは、自分がシャーロットを思う気持ちと同じだろうと。それゆえ、ダッシュウッド夫人の悲しみにたいするジェニングズ夫人の同情は、まさに正真正銘いつわりのないものだった」（SS、p.428）。ノックス－ショウ（Knox-Shaw 2004, p.146）はこう書いている。「ジェニングズ夫人の心痛は、自分をダッシュウッド夫人の立場に置いて考えるというやり方によって倍加されている」。心の理論課題が得意ではない自閉症スペクトラムの人々は、極めて容易にジェンダーや人種、階級に関するステレオタイプを受け入れてしまう（Hirschfeld, Bartmess, White, and Frith 2007; White, Hill, Winston, and Frith 2006）。

このように、社会的役割や社会的地位への信頼は、数へのこだわり、視覚的細部への注視、字義通りの意味への拘泥と並んで、オースティン作品における戦略的思考が苦手な人々の四つ目の特性なのである。コリンズ氏はこの四つすべての特性を持ち合わせていた。彼の数へのこだわりについてはすでに触れている。彼は、フォーダイスの説教を一語一句、三ページにわたって声に出して読むことによって、字義通りの意味への拘泥を示した。モリス（Morris 1987, p.142）によれば、コリンズ氏は「字義通りの解釈がもたらす破滅的効果」の研究家なのだ。彼は、社会的地位とドレスに同時に注視していることを、エリザベスにこう告げることで示している。「地味な服を着ているからといって、その人を低く評価するようなことは、キャサリン夫人はけっしてなさいません。むしろ服装の違いによって、身分の違いをはっきりさせるほうがお好きなのです」（PP上、p.276）。ノックス－ショウ（Knox-Shaw 2004, p.103）は、「コリンズという人物を生み出した際のオースティンの並外れた技能は、見たところ整合性がない二つのキャラクター、つまり、おべっか使いとずうずうしい恋人とを結び合わせ、それらが調和するのを明らかにしてみせたところに表れている」と記している。実際、地位に対する強迫観念と、女性が自分自身で選択できるのだということを理解できないことが、［彼の中では］両立しているのである。

アン・エリオットの父親であるサー・ウォルターは、四つの特性のうち（数へのこだわり以外の）三つを備えている。サー・ウォルターは「五十四歳の今でもたいへんな美男子だった。自分の容姿をこれほど鼻にかけるのは女性でも珍しいだろう（中略）つまり、このふたつの幸せに恵まれた自分自身こそ、サー・ウォルターが最も熱烈な尊敬と愛情を捧げる人物なのである」（P、p.9）。社会的地位と身体の見栄えに対する彼の注視は、海軍に対する彼の反対意見にも結び付けられている。「第一に、海軍というところは、生まれの賤しい人間を分不相応に有名にし、その父親や祖父の代には考えられなかったような高い地位へと出世させるからだ。第二に、海軍は人間の若さと活力を破壊するからだ。海軍軍人は誰よりも老けこむのが早い」（P、p.34）。クロフト提督と会う前に、サー・ウォルターは「その男の顔は、従僕の仕着せの袖飾りやケープみたいに橙色《だいだい》だろうな」と予想していた（P、p.38）。サー・ウォルターは、クロフト提督を視覚的にその色彩で、特に、家族の身分を示す橙色で理解した（トッドとブランク〔Todd and Blank 2006, p.346〕は、使用人の制服の色は、家族の紋章の色なのであると指摘している）。サー・ウォルターは異常なほど、彼自身の家族の出自を、自分の社会的地位の字義通りの表現であるその男爵位に読み込んでいた。「エリオット家の歴史だけは、どんな時でもたいへん面白く読むことができた（中略）／ウォルター・エリオット、一七六〇年三月一日生まれ。一七八四年七月十五日結婚」（P、p.7-8）。サー・ウォルターは、娘のメアリーの結婚のような新しい情報を、印刷業者と同じくらいしっかりした書体で、自分自身の言葉で本に書き入れることにより、自分の出自を更新していた。サー・ウォルターは、アンのウェントワース大佐との結婚に同意した。それは、「これだけの美男子なら（中略）ウェントワースという名前もなかなか響きがいいように思えてきたので」、「アンの身分の高さ」に釣り合うと考えたからである（P、p.414）。

エリザベス・エリオットも父と同じように考えていた。クレイ夫人が自分たちの父に下心をもっているかもしれないとアンが警告したとき、エリザベスの答えは社会的地位と身体的見栄えを組み合わせたものだった。「クレイ夫人は身の程を忘れるような人ではないわ（中略）はっきり言っておくわ。結婚問題については、彼女はとてもきちんとした考え方も持っていて、身分違いの結婚には人一倍反対する人なの（中略）『あの歯がね！』とか『あのそばかすがね！』とかおっしゃるのを。私は、お父さまほどそばかすが嫌いではないわ」。アンは戦略や反撃の重要性を支持する主張をした。「いつも愛想のいい態度をされると、容姿の欠点はだんだん気にならなくなるものよ」。しかし、エリザベスにとっては、身体的見栄えが戦略性より優っていたのである。「愛想のいい態度は、美しい顔を引き立たせるかもしれないけど、醜い顔を変えることはできないわ」（P、p.59/p.60）

メアリー・クロフォード、バートラム夫人、それにラッシュワース氏もまた、こうした性格特性を併せもっていた。メアリーが最初にファニーと出会ったとき、彼女は自分の身分を確認し、エドマンドに尋ねた。「彼女はもう社交界に出ていらっしゃるの？　それともまだですの？　さっぱりわからないわ。彼女は牧師館で、皆さまと一緒に食事をなさったから、もう社交界に出ているような気もするけど、ほとんど口をきかないから、まだのような気もするわ」。エドマンドはメアリーの強迫観念を共有してはいなかったので、こう答えた。「あなたのおっしゃることはよくわかります。でも、その質問にはお答えできません。ファニーはもう大人です。年齢の点でも、分別の点でも、もう立派に一人前の女性です。でも、社交界に出ているとか出ていないとかいう問題は、ぼくにはわかりません」（MP、p.77）。メアリーはまた、エドマンドの名前の（意味だけではなく）響きを気遣って、それを爵位と関係づけてみせた。「エドマンド・バートラム氏という呼び方は、すごく形式的でみじめな感じで、いかにも弟って感じがして大嫌いだわ（中略）／エドマンド卿とか、サー・エドマンドというのは、すてきな響きがするわ」（MP、p.317-18）。ファニーへの手紙で、メアリー・クロフォードはエドマンドの見栄えについて自慢した（「ロンドンの友人たちは、エドマンドの紳士的な容姿にすっかり感心しています」）。そこで、癪に障ったファニーはひそかにこう考えた。「自分が結婚する男性について、容姿のことしか話せない女性なんて！　ああ、なんてつまらない愛情だろう！（中略）ミス・クロフォードは、エドマンドと半年も親しいつきあいをしていたというのに！」（MP、p.637/p.640）バートラム夫人は、ヘンリー・クロフォードのファニーへのプロポーズを、美と地位の観点で理解した。「それゆえ彼女は、ファニーがお金持ちの男性からプロポーズされたと聞くと、突然ファニーは美人だと確信し、（中略）ファニーを姪と呼ぶことが、たいへんな名誉のように感じられてきた（中略）そして満足そうにファニーを見つめてつけ加えた。『そうね、たしかに私たちは美人の家系ね』」（MP、p.505）。バートラム夫人は、ヘンリーをプロポーズに導いた社会的プロセス全体を、自分自身の地位を高める、ファニーの身体的風貌に還元してしまったのである。ラッシュワース氏は地位を容姿と同一視した。それは、結局、身長という正確な数値に還元しうるものだった。トム・バートラムが彼の父にヘンリー・クロフォードが

「紳士的な人物」だと告げたとき、ラッシュワース氏は口をはさんで言った。「まあ、紳士的でないとは言いませんけど、身長が五フィート八インチもないということは、お父上に申し上げたほうがいいんじゃないですか？そうしないと、美男子だと思うかもしれませんからね」（MP、p.279）

ビングリー氏がダーシー氏に、エリザベスにダンスをお願いしたらどうかと示唆したとき、ダーシー氏はこう答えた。「まあまあだけど、あえて踊りたいほどの美人じゃないね。それにぼくはいま、ほかの男から相手にされないお嬢さまのお相手をする気分じゃないんだ」（PP上、p.22）。エリザベスがこの発言を耳にしてしまったので、お互いを嫌悪することが始まったのである。通常、ダーシー氏は優れた戦略的技能をもっているが、このときは近所に越してきたばかりであった。この全く新しい環境において、エリザベスの容姿と彼女の低い地位は、彼には無視できないことであった。これがおそらく、「メリトンで開かれた舞踏会での彼の極端な横柄さが、後の彼の行動とマッチしない」（Kennedy 1950, p.53. Morris 1987, p.159の引用）ことの理由を説明するのかもしれない。

おそらく、男性であることは戦略的思考に弱い人に関係する五つ目の特徴なのである。第2章で触れたように、自閉症を「極端に男性的な脳」をもつ者と解釈する人がいる。オースティンが、察しの悪さについては、大人の女性よりも大人の男性に対して寛容である傾向があるというのは本当である。例えば、「何でもあなたの言いなりですもの。ほんとに貴重な方ね」と言われるビングリー氏は、等しく戦略的な弱さをもつメアリー・マスグローヴのような女性よりも、ずっと程度の穏やかな揶揄の対象になっている（PP下、p.277）。その察しの悪さにはうんざりさせられるが、ときには好感を感じさせるウッドハウス氏と等価な女性は存在しない。ラッセル夫人の戦略的能力のなさは、良い面も魅力もない単なる能力の欠如である。もし、ダッシュウッド夫人が好感をもてるとすれば、それは彼女の過剰な戦略性のためであって、察しの悪さではない（彼女の過剰な戦略性はより高いレベルでの察しの悪さと考えられるかもしれないが）。戦略的思考についての理論的言明を最も明示的に行うヘンリー・ティルニーが、モスリンを理解しているというのもまた真実である。「妹のドレスもぼくが選んであげるんです。ついこのあいだも買いましたけど、すごいお買い得だってみんな驚いてました。一ヤードたったの五シリングでしたが、本物のインド・モスリンです」。この技能が性差を表すものであることに疑いを感じる人には、アレン夫人ならこう答えるだろう。「男性は、こういうことにはたいてい無関心よね。うちの主人なんか、私のドレスの違いもわからないわ。頼りになるお兄さまがいて、お妹さんは心強いわね」(NA、p.32-33)。キャサリンは笑って、彼が異常だと言わんばかりだった。ウッズ(Woods 1999, p.138)によれば、「無意識に、ジェイン・オースティンは、ヘンリー・ティルニーの様子を女装した姿で想像したのである」

それでも、オースティンにとって、察しの悪さを性差に関連付けることは、決して容易なことではなかった。戦略的な技能があることは必ずしも、人を男性らしくさせなくするというわけではない。ナイトリー氏はジェイン・フェアファクスとミス・ベイツのニーズを理解し、パーティーの後、馬車を用意して彼女たちを家に連れて行った。ウェストン夫人は大声で言った。「なんて親切で思いやりのある心づかいなんでしょう! 誰でも思いつくことではないわ」(E上、p.345)。ナイトリー氏の思慮深さは男性ではめったにないことかもしれないが、この場合、女性のニーズに気づき、それに応えるという彼の能力は、どちらかといえば、彼をあまり男性らしくしないというよりは、より男性らしくしている。ただ一つの違いは、ヘンリー・ティルニーは着物のニーズに気づいたのに対し、ナイトリー氏は移動のニーズに気づいたということである。

おそらく、戦略的思考は、それが援用される舞台に従って、性差と関連をもつのである。クロフト提督は海を掌握していたかもしれないが、「地上では、提督は「クロフト夫人」ソフィアのより優れた見解に従っているのである」(Mellor 2000, pp.130-31)。同様に、ウェントワース大佐はフランスのフリゲート艦を拿捕し、海軍将校として輝かしい成功をおさめたが、求婚という舞台ではそれほど輝かしい成果は挙げられていない。そこでは、「家庭での幸せという願いは、彼の過剰なプライドのために頓挫してしまったのである」(Mellor 2000, p.125)。ウェントワース大佐は、ルイーザ・マスグローヴが意識不明になったとき、アンに助けを叫び求めた。それは、「彼が訓練を受けてきたような種類の行動ではなかったからである」(Sutherland and Le Faye 2005, p.224)。幸運にも、地上では、アンの戦略的技能によって困難は乗り越えられたのである。

一般的に、女性と男性のどちらが戦略的思考に優れているかについて、キャサリン・モーランドとエリナー・ティルニーは互いに誤解をしていた（キャサリンは「もうすぐロンドンで、ものすごく恐ろしいものが出るそうですね」と言ったが、彼女は現実世界での暴動ではなく、小説のことを語っていたのである）が、ヘンリー・ティルニーは、女性には［戦略的思考について］自然の優位さがあるのだと、冗談で敗北を認めた。「ミス・モーランド、ぼくほど女性の知性を高く評価している者はおりません。ぼくの考えでは、女性はあまりにも多くの知性を与えられたために、その知性の半分も使う必要がないのです」（NA、p.169/p.172）。もし女性に、より優れた戦略的能力があるのなら、男性はより大きな努力をすることでそれを埋め合わせる以上のことができるかもしれないのである。

社会的距離

性差は察しの悪さの原因になりうる。なぜなら、それは男女の区別を超えて容易には伝えることができないものだからであって、ある性別が必然的に他の性別よりも優れた技能をもつからなのではない。もしもっと時間があれば、キャサリンはヘンリー・ティルニーの視線を捕まえるために、コティヨン・ダンス［フランス舞踏の一種］用の新しいドレスを購入しただろう。しかし、それは「じつに大きな間違いである（中略）男性の心は、高価なドレスや新しいドレスにはほとんど影響されないものだ。その事実を知ったら、女性たちは大いに悔しがることだろう」。女性はこの忌々しい事実を、男性というものを知ることによってのみ学ぶのである。「そしてそれを忠告してやるのは、女性より男性、つまり、大叔母より兄のほうが適任かもしれない。新しいドレスにたいする男性の無関心ぶりは、男性のほうがよく知っているからだ」（NA、p.105）。ともかく、ヘンリー・ティルニーは、妹がいたためにモスリンについては知っていた。実際、おそらく新しいドレスを買うことは、ヘンリーのファッションに対する見識を前提にすれば、大きな間違いではなかったはずである。

オースティンは、性差を超えてコミュニケーションすることがいかに大きな労力を要するのかを示している。アンとハーヴィル大佐が、男女のどちらがより一途に愛するかを論じ合ったとき、ハーヴィル大佐は最初アナロジーにアピールし(「つまり男性は、肉体も感情も同じように頑健にできているんです。だからどんな試練にも耐えられるし、どんな困難も切り抜けることができるんです」)、次に文学にアピールした(「歌にもことわざにも、たいてい女性の移り気のことが書かれています」)が、最後には、男性がどのように感じているか、兄妹のように、直接的にコミュニケーションすることによって切り抜けた。「男が妻と子供たちに最後の別れをし、妻子を乗せたボートが陸へ引き返すのを最後まで見送り、それからくるりと陸に背を向けて、『ああ、これが今生の別れになるかもしれない!』とつぶやくときの男のつらい気持ちを! それに、妻子に再会するときの男の熱い思いもわかってほしい(中略)こういうことをすべてあなたにわかってほしい。そして男は、自分の宝物である妻子のためならどんなことでも耐えられるし、どんなことでもできるし、どんなことでも喜んでするということを!」(P、p.386/p.388/p.389)ハーヴィル大佐と男性一般の心の温かさを感じて、アンは負けを認めた。「男性たちの熱烈で誠実な感情を過小評価するつもりなどまったくありません」。アンは、男性が「労働と苦労の連続で、つねに危険と困難にさらされなくてはならないんですもの(中略)ほんとにあまりにもかわいそうですわ(中略)そのうえさらに、女性の愛情からも見放されるとしたら」ということを認めることで、男性の見方を喜んで受け入れるという以上のことをしたのである(P、p.390/p.387)。十分な労力と誠実さがあれば女性と男性はお互いに理解可能であり、そうしたいというアンの意欲は、二人の会話を盗み聞きしていたウェントワース大佐の愛によって報われたのだった。

一般に、社会的距離はコミュニケーションを減少させ、察しの悪さを増大させる。性差と並んで、オースティンは、場所、結婚状態、それに年齢の違いも考慮している。アンの家族がケリンチ屋敷を離れたとき、彼女は姉のメアリーと、物理的に離れた場所にあるアパークロス屋敷にとどまり続けた。アンは先の訪問から、「自分の家を離れてよその家を訪問すると、わずか五キロ離れているだけでも、自分の家とは話題も意見も考え方もまったく違うことがよくある」ということ、そして「ケリンチ屋敷では誰もが知っていて誰もが関心を持っている事柄も、アパークロス屋敷では誰も知っていないし誰も関心を持っていない」ことをよく知っていた（P、p.70）。彼女の家族のバースへの旅立ちに対するアパークロス屋敷での同情心の欠如に気づくと、アンは「もうひとつの教訓を学ばざるを得なかった。つまり、『人間は自分の家を離れると、何者でもない存在になってしまう』ということだ（中略）こういう勝手な思い込みは二度とすまいと、アンは心に決めた」（P、p.70-71）

互いの話を聞くことなしには、たとえ同じ家に住む人々同士でも、他者が自分のことをどう思っているのかよくわからない可能性がある。マンスフィールド・パークの一団が『恋人たちの誓い』のリハーサルをしているとき、ファニーは「こんな事実を知らされた。イェーツ氏の絶叫調のセリフはひどすぎるとみんなが思っている。イェーツ氏はヘンリー・クロフォードに失望している。トムのセリフは早すぎて聞き取れない。グラント夫人はげらげら笑って芝居をぶちこわしにしてしまう。エドマンドはまだセリフをしっかり覚えていない。ラッシュワース氏を相手に芝居をするのは勘弁してもらいたい（中略）というわけで、みんなが満足して楽しんでいるどころか、全員がないものねだりをしたり、みんなの不満の原因をつくったりしていた（中略）苦情を訴えている本人以外は、誰も舞台上の指示に従わなかった」（MP、p.251）

ウェントワース大佐は姉のクロフト夫人に、快適な居場所を適切に与えることが難しいので、女性や子供たちを自分の船に乗船させることを好まないと告げた。クロフト夫人は答えた。「いいえ、女性だって、平穏無事な日が毎日つづくなんて思っていませんよ」（P、p.116）。クロフト提督もそれには同意した。「この男だって細君を持てば、がらっと考えが変わるさ。結婚して（中略）おまえや私やみんなと同じことをするさ（中略）この男だって、自分の細君を乗せてきてくれた人に感謝感激するさ」（P、p.75)。未婚の男性として、ウェントワース大佐は結婚している人々を単純に理解しておらず、結婚すれば自分自身も同じようになってしまうことでさえ理解していないのだ、とクロフト夫妻は主張しているのである。ウェントワース大佐は、この［互いの理解の］断絶の下でコミュニケーションすることへの欲求不満を表明した。「『きみも結婚すれば、考えががらっと変わるさ』と、結婚した人たちから攻撃されたら、ぼくは、『いや、変わりません』と答えるしかない。すると彼らは、『いや、変わる』とまた言う。それでおしまいです」（P、p.117)

最後に、ウッドハウス氏は、ナイトリー氏の弟であるジョン・ナイトリー氏が自分の子供たちに対してあまりにも乱暴であるのを目撃したので、エマは答えた。「お父さまはおやさしいから、乱暴に見えるかもしれないけど（中略）子供たちはみんな父親が大好きよ」。ウッドハウス氏は、ナイトリー氏が「あの子たちを恐ろしいほど高く天井に放り上げる」ことが子供たちには楽しいのだということが理解できなかった（E上、p.128/p.129)。エマは答えた。「みんなそうよ、お父さま。世の中の半分の人たちは、残りの半分の人たちの喜びを理解できないの」（E上、p.129)。ウッドハウス氏の悟性は、自分自身と子供たちの間にある年齢（と気質）の違いを乗り越えることができなかった。エマが述べているように、他者の選好を理解するという問題は普遍的なものなので、若者と老人との間に限られたものではないのである。

少なくとも、ウッドハウス氏は、「ゆっくりと、はっきりと、二、三度くり返して読み、一行ごとに説明を」してくれるエマを［コミュニケーションの］仲介者としてそばに置いていた（E上、p.124)。同様に、サー・トマスは、ファニーにヘンリー・クロフォードのプロポーズを受け入れるように説得を試みていたとき、「どうしても彼女の気持ちがわからないし、ぜんぜんわかっていないと自分でも感じたので、サー・トマスはエドマンドに相談し、ファニーのいまの気持ちはどうなのか（中略）教えてほしいと言った」（MP、p.560)。ネイティヴ・アメリカンの部族では伝統的に、「［男女］二つの心をもつ」人々が「男女がどうあるべきかを知っているので、男性と女性の間に立って」コミュニティにおける仲介者の役割を務めている（Gilley 2006, p.169; Evans-Campbell, Fredriksen-Goldsen, Walters, and Stately 2007とRoth 2012も参照のこと）。

過剰な自己参照

エマは、ウッドハウス氏は察しが悪いと指摘している。なぜなら、彼は他者の選好を自分自身の選好に照らしてしか考えられないからである。彼は、自分自身が穏やかだから、荒っぽいことが理解できない。ウッドハウス氏は「他人もみんな自分と同じ意見だと思いこむ癖がある」ので、それゆえ、例えば、エマの家庭教師ミス・テイラーは、ウェストン夫人として新婚生活を始めるよりも、自分たちと一緒に暮らし続けることを選ぶだろうと信じていたのである（E上、p.11）。結婚式において、「ほかの人の胃も同じだと彼は確信している。自分の胃に悪いものは誰の胃にも悪いはずだ。だから彼は、ウェディング・ケーキなど作らない方がいいと、必死にみんなを説得した」（E上、p.29）。オースティンは、ウッドハウス氏が（第2章で記述した）誤信念課題に失敗するような人物に設定した。同様に、「アレン夫人は、自分の気持ちを目配せで伝える習慣がないので、誰かにそうされても気がつかない」（NA、p.85）。また、「バートラム夫人は、自分が散歩を嫌いなので、みんなにも必要ないと思っているし、ノリス夫人は、自分が一日じゅうあちこち歩きまわっているので、みんなも同じくらい歩かなくてはいけないと思っている」という例もある（MP、p.85）。

あまりにも自分自身のことに焦点を当てすぎると、自分の戦略的思考に害を与えてしまう。バットとキャメラー（Bhatt and Camerer 2005, p.446）は、他者とゲームをプレーしている人の脳活動を観察して、良い成績を収める人は「他者が何をしようとしているかを想像することが得意で、この想像力に富んだプロセスでは……共感を生み出したり、他者のものを含む感情の予測を行う際に一般的に使用される汎用の脳回路が用いられている」こと、一方で、「自己に焦点を当てすぎている被験者は、他のプレーヤーについて十分に考えることができず、まずい選択を行い、不正確な予測をしてしまう」ことを見出している。他に、RAND研究所の上席分析官で、核戦略のエキスパートであるアルバート・ウォルステッターの例がある。彼は、「相手方の人々はRANDの分析官のように考えると仮定した。それは、知性をもった者の間での鏡像問題なのであった。つまり、相手方がリスクと可能な利益に重きを置くときには、自分の側でも同じ結論が導かれるという仮定なのであった」（Abella 2008, p.121）。同様に、ポーの作品（Poe 1845〔1998〕, p.258）における警察官たちは、「自分たち自身の想像の及ぶようなことしか思いつかない。しかも、隠された秘密を探るのでも、いったい自分たちだったらどうやって隠すだろうというふうにしか考えない」。ある程度は、こうしたことはまったく自然なことである。エイムズ、ジェンキンス、バナージ、ミッチェル（Ames, Jenkins, Banaji, and Mitchell 2008）は、人が自分自身を他人と置き換えるよう求められると活発になる脳の領域は、内観を促すような問いに答えるときに活発になる領域と同様であることを発見した。しかしながら、ニッカーソン（Nickerson 1999, p.749）によれば、「自分自身についての知識、信念、態度、それに行動を、実際にそうでなくても、他者の同様の事柄よりもずっと代表的なのだと見てしまう人々の傾向性は、それほど最適ではないやり方で適用されている、有益なヒューリスティクスの例なのである」

オースティンは、一人の人（あなた自身）を［例に］用いて、多様な人間性の全範囲にわたる推定をすることから、いかにして察しの悪さが生じうるのかを描き出している。ウッドハウス氏やアレン夫人のように成熟した人々については、こうしたことに関する無知は、性格特性や無能力に帰することができるだろう。ファニー・プライスやキャサリン・モーランドのように若い人々については、経験不足から生じていると言えるかもしれない。ファニーがヘンリー・クロフォードのプロポーズを断わったとき、「ファニーは、自分の言ったことはわかっていたが、自分の態度はわかっていなかった。つまり彼女は、救いがたいほどやさしい態度だったのだ。そしてそのやさしい態度ゆえに、拒絶のきびしさが相手に伝わらないということに、彼女は気がつかなかった」（MP、 p.497）。ファニーは、誰かの求婚を拒絶したことがこれまでなかったので、いかに自分が他人には女々しいと思われているか知らなかった。第5章で言及したように、キャサリンがヘンリー・ティルニーに、彼の兄であるティルニー大佐は、そのやさしい気立ての良さゆえに、婚約者イザベラと踊ることを望んだに違いないと告げたとき、ヘンリーは、キャサリンが彼女自身がするだろうことについて考えていて、他の全く異なる人がするだろうことを考えていないのだと応じた。ヘンリーにとっては、このことはキャサリンの良い性格を示していた。「ぼくの兄がミス・ソープと踊りたいと言ったのは、兄の心がやさしいからだって。それでぼくはこう思ったんです。そんなことを言うあなたは、世界一心のやさしい人だって」（NA、p.199）

過剰な自己参照は、常に魅力的であるわけではない。自分自身を過剰に参照することで、他者の選好を拭い去ってしまうかもしれないのである。例えば、コールズ家のパーティーに招待されたとき、ウッドハウス氏はエマの望みを、自分自身の望みにすり替えてしまったのだ。「ディナー・パーティーに出かけるのは好きではないのだよ（中略）若いときからそうだった。エマも同じだ。夜更かしは体に悪い」（E上、p.323）。エリナーは、エドワード・フェラーズが自分の家を訪問してきて、ルーシー・スティールと秘密裏に婚約していたにもかかわらず、いまも彼女の愛情を追い求めているという印象を自分や家族に与えようとしていることを叱りつけた。しかし、エドワードは自分自身の思い込みのみから考えており、自分の訪問が他者によってどのように受け止められるかについては考えていなかった。「ぼくは単純にこう考えていたんです。自分はほかの女性と婚約しているのだから、あなたといっしょにいても危険はないし（中略）自分の都合のいいように言い訳するとしても、せいぜいこんなところです——つまり、危険はぼくだけのものだし、自分以外は誰も傷つける心配はないとぼくは思っていたんです」（SS、p.508）。エドワードは、自分の行動は自分自身だけを傷つけると考えていたが、実際にはエリナーに痛みを与えていたのである。サー・トマスは、ファニーが、冬の間でさえ自分の部屋で暖房を入れたことがないことを知って驚いたが、ノリス夫人の選択を擁護した。「若い者を必要以上に甘やかしてはいけないというのは、ノリス夫人がいつも言っていることだし、その考えは正しい（中略）ノリス夫人は自分にも厳格な人だから、他人にも厳格になってしまうのだ」（MP、p.474）。サー・トマスによれば、ノリス夫人は、ファニーが暖房を思いのままに利用するべきだとは思っていなかったか、あるいは、過剰な自己参照のために、ファニーには暖房が必要かもしれないという可能性を考えなかったのである。いずれにせよ、ファニーは凍えていたのであるが。

高い身分の人々は低い身分の人々の心に分け入ることはない

実際に、なぜファニーが暖房を使っていないのかについて、サー・トマスが挙げた二つの理由は、常に議論の余地がないものであるわけではない。自分自身の思考方法のほうが優れていると信じているときには、他人が考えていることを理解するのが難しいことがある。オースティンはいくつかの例でこのことを示している。ベニック大佐がルイーザにプロポーズしたことをメアリー・マスグローヴが知ったとき、彼女はアンへの手紙にこう書いた。「ね、驚いたでしょ？　もしお姉さまが、ふたりのことをちょっとでも感づいていたとしたら、それこそ驚きだわ。私はまったく気づいていなかったんですもの」（P、p.271）。彼女は、姉であるアンよりもそうした事柄に感づくのが得意だと考えていたので、アンのほうが先に気づくことができたという可能性を考えなかったのである。エルトン夫人は不愉快になるほどハイベリーにあるあらゆる事柄を自分の義理の兄の家、メイプル・グローヴと比較し（「このお部屋は形も大きさも、メイプル・グローヴの家族用の居間とまったく同じだわ」）、その度重なる繰り返しのために、ハイベリーの住民たちの間で議論が巻き起こることになった。最初はミス・ベイツ、最後にはエマまでが議論に加わった（E下、p.46）。エルトン夫人は単にメイプル・グローヴと関連付けないでは何事も考えることができなかったのだが、彼女は、ハイベリーの住民たちがメイプル・グローヴの優位性を当然のものと感じてくれるように試みていたというのが、よりもっともらしいという可能性がある。シャーロット・ルーカスがコリンズ氏のプロポーズを受け入れたことをエリザベスが信じられなかったとき、シャーロットはこう答えた。「なぜそんなにびっくりするの？ コリンズさんはあなたに結婚を断わられたから、そんな人と結婚する女性はいないと思っているの？」（PP上、p.218）エリザベスは、シャーロットがひどい決定をしてしまったという考えを抑えることができなかった。「シャーロット・コリンズ夫人！ ああ、なんという屈辱的な光景だろう！ 親友が自分で自分をはずかしめる姿を見るのは悲しいし、親友に失望せざるをえないのも悲しいが、［さらに悲しいのは、］シャーロットが選んだこの結婚が、彼女を幸せにするとはとても思えないということだ」（PP上、p.219-20）。ハリエットが最終的にロバート・マーティンと結婚することに同意した後、「エマはこう認めざるをえなかった。つまり、ハリエットはロバート・マーティンのことがずっと好きだったのだ。そして、彼に愛されつづけたことが決定的な力となったのだ。それ以外に理解のしようがない」と（E下、p.380)。ハリエットの愛は理解できないと思ったので、ハリエットは最善の選択をしたわけではないと、エマは主張し続けた。このことと、次のようにアンに述べたときのチャールズ・マスグローヴの寛容な心とを比較してみてほしい。「それに誤解してては困ります。ぼくはべつに、みんながぼくと同じ目的や趣味を持ってほしいなどと思ってるわけじゃない」（P、p.361）

オースティンは、他人の思考プロセスを理解する必要があるとは考えないということが、人よりも身分が高い証拠なのだということを示している。シャーロットのコリンズ氏との結婚という決定を理解したくないというエリザベスの態度は、単にシャーロットが明らかに間違っているということ以上のことを表現している。エリザベスはまた、シャーロットが「自分で自分をはずかしめ」ていると考えているのである。同様に、ハリエットの願いを理解できないと考える際、エマは、ハリエットの社会的地位を高めるという自分のお気に入りのプロジェクトをあきらめていて、彼女が元の地位にとどまっていることに満足しているのである。ダルリンプル子爵未亡人がバースに到着したとき、アンは、彼女の父サー・ウォルターと姉のエリザベスが自分たちのことを紹介することでいかに気をもんでいるかを見て、落胆した。「でも正直言って、私はものすごく腹立たしいの。あの方たちとの親戚関係を認めてもらうために、こんな涙ぐましい努力をするなんて。しかもあの方たちにとっては、エリオット家との親戚関係なんてどうでもいいことなんですもの」（P、p.247）。同様に、クロフト提督がバースに到着すると、サー・ウォルターは「たびたび提督のことを考えたり話題にしたりした。実際それは、提督がサー・ウォルターのことを考えたり話題にするよりはるかに多かった」（P、p.277）。エルトン氏がプロポーズしたとき、エマを本当に激怒させたのは、彼女が彼のことを思っているという彼の厚かましい思い込みであった。「私が彼に励ましを与えただなんて！（中略）結婚すると信じていたなんて！（中略）まったく腹が立つ！」エマは自分自身のことを高い身分の人間だとみなしていて、当然、エルトン氏の思考プロセスについては考えてなどいなかったのである。「でも、財産と社会的地位の点でも、私は彼よりずっと上だということは、彼にもわかるはずだ。ウッドハウス家は数世代前からハートフィールドの当主であり、非常に古い名家の分家筋にあたる（中略）それに引き換えエルトン家は名もない一家だ」（E上、p.212）。エマが自分のことを思ってくれているとみなすなどエルトン氏にとってはとんでもないことだったが、エマはエルトン氏が知るべきことを自由に特定化できたのである。

サー・ウォルターが支出を抑えるためにケリンチ屋敷を離れなければならなくなったとき、「ケリンチ屋敷を貸家にする計画が世間に知れて、エリオット家の落魄ぶりが人目にさらされるなどという屈辱に、サー・ウォルターが耐えられるはずがな」かった。「サー・ウォルターの気持ちとしては、いかなるかたちにせよ、屋敷を借りてもらうのではなく貸してあげるのだ。当主が屋敷を貸したがっているなどということは、口が裂けても言ってはならぬことだ。立派な人物から、ぜひ貸していただきたいという申し出があった場合にのみ、すべてこちらの条件で、特別の好意で貸してあげるのだ」（P、p.27）。ケリンチ屋敷を貸家として宣伝することは、他人が

［ケリンチ屋敷に］関心をもっているかどうかについてサー・ウォルターが考えているということを世間に示すこ

とになるだろうが、それは不名誉なことだった。しかしながら、もし、借りる見込みのある借家人が自発的に借りたいと請い願うなら、そのときには、サー・ウォルターがその申し出を受け入れるかどうかについて借家人のほうが考えなければならないのであるが。

優位にある者は劣位にある者の心の状態については考えないだろうから、彼らにはその汚い仕事を自分たちの代わりにやってくれる代理人が必要である。サー・ウォルターに自発的に借家を請い願う住人を探してくれた弁護士シェパード氏のような代理人である。ラッシュワース夫人がサザトンへの訪問に合流するようにとバートラム夫人を招待したとき、「バートラム夫人は招待を断わりつづけたが、断わり方がとても穏やかなので、ラッシュワース夫人は依然として、『いいえ、バートラム夫人も、ほんとうはみんなと一緒に来たいんだわ』と考えていた。でもとうとうノリス夫人が、大きな声で（中略）まくし立てた」（MP、p.119）。バートラム夫人は、ファニーと同じように誘いを断われば、いかに自分が弱々しく見られるかわからなかったのだが、ファニーとは違って、彼女は、自分をまげてでも他人が自分のことを理解するかどうかについて考えることは決してなかった。なぜなら、彼女には自分の代わりに声を上げてくれるノリス夫人がいたからである。

そうした代理人は空想上のものでありうる。サー・トマスは、ヘンリー・クロフォードがファニーに関心をもっていることに気づかないではいられなかった。たとえ、彼が身分的に超越しているとしても。「サー・トマスは、たとえ自分の娘に玉の輿の結婚話があったとしても、それを計画したり画策したりする人物ではない（中略）しかしサー・トマスは、クロフォード氏がファニーに特別な関心を寄せていることに、（威厳をもってなんとなく）気づかないわけにはいかなかったし、（無意識にではあるが）たぶんそのために、牧師館からのディナーの招待に、だんだん積極的な同意を与えないわけにはいかなくなったのである（中略）／サー・トマスは（中略）こう思ったのだ。『こういうくだらないことに目ざとい連中は、クロフォード氏がファニーに特別な関心を寄せているとだろうな』と」（ＭＰ、p.358-59）。サー・トマスの地位の高さは保たれた。なぜなら、彼は不注意に、無意識的でさえあるやり方で行為したからである。彼は、クロフォード氏の気持ちに気づくためになんの努力も払わなかった。なぜなら、どんな空想上の人物でも、何もせずにそれに気づいただろうからである。

オースティンは、優位にある者は劣位にある者が考えていることについて考えていないという考え方を、男女や動物、それに無生物の物体にさえ当てはめている。「『あなたの夢を見ました』と男性から言われる前に、女性が男性の夢を見るのは、非常に不謹慎なことにちがいない」（ＮＡ、p.35）。同様に、女性たちの間では、「正式にプロポーズされるまでは、すべての男性を拒むのは当然」である。つまり、女性は男性の意思決定プロセスについて考えるべきではないのである（Ｐ、p.321）。ジョン・ソープは、自分が馬について理解するのではなく、馬のほうが「ご主人さまは誰かすぐわかります」とキャサリンに告げている（ＮＡ、p.87）。マリアンはノーランドの地所を離れ、別れを告げる際、こう言った。「私たちが去るからといって、葉一枚朽ちることはないだろう。私たちはもうおまえたちを眺めることはできないというのに、枝ひとつ動きを止めることはないだろう。そう、おまえたちは変わることはない。おまえたちが与える喜びも悲しみも知らず、おまえたちの木陰を歩く者たちの運命の変化もわからないのだ！」（ＳＳ、p.40-41）

思い込みがときにはうまくいく

察しの悪さに関するオースティンの五つ目の説明は、単に、もし他人の選好を自分の意思で変えることができるなら、他人の選好について気にする必要はないというものである。『高慢と偏見』が、ある強い思い込みから始まることは有名である。「金持ちの独身男性はみんな花嫁募集中にちがいない。これは世間一般に認められた真理である。／この真理はどこの家庭にもしっかり浸透しているから、金持ちの独身男性が近所に引っ越してくると、どこの家庭でも彼の気持ちや考えはさておいて、とにかくうちの娘にぴったりなお婿さんだと、取らぬタヌキの皮算用をすることになる」（PP上、p.7）。このことは、近所に住む家族らが察しの悪いことを意味するのだろうか？　この人たちは、新しく引っ越してきた独身男性たちの感情やものの見方は関係ないという間違った考え方をしているのだろうか？　エリザベスが、自分はウィッカムが「最初に心をひかれた相手」であると考えたときのように（PP上、p.262）、若い女性はときには妄想的になりうる。しかし一方では、エリザベスの「態度次第で、彼［ダーシー氏］はもう一度自分にプロポーズするかもしれない」と彼女が考えたときのように、若い女性は正しい憶測をするのである（PP下、p.100/p.101）。ガーディナー夫人がエリザベスに、ウィッカムには財産がないからかかわるなと警告したとき、エリザベスはそれに同意して、こう言った。「私に約束できることは（中略）自分が彼から結婚の対象として思われていると、早合点しないということだけ。彼といるときは、根拠のない望みを抱かないように気を付けます」（PP上、p.251）。ウィッカム自身の予想や選好は無関係であった。なぜなら、おそらく彼は、完全にエリザベスの望む通りに誘導可能であったからである。実際、キャサリンがヘンリー・ティルニーの愛情を無から創造したことを思い出してほしい。「つまりヘンリーは、キャサリンから愛されていると確信したために、彼女のことを真剣に考えるようになったのである」（NA、p.370）。ときには、思い込みがうまくいくこともあるのである。

決定的な失態

オースティンは察しの悪さについて、ただ現象それ自体として興味をもっていただけではなく、優位な立場にある者による、決定的で人生を変えてしまうような失態の原因としても関心をもっていた。エリザベスと「初めて」会ったとき、キャサリン夫人はただちに彼女に警告した。「ベネットさん、私がここへ来た理由は、もちろんおわかりね？　自分の胸と良心に聞けば、わからないはずありません」（ＰＰ下、p.247）。自分が考えていることをエリザベスは知っているべきだと言い張ることによって、キャサリン夫人は、エリザベスを劣位な立場にしようとしたのである。キャサリン夫人は自分の甥であるダーシー氏とエリザベスが結婚するかもしれないという報告を受けていたので、エリザベスにそれを否定してほしかったのである。エリザベスは戦略的な推論をもとにこう答えた。「でも、奥さまが私と家族に会いにロングボーンへいらしたら（中略）その噂を認めることになりますわ。もしそういう噂があるなら」（ＰＰ下、p.248）。キャサリン夫人は地位や身分に基づいて議論していた。彼女とダーシー氏の母は、彼を夫人の娘であり、彼の従妹でもあるミス・ド・バーグと結婚させる計画でいた。この意味で、二人は長く婚約の状態にあったわけである（ダーシー氏とミス・ド・バーグの実際の選好とは無関係に）。キャサリン夫人は字義通りの意味に固執した。彼女はエリザベスに、ダーシー氏と婚約しているのかどうか直接的に答え、そのような婚約には決して同意しないということを明示的に約束してくれることを望んだ。エリザベスは最終的には二人は婚約していないと答えたが、次のように戦略的に論じることにより、そうした約束をすることは拒否した。「もし彼が私を愛しているとしたら、私がお断わりしたところで、彼がお嬢さまと結婚するとお思いですか？」（ＰＰ下、p.253）キャサリン夫人は、リディアのウィッカムとの「世間体を取りつくろうための結婚」に言及し、カースト的な言葉遣いに頼ってこう言った。「あの静かなペンバリー屋敷を、そんなふうに汚すつもり！」（ＰＰ下、p.254）

キャサリン夫人は後に、ダーシー氏にエリザベスの不作法な拒絶について語り、彼にエリザベスの厚かましさとその社会的地位への軽視とを印象付けようとした。「とくに、エリザベスの言葉をひとつひとつ力をこめて報告したが、キャサリン夫人の考えでは、それらの言葉はエリザベスのつむじ曲がりと厚顔無恥を証明するもの」だった（ＰＰ下、p.268-69）。ダーシー氏はそれによって、エリザベスが事情を自分あての手紙には完全には書いてこなかったことを知り、自分のプロポーズを新たにするという確信を得たのである。「叔母の話を聞いて希望がわい」たからである（PP下、p.294）。キャサリン夫人は、自分はダーシー氏に、彼とは結婚しないという約束をエリザベスが拒否したという字義通りの事実を告げたと考えていたが、エリザベスが拒否したことの真の意味は、エリザベスとダーシー氏とが共有している物語の文脈全体によってのみ理解可能なのである。そのことをダーシー氏は理解していた。「ぼくはあなたの性格をよく知っています。あなたはぼくと結婚する気がないなら、キャサリン夫人にはっきりそう言ったはずだと、ぼくは思ったんです」。エリザベスは、ダーシー氏が自分のことを理解してくれていると理解していた。「そうね。思ったことをはっきり言う私の性格を、あなたはよくご存じですから、あなたを嫌いなら嫌いって、キャサリン夫人にはっきり言ったはずだと、あなたは思ったでしょうね。四月にプロポーズを断わったときに、面と向かってあんなにあなたをののしったんですもの、親戚の人にも平気で同じことを言うはずね」（PP下、p.269）

もし、キャサリン夫人が、ほんの少しでもエリザベスが戦略的なのだと考えていたなら、彼女はダーシー氏に、エリザベスが彼と結婚しないという約束を拒否したとは告げなかっただろう。特に、二人の結婚が当然あると思えるほど十分な愛情がダーシー氏の側にあることをすでに知っていたなら。自分自身の地位や身分に依拠し、自分の甥ダーシー氏もまた自分と同じような人種であると仮定することで、キャサリン夫人は決定的な失態を犯してしまったのである。

キャサリン・モーランドは相続人ではないとティルニー将軍が知ったとき、彼はこの身分上の違反［偽り］に対して、儀式ばったやり方で彼女を追放することで応えた。つまり、ノーサンガー・アビーから何の通知もなしに彼女を追い出し、誰にも付き添わせずに家に帰したのである。もっと静かに優しくキャサリンの訪問を打ち切ることもできただろうが、その代わりに彼は、［語用論における］遂行発話的な（performative）宣言をしたかったのである。「将軍は、自分以外の全人類に腹を立て、翌日ただちにノーサンガー・アビーに戻り、そして、読者の皆さまがすでにご存じの行動に出たのである」（NA、p.376）。しかし、もちろん、これはもう一つの決定的な失態であった。「キャサリンにたいするひどい仕打ちを知らされ（中略）怒りはすさまじく、彼［ヘンリー・ティルニー］は父の命令を即座に断固拒否した（中略）自分の道義心のためにも、キャサリンにたいする愛情のためにも、父の命令に従うわけにはいかないのだ。『なんとしても射止めよ』と父に命じられたキャサリンの心は、すでに間違いなく自分のものだと確信している。だから、その命令が破廉恥にも突然取り消され、理不尽な怒りによって正反対の命令をされても、ヘンリーの誠実な心はすこしも揺らぐことはなかったし、その誠実な心によってなされた決意は微動だにしなかった」（NA、p.376-77）

ティルニー将軍は、ヘンリーのキャサリンに対する愛情を知っていて、自分自身がそれを奨励しさえしたので、そんな思いやりのない仕打ちはただ、不当な処置であるという感情を加えることでヘンリーの［彼女に対する］同情心を増加させるだけであることを予測できたはずである。「いつも家族に命令することに慣れている将軍は、息子が多少不服そうな態度はしても、まさかはっきりと言葉に出して反抗するとは思ってもいなかった」。将軍は、ヘンリーが自分自身の願いをもち、自分自身で決定できる人物であるとは考えていなかった。ヘンリーが実際に何かをするかもしれないという考えが将軍の頭にはなかったので、ヘンリーの犯行には全く準備ができていなかったのである（NA、p.376-77）。ティルニー将軍は、ヘンリーの心的状態など自分がコントロールできるものにすぎないと考えていた。ヘンリーは「彼女のことは忘れろと命じられたのだった」（NA、p.371）。ついでに言えば、ティルニー将軍がキャサリンが相続人ではないと考えた最初のほうの間違いもまた、情報提供者であるジョン・ソープの目的を彼が理解することができなかったためなのである。「自分もキャサリンとの結婚を決意しようとしていた」ジョン・ソープは、「自分の虚栄心と強欲ゆえに、モーランド家は金持ちだと前から誤解していたのだ」（NA、p.372）。キャサリンがアレン家の相続人であるというジョン・ソープの主張を字義通りに受け取りたがったために、ティルニー将軍はそのようなことを言う彼の動機については考えなかった。最終的に、ティルニー将軍が付き添いを付けずにキャサリンを家に送りだした（そして、その報告を受けた）ことは、ヘンリーに、彼女を迎えに行き、安全に家に送り届けることを確実にするための完全な口実を与えたのである。

エドワードの母であるフェラーズ夫人は、彼のルーシー・スティールとの秘密の婚約に対して、彼の地位を取り上げることで対応し、彼のお気に入りの長男という地位をロバートに与えたのだが、代わりに弟であるロバートをルーシーと結婚させるだけに終わってしまった。エリナーがエドワードに指摘したように、「あなたのお母さまは、当然の報いを受けたことになるわね。あなたにたいする怒りから、弟さんに経済的独立を与えたばっかりに、弟さんは自分で勝手に奥さんを選んでしまったんですもの。お母さまは、ルーシーと婚約した長男を勘当したのに、次男にはわざわざ年収千ポンドを与えて、そのルーシーと結婚できるようにしてあげたようなものね」（SS、p.505）。これは、特権的地位にある、地位にこだわりをもつ人の行動が、地位の低い人、この場合ルーシーの戦略性を考慮してないために、裏目に出てしまったもう一つの事例である。公平のために言うと、エリナーやマリアンを含む誰も、ルーシーがロバートをものにすることなど予想しておらず、そのためフェラーズ夫人は、キャサリン夫人やティルニー将軍ほど決定的な失態を犯したわけではない。

これら三名の年配で優れた地位にある人々は、察しの悪さに関して他の特性のいくつかを共有している。キャサリン夫人は音楽についてては何も知らず、それを地位や身分の観点からでしか話せないのである。「うちのピアノはとても立派なの。たぶんお宅より――（中略）／イギリスじゅう探しても、私ほど音楽を愛している人はいないし、私ほど音楽のセンスのある人はいません。ちゃんとお稽古をしていたら、名人になっていたでしょう」（PP上、p.282/p.296）。エリザベスの正確な年齢を知っているというキャサリン夫人の主張（「でも、二十歳を過ぎてはいないわね」）は、おそらく彼女の数へのこだわりを意味している（PP上、p.285）。キャサリン・モーランドがノーサンガー・アビーに到着したとき、ティルニー将軍は家と庭のどちらを先に見てみたいか尋ねた。キャサリンは家を見たかったが、［将軍は］「天気のいいうちに庭を見たいと、ミス・モーランドの目にちゃんと書いてある」［と決めつけた］（NA、p.266）。その後、ティルニー将軍はキャサリンに家の中を案内したが、「将軍は家具の有名な装飾についてこまごまと説明して、自分の好奇心を満足」させ、ダイニンググルームも「隅から隅まで案内し、うれしそうにいろいろなことを説明した」（NA、p.276/p.277）。ティルニー将軍は、視覚的細部にこだわる人のように人の目を読むのが苦手で、数へのこだわりがあった。フェラーズ夫人についてはよくわかっていないが、彼女は、それらがエリナーによって描かれたと教えられる前は、スクリーン［柄付きの扇子］を「とりわけ熱心に見たがった」（SS、p.321）。フェラーズ夫人はめったに物には関心を示さないので、おそらくこのことは視覚的細部への注視を意味しているのだろう。

次の二つの失態は、自分自身を優れた人物だと考えている若い人々によるものである。ヘンリー・クロフォードは、苦労してその決定的失態へと向かっていった。ヘンリーは、自分がファニーの心を知っていると宣言した。「ぼくは現在もこれからも、あなたに愛される資格があります。ですからぼくは、自分の愛情が自分の言葉どおりのものだと確信したら――あなたのことはよくわかっていますから――このうえなく熱烈な希望を抱かずにはいられないのです」（MP、p.524）。ヘンリーは、ファニーが口にしなかった言葉をあてがいさえした。「祈りの言葉を、もっと真剣に聞かなくてはいけません、ほかのことを考えてはいけません、と言おうとしたんじゃないですか？」（MP、p.518）しかし、彼は、いかにファニーが彼のことを憎んでいるかについて、その手掛かりをもってはいなかった。ファニーを説得しようとした後で、ヘンリーは自分は出ていくのを躊躇していると言い、「別れぎわの彼の顔には、その決意の言葉と矛盾するようなあきらめの表情はなかった」。彼の思い込みに、ファニーは「腹が立ってきた。自分勝手で思いやりのない、クロフォード氏のしつこさにたいして怒りがこみあげてきた」（MP、p.499）。その後で、ヘンリーは、自分の貧しい借地人たちの幸福に関心があると言い、「彼は（中略）ファニーの称賛を得るためにその理由を説明した。（中略）／彼女は思わずクロフォード氏に称賛のまなざしを向けようとした。でもびっくりしてあわてて思いとどまった。彼があからさまにこうつけ加えたのだ。自分はエヴァリンガムの人たちの役に立ったり、慈善を施したりするためにいろいろなことをしたいと思っているが、その協力者かつ友人かつ指導者になってくれる人が欲しい」と(MP、p.620-21)。自分の説得が成功することを確信していたので、ヘンリーはいつ口を閉じるべきかわかっていなかったのである。最後に、決定的なことに、ヘンリーは、マライアが結婚した後に彼女を訪ね、結局は彼女と駆け落ちすることになったとき、彼女の愛情の深さを認識していなかった。「つまりクロフォード氏は、自分の虚栄心に足を取られて動きが取れなくなってしまった」のである(MP、p.723)。

エマはハリエット・スミスのことを、率直で御しやすいとみなしていた。ナイトリー氏がエマに関心をもっているかもしれないとハリエットが示唆したときのみ、エマは彼女が独立した思考のできる人だと認識した。エマは、自分の計画がいかに逆効果だったのかを理解した。「ああ、ハリエットを引き立てることなどしなければよかった!(中略)それなのに私は、とんでもない馬鹿なお節介をして、あの申し分のない青年ロバート・マーティンとの結婚を邪魔してしまった。彼と結婚していれば、ハリエットは本来の居場所で幸せな人生を送ることができただろう。そして何もかもうまく」いっていただろう、と(E下、p.271)。エマ自身、ハリエットがより高い地位の人と結婚することを励ましてはいたが、ハリエットが彼女自身の立場をわきまえていないことにはショックを受けた。「それにしても、なぜハリエットは、ナイトリーさんとの結婚などという大それたことを考えるようになったのだろう! そしてなぜ、ほんとうに結婚できるかもしれないなどという、大それた確信を持つようになったのだろう!」(E下、p.271)

エルトン氏の謎かけ詩を分離し、脱文脈化しようとするエマの字義通りの意味への志向性と、彼女の描いたハリエットの肖像画に対するエルトン氏の称賛への、社会的文脈を無視した、字義通りの理解についてはすでに見た。ヘンリー・クロフォードはエドマンド・バートラムに、ソーントン・レイシーをどうやって改善するかについてアドバイスを提供した。そこは、エドマンドが聖職者として暮らす予定のところで、特に、農家の庭は取りつぶされ、鍛冶屋の店は見えないようにすることが勧められていた。ノックス - ショウ(Knox-Shaw, 2004, p.94)

が述べているように、こうした変更は「牧師館の社会的文脈の痕跡を『跡形もなく奪う』もの」だった。『説得』において、決定的失態に非常に近い例としては、ラッセル夫人の試みが挙げられる。彼女は、その結婚は破滅的なものになっていただろうが、アンをエリオット氏と結婚させることで、母をレディ・エリオットにしようとしていた。ラッセル夫人はアンに告げた。「あなたは顔立ちも性格もお母さまにそっくりです。そのあなたが、お母さまの地位も名前も家庭もすべて受け継ぎ、お母さまと同じ場所で女主人として采配をふるって、家族みんなを幸せにし、お母さま以上にみんなから尊敬される――そういうあなたの姿を想像することが許されるなら（中略）こんなにうれしいことはないわ」（P、p.262）。ラッセル夫人には「たった一つだけ大きな弱点があり、視覚的細部への注視と、身分への志向性の両方の性質をかねそなえていた。ラッセル夫人のシナリオは、視覚的細部への注視と、立派な家柄にはめっぽう弱かった。つまりラッセル夫人は、爵位や社会的地位のある人たちの欠点はまったく見えなくなる傾向があるのだ」った（P、p.21）。アンがウェントワース大佐と結婚した後、ラッセル夫人は、「ふたりの外見に惑わされて（中略）ウェントワース大佐の態度――若き日のあの楽天的な、自信に満ちあふれた態度――が自分の好みに合わないために（中略）性急に判断をくだしてしまった」ことに気がついた（P、p.415）。ラッセル夫人は、見栄えと過剰な自己参照におぼれてしまっていたのである。

しかしながら、［二人が結婚するまでの］過ぎ去った八年については、そのすべての責をラッセル夫人に負わせることはできない。第9章で触れたように、ウェントワース大佐がアンに、海軍で何らかの成功を成し遂げ、二年後にもう一度プロポーズしたら、自分のプロポーズを受けてくれるか尋ねたとき、アンはもちろんそうすると答えた。ウェントワース大佐は［そのときのことを］嘆き悔しんだ。「でもぼくも、それを考えなかったわけではないんです。つまり、あなたとの結婚によって、ぼくの成功の有終の美を飾りたいと、心の中では思っていたんです。しかし、一度断わられた女性にもう一度プロポーズするというのは、ぼくのプライドが許さなかったんです。ぼくはあなたの気持ちがわかっていなかった。自分で自分の目を閉じてしまって、あなたの気持ちをわかろうとしなかった」(P、p.412)。ウェントワース大佐は積極的に再度プロポーズすることを考えたが、アンがどう答えるかについて考えることをプライドが阻んだのである。自分の他の成功に比べて、アンこそ誉れだと考えることもまた、身分に対する何らかの関心を示している。しかし、アンについてのウェントワース大佐の察しの悪さの主たる原因は、海と陸や男性と女性といった二人の間の社会的距離なのであり、二人は共通の友人たちの助けを借りながら、その距りを段階的に橋渡ししたのである。

第13章　現実世界の察しの悪さ

オースティンの分析に基づいて、私は察しの悪さに関する現実世界の例を発見し、私自身による五つの説明を考え出した。第一に、察しの悪さは、別の種類の精神的怠慢として考えられうる。それでも、私は、察しの悪さはもっと特別な特徴をもっていて、もっと特定の説明を必要としているのだと言っておきたい。第二の説明は、[察するために] 他者の心にわけ入る際には、人は物理的に相手の身体に入っていく場面と想像しなければならず、高い身分の人は身分の低い人の身体に入っていくことをひどく不快に感じるからである、というものである。第三の説明は、察しの悪い人々は、社会的地位が複雑な状況において字義通りの意味を提供してくれるという理由で、それに依存し、それに多くの力を注ぐためである、というものである。生まれつき戦略的思考に恵まれていない人々は、身分が提供してくれる明示的な構造を必要としているために、階層的組織のような、身分に裏付けられた付き合いに惹きつけられるものである。第四の説明は、察しの悪さは人の交渉上の位置を改善しうるからだというものである。視覚的な面で察しが悪いと、他人の行動に応答しないことにコミットすることができるのである。第五の説明は、戦略的思考は共感と同じものではないにせよ、おそらく、他者の心にわけ入っていく際、共感をもつ方向に導かれるのは避けられず、そうした共感をもつことは、奴隷制のような不平等な社会的システムの基礎を揺るがしかねない。最後に、現実世界での察しの悪さ［に関する説明］の妥当性を示すために、これらを二〇〇四年のアメリカ合衆国によるファルージャ攻撃に当てはめてみようと思う。

察しが悪いことは容易である

戦略的思考はルーチン的な技能だが、［それさえ用いずに］怠けることが可能である。察しの悪さに対する最も単純な説明は、戦略的思考には努力が必要だというものである。それゆえ、ときには、人々は戦略的に思考することに駆り立てられる必要がある。ある実験では、「被験者の何人かは、初めて実験でゲームをプレーするときには、どのような予測とも整合的な応答を選んでおらず、その予測を表明するように求められたときのみ、相手に関する心の理論を形成するのである」(Costa-Gomes and Weizsäcker 2008, p.752)。おそらく、戦略的思考ではなく察しの悪さがデフォルトの態度だと考えるべきなのである。大学の学生は、典型的には、自分自身の行動は自分自身の意図や欲求に依存していると信じているが、自分のルームメイトの行動はその人の性格や経歴の方にずっと依存しているのだと信じている(Pronin and Kugler 2010)。大人は子供よりも心の理論について良い技能を備えているが、他人からの要求を初めて聞いたときには、大人と子供は同じように自己中心的に考える。ただ、大人は、後で、要求者の知識を考慮するように自己を修正することがずっと得意であるという点に違いがある。言い換えれば、「自己中心性は大きく成長することはなく、人が他人の視点を取り入れようと試みるたびに打ち消されてしまうのである」(Epley, Morewedge, and Keysar 2004, p.765)

［戦略的思考に必要な］努力を考慮に入れると、おそらく人々はそうしなければならないときにのみ戦略的に思考するのだろう。別の実験では、単純に、他者に対して権力をふるった事例を思い出してもらうように被験者に

依頼したところ、その人は他者の視点を取り入れたり、他者の感情に気づいたりすることが苦手になってしまう、という結果になった。［この実験結果の］解釈は、権力をもった人は「他者にあまり依存しない。したがって、その目的を達成するためには、権力をもつ人は他者に関する正確で、包括的な理解に依存する必要がないのである」というものである。権力をもつ人々は、「(自分たちに)注視してもらうことへの欲求が増加し、そのため権力をもつ人々は、指令下にあるすべての人の見方を取り入れることが難しいのである」(Galinsky, Magee, Insei, and Gruenfeld 2006, p.1068)。大卒者や自分自身を高い社会的階級に属すると考えている人々は、高卒者や自分自身を低い社会的階級に属すると考える人々に比べて、一般的に他者の感情に気づくことが得意ではない。この結果の解釈は、「低い階級に属する人々の生活上の帰結は……外部的な社会的文脈における権力にもっと依存している。この高い依存性のために、低い階級に属する人々はそうした文脈に、特に、他者に、不均等に注意を向ける傾向がある」からなのだ、というものである (Kraus, Cote, and Keltner 2010, p.1717)。言い換えれば、他者の行動によって打ちのめされた人々だけが、戦略的に思考するために精神的努力を費やす必要があるのである。

しかしながら、しばしば察しの悪い人々は、明白な結果を非常に大事にする。キャサリン夫人はエリザベスと甥のダーシー氏との結婚を阻止しようと執拗に願い、どうやってそうするかに多くの時間と労力を費やした。エリザベスの家への彼女の突然の訪問は、能動的な「権力の誇示」だった。キャサリン・モーランドの追放がヘンリー・ティルニーの［彼女への］共感を生み出すことを、ティルニー将軍が予測するのに失敗したことは、彼が自分に注視することをあまりにも要求したということから生じたのではない。彼は、わざわざ儀式的に彼女を追放するまねをしたのである。ダイエットを続けることができないといった、多くの種類の精神的怠慢が存在するが（もし、私が仕事で消耗している場合には、健康的な食品を選ぶ精神的エネルギーをもたないかもしれない）、察しの悪さは、特定の性格特性と関係がありそうで、例えば、数へのこだわりや字義通りの意味への拘泥との結合が考えられる。おそらく、豊かな人々は他者について察しが悪い状態であっても差し支えないのだろうが、これでは、自分自身の地位を守るために多大な投資を行っている豊かな人（例えば、サー・ウォルター・エリオット）が、自分自身の地位についてあまり気にしていない人（例えば、ナイトリー氏）よりも察しが悪いことを説明できない。そこで、精神的怠慢による説明には妥当性があるものの、他のもっと特定的な説明を考える必要があるのである。

低い身分の他者を自らの内に取り込むこととの困難性

ロバート・マクナマラがアメリカ合衆国国防長官に任命されたとき、彼は、システム分析や費用便益分析を含む、ＲＡＮＤ研究所で開発された数量的テクニックを導入した（Amadae 2003）。ゲーム理論もまた、一九四〇年後半から一九五〇年代初頭、当時のＲＡＮＤで［の研究で］は大きな部分を占めていた。ＲＡＮＤに属する経済学者たちは費用便益分析を発展させたが、レオナード（Leonard 2010, p.297, 注６）によれば、ＲＡＮＤの数学者たちはそれとは独立にゲーム理論を発展させていた。

ともかく、マクナマラはゲーム理論にはそれほど染まっていなかったようである。というのは、彼のキャリアの最後に与えられた人生の教訓の一つは、ゲーム理論では自明のことだからである。つまり、アメリカ合衆国がその敵について考えるとき、「われわれは、彼らの欲求や行動の背後にある思考を理解するために、相手の皮膚の内側に入り込み、彼らの目で自分たちを見つめるように努力せねばならないのだ……キューバ・ミサイル危機では、最後には、私は、自分たちをソビエト連邦の皮膚の内側に置いていたと考えている。ベトナムの場合、彼らに共感を覚えるほどにはよく知らず、結果として全くの勘違いをしていた」（Morris 2003）。例えば、一九六四年八月二日、アメリカ合衆国の駆逐艦マドックスが北ベトナムから攻撃を受けたとき［トンキン湾事件］、アメリカ合衆国は、その攻撃は戦いをエスカレートさせるために、北ベトナム軍の中央司令部から命令されたものであるに違いないと仮定していたが、実際には北ベトナム軍野戦司令官による誤認からなされたものだった。一九九七年にマクナマラがグエン・ディン・ウッに語ったように、「北ベトナム軍に関しては、当時われわれが理解していた以上に、権威と命令の脱中心化がはるかに進んでおり……北ベトナム軍の指揮・命令系統に関する誤解に基づいて、適切ではない結論を導き出していたのかもしれない」(Blight and Lang 2005, p.108; ブラムス〔Brams 2011〕は、ジミー・カーターが同じように、駐イラン - アメリカ大使館人質事件〔一九七九年〕において、アーヤットラー・ホメイニーの選好を誤解していたと論じている)。後年、マクナマラは、少なくとも過去を回想する形で、相互理解に達しようと、キューバやソビエト連邦、それにベトナムのかつての指導者たちといくつかの会議に出席しているが、彼のそうした努力については、ブライトとラングによって記録され、称賛されている(Blight and Lang 2005)。

なぜ、アメリカ合衆国の首脳陣はソビエト連邦については戦略的に考えることができた(そうして、破滅的な相互核攻撃を防げた)が、ベトナムの場合はだめだったのだろうか? 社会的距離が一つの可能な説明である。アメリカ合衆国の首脳陣には当時、レウェリン・"トミー"・トンプソンがいて、彼はしばらくの間、実際にフルシチョフと一緒に過ごし、彼のことを社交的な付き合いのレベルでは知っていたのだが、アメリカ合衆国の首脳陣は、北ベトナム人の指導者たちとは同様の社交的な付き合いはもっていなかったのである。アメリカ合衆国は、北ベトナム軍の軍事的指揮系統に不慣れであったために、マドックスへの攻撃を、〔軍事的緊張状態を〕エスカレートさせるものと誤解したのである。情報提供者である男兄弟なしには、男性が新しいガウンには気を配らない存在であることを女性は知ることはないだろう、とオースティンなら言うかもしれない。

しかし、北ベトナム軍の指導部の立場に自分自身を置くことが(ソビエト連邦やキューバの場合とは違って)相対的にマクナマラにはできないという状態は数十年後、数多くの社交的接触があった後も続いた。一九八九年のキューバ・ミサイル危機に関する会議で、マクナマラはこう宣言している。「極めて率直に述べたいのだが、いまになってみれば、もし自分がキューバの指導者であったなら、アメリカ合衆国の侵攻を予想したかもしれないと、私は考えている」。それはピッグス湾への侵攻や、アメリカ合衆国に資金援助を受けた他の秘密活動のためであるが、「われわれには、キューバに侵攻する意図は絶対になかった……それゆえ、ソビエト連邦によるミサイル設置の行動は……誤解に基づいていたと私は考えている。そうした誤解はもちろん理解可能なことであり、部分的には、われわれにも責任の一端があったことなのである」。当時キューバ政治局にいたホルヘ・リスケはこう答えた。「もし彼がキューバ人の靴を履いていたなら、キューバ人はアメリカ人による直接的な侵攻がありえたのだと考える十分すぎる理由があったことになる、ということをマクナマラ氏が率直にお認めになられたことに驚いています」(Blight and Lang 2005, pp.41-42)

マクナマラのベトナム軍指導部への提案は、同じような敬意をもっては迎えられていない。一九九五年、マクナマラは、ベトナム戦争中、高級軍事戦略家であったヴォー・グエン・ザップと会見した。マクナマラはこう言っている。「将軍、私は自分たちの考え方を検討し、われわれハノイとワシントンが互いに間違っていた、誤解していたかもしれない特定の事例を振り返ってみたいと思っています」。ザップは答えた。「われわれはお互いに誤解していたとは思っていない。あなたがたは敵だった。あなたがたはわれわれを打ち負かそうと願い、破壊に及んだ。だから、われわれはあなたがたと戦うしかなかったのだ」(Blight and Lang 2005, p.105)。一九九七年、マクナマラは尋ねた。「一九六五年の終わりから六八年の間に、最終的に和平に導くことになる交渉の余地があったと私は信じています。それは大ざっぱには、最終的に実現した和平と同じものになったでしょうが、あれほどまでの人命の損失を生じることはなかったはずです。どうしてその交渉は実現しなかったのでしょうか？　あなたは人命の損失には心を動かされなかったのでしょうか？　どうしてかくも甚大な人命の損失があっても交渉にたどりつけなかったのでしょうか？」トラン・クァン・コは答えた。「もし、マクナマラ氏が、北ベトナムの指導部が死と喪失を伴うベトナム人民の苦難に関心がないとお考えのようなら、彼はベトナム人を大いに誤解しているのです」(Bligh and Lang 2005, pp.52-53)

北ベトナム軍の指導部の立場に自分自身を置くことができないという状態は、マクナマラの社交的無能さとして残り続けた。トラン・クァン・コに投げかけた疑問は、北ベトナムの指導部が自身の人民を顧慮していなかったという非難として理解されうる、ということは明白であろう。マクナマラの質問は、あたかも次のように尋ねているかのようである。「どうしてもっと早く私にあなたの財布をよこさなかったのか？［もしそうしていれば］あなたをそこまで傷つけることなどなかったのに」。ホルヘ・リスケに対するマクナマラの主張はよく理解された。なぜならリスケは自分自身の過ちを認めていたからである。それとは対照的に、マクナマラは、もし北ベトナムの指導部が自分たち自身の過ちを認めていないなら、自分が彼らにそれを認めさせることができるだろうと考えているように見えるのである。

同様に、ブライトとラング（Blight and Lang 2005, p.104）は、ヴォー・グエン・ザップのことを「このうえなく自信にあふれた人物で、ハノイの決定がアメリカ軍についての間違った仮定に基づいていたかもしれないという示唆については、どんなものでも否定的であった」と記している。彼らはザップを「反マクナマラ」と呼び、「マクナマラはザップに偏見のない心をもち続けていることを納得させることができなかった」と書いている。ブライトとラングは、問題はザップの側にあり、さらに一般的に言えばベトナム側にあると考えている。彼らは、多くのベトナム人は戦争について批判的であるが、抑圧のために自分たちの批判を声にできないのだと論じている。例えば、バオ・ニンは、一九九三年に「ザップの独りよがりの勝利主義を拒否する」小説を書いたために、自宅に軟禁された。ブライトとラングはザップのことを、より自己批判的なマクナマラの態度を見習わない、心がかたくなで、独りよがりな人物とみなしている。しかし、これは、彼らの［ベトナムに対する］全体においては共感的な理解の下での擁護論を前提にすると、奇妙な結論である（もし、あなたが誰かを誤解しているなら、それはあなたの側の問題であって、相手の問題ではない）。ブライトとラングは、誰もが他人の心を知ることができると想定すべきではないと論じているが、協力的ではない人に直面すると、相手の方がどこか間違っていると考えることに何の疑問も感じていないのである。

ブライトとラングは、ザップの立場に自分たち自身を置くことではなく、彼のことを独りよがりで、否定的で、ある種の心がかたくなな人物だと言うことによって、マクナマラの質問に対するザップの非協力的な応答を理解しているのだ。ザップを「反マクナマラ」と呼ぶこともまた、過剰な自己参照の例になるだろう。

マクナマラと同様に、ブライトとラングにとって、身分の違いが壁になっている。リンドン・ジョンソンは、アメリカ合衆国に支援されているサイゴンの政権への反抗をハノイ政府が支持することを止めるなら、ベトナムを爆撃するのを中止することを提案したが、ホー・チ・ミンは、交渉の前に、アメリカ合衆国がまず先に爆撃を止め、兵を撤退させることを主張して、この提案を拒否した。ブライトとラング（Blight and Lang 2005, p.45）はこの拒絶を、次のように相対的な身分［の違い］に基づいて解釈している。「世界で最も貧しい、最も後進的な国々が世界で最強の超大国に降伏を要求している」。敵側の見方を理解しようとする代わりに、察しの悪い優位な立場にある者は、劣位にある者がなぜ自分たちがそうするべきだと考えていることをしないのか、不思議に思っているのである。それはちょうど、キャサリン夫人が、なぜ単に自分の優れた身分をエリザベスに宣言することが、ダーシー氏と結婚しないことを彼女に約束させるのに十分ではないのか理解できなかったのと同じである。あるいは、それはちょうど、どうしてフロッシーが自分のことをキツネだとわからないのか、キツネが理解できないのと同じである。またそれはちょうど、空軍力の優位性を「衝撃と畏怖」によって見せつけることで、想定通りに簡単にイラク軍を降伏させることができないのか、アメリカ合衆国が当惑させられたのと同じである（Sepp 2007）。

マクナマラがこうも長く北ベトナムの指導者たちを理解することができなかったことを、どう説明すればよいだろうか？　マクナマラは、誰かを理解するためには、自分自身をその人の「皮膚」の中に入れることが必要だと主張している。富者と貧者、先進国と後進国［といった違い］に加えて、おそらくもう一つ別の身分上の違いは、人種的な、あるいは「カースト的な」違いである。旧ソビエト連邦の人々の皮膚は、自己を没入させるのに十分なほどアメリカ合衆国のものと類似していたが、ベトナム人の皮膚は違ったのである。

他者の心の中に入っていくことには、しばしば自分自身が物理的にその人の身体と一体化することを想像することが含まれる。第2章で言及したように、日産の若い自動車デザイナーは、老人の視点をよりよく理解するために「老化スーツ」を着用した。アダム・スミス（Adam Smith 1759〔2009〕, pp.13-14）は、他人に共感を抱くときには、「相手の状況に自分自身を置くことを想像することによって、同じあらゆる苦痛を耐えていることを思い描き、言うなれば、相手の身体の中に入っていくのである」と述べている。エドガー・アラン・ポー（Edgar Alan Poe 1845〔1998〕, p.258）は、こう書いている。「相手がどれだけ賢いのかそれとも愚かなのか、あるいは善良なのか邪悪なのか、勝負の最中に相手の考えを知ろうと思ったら、できるかぎり正確に自分の顔を相手の顔と同じ表情にしてみて、それから、そんな表情にふさわしいどんな思考や情緒が自分の頭や心のうちに浮かんでくるのか、その瞬間を待つことにする」（だが、シュワルスキ（Swirski〔1996, p.79〕は、そのギャンブルでの借金の額からすれば、このテクニックでポーが成功したのかについては疑問をもっている）。一八一八年に『説得』を読んで、マライア・エッジワースはこう書いている。「ウェントワース大佐は、いえ、むしろあなたは、彼女の立場だったら、彼女の背中から騒がしい子供をとりのけてほしいと感じるだろうということがわからないのかしら？」（Southam 1968, p.17からの引用）

このように、察しの悪さに関する説明の一つは、物理的に他人と一体化することが不快で嫌なことで、思いもよらないことであるということである。「マリティス」の物語での奴隷所有者は、腐った肉は奴隷にふさわしいとみなしていたが、奴隷たちが彼を騙しているかもしれないとは考えなかった。彼は不快感どころか嫌悪感を抱くことなしには、奴隷の靴を履くことができず、奴隷の目で見ることができず、奴隷の皮膚の中に自分自身を置くことができなかったのである。この説明に従えば、キャサリン夫人がエリザベスについて察しが悪かったのは、彼女の心の中に入っていくことが単に身分の同等性を認めることになるからではなく、エリザベスの低いカーストにある身体に物理的に入っていくのを考えることが不快であると思ったからである。一五世紀にポルトガル人の探検家たちがアフリカに行ったとき、彼らは様々なアフリカの言語を学ぶ代わりに、アフリカの人々をポルトガルにまで連れてきてポルトガル語を学ばせ、引き続く旅において通訳者として利用できるようにしていた(Hein 1993)。

もっと最近では、ジョージ・W・ブッシュの側近だったカール・ローヴが、こう述べている。「保守派は9・11の野蛮な行為と攻撃とを見て、戦争の準備を始めている。リベラル派は9・11の野蛮な行為と攻撃とを見て、訴訟の準備をし、セラピーを進め、攻撃者たちを理解しようとしている……保守派は9・11に何が起こったのかを見て、こう言っている、『敵を打ち負かしてやる』と……リベラル派は何が起こったのかを見て、こう言っている、『敵を理解しなければならない』と」(Hernandez 2005)。もちろん、戦略的思考をする者は、敵を打ち負かすためには、まず相手のことを理解しなければならないと言うだろう。例えば、孫子(Sun-tzu 2009, p.147)はこう書いている。「彼を知らずして己を知れば、一勝一負す」。「野蛮な行為」という言葉を使用することは、9・11の攻撃者たちが文明化された人々よりも低い身分の人々であり、アメリカ合衆国が彼らの心の中に入っていくことは自分たちの品位を落とすことになるのだと言っているようなものである。ローヴの見方では、たとえ9・11の攻撃者たちを理解することが彼らを打ち負かす助けになろうとも、彼らを理解しようとすることは禁じられるべきことなのである。

他の例として、アフリカ系アメリカ人労働者の抵抗運動は、単にストライキだけでなく、物をちょろまかす、仕事を早く終えて帰ってしまう、仕事場の設備にダメージを与えるといった、もっとインフォーマルな行動を含むものとして理解できるだろう。「食べ物を焦がしたり、唾を吐きかけたり、キッチン用品にダメージを与えたり、家庭用電化製品を故障させたりする家事労働者たちについての証拠があるが、雇用者や同時代の白人たちは一般的にこれらの行為を、黒人の道徳的・知的劣等性の表れ……『使用人の問題』だとして片付けている」（Kelly 1993, pp.91, 93）。白人の雇用者たちは「使用人の問題」を、抵抗の戦略あるいは不十分な金銭的報酬への応答ではなく、人種的な特性なのだと理解しているのである。白人の雇用者たちは、自分たちも同じ状況に直面するだろうことが想像できないために、同じ状況で自分たちが同じような行為をするだろうとは考えていないのである。W・F・B・デュボワはこう記している。「事件の関係者のすべては、奴隷たちは愚鈍で不作法だったという事実について語っている。つまり、彼らは食材を無駄にし、仮病を使って仕事を休んだというのだ。もちろん、彼らはそうした。しかし、これは人種の問題ではなく経済の問題なのである。それは、最後の砦にまで追い込まれたどんな労働者グループでも返すような答えなのである。引き続き彼らを働かせることもできたかもしれないが、どんな権力も彼らによく働かせることはできなかっただろう」（DuBois 1935〔1998〕, p.40、Kelly 1993に引用）。ジョン・スチュアート・ミルは同様に以下のように書いている。「最も洗練されていない説明は、行為や性格の違いを生まれつきの自然的な差異に帰するものである。物事がそのような状態であるときに、怠惰や無頓着ではないようなどんな人種がいるというのだろうか？　事前の考慮や行動から何の利益も引き出さない人種がいるというのだろうか？」（Mill 1848, p.375, Levy 2001, p.95に引用）

社会的身分への投資

漫画『光とともに…』（戸部けいこ、2008, p.363〔第4巻〕）において、東幸子は、自閉症である彼女の息子・光が他の子供たちと鬼ごっこ〔手つなぎ鬼〕ができないことを記述している。光はどうして「それ」の役割が変化するのかを理解することに困難を覚えている。つまり、「それ」が誰かにタッチすると、その人が新しい「それ」になることがわからないのである。彼の教師である青木先生は「それ」である人はお面をかぶり、その人が誰かにタッチすると、新しい「それ」がお面をかぶるというアイディアを思いついた。この小さな変更により、光は遊びに加わることができたのである。

あらゆる社会的役割についても真であるように、「それ」である人は、社会的プロセスによって定義される。「警官」は特定の訓練を受け、特定の試験を通過し、特定の組織に雇用された人がなるものである。これは社会的プロセスであり、誰もが生まれつき「それ」ではないのと同じように、誰も生まれつき警官である人はいない。非常に小さな村では、人が鬼ごっこをするときに誰が「それ」であるかを知っているのと同じように、あらゆる村民の過去や経験を知っているかもしれないし、ある人が警官であることを知っているかもしれない。しかし、より大きな社会では、ほとんどすべての人が光と同じ困難を覚えることだろう。したがって、警官は制服を着ているのであり、長い社会的プロセスを経てある人が警官になることをみなが知っているとしても、ある与えられた状況では、第12章で言及したように、ある人が警官であるのは、その人が制服を着ているからであると考えるほうが都合がよい。制服は警官というアイデンティティを字義通りのものにしてくれるのである。

第12章で議論したように、社会的役割や社会的身分は社会的生活に字義通りの意味を生み出す。これらは、それがない場合にはあらゆる方向に発散してしまうかもしれない状況に、定義や構造を提供してくれる。社会的役割があれば、強盗を鎮圧する警官が自分のことを彼の教会に招待してくれるかどうかとか、医師が彼女のボーイフレンドを見つけるのを手助けしてくれるよう自分にお願いにくるかどうかとか、あるいは、「それ」である人が突然縄跳びを始めるかどうかについて、心配する必要はなくなる。社会的役割や社会的身分は、他の人が何を行うのかについて、安定した、よく定義された期待を形成してくれる。

したがって、戦略的思考が得意ではなく、他人が何をするつもりなのかを素早く予測することが得意ではない光やコリンズ氏のような人々は、もっと社会的役割に依存することになる。彼らは、身分によって構造化され、定義された社会的環境を好んでおり、そうした環境に自分たちの時間やエネルギーを投資し、アイデンティティを確立することを好む。この説明の下では、コリンズ氏のような人々は、身分を意識しているために、察しが悪いわけではない。むしろ、彼は察しが悪いために、もっと社会的身分に依存しなければならず、身分に媒介され、明示的な「ルール」が存在する社会的環境に自分自身を投じなければならないのである。それは、彼のパトロンであるキャサリン夫人との形式主義に満ちた関係や、また「英国国教会によって定められた儀式および式典を間違いなく執り行な」う聖職者としての彼の職業に表れている（PP上、p.110)。

言い換えれば、軍隊のような、ステレオタイプ的にいえば「男性的な」組織は、各人が明瞭な階級を与えられているので、より階層的で身分志向的なものであるかもしれない。それは、男性が階層組織を好むからなのではなく、彼らの相対的な察しの悪さが、あらゆる社会的やり取りにおいて明示的に役割やルールが定義済みであることを要求するからである。コリンズ氏は、バックギャモンをプレーするときのようなよく定義された状況においては、ルールや目的、それにプレーヤーが誰かが明示的であるので、その戦略的推論を容易に援用することができたかもしれないが、社会的生活で典型的な、もっと制約の少ない状況ではその戦略的推論を引き出すことにより困難を覚えることだろう。それゆえ、社会的身分が提供してくれる追加的な定義を追い求めるのである。

ＳＣＬＣ（南部キリスト教指導者会議）やＳＮＣＣ（学生非暴力調整委員会）といった、一九六〇年代のアフリカ系アメリカ人女性たちの市民権活動組織は、女性に対する性差別のために、フォーマルな指導者の地位（議長や副議長といった役職）からは締め出されていた。女性たちが手に入れることのできた唯一の肩書のある地位は書記であった。自主性をもっと願っていた女性たちは、フォーマルな地位を避け、その代わりにロブネット（Robnett 1996）が「ブリッジ・リーダー」と呼んだものになった。それは、フォーマルな肩書なしに活動し、フォーマルな指導者と一般の参加者たちとの間の「架け橋」となるものであった。

例えば、一九六一年五月にアラバマでフリーダム・ライダーズ［公民権運動に参加した生徒たち］がほとんど死に至るほど殴られたとき、ディアンヌ・ナッシュはＳＣＬＣの指導者であるフレッド・シャトルズワース牧師を呼び出し、こう言った。「生徒たちは、暴力による支配を許すことなどできないと決断しました。私たちはバーミンガムに行ってフリーダム・ライダーズを続けるつもりです」。シャトルズワースは答えた。「お嬢さん、フリー・ライダーズはここでほとんど殺されかけたのだということがわからないのですか？」ナッシュは答えた。「知っています。まさにそうだからこそ、フリー・ライダーズを止めさせることはできないのです。もし、彼らが私たちを暴力によって止められるなら、この運動は終わりなのです。私たちは行きます。私たちが知りたいのは、あなたが私たちと会えるのかどうかということです」(Branch 1988, p.430, Robnett 1996, pp.1685-86に引用)。この例は、ナッシュの戦略的洞察力と、彼女がブリッジ・リーダーとして、いかにして生徒たちの望みを代表してフォーマルな指導者に伝えているかを、ともに描き出している。ナッシュはまた、決定的に効果的な戦術として、「保釈されるよりは、刑務所内にとどまるという方針を固めていた」(Robnett 1996, p.1686)。公民権運動におけるブリッジ・リーダーは、自分自身で機会を生み出し、「フォーマルな組織に」承認されることよりは運動に有益なことをもっと大事にしつつ、自律的に活動していたのである。

女性たちは、フォーマルな指導層から排除されていたので、ブリッジ・リーダーになった。しかし、そうした排除がなくても、戦術に長け、戦略的機会を認識し、構造化されていない多様性の中で広い範囲の人々とやり取りを行うことが得意な人々は、身分志向的なやり取りを伴う構造や制約を必要とはしなかっただろうと予測できたかもしれない。彼女たちは、身分階層の中でフォーマルな指導者として型にはまった活動を期待されることよりも、肩書のないブリッジ・リーダーとして自由に活動できることを好んだかもしれない。人々の中には、鬼ごっこをしているときに、縄跳びをすることを好む人もいるのだ。

自身の交渉上の立場を改善する

アメリカ合衆国によるイラクの軍事的占領の間、多くの誤解が軍の検問所で生じ、民間人の死傷者を出すことになった。チーザドロ（Ciezadlo 2005）はその経験を以下のように記述している。

ここではアメリカ人ジャーナリストとして、私は多くの検問所を通過しましたが、私自身何度も撃たれそうになりました。私はなんとなく中東人のように見えるので、それがおそらく、私の検問所での経験を、以下のような典型的なイラク人のものとやや似たものにしたのでしょう。

車を走らせていくと、道路の脇に立っている数人の兵士たちを見ることでしょう。しかし、それはバグダッドでは非常によく見かける光景なので、そのことについては特に何も考えないでしょう。次に知ることになるのは、兵士たちが自分に向かって叫び、ライフルの銃口を向け、戦車が砲塔を自分のほうに向けてくるということです。しかも、そこが検問所だったとはわからないままなのです。

このような状況で、私はしばしばイラク人ドライバーたちがスピードを上げるのに出くわしました。それは自然な反応です。怒った兵士たちが自分たちには理解できない言語で叫びますが、彼らは「ここから出ていけ」と言っているのだと思い込み、痛い目にあわされるのを恐れて、走り去ろうとするわけです。

それが、アメリカ人である私にとって困惑させられる出来事なのだとしたら、英語を話せないイラク人たちにとってはどのようなものになるでしょう？

もう一つの問題は、アメリカ合衆国軍が二段階の検問所をもつ傾向があったことです。一つ目の検問では、数人のイラク人の治安部隊が、アラビア語と英語で書かれた「止まれ、さもないと撃つ」という標識のそばで立っています。ほとんどの場合、イラク人たちは平気で手を振って検問を通してくれます。

検問所の近くで一度スピードを落としたドライバーは、加速して通常のスピードへと戻します。彼がわかっていないのは、イラク人の検問所から数百ヤード後方に、もう一つアメリカ人による検問所があり、そこに向かってスピードを上げていくことになるということです。ドライバーは、最初の検問所を素通りさせてくれたことは、第二の検問は免除されるということを意味しているのだとさえ考えることもあります……数度、兵士たちは、誰かを射殺したところだと検問所で私に語りました。彼らはそのことを話すつもりはなかったのですが、そうしたのです。兵士たちは実際、そのことについて話す必要があったのだと思います。彼らはその経験でトラウマを抱えていたからです。

これは、彼らが望んでいたことではありません。本当に、彼らは望んでいませんでした。検問所での経験の一切は、イラク人たちにとってだけでなく、彼らにとっても困惑させられる、恐ろしいものだったのです……

検問所についての本質的な問題は、イラク人が「フレンドリーな奴ら」なのかどうか、アメリカ人たちにはわからず、イラク人もまた、アメリカ人たちがフレンドリーになりたがっているということを知らなかったということです。

私は、これらの検問所を設置したアメリカ軍の指揮官たちが、民間車両に乗ってそこを通り抜けてくれればといつも願っています。そうすれば、民間人にとってそれがどのような経験であったのかを知ることができたでしょう。しかし、その経験は同じものではないでしょう。多くのイラク人たちはそのことを知りませんが、彼らはアメリカ人の検問所がどういうものか、そこでどのように振る舞えばよいかをすでに知っているからです。

イラクの民間人たちが殺害され、アメリカ合衆国の兵士たちがトラウマを抱えるようになったことで、アメリカ合衆国軍の指揮官たちは、検問所に近づくイラク人たちに、そこで何が求められているのかを懸命に伝えようとするだろう、と期待する人もいるかもしれない。ライト（Wright 2004, p.215）が説明しているように、「問題はこうである。イラク人たちはそこで何が起こっているのかを理解しているのか？……威嚇射撃は、単なる一連の大きな銃声と閃光であるにすぎない。それは、『車を止めて、引き返せ』という事柄に対する国際的に受け入れられたシグナルなのではない」。アメリカ合衆国軍は、相手とコミュニケーションするためではなく、無力化するために、一時的にドライバーの目を見えなくさせたり、「目をくらませたり」するレーザーを開発した（MSNBC.com 2006）。明らかに、検問所で階級の低い兵士たちが誤解することはありうることだが（McFate 2005も参照のこと）、指揮官たちは問題を解決しようとはしなかったのである。

チーザドロは、問題は指揮官たちがイラクの民間人の視点から検問所を理解していないことにあると主張しており、この察しの悪さについてある説明を提案している。指揮官たちはすでにアメリカ合衆国の検問所がどのようなものかを知っているので、それを知らない人の視点を取ることができないということである。しかし、検問所で任務に就いているアメリカ合衆国の兵士たちもまた、すでにアメリカ合衆国の検問所がどのようなものかを知っているが、問題の本質が「何であるかを」理解している「という違いがある」。おそらく、アメリカ合衆国の指揮官たちの察しの悪さは、嫌悪感あるいは身分の保持に起因するものである。アメリカ合衆国の兵士はおそらく自分自身を迫りくるドライバーの心の中に置くことができるが、アメリカ合衆国の指揮官は身分の境界線を越え、自分自身をイラクの民間人ドライバーと考えること、あるいは階級の低いアメリカ合衆国の兵士と考えることに困難を覚えていたのかもしれない。

しかしながら、アメリカ合衆国の指揮官は、予想される危険やコストのために、実際にイラクのドライバーの視点を取ることができるが、そうしたくないというもう一つの説明がある。イラクの民間人たちが本当に何をすべきか理解していることを確かめるためには、彼らともっと近くで話をしなければならないだろうが、そのことはアメリカ合衆国の兵士たちを危険に追いやるかもしれない。会話をはじめると、ドライバーは特殊な環境に基づいて、交渉したり、知己を得ようとしたり、あるいは嘆願したりするかもしれない。どの要求が妥当なものであるのかを判断するのは、特に限られた言語能力しかない兵士にとっては困難であろう。会話の機会を開くと、交渉への扉を開くことになる。国を占領した権力として、アメリカ合衆国は、命の［代償という］コストに関係なく、自分たちの利害はゆるぎないポリシーを維持することによって最も良く守られると考えるかもしれない。イラクの民間人に耳を傾けることは、イラク人たちが正当な利害関係をもっていること認めることであり、そのことを受け入れ始めると、不可避的なポリシーの改訂が兵士たちをより大きな危険にさらすことになることを、アメリカ合衆国は恐れるかもしれない。

言い換えれば、察しの悪さに関するもう一つの説明とは、自分自身を他者の心の中に置くことは、自分をより悪い交渉の立場に置くことになる、というものである。察しの悪さは、自分自身を他者［の要求］には応じないようにするというコミットメントの手段である、「コミットメント・デバイス」としても機能しうるものである。例えば、「チキン［弱虫］」・ゲームでは、二人の人物がお互いに向かって車を走らせるが、どちらも道路の脇によけるか、まっすぐに進んでいくかを選べる。もし、二人ともがまっすぐに進めば、悲惨な事故を起こす結果になる。もし、二人ともが脇によければ、二人とも無傷であるがどちらも「勝つ」ことはできない。もし、一人がまっすぐに進み、他方が脇によければ、脇によけた側が負け、まっすぐに進んだ者が勝つ。このゲームは、両軍が軍事システムを構築したいが、両軍がそうすれば悲劇的な結果になる、軍拡競争のような多くの状況に適用可能である。チキン・ゲームをプレーするときは、例えば、ハンドルにはっきりと目に見える拘束を施すことで、脇にそれることを不可能にする［のがよい］。その拘束を見て、相手はあなたが脇にそれることができないことを知り、自分が脇によけることになる。こうして、映画『フットルース』（Ross 1984）に描かれているように、あなたは故意に相手のオプションを奪い、自分自身［の選択］にコミットすることで利益を得ることができる。

『フットルース』では、靴紐がペダルに引っ掛ったために、レン・マッコーマックは自分の乗るトラクターを止めることができずに走り続けるか、トラクターから飛び降りるしかなかったのである。

視覚的な面で察しが悪くなることとは、自分自身［の行動］をコミットする一つのやり方である。自分がまっすぐに進み、相手が脇によけるだろうと想定するのである。私が脇によけることを考えれば、代わりに相手がまっすぐに進むという決定をすることを想定しなければならない。しかし、相手の決定について自分は［何も］考えていないのだということを相手に対して明確にすることができる。そうすれば、ちょうど想定した通りに相手は脇によけるだろう、そして私の想定が勝利を収めることになる。

関連した例には、例えば、こういうものがある。（右側通行であるロサンゼルスで）交差点に車で差しかかり、対向車線の車がストップしてくれるのを待てば、左折できる。信号が青から黄色に変われば、対向車線の車に近づいていくことになる。そこで左折すれば、事故を避けるため、相手は停止せざるをえないだろう。もし、相手が交差点に入るのを許せば、自分は左折できず、信号が再び青になるまでさらに二分間待たなければならないだろう。この場合、相手と視線を交わすことを避けて左折すべきなのである。そうすれば、相手が停止するものだと私が想定しているということを明確にできる。もし相手のことを見れば、相手のすることに応じて自分の行動を変えるかもしれないということを相手に知らせることになってしまう。

この説明では、身分の境界線を侵犯することに何らかの困難があるためではなく、相手の心に入っていくことは交渉上不利になるので、人は察しが悪くなるのである。相手と視線を交わすことを避けて左折すれば、相手の心に入っていくこともなく、なんの嫌悪感ももつこともない。むしろ、相手が何をするつもりなのかについて一度考え始めると、左折することを躊躇することになるかもしれないので、相手の心に入っていきたくないのである。

この交渉上の有利さと身分との間には、ある関連性がある。もし、自分が相手に影響を与えるような行動を取ることが可能なら、相手は自分が何をするつもりなのかについて考えるために、自分の心に入ってこなければならないが、もし相手が自分に影響を与えることが何もないなら、相手のことは一切考えなくてもよい。すると相手について考える時間を費やす必要はないため、自分は相手について察しが悪くなる。相手が自分を不利にしたり有利にしたりすることが何もない、ということはありえないが、この場合、自分が察しの悪くなることで、自分の身分が高いことを宣言することになる。例えば、アラバマ州バーミンガムの警察は、一九六三年五月の公民権運動においてデモを行っていた子供たちに、ホースで水を放ち、犬をけしかけた。その様子は世界中の新聞で報道され、アメリカ合衆国連邦政府は、海外での自国のイメージについて憂慮することになった。しかしながら、アラバマ州知事のジョージ・ウォレスは、次のような宣言を行った。「世界の他の国々は、彼らがわれわれについて考えていることの代わりに、われわれが彼らについて何を考えているかについて憂慮したほうがよいように私には思われる……ともかく、われわれは彼らのほとんどを養っているのだ……彼らが［お金を受け取ることを］拒否するまでは……南部の人々はこれらの国々に対して対外援助をしているが、彼らの態度について憂慮することは決してないだろう……アフリカやアジアの平均的な男性は、自分がどこにいるのかさえ知らないし、アラバマがどこかについてはなおさら知らない」（Williams 1987, pp.191-93に引用）。ここで、ウォレスは、南部の人々は他の世界の人々の心の中について心配する必要はないと言っている。つまり、自分たちは他の世界の人々について察しが悪くなることができる。自分たちは彼らにお金をやっているのだから、自分たちが彼らについて何を考えていることについては、彼らは注意深くあるべきなのだ、というわけである。ウォレスにとって、この身分の違いは当然人種や国籍にリンクされている。

ジョージ・W・ブッシュの上級顧問は、ジュースキント（Suskind 2004）に次のように語った。彼のようなレポーターは「現実に基づいたコミュニティに」属しているのであり、「解決は、認識可能な現実に関する思慮深い研究から生じると信じている」人々なのである。しかし、「それは決して、この世界の実際のありようではありません……われわれはいまや帝国なのであり、われわれが行動するとき、われわれは自分自身の現実を創造するのです。また、その現実を、あなたがそうするであろうように思慮深く研究している間に、われわれは再び行動し、別の新しい現実を生み出すのです。それで、あなたは再び、物事がどのように進展していくのかを研究することになる。われわれは歴史を動かす役者なのです……そして、あなた方はみな、われわれがすることをただ研究することだけを許されるのです」。ジュースキント（Suskind 2004, p.51）は、ブッシュが「断固とした自信をもつことがほとんど神秘的な力をもつのだとはっきり感じている」のだと書いている。しかし、神秘主義に訴える必要はない。もし、ブッシュ陣営が他人が何を考えているのかについて気にしないとすれば、察しが悪い状態で自身の現実を創造することになり、その結果、ある種の交渉的状況では優位に立つことができる。

ジョージ・W・ブッシュはドレーパー（Draper 2007）にこう語っている。「大統領の仕事は……大きな目的……イランの軍事的弱体化……を達成することができるよう戦略的に考えることです。また、あちらの世界における不安定性は、極端な人々が西洋世界への脅迫に用いるために行うエネルギー供給制限のように、重大な悪影響をもたらします……あなたならどう決断しますか？　物事を決めることを、どのようにして学ぶのでしょうか？　あなたが心を決め、それを忠実に実行する際には……あなたはそれをどのように実現するかがわかるかわからないかの、どちらかでしかないのです」。ドレーパー（Draper 2007）はこう述べている。「［ブッシュが］していないのは……イランの指導者たちがアメリカ合衆国の政策にどのような反応をするのかについての……熟考である。戦略的思考の一部は、自分がすることに対して相手がどのように応答するのかを熟考することである。ジョージ・W・ブッシュの戦略的思考にはそうした熟考は一切見られない」。実際、ブッシュにとって、戦略的思考とは、自分の心を決めて、それを忠実に実行することを意味し、それができるということは、ある種の身分のようなものなのである。その身分であるか、そうでないか、それは学ぶことができるようなものではないのである。しかし、この場合もブッシュ的な戦略的思考は、他人がどう反応するのかを考えないので、有利なものになりうるのである。

最後に、より子供向けの例を取り上げてみよう。私は五年生の息子の卒業式での演奏のために弦楽パートをとりまとめることになり、生徒たちに第一ヴァイオリンか第二ヴァイオリンを割り当てなければならなかった。それぞれのパートは同じくらい難しかったが、生徒たちはしばしば第一ヴァイオリンにより高いステータスを感じていた。私はジョージアに第二ヴァイオリンのパートを割り当てたが、彼女は、自分は第一ヴァイオリンをやっていたマシューよりも上手だから、第一ヴァイオリンをやりたいのだと私に告げた。それでも、もし彼女がマシューと交代すれば、彼はきっと腹を立ててしまうだろうから、自分は第二ヴァイオリンを続けると、彼女は私に言ってきた。こうした戦略的推論はマシューには見られなかったと私は確信している。典型的な五年生の少年は、たとえ説明されたとしても、この種の推論を理解することさえできないかもしれない。第一ヴァイオリンと第二ヴァイオリンのどちらをやりたいかを主張することは、チキン・ゲームの例になっている。どちらも第一ヴァイオリンをやりたいが、二人がともにそれを主張すれば、対立は避けられない。ジョージアについて何も考えていないマシューのような生徒は、マシューならどうするだろうかについて考えているジョージアのような生徒に対して有利になる。エイミー・ヘッカリングは、『エマ』を映画『クルーレス』(1995; Hekcerling 2009も参照のこと)へと翻案した。その映画では、おしゃべりで狡猾なビバリーヒルズに住む高校生シェールがエマの役を演じている。ウォルド(Wald 2000, pp.229-30)はこう述べている。「察しが悪いということは、シェールが、自己表現に関するある種の自由を当然のものと……できない人々が陥りがちな批判的な自己意識の重荷から免除されていることを意味する……それはまた、交渉の際に利用可能な、性差に関する無垢さという趣を彼女に与えることになる」。マシューが自己意識に欠けているということは、交渉では彼の役に立つものだが、それは子供であることの一部なのである。

共感の阻止

察しの悪さに関する別の例は、共感の阻止である。他の人の目的や思考について考え始めると、彼らのことをケアし始めることになるかもしれない。国際関係におけるマクナマラの共感に関するプロモーションについては、ホワイト（White 1984, p.160, Blight and Lang 2005, p.28に引用）が次のように書いている。「共感は、戦争を促進するあらゆる形態の誤解に対する大きな矯正手段である……それは、単に他者の思考や感情を理解すること［を意味するもの］である。それは同情とは区別される……それゆえ、対立が非常に緊迫していて、同情など問題外であるとしても、敵に対する共感は心理学的に可能なのである」。ホワイトとマクナマラは「共感」という言葉を、私が「戦略的思考」と呼んでいるものを意味するものとして使っており、それを注意深く「同情」と区別している。それはおそらく、その二つの言葉が十分に近い意味なので、人は両者を混同してしまうからである。

例えば、敵の靴を履くことには何の問題もないかもしれないが、それでも相手の心の中で何が起こっているのか、そのすべてはわからないかもしれない。インディアナポリス・コルツのクォーターバックであるペイトン・マニングは、二〇一〇年のスーパー・ボウル終了間際において、ニューオーリンズ・セインツのデフェンシヴバックであるトレーシー・ポーターにインターセプトを許し、セインツを勝利させてしまったとき、多くの人々は、実は、マニングが無意識にセインツが勝つように望んでいたのではないかと疑った（例えば、Moore 2010を参照）。マニングの父はセインツで一〇シーズンプレーしていて、マニング自身はニューオーリンズで生まれ育ち、ニューオーリンズは二〇一〇年においてまだハリケーン・カトリーナの被害から回復している最中だった。そんなわけでニューオーリンズの人々は良いニュースを切望していたのだ。もし、あなたがマニングだったなら、［通常なら］セインツに関するどんな詳しい知識も、彼らを負かすためには非常に有益な材料になりえただろう。しかし、その知識の中に、セインツがいかに悪い状態にあり、［復興を目指す］ニューオーリンズの人々がいかに勝利を必要としているかということを知らせるものが含まれているとしたら、むしろ何も知らない方がよかったと思うだろう。別の例を取り上げてみよう。あなたはテニスの試合をしている。あなたの母親は六か月前に亡くなったが、対戦相手の母親は先週亡くなっており、相手はこの試合を母親に捧げている。あなたはおそらくこの事実を知りたくはなかっただろう。なぜなら、この知識が戦術的な優位性をもたらすかもしれないとしても、同情があなたの自分の競争心をそいでしまうだろうからである。相手の靴を履くということ自体は不快なことではない。むしろ、自分の善良さゆえに相手に対して過剰に同情してしまうことが予期されるというまさにその理由で、相手の靴を履くことに抵抗したくなるのである。

この説明の下では、奴隷所有者は奴隷について戦略的に思考していない。なぜなら、そうすることは、不可避的に奴隷たちのことを心配することに導かれ、奴隷制という経済システム全体が拠って立つ社会的な身分の分割を弱めることになるだろうからである。奴隷制というシステムの維持は、察しの悪さに関するあらゆる短期的なコストを凌駕するほどに重要である。奴隷たちがときどきあなたを罠にはめて肉を勝手に食べるとしても問題ない。なぜなら、彼らの裏をかくのに十分なほどに相手のことを理解すれば、もはやあなたは奴隷制を信じることができなくなるだろうからである。もし、あなたが検問所に近づくイラクの民間人の心の中に自分を置けば、自分がイラクにいるべきなのかどうかについてさえ疑問をもつことになるかもしれない。もちろんそうした疑いは、志願した兵士よりも事務職員のほうがずっと抱きやすいものであるが。

シンガーとフェア（Singer and Fehr 2005, p.343）は、ここにトレードオフがあることを記している。「共感する能力、つまり、社会的交換において［相手に］騙される経験から生じる心的状態をシミュレートできることは、敵が取る可能性がある行動を予測するのに役立つだろう。したがって、共感する能力は、利己的な視点から見て有益なのである。しかしながら、共感する能力そのものはまた、純粋に利己的な選択を思いとどまらせ、利他的な行動を促進することになるかもしれない」

人々を動物と呼ぶこと

二〇〇四年三月三一日、民間軍事会社ブラックウォーターUSA社のために働いていたアメリカ合衆国の警備員〔傭兵〕たちが、ファルージャにおいてイラク人暴徒たちによって待ち伏せされ、殺害された。死体は市中を引き回され、橋にぶら下げられた。ニューヨーク・タイムズは「怒り狂ったファルージャの群衆は四人のアメリカ人警備員を殺害」と報道している（Gettleman 2004）。四月一日に、連合国暫定当局のイラクでの代表であったL・ポール・ブレマーは、バグダッドにおける警察学校の新卒者に対する卒業式の最中に次のような主張を行った。「ファルージャでの昨日の事件は、人間の尊厳と蛮行との間で継続中の戦いに関するドラマティックな例である。五人の勇敢な兵士があの地域での攻撃によって殺害された。それから、アメリカ人四人を乗せた二台の車が攻撃され、彼らの身体は野蛮な虐待的行為の犠牲となった……栄誉あるイラク男女の多数を代表する警官たちよ、君たちは悪事を働く連中と対峙し、文明の旗を掲げるために選ばれたのだ。君たちはファルージャの通りを汚した獣のような連中に恥辱を与えなければならないのだ」（Bremer 2004）

四月四日夜、アメリカ合衆国軍はファルージャを包囲し、四月五日に暴徒の陣地に対して攻撃を開始し、同時に数百人の民間人を殺害した。九月一三日、イラク西部地区担当でアメリカ軍最高位の将軍であったジェームズ・T・コンウェイ将軍は、レポーターたちに、自分はファルージャの侵攻に対して対抗措置を取ったのだと告げた。「おそらく、われわれは報復による攻撃が発生すると思われる前に、状況を鎮静化させるべきである……と感じている」（Chandrasekaran 2004）。UPI通信社の報道によれば、「上級指揮官たちはインタビューで一様にこう答えている……こうした条件下でファルージャに入っていきたくはなかったと……三月三一日の殺傷事件の直後は、戦うべきときではなかった、と彼らは語っている。第一に、攻撃からサプライズの要素を奪ってしまうからである……第二に、それは暴徒たちに、彼らの挑発的行為がアメリカ合衆国を、むしろ逆に彼らが望んでいた市街戦に引きずり出すことを可能にしてくれるということを『教える』ことになったからである。第三に、警備員たちの殺害の様子を収めたビデオテープにその顔が写っていた個人を同定することは、本質的に警察の仕事だからである……殺人者の身元をつきとめ、逮捕するには、平和な状況のほうが地元警察にとって容易だっただろう」(Hess 2004)。しかしながら、アメリカ合衆国の優越的な身分に対するチャレンジだと認識したために、ジョージ・W・ブッシュはこう宣言したのである。「われわれは決して恐れないだろう……必ずこの仕事をやりとげてみせる」(Rubin and McManus 2004)

ファルージャへの攻撃はアメリカ合衆国にとって、広報上の大失敗であった。「数千人ものファルージャの人々が町から脱出し、イラクの他の地域に避難したので、どれだけのプロパガンダを行っても打ち消すことのできない、恐怖と民間人の死に関する物語を拡散することになった」のである(Scahill 2008, p.205)。実際、アメリカ合衆国の察しの悪さは、その身分への執着に明らかである。暴徒たちは人間以下の身分である、というわけである。ブレマーは「穢れ」といったカースト的な言葉を使用している。イラクの警察学校の卒業式の目的は、卒業者の新しい社会的身分を確立することであり、ファルージャの殺害事件に彼らは何の関係もないとしても、ブレマーは遠慮なく彼らを利用し、その卒業式を彼らと暴徒たちの間の、「善良な」イラク人と「邪悪な」イラク人との間の、身分上の差異を強めるために使ったのである。それとは対照的に、アメリカ合衆国の軍事的指導者たちは、作戦には根本的に戦術上の不備があることを知っていた。アメリカ合衆国の指揮官たちは、問題を、ある種の人々(文明の擁護者)と別種の人々(怒り狂った群衆)との間の戦いとしてではなく、拘束しようとしている犯罪者個人の観点から理解することを好んでいた。国連のイラク特命大使であるラクダール・ブラヒミは、アメリカ合衆国の攻撃を「集団的処罰」と呼んだのである。

ブラヒミの言葉遣いは、それこそまさしく動物に対して行う種類のものである。殺人者たちは獣であって、単なる野蛮人や未開人ではないのである。もし、自分自身を野蛮人の心(や身体)の中に置くことが困難だとすれば、自分自身を獣の心（や身体）の中に置くことはなおさら難しいだろう。敵のことを動物のように呼ぶことは、相手に対する共感を減退させ、そのために相手を殺害することをより容易にしてくれる。別のところでは、ブレマーは、すでに死者になった人を指す「悪鬼」という言葉をその主張の中で使っている。しかし、加えて、敵を動物のように呼ぶことは、相手の動機を理解し、例えば、考えも及ばない相手の目的を承認することを要求する交渉や駆け引きなどは考えなくてもよいと言っているようなものである。ヴェルムール（Vermeule 2010, p.195）によれば、「状況的な心的盲目状態……相手を動物や機械、あるいは心をもたない何かに変えることで、他の人々が合理的な主体性をもっているという見通しを否定すること」は、単に「憎むべき反対勢力を人間とは思わず、それゆえ道徳法則を彼らには適用しない」という立場よりも、ずっと複雑な種類の人間性抹殺なのである。

敵を動物と呼ぶことは、交渉上の立場を改善したり、あるいは、良心の呵責を和らげてくれたりするかもしれないが、敵のことを戦略的に考えることができなくなるという犠牲を払うことになる。四月九日に、国際的な憤激と、攻撃は暴徒たちに新しい志願者を生み出すことになるという軍事上の懸念から、アメリカ合衆国は一方的な休戦を宣言した（Rubin and McManus 2004）。交渉の後、アメリカ合衆国はファルージャ防衛隊を設立、八〇〇丁以上のアサルト・ライフルと二五台以上のトラックを提供し、ファルージャの住民たちが自分たちで町を治めることができるようにした。新しい社会的身分、新しい種類の善良なイラク人を生み出すには不十分であったが、これらの武器や車両はすぐに暴徒たちへの攻撃に使用された。

オースティンが察しの悪さについて、キャサリン夫人とティルニー将軍を通じて分析したとき、おそらく彼女は、自分の説明が二〇〇年後のイラクにおけるアメリカ合衆国の失策にも適用されるかもしれないとは予想していなかっただろう。察しの悪さは現実の、そして繰り返される現象であり、さらなる研究を行う価値があることを、オースティンなら同意してくれるだろう。

第14章　結びの言葉

長い間、人々は人間というものを理解しようとしてきた。エルスター（Elster 2007, pp.x, 5-6）は次のように書いている。「もし、われわれが心、行動および相互作用について、最近の一〇〇年、あるいは直近の一〇年の成果にばかり目を向けて、二五世紀にもわたる省察を無視するなら、それはあまりにも危険の多い、損失を伴う行為である」（Elster 1999も参照のこと）。しかしながら、エルスターは最近の発展についても認めている。「それにもかかわらず、合理的選択理論は［分析のための］道具箱の中で価値のある部分である……特に、ゲーム理論は、これまでの数世紀の間に獲得された洞察をはるかに超えるようなやり方で、社会的相互作用を描き出してきた」。レオナード（Leonard 2010, p.1）は次のように書いている。「そのように主張することが適切だと思われるが、ゲーム理論は、二〇世紀におけるより重要な科学的貢献の一部であることが証明されている」

しかし、ゲーム理論［的な考え方］はずっと過去にまでさかのぼることができる。パリーク（Parikh 2008）は、ゲーム理論的な洞察を一六世紀のアクバルとビールバルの物語の他、『マハーバーラタ』にも発見している（Sihag 2007およびWiese 2012も参照のこと）。オニール（O'Neil 1982, 2009）やオーマンとマシュラー（Aumann and

Maschler 1985）は、遺産をめぐる対立した主張［を調停するため］の問題を考察している。ゲーム理論を用いて、彼らは一五〇〇年以上前の『バビロニア・タルムード』において発展させられていた解決策を「リバース・エンジニアリング」によって復元することに成功した。オーベル（Ober 2011）は、ヘロドトスやトゥキディデスを含む古代ギリシアの著作家たちが数千年前に、「個人やグループを……戦略的に計画を立てたり、行為したりすることができる存在とみなしており」、いかにして社会が個人を互いに協調するよう誘導しているかについて深い洞察力で分析を行っていたことを発見している。ヴァンダーシュラーフ（Vanderschlaaf 1988）は、デヴィッド・ヒュームが一七四〇年に、均衡結果のアイディアのような、ゲーム理論の根本となる概念を明らかにしていたことを発見している。

本書はオースティンとアフリカ系アメリカ人の民話に焦点を当てているが、こうした民衆的ゲーム理論は他の多くのところで発見可能だろう。華やかで素晴らしい例は、ロジャースとハマースタインの最初のミュージカルであり、おそらくアメリカのミュージカル劇場の歴史の中で最も影響力のあった『オクラホマ！』であろう。『オクラホマ！』では、最良の戦略家は女性たち（アド・アニーとエラー叔母）あるいは異民族のアウトサイダー（ペルシアの行商人アリ・ハキム）である。フロッシー・フィンリーやキャサリン・モーランドのように「ノーとは言えない少女」であるアド・アニーは、素朴さを前面に押し出すことによる戦略的優位性を証明する。ブレア・ラビットやエマ・ウッドハウスのように、アリ・ハキムは過剰に戦略的であることの危険性を体現している。フロッシーのキツネやサー・ウォルター・エリオットのように、ウィル・パーカーは、社会的身分や字義通りの意味への過剰な注視が戦略的な愚かさを意味することを体現している。ファニー・プライスのように、ローリーは、戦略的に思考することを学ぶことが、成長した女性になることの一部であることを体現している。最後に、オースティン作品のカップルのように、カーリーとローリーは、いかに戦略的なパートナーシップが結婚の土台となるかを示している。

ミュージカルの曲目「イッツ・スキャンダル！」において、アリ・ハキムは既存の求婚制度に対する革命を求める。既存の求婚制度では、「何の喜びも見出すことができない。娘たちにはみな銃を持った父親がいる！」からである（Hammerstein 1942, p.18）。しかし、彼が寄せ集めた独身の男性たちが彼に、誰が最初に銃で撃たれるべきかを尋ねたとき、それはリーダーである自分に違いないと彼は気づいた。ダンスし、周囲をひっかき回しながら、ステージ上を動き回ることで男たちが革命を始めると、ト書きには、少女たちが「彼らを捕まえて、一緒に退場する」と書かれてある（Hammerstein 1942, p.19）。ただ乗り問題（Olson 1965）についての社会科学的な文献が現れるよりもずっと前に、『オクラホマ！』は革命における中心的な戦略的問題を主張していた。つまり、誰も最初に銃で撃たれる人にはなりたくはなく、どんな集合的な行動も、個人を一人ずつ捕まえてみると弱体化するということである。アリ・ハキムは、ガーティと結婚したので、アド・アニーと結婚したくなったに違いないと、アド・アニーに指摘されたとき、合理的選択をする人が言うだろう言葉で正確に答えた。「確かに、私はそのことを望んだ。私は、彼女の父親のショットガンの銃身に反射した月明りを見たときに、彼女と結婚したくなった！」（Hammerstein 1946, p.46）アリ・ハキムは合理的選択理論のエッセンスがつまった、「エジプトの賢者の石」をローリーに売り、「ファラオの娘が……難しい決定問題に直面したとき……彼女はこれのかすかな香りをかいのだ」と説明した（Hammerstein 1942, p.12）。ローリーはそれを買うことに応じ、少女たちが彼女の周りで「ローリー、さあ決心して、さあ決心して」と歌っている間にこう言った。「それは私の決心を固めてくれるだろう」（Hammerstein 1942, p.28）

ブロードウェイでアリ・ハキムを最初に演じた役者は、イディッシュ系のジョセフ・ビュロッフだった。そして、『オクラホマ！』の最初の記念日を祝うパーティーで、ハマースタインは「ミスター・アリ・ハキムスタイン」と紹介されたのである。モスト（Most 1998）は、アリ・ハキムという名はイディッシュ語やヘブル語のハカム、「賢い男」に由来すると推測している。したがって、ハマースタインはユダヤ人の民衆的ゲーム理論の伝統をアメリカ西部開拓時代の伝説に輸入したわけである。同様に、漫画家スティーブ・シェインキン（Steve Sheinkin 2010）は開拓時代のアメリカ西部コロラド州でのラビ・ハーベイの冒険を描き出している。また、ニューベリー賞を受賞したシド・フレイシュマン（Sid Fleishman 1963［1988］, pp.22-26）は、エリヤ・ベン・ソロモンや、さらにもっと古いアクバルとビールバルの物語から採られた嘘発見のくだりを、カリフォルニアのゴールドラッシュ時代に置いている（Sheinkin 2010, p.134; Sarin 2005, p.32）。

われわれはオースティンからもっと多くのことを学ぶことができる。例えば、経済理論はオースティンの主要な関心事ではなかったが、経済理論は合理的選択理論を土台にしているために、この分野で彼女が進歩を成し遂げたということも驚くべきことではない。経済学における最も古い問題の一つは、何が物の価値を決定するかという問題である。物の価値は、その物理的な性質やそれがどのようにして生産されたかということに内在していると考えたくなる誘惑がある。例えば、労働価値説は、物の価値はそれを生産するのに要した労働の量に依存していると想定する考え方である。したがって、椅子は、その原料である生の木材よりも高い価値があることになる。

ナイトリー氏は、ハリエット・スミスについて、彼女の個人的態度のゆえに、価値の低い女性で、全くのところロバート・マーティン氏には値しないと考えていた。「生まれと人格と教育からいって、ハリエット・スミスがロバート・マーティン以上の結婚相手を求める権利がどこにあるのかね？　ハリエットは、誰だかわからない人物の私生児で、たぶん財産もないし、立派な親戚もいない……役に立つことは何も教わっていないし、若くて頭も良くないから、自分で何かを学ぶこともできない……かわいくて気立てがいいというだけだ」（E上、p.95）。エマはハリエットを弁護して答えた。「あなたが言うように、ハリエットはただかわいくて、気立てがいいだけだとしても、あれほどかわいくて気立てが良ければ、それだけでも、いい結婚をする十分な資格になります。彼女はほんとうに美人だし、百人中九十九人の男性がそう思ってるはずです。世の男性たちが、女性の美しさにもっと無関心になるまでは、つまり世の男性たちが、女性の美貌ではなく、女性の知性に恋をするようになるまでは、ハリエットのような美しい娘は、多くの男性たちから愛され求められます。そしてハリエットは、選ぶ権利を与えられ、選り好みをする権利を与えられるのです」(E上、p.98)

エマは、ハリエットの価値は、彼女の態度から直接決定されるのではなく、彼女への潜在的な求婚者の数からいって、他者がどれだけ彼女のことを欲し、彼女が何を結婚市場から引き出すことができるかによって決定されるのだと説明したのである。オースティンの価値の理論は、財の価値は、市場での交換において人々がそれと何を交換するかによって決定されるというものである。財の価値はその属性やそれを生産するのに要した労働には還元できず、どれくらいの人々がそれを欲するかや、悪い面から言えば、どれくらいの人々がそれを売ろうとしているかを含む、その財がどのように交換されるかについての文脈全体に依存するのである。例えば、ジェヴォンズ(Jevons 1871, pp.2, 156)はこう書いている。「度重なる反省と探求の末、ある新しい考えに導かれた。それは、価値はまったくのところ効用に依存しているということである……パンは生命を維持するうえで無限の効用をもっていて、生か死かが問題になるときには、わずかな量の食物でも、他のあらゆる物の価値を上回る。しかし、食物が通常通り供給されているときには、一斤のパンにはわずかな価値しかないのである」。これは、近代経済理論における標準的な考え方であり、オースティンの時代からわずか数十年後に現れたものである。

経済学で用いられている抽象的な数学的モデルにおいてさえ、記述(ナラティブ)的理論と社会理論との一致は今日も続いている。経済理論と物語の間には類似性があると指摘する人々が何人かいる(Cowen 2005; Morgan 2010)。例えば、ルービンシュタイン(Rubinstein 2012b, p.x)は次のように書いている。「『モデル』という言葉は、『寓話』や『おとぎ話』よりも科学的に聞こえるが、それらの間にそれほど大きな違いがあるとは思えない……空想と現実の間にあるものとして、寓話は無関係な詳細やうんざりするような多様性とは無縁であり……[したがって]現実世界には見られない事柄を明確に識別できるのである。現実世界に戻ってくる際には、現実世界で利用可能ないくつかの理にかなったアドバイスや適切な議論を携えてくることになる。それと全く同じことを経済理論でも行っているのである」(Rubinstein 2012aも参照のこと)。同様に、リーマー (Leamer 2012, p.10) は次のように書いている。「小説について判断するのと同じ基準で経済理論を判断するなら、理論をより良くしていくことになるだろう」。ギャラガー (Gallagher 2006, p.192) によれば、「文学批評家たちはいま、二〇世紀のどの時点と比べても、経済的なロジックにより興味を示していて、それらに対して寛容になっている」。

もし、ゲーム理論が記述（ナラティブ）によって発展させられるとしたら、なぜ数学を利用するのだろうか？近年の専門的なテクニックの進歩は必要なのだろうか？ よく発達した社会的スキルをもつ人は、数学的なゲーム理論を、エリザベス・ベネットがホイストやバックギャモンを評したときのように、過剰に専門化されすぎていて、見当違いのものとみなすかもしれない。近年、現代的な社会理論（特に経済学）の形式主義が、あたかもそれが悪いことであるかのように、「自閉症的」であると呼ばれたことがある (Mohn 2010; Devine 2006)。数学に対するあくなき強いこだわりが、現実世界の理解を確実に妨げており、また、ファニーが、ベッツィーにスーザンのナイフをあきらめるようにさせたことを示すためにゲーム・ツリーを描くことは、こうした単純な状況に対して、よくてもテクニックのひけらかしになっているかもしれない。しかし、少なくともゲーム・ツリーは、視覚的で具体的な、異なる種類の表現方法ではある。自閉症スペクトラムの生徒とかかわっている教師たちは、人々の考えや動機を明確にするために、漫画や吹き出しといった視覚的表現方法を［用いる教材を］開発してきた (Gray 1994; Baker 2001; Cohen and Sloan 2007)。ゲーム理論はそれと同じようにゲーム・ツリーや表、数字を用いる。コーウェン (Cowen 2009, p.170) によれば、アダム・スミス (Adam Smith 1759［2009］) は、自分ではうまく「［他者のことを］了解できない」ために、他者について熱心に観察し、理解しなければならない自閉症の外部観測者の視点から共感について記している。したがって、その拡張可能性と並んで、数学的な視点は、まさにそれが他とは異なるものであるために、それが他の人が自明視している状態をはっきりさせてくれるために、有益

図5. 通奏低音：楽譜の下段のほうが数字付きの低音部の旋律で、上段はリアライズされた和声［の実施例］を示している。

なのである。この明示化は、誰にとっても自明ではないもっと複雑な状況にアプローチしていくうえで唯一の方法でもあるかもしれないのである。

　数学のことを語っているものと考えて、エリザベスとジェイン・ベネットが帰宅したとき、「メアリーは相変わらず通奏低音と人間性の研究に励み、気に入った文章を抜き書きし、陳腐な道徳論に耳を傾け」ているのを目にしたという記述を見なおしてほしい（PP上、p.106）。第12章で触れたように、通奏低音とは、図5に示したように、低音部上の数字を用いることでその旋律に付く和声を示すものである（C. P. E. Bachによるもの。Arnold 1931〔1965〕, p.662）。通奏低音と人間性は調和するものだろうか？　ロジャース（Rogers 2006, p.483）は、オースティンは通奏低音のことを「『人間性』に関するあらゆる事柄とは交わりをもたない、滑稽なほど難解な研究」として提示しているのだと述べている。同様に、ウォレス（Wallace 1983, p.10）は、「一方は音楽について、他方は人生について言及している。一方は技術について、他方は精神について言及している……メアリーはこの二つを区別できない。彼女は音楽と人生を同じ過剰な熱意で、想像力のないやり方で追求しているのである」。

　通奏低音と同じやり方で人間性にアプローチするとは何を意味するのだろうか？　通奏低音、あるいは数字付き低音は、今日の音楽理論にも残っている、ある種のテクニカルな記法である。それは、数字を簡略化のために用いているという理由だけでなく、音楽記法そのものがその発展に数百年を要した数学的で、技術的な成果であるという理由でも、数学的なものである。クロスビー（Crosby 1997, p.144）によれば、物理現象を表現するためにグラフが用いられるずっと以前に、「この音楽記法はヨーロッパで最初に用いられたグラフなのである」。また、通奏低音は単なる音楽記法なのではなく、音楽についての思考法そのものである。つまり、通奏低音を読む鍵盤奏者は、単に和声を読むのではなく、アンサンブルの必要に応じて、音［の組み合わせ］と装飾音を選びながら、それを即興的にリアライズすることになるだろうということである。クリステンセン（Christensen 2010, p.40）は、次のように書いている。「もし、通奏低音がほとんどの音楽家たちの評価の中で、実用芸術技法といった低い地位にとどまっていたとしても、通奏低音にはそれ以上に優れた何かがあると考える多くの人々が明らかに存在したであろう。つまり、最良の場合、作曲家としてのあらゆるスキルとイマジネーションを要する芸術技法である［と認める人々がいただろう］」。通奏低音は単に有益であるのではなく、創造的なもので、新しい音楽と新しい音楽理論を創造することを可能にするものである。例えば、クリステンセン（Christensen 2010, p.9）は、こう書いている。「数字付き低音が若い音楽家たちに教えられることによって得られる記憶術の教育は、調性音楽理論の領域での目を見張るような発展にとって、驚くほど強力な導き手となる」。実際、「一七世紀および一八世紀の大部分は、歴史家や批評家たちの大半からは通奏低音の時代として知られていた。そして、『バロック』という言葉が受け入れられるようになってきたのは、ごく最近になってからのことなのである」（Stevens 1965, p.vii）。もちろん、音楽はいかなる種類の記述的な表現や視覚的な表現なしでも発展しうるものである。しかし、西洋音楽の発展は、音楽記法という技術の発展がなかったなら、想像もつかないほど異なったものでありえたかもしれない。

メアリーに人間性と通奏低音を同じやり方で理解させることで、オースティンは、短いながらも、人間行動を技術的で数学的なアプローチ、特に、テクニカルな表現と現実世界でのパフォーマンスとの間をエレガントに翻訳する能力を尊重するようなアプローチを用いて理解することの可能性を示唆している。この主張のサポートとしては、オースティンが人間行動を音楽や数学と結び付けるのはこのときだけではない［ということが挙げられる］。第11章で触れたように、ダーシー氏が、自分のことを赤の他人に紹介するのは得意ではないと主張したとき、ピアノの前に座っていたエリザベスは、「練習をしない」ことが問題なのだと言った。ダーシー氏はそれに対して「ぼくは知らない人と話すのが苦手で、あなたは知らないピアノで演奏するのが苦手というわけですね」と答えた（PP上、p.300）。エリザベスが病気になったジェインと会うために、長い泥道を歩いていく決心をしたときには、メアリーは「努力は目的と釣り合いを保つべきよ」と述べた（PP上、p.58）。

通奏低音の擁護者たちはオースティンに反論した。例えば、「地味な少女が音楽理論のとある部分を学習していることをジェイン・オースティンがあざ笑っているのを見ると（ここでは、著者である彼女自身が語っているのだから）、困惑させられる。なぜ、メアリーは非常に価値のあることをしているのに嘲られなければならないのだろうか？」（Pigott 1979, p.54）しかし、オースティンの唯一の否定的な言葉は「陳腐な」である。それは、「新しい」に対置されている。「陳腐な」は愚かさや滑稽さを意味するのではなく、擦り切れた、使い古された、酷使されたということを意味する。言い換えれば、オースティンが嘲ったのは通奏低音でもそれを人間性に適用することでもなく、退屈で、よく知られた、道徳的な結末の量産なのである。オースティンは新しい結果に関心があある。メアリー・ベネットがまだ何も新しいものを発見できていなかったとしても、少なくとも彼女は一つの方向性を示唆していたのである。

ペーパーバック版へのあとがき

本書を執筆していた時、私は本書を読んだ読者から猛烈な批判を受けるのではないかと予想していた。それが本書がこれほど大部になった理由の一つである。実際、本書は、私が最初に書いた本の三倍も長い。これは批判に対しては確たる証拠を列挙することが最も良い対処法だと考えたためである。それゆえ、〔刊行後〕本書を歓迎する声の方が多いことに私は驚いた。多くの人がオースティン作品を愛しているのは知っていたが、どれくらいの人々がゲーム理論を好きになってくれるのかは未知数だったからだ。実際、中には〔ゲーム理論に対して〕不信感を表明する人々もいたわけだが、これが大多数の意見だと思い込んでいたのである。しかし、読者の心の広さを私は過小評価していたようである。

おそらく今日のような「マッシュアップ」の時代においては、予想もつかない相互作用を考え付くことに、人々はより一層前向きなのであろう。一九八〇年代後半のことだが、ある図書館司書は、〔図書や資料に関する〕どんな問い合わせに対しても、それに答えることのできるただ一つの書架が図書館には存在する、と考えている多くの利用者の手助けをしてきた、と私に語ってくれた。ところが今や、相互に関連する多様な資料があちこちの書架に点在するために、それらを一度に同時に手を伸ばして読むことなど、全く簡単なことではなくなってしまっている。これまでのところ、本書に対する反応は、新聞や雑誌、ラジオ番組、それにブログなどに現れている（それらは、janeaustengametheorist.comに収集・整理されている）。学術雑誌における反応は、先ほどのようなメディアとは異なる時間スケールで動いているので、ちょうど現れ始めたばかりである。

タイトルやカバーから始めて、私は本書をできるかぎり理解しやすく、好感の持てるものにしようとした。元々のタイトルは「民衆的ゲーム理論（Folk Game Theory）」だったが、匿名の査読者が、本書はオースティンを中心にした内容にすべきだと提案してくれたのである。もちろん、それは正しい提案だった。これは、［相手が匿名のために］私からは御礼することができなかった、［本書執筆に当たって私が受けた］多くのご厚意の一つである。マーベル・コミックから出版されていた『分別と多感』の漫画版（2011）を見た後で、私は［その作者である］ソニー・リュウにコンタクトを取った。同僚の一人は、ソニーの描いてくれた表紙は、これまで見た学術書の中で最も素晴らしいものだと私に語ってくれた。

ＵＣＬＡのメグ・サリヴァンとプリンストン大学出版会のデブラ・リーズの想像力あふれる仕事は、本書の広報には欠かせないものだった。二人にはとても感謝している。ほとんどの学術書の著者は、広報係が何をしているのかを知らないが、彼らの仕事は計り知れないもので、彼らの意見によく耳を傾けるようにと私はアドバイスしたいくらいである。

おそらく、本書はその内容のあいまい性から恩恵を受けてきた（公民権運動において、人種隔離された食堂での座り込みは非常に大きな関心を引き起こした。それは、計画されたものであると同時に「自然発生的なもの」だった［というあいまいさがあったために、多くの人の関心を惹きつけた］からだろう）。本書はまじめな本なのか、それとも単にオースティンの名を利用しただけのものなのか？　オースティンを称賛するものなのか、それとも見下すようなものなのか？　ジェイン・オースティンをゲーム理論家だと呼ぶことは自明のことなのか、それとも突飛な考えなのか？　堅い話か柔らかい話か、数学か人文科学か、男性向きか女性向きかといった本質的な区別はあいまいにされている。本書のタイトル自体が、ほとんど疑問符を伴ったものなのである。

本書はまた、出版されるタイミングにも恵まれた。二〇一三年は『高慢と偏見』出版二〇〇周年記念の年であり［ちなみに、本訳書はジェイン・オースティン没後二〇〇周年に刊行される］、例えば、映画『オースティン・ランド　恋するテーマパーク』（Crowley 2013）の公開やイングランド銀行が一〇ポンド札にオースティンの肖像を採用したこと（Sidwell 2013）に合わせて、本書はオースティンや「オースティン・マニア」に関する議論に取り上げられた。

オースティン・マニアに関する分析は数多く存在するが、反オースティン的なバックラッシュについてはそれほど多くないようである。コラムニストのジョエル・スタイン（Stein 2013）はこう考えている。「私がジェイン・オースティンのことを嫌いなのは、おそらく、彼女の作品のためでもなく、女々しい男性キャラクターのためでもなく、女性たちが実際にどのようなことを考えているのかを知りたくないためなのである、と思う」。英国の紙幣に女王以外の女性を選び続けることを訴えるキャロライン・クリアド－ペレス（Criado-Perez 2013）のキャンペーン活動の後、オースティンの肖像が選ばれると、彼女と労働党議員ステラ・クリーシーを含むそのサポーターたちは、数百にも上る死やレイプを示唆する脅迫を受けた。一部の人々は、どうして無関心ではなくて、敵意を持ってこのような応答をするだろうか？　私は、スティーヴン・ソンドハイムとジェームス・ラパインのミュージカル『パッション』のことを思い出した。このミュージカルでは、ひたむきな心を持ち、病に冒されている醜いフォスカが、ハンサムなジョルジオを誘惑し続けるのである。一九九四年のブロードウェイにおけるプレミア公演は、しばしば神経質な忍び笑いや冷笑の的になった。「このミュージカルはある意味、人々の心の均衡を本当に崩してしまったらしいのだ」（Sondheim, Lapine, Murphy, Shea, Mazzie, and Weitzman 2003）。おそらく、二〇一三年現在においてさえ、自分が欲しいものをどうやって手に入れるべきかを把握しているような女性は、ある種の人々にとっては恐ろしい脅威に思えるのだろう。

読者の中には、引用すべき関連研究を親切にも教えてくれた人々がいた。ヘルドマン（Heldman 1993）は、『説得』において、クロフト提督夫妻が意識的にアン・エリオットとウェントワース大佐とを結び付けようとしていたことを全面的に論じている。ダムストラ（Damstra 2000）は、シャーロット・ルーカスが『高慢と偏見』における代表的な戦略家であり、エリザベス・ベネットとダーシー氏との結婚を密かに企んでいることを見抜いている。ボーマン－カラーヤ（Bohman-Kalaja 2007）は文学におけるゲーム・プレーの美学を探求しており、ガヘス（Gaches 2012）は、『高慢と偏見』を一連の競争的なゲームとして理解している。キースリンク（Kiesling 2012）は、アダム・スミスの共感に関する分析が、脳科学における最近の結果にも反映されていることを見出している。ボイド（Boyd 1998, 2009）とスヴィルスキ（Swirski 2007）は、進化理論とゲーム理論の両方を文学に適用している。

私は最近、初めて出版した本の刊行一二年後に出た新しいペーパーバック版（Chwe 2013）のためにあとがきを書いた。本書についても、一二年後にそのような機会に恵まれるほどに自分が幸運であることを願っている。またおそらく、新しい世代の人々は、無限の多様性の中で成長し、新しい、そしてもっと素晴らしいマッシュアップを生み出すことだろう。私はそうした未来を待ち焦がれている。

訳者あとがき

本書は、*Jane Austen, Game Theorist*, Princeton University Press, 2013の全訳である。また、二〇一四年に刊行されたペーパーバック版へのあとがきも収録してある。また、この日本語版では、オースティン作品になじみの薄い読者の便宜を図って、各作品の主要な登場人物の関係を示した人物相関図と、漫画家・蒲生総氏によるイラストが新たに付け加えられている。

著者のマイケル・S-Y・チェ*は、二〇〇七年にノーベル経済学賞を受賞した著名なゲーム理論家ロジャー・マイヤーソンの指導の下、ノースウェスタン大学で経済学博士の学位を取得、現在はカリフォルニア大学ロサンゼルス校の教授を務めている。

その研究は、コーディネーション問題やコミュニケーションが協調に果たす役割などの理論研究が中心であり、その成果の一部はすでに邦訳されている*Rational Ritual*(『儀式は何の役に立つのか――ゲーム理論のレッスン』新曜社、二〇〇三年)に多くの事例を通じてわかりやすく解説されている。チェ教授自身は自からを政治学者と規定しており、本書でも前著でも政治的な事件に関するゲーム理論による分析が多く取り入れられている。

さて、本書は、イギリスを代表する作家ジェイン・オースティンの作品を主として取り上げ、それをゲーム理論によって分析することにとどまらず、逆にオースティンからゲーム理論の極意を学ぼうとさえするものである。事実、本書の随所で、オースティンの戦略的思考に関する「分析」は、現代のゲーム理論の先を行っていることが指摘されている。

ゲーム理論は二〇世紀の初めに数学者のジョン・フォン・ノイマンによって生み出された新しい数理科学である。それは、ポーカーのような遊戯ゲームに始まり、企業間の競争と提携、さらには国際間の対立と協調に至るまでの、戦略的な駆け引きを理論的にモデル化するものである。

ゲーム理論はその初期の時代においては、ランド研究所に集う数学者らによって軍事戦略への応用を期待されて研究が進んだが、その有効性を最も理解したのは経済学者たちであった。それは、フォン・ノイマンによるゲーム理論に関する最初のテキストが、経済学者のオスカー・モルゲンシュテルンとの共著『ゲームの理論と経済行動』であることからもうかがえる。特に、一九八〇年代以降、ゲーム理論は経済学の分析道具として欠くことのできないものとなった。

政治学をはじめとする他の人文・社会科学については、本書の最初の章でチェ教授自身が詳しく述べているように、ゲーム理論が前提とする合理的選択理論への嫌悪感のためもあって、その浸透はかなり遅れた。もちろん、『紛争の戦略』(原著一九六〇)を著した政治学者トーマス・シェリングが二〇〇五年にノーベル経済学賞を受賞したことからも明らかなとおり、政治学や心理学の分野で先駆的な成果を上げていた研究者たちももちろん存在した。

現在では、ゲーム理論は人文・社会科学にとどまらず、情報科学や生物学、はては物理学の研究に至るまで応用されており、学問分野を横断する科学の共通言語になりつつある。

チェ教授が著した本書は、このゲーム理論の考え方を、ジェイン・オースティンの作品を中心に、シェイクスピアやアフリカ系アメリカ人文学、童話・民話、それに公民権運動やアメリカ軍によるベトナム・イラクへの武力侵攻といった政治的事件を読み解いていくという形でわかりやすく紹介しようとするものである。

また、オースティン作品になじみがない読者のためにそのあらすじが要約されているほか、本書全体にはふんだんにオースティン作品からの引用があるので、きっと読者は本書の読了後、オースティン作品そのものを手に取りたくなるに違いない。ちなみに、本訳書が出版される二〇一七年は、ジェイン・オースティン没後二〇〇周年という記念すべき年である。

---

* 名前の発音表記について著者に直接尋ねたところ、「チェスのチェ」だと教えてくれた。http://www.polisci.ucla.edu/people/michael-chweも参照のこと。

さて、こうした作品分析を通じてオースティンは、自分自身の意思で決定を行う女性に最高の価値を認めており、その意思決定を成功に導くためには、他人の考えを先読みし、それを戦略的駆け引きに活用する「洞察力」や「察しの良さ」が不可欠であることを、数学的なモデルではなく、恋愛や結婚を成功に導こうとするヒロインたちの物語を通じて体系的に提示したのだ、というのがチェ教授の主張である。

もちろん、ときには「察しが悪い」ことが人間関係を円満に収めていく上で重要なこともある。鋭い戦略的技巧も使うタイミングを間違えば失敗に終わることを、『エマ』のヒロインであるエマを通じてオースティンは指摘することを忘れてはいない。また、感情や社会的規範が意思決定に及ぼす影響など、現代の行動経済学にもつながる考え方でさえ見て取ることができる。このように、合理的選択理論を超える考え方までもが、すでにオースティン作品には見られるのだ、ということが本書の随所で指摘されている。

「察しの悪さ」はcluelessnessという言葉に対して訳者が知恵を絞って考えた訳語である。この他にもなかなか訳しにくい部分があったし、また、アフリカ系アメリカ人文学ではスラングの意味を取るのに苦労した。既訳がある場合はそれらを参考にさせてもらった部分もあることをお断わりしておく。とりわけ引用箇所の多いオースティン作品については、ちくま文庫の訳文の全面的使用を許諾していただいた中野康司先生に感謝を申し上げたい。

「察しの悪さ」は本書のキーワードの一つであるが、チェ教授は本書の随所で、心理学者サイモン・バロン＝コーエンらが唱える「心の理論」仮説の立場から自閉症スペクトラムと「察しの悪さ」との関係を論じている。「心の理論」自体は広く受け入れられた仮説であるが、オースティン作品などに登場する「察しの悪い」人物を「自閉症的」と断定する部分については、違和感を抱く部分がなかったわけではない。

訳者は以前、同じく政治学者のスティーブン・ブラムス教授の『旧約聖書のゲーム理論』(東洋経済新報社)を翻訳したことがある(本書にも引用されている)。こうした文学作品をゲーム理論によって分析することの利点は、チェ教授も強調しているように、「もしあのときこうしていれば……」という仮想現実的な決定の結末を合理的に予測できることである。このように、ゲーム理論は文学を科学的に取り扱う手法の一つとして考えることができるだろう。本書を通じて、読者の皆さんがゲーム理論を文学の研究や、さらにはご自身の恋愛や結婚に応用してみようという気持ちになっていただければ、訳者としてはうれしい限りである。また、本書と合わせてポール・オイヤー『オンラインデートで学ぶ経済学』（NTT出版）を読んでいただくと、ゲーム理論についてさらに理解を深めることができるだろう。

最後に、本書の企画を喜んで引き受けていただいたNTT出版の永田透氏、永田氏の退職後に編集の仕事を引き継ぎ、丁寧に訳文をみてくださった水木康文氏、ならびにスムーズな引き継ぎをサポートしてくださった柴俊一氏に、感謝を捧げたいと思う。

川越敏司

二〇一七年一〇月

索引

さ行

た行

な行

は行

ま行

や行

ら行

わ行

文献表

Abbott, Andrew. 2004. *Methods of Discovery: Heuristics for the Social Sciences.* New York: W. W. Norton.

Abella, Alex. 2008. *Soldiers of Reason: The RAND Corporation and the Rise of the American Empire.* Boston and New York: Houghton Mifflin Harcourt.（『ランド　世界を支配した研究所』アレックス・アベラ著／牧野洋訳，文藝春秋，2008/2011 年）

Abelson, Robert P. 1996. "The Secret Existence of Expressive Behavior." In *The Rational Choice Controversy: Economic Models of Politics Reconsidered,* Jeffrey Friedman, editor. New Haven: Yale University Press.

Ainslie, George. 1992. *Picoeconomics: The Strategic Interaction of Successive Motivational States within the Person.* Cambridge: Cambridge University Press.

Amadae, S. M. 2003. *Rationalizing Capitalist Democracy: The Cold War Origins of Rational Choice Liberalism.* Chicago: University of Chicago Press.

Ames, Daniel L., Adrianna C. Jenkins, Mahzarin R. Banaji, and Jason P. Mitchell. 2008. "Taking Another Person's Perspective Increases Self-Referential Neural Processing." *Psychological Science* 19: 642–44.

Anderson, Elizabeth. 1997. "Practical Reason and Incommensurable Goods." In *Incommensurability, Incomparability, and Practical Reason,* Ruth Chang, editor. Cambridge: Harvard University Press.

Archer, Margaret S. 2000. "*Homo economicus, Homo sociologicus,* and *Homosentiens.*" In *Rational Choice Theory: Resisting Colonization,* Margaret S. Archer and Jonathan Q. Tritter, editors. London: Routledge.

Archer, Margaret S., and Jonathan Q. Tritter, editors. 2000. *Rational Choice Theory: Resisting Colonization.* London: Routledge.

Arnold, F. T. 1931 [1965]. *The Art of Accompaniment from a Thorough-Bass as Practiced in the XVIIth and XVIIIth Centuries.* Mineola, N. Y.: Dover.

Aumann, Robert J., and Michael Maschler. 1985. "Game Theoretic Analysis of a Bankruptcy Problem from the Talmud." *Journal of Economic Theory* 36: 195–213.

Austen, Jane. 2011. *Sense and Sensibility.* Adopted by Nancy Butler and Sonny Liew. New York: Marvel Worldwide.

———. 1811 [2006]. *Sense & Sensibility.* Edward Copeland, editor. Cambridge: Cambridge University Press.（『分別と多感』ジェイン・オースティン／中野康司訳，ちくま文庫，2007 年ほか）

———. 1813 [2006]. *Pride and Prejudice.* Pat Rogers, editor. Cambridge: Cambridge University Press.（『高慢と偏見』上・下，ジェイン・オースティン／中野康司訳，ちくま文庫，2003 年ほか）

———. 1814 [2005]. *Mansfield Park.* John Wiltshire, editor. Cambridge: Cambridge University Press.（『マンスフィールド・パーク』ジェイン・オースティン／中野康司訳，ちくま文庫，2010年ほか）

———. 1816 [2005]. *Emma.* Richard Cronin and Dorothy McMillan, editors. Cambridge: Cambridge University Press.（『エマ』上・下，ジェイン・オースティン／中野康司訳，ちくま文庫，2005年ほか）

———. 1817 [2006]. *Northanger Abbey.* Barbara M. Benedict and Deirdre Le Faye, editors. Cambridge: Cambridge University Press.（『ノーサンガー・アビー』ジェイン・オースティン／中野康司訳，ちくま文庫，2009年ほか）

———. 1817 [2006]. *Persuasion.* Janet Todd and Antje Blank, editors. Cambridge: Cambridge University Press.（『説得』ジェイン・オースティン／中野康司訳，ちくま文庫，2008年ほか）

Austin, J. L. 1975. *How to Do Things with Words.* Second edition. J. O. Urmson and Marina Sbisà, editors. Cambridge: Harvard University Press.（『言語と行為』J.L. オースティン／坂本百大訳，大修館書店，1989年）

Bailey, Mel. 1985. "Interview with Sheriff Mel Bailey." Conducted by Blackside, Inc., on November 2, 1985, for *Eyes on the Prize: America's Civil Rights Years (1954–1965).* Washington University Libraries, Film and Media Archive, Henry Hampton Collection. http://digital.wustl.edu/e/eop/browse.html.

Baker, Jed. 2001. *The Autism Social Skills Picture Book: Teaching Communication, Play and Emotion.* Arlington, Texas: Future Horizons.

Bancroft, Lundy. 2002. *Why Does He Do That? Inside the Minds of Angry and Controlling Men.* New York: Berkley Books.

Baron, Jonathan. 2008. *Thinking and Deciding.* Fourth edition. Cambridge: Cambridge University Press.

Baron-Cohen, Simon. 1997. *Mindblindness: An Essay on Autism and Theory of Mind.* Cambridge: MIT Press.（『自閉症とマインド・ブラインドネス』サイモン・バロン＝コーエン／長野敬，長畑正道，今野義孝訳，青土社，1997/2002年）

Baron-Cohen, Simon. 2002. "The Extreme Male Brain Theory of Autism." *Trends in Cognitive Sciences* 6: 248–54.

Baron-Cohen, Simon, Therese Jolliffe, Catherine Mortimore, and Mary Robertson. 1997. "Another Advanced Test of Theory of Mind: Evidence From Very High Functioning Adults with Autism or Asperger Syndrome." *Journal of Child Psychology and Psychiatry* 38: 813–22.

Baron-Cohen, Simon, Alan M. Leslie, and Uta Frith. 1985. "Does the Autistic Child Have a 'Theory of Mind'?" *Cognition* 21: 37–46.

Beeger, Sander, Bertram F. Malle, Mante S. Nieuwland, and Boaz Keysar. 2010. "Using Theory of Mind to Represent and Take Part in Social Interactions: Comparing Individuals with High-functioning Autism and Typically Developing Controls." *European Journal of Developmental Psychology* 7: 104–22.

Belenky, Mary Field, Blythe McVicker Clinchy, Nancy Rule Goldberger, and Jill Mattuck Tarule. 1986. *Women's Ways of Knowing: The Development of Self, Voice, and Mind.* New York: Basic Books.

Bender, John. 1987. *Imagining the Penitentiary: Fiction and the Architecture of Mind in Eighteenth-Century England.* Chicago: University of Chicago Press.

———. 2012. "Rational Choice in Love: *Les Liaisons dangereuses.*" In *Ends of Enlightenment,* by John

Bender. Stanford: Stanford University Press.

Benhabib, Jess, and Alberto Bisin. 2005. "Modeling Internal Commitment Mechanisms and Self-Control: A Neuroeconomics Approach to Consumption- Saving Decisions." *Games and Economic Behavior* 52: 460–92.

Bevel, James. 1985. "Interview with James Bevel." Conducted by Blackside, Inc., on November 13, 1985, for *Eyes on the Prize: America's Civil Rights Years (1954–1965).* Washington University Libraries, Film and Media Archive, Henry Hampton Collection. http://digital.wustl.edu/e/eop/browse.html.

Bhatt, Meghana, and Colin F. Camerer. 2005. "Self-Referential Thinking and Equilibrium as States of Mind in Games: fMRI Evidence." *Games and Economic Behavior* 52: 424–59.

Binmore, Ken. 2007. *Playing for Real: A Text on Game Theory.* Oxford: Oxford University Press.

Blight, James G., and janet M. Lang. 2005. *The Fog of War: Lessons from the Life of Robert S. McNamara.* Lanham, Md.: Rowman & Littlefield.

Bloom, Paul, and Tim P. German. 2000. "Two Reasons to Abandon the False Belief Task as a Test of Theory of Mind." *Cognition* 77: B25–B31.

Bohman-Kalaja, Kimberly. 2007. *Reading Games : An Aesthetics of Play in Flann O'Brien, Samuel Beckett and Georges Perec.* Dalkey Archive Press, 2007.

Botkin, B. A., editor. 1945. *Lay My Burden Down: A Folk History of Slavery.* Chicago: University of Chicago Press.

Bourdieu, Pierre, and Loïc J. D. Wacquant. 1992. *An Invitation to Reflexive Sociology.* Chicago: University of Chicago Press.

Boyd, Brian. 1998. "Jane, Meet Charles: Literature, Evolution, and Human Nature," *Philospby and Literature* 22: 1-30.

Boyd, Brian. 2009. *On the Origin of Stories: Evolution, Cognition, and Fiction.* Cambridge: Belknap Press.

Brams, Steven J. 1994. "Game Theory and Literature." *Games and Economic Behavior* 6: 32–54.

Brams, Steven J. 2002. *Biblical Games: Game Theory and the Hebrew Bible.* Cambridge: MIT Press. (『旧約聖書のゲーム理論――ゲーム・プレーヤーとしての神』スティーブン・J. ブラムス／川越敏司訳，東洋経済新報社，2006 年)

———. 2011. *Game Theory and the Humanities: Bridging Two Worlds.* Cambridge: MIT Press.

Branch, Taylor. 1988. *Parting the Waters: America in the King Years, 1954–1963.* New York: Simon & Schuster.

Bray, Joe. 2007. "The 'Dual Voice' of Free Indirect Discourse: A Reading Experiment." *Language and Literature* 16: 37–52.

Bremer, L. Paul. 2004. Police Academy Commencement Speech. Baghdad, April 1. http://govinfo.library.unt.edu/cpa-iraq/transcripts/20040401_bremer_police.html.

Brownstein, Rachel M. 1997. "*Northanger Abbey, Sense and Sensibility, Pride and Prejudice.*" In *The Cambridge Companion to Jane Austen,* Edward Copeland and Juliet McMaster, editors. Cambridge: Cambridge University Press.

Butte, George. 2004. *I Know That You Know That I Know: Narrating Subjects from Moll Flanders to Marnie.* Columbus, Ohio: Ohio State University Press.

Calhoun, Craig. 2001. "A Structural Approach to Social Movement Emotions." In *Passionate Politics: Emotions and Social Movements,* Jeff Goodwin, James M. Jasper, and Francesca Polletta, editors.

Chicago: University of Chicago Press.
Camic, Charles. 1986. "The Matter of Habit." *American Journal of Sociology* 91: 1039–87.
Cassidy, Kimberly Wright, Deborah Shaw Fineberg, Kimberly Brown, and Alexis Perkins. 2005. "Theory of Mind May Be Contagious, but You Don't Catch It from Your Twin." *Child Development* 76: 97–106.
Chandrasekaran, Rajiv. 2004. "Key General Criticizes April Attack in Fallujah: Abrupt Withdrawal Called Vacillation." *Washington Post*, September 13.
Chrissochoidis, Ilias, Heike Harmgart, Steffen Huck, and Wieland Müller. 2010. " 'Though this be madness, yet there is method in't.' A Counterfactual Analysis of Richard Wagner's *Tannhäuser.*" Working paper, University College London.
Chrissochoidis, Ilias, and Steffen Huck. 2011. "Elsa's Reason: On Beliefs and Motives in Richard Wagner's *Lohengrin.*" *Cambridge Opera Journal* 22: 65–91.
Christensen, Thomas. 2010. "Thoroughbass as Music Theory." In *Partimento and Continuo Playing in Theory and Practice,* Dirk Moelants, editor. Leuven: Leuven University Press.
Chwe, Michael Suk-Young. 1990. "Why Were Workers Whipped? Pain in a Principal-Agent Model." *Economic Journal* 100: 1109–21.
———. 2001. *Rational Ritual: Culture, Coordination, and Common Knowledge.* Princeton: Princeton University Press. New paperback edition, 2013.（『儀式は何の役に立つか――ゲーム理論のレッスン』マイケル・S-Y. チウェ／安田雪訳，新曜社，2003 年）
———. 2009. "Rational Choice and the Humanities: Excerpts and Folktales." *Occasion: Interdisciplinary Studies in the Humanities* 1 (October 15). http://arcade.stanford.edu/journals/occasion/.
Ciezadlo, Annia. 2005. "What Iraq's Checkpoints Are Like." *Christian Science Monitor,* March 7.
Cloud, John. 2009. "Why Exercise Won't Make You Thin." *Time,* August 9.
Cohen, Marlene J., and Donna L. Sloan. 2007. *Visual Supports for People with Autism: A Guide for Parents and Professionals.* Bethesda, Md.: Woodbine House.
Conan Doyle, Arthur. 1893 [2005]. "The Final Problem." In *The New Annotated Sherlock Holmes,* volume 1. Leslie S. Klinger, editor. New York: W. W. Norton.（『名探偵ホームズ 最後の事件』コナン・ドイル／日暮まさみち訳，講談社，2011 年ほか）
Cosmides, Leda, and John Tooby. 1994. "Beyond Intuition and Instinct Blindness: Toward an Evolutionarily Rigorous Cognitive Science." *Cognition* 50: 41–77.
Costa-Gomes, Miguel A., and Georg Weizsäcker. 2008. "Stated Beliefs and Play in Normal-Form Games." *Review of Economic Studies* 75: 729–62.
Cowen, Tyler. 2005. "Is a Novel a Model?" Working paper, Department of Economics, George Mason University.
———. 2009. *Create Your Own Economy: The Path to Prosperity in a Disordered World.* New York: Dutton.（『フレーミング――「自分の経済学」で幸福を切りとる』 タイラー・コーエン著／久保恵美子訳，日経 BP 社，2011 年）
Cramer, Christopher. 2002. "*Homo Economicus* Goes to War: Methodological Individualism, Rational Choice and the Political Economy of War." *World Development* 30: 1845–64.
Crawford, Vincent P., Miguel A. Costa-Gomes, and Nagore Iriberri. 2010. "Strategic Thinking." Working paper, Department of Economics, University of Oxford.

Criado-Perez, Caroline. 2013. "Diary: Internet Trolls, Twitter Rape Threats and Putting Jane Austen on Our Banknotes." New Statesman, August 7.

Crick, Nicki R., and Jennifer K. Grotpeter. 1995. "Relational Aggression, Gender, and Social-Psychological Adjustment." *Child Development* 66: 710–22.

Crosby, Alfred W. 1997. *The Measure of Reality: Quantification and Western Society, 1250–1600.* Cambridge: Cambridge University Press.（『数量化革命――ヨーロッパ覇権をもたらした世界観の誕生』アルフレッド・W. クロスビー／小沢千重子訳，紀伊国屋書店，2003 年）

Crowley, Evelyn. 2013. "Keri Russell Atars in *Austenland*—Plus, a look at Eight Other Jane Austen–Inspired Hits." Vogue.com, Augusut 9.

Cziko, Gary A. 1989. "Unpredictability and Indeterminism in Human Behavior: Arguments and Implications for Educational Research." *Educational Researcher* 18: 17–25.

Damstra, K. St. John. 2000. "The Case Against Charlotte Lucas." *Women's Writing* 7: 165-174.

Daston, Lorraine. 2004. "Whither *Critical Inquiry?*" *Critical Inquiry* 30: 361–64.

Deloche, Régis, and Fabienne Oguer. 2006. "Game Theory and Poe's Detective Stories and Life." *Eastern Economic Journal* 32: 97–110.

De Ley, Herbert. 1988. "The Name of the Game: Applying Game Theory in Literature." *SubStance* 17: 33–46.

Devine, James G. 2006. "Psychological Autism, Institutional Autism, and Economics." In *Real World Economics: A Post-Autistic Economics Reader*. Edward Fullbrook, editor. London: Anthem Press.

Dijk, Corine, Peter J. de Jong, and Madelon L. Peters. 2009. "The Remedial Value of Blushing in the Context of Transgressions and Mishaps." *Emotion* 9: 287–91.

Dimand, Mary Ann, and Robert W. Dimand. 1996. *A History of Game Theory, Volume 1: From the Beginnings to 1945.* London and New York: Routledge.

Dixit, Avinash K. 2005. "Restoring Fun to Game Theory." *Journal of Economic Education* 36: 205–19.

Dixit, Avinash K., and Barry Nalebuff. 2008. *The Art of Strategy: A Game Theorist's Guide To Success in Business and Life.* New York: W. W. Norton.（『戦略的思考をどう実践するか――エール大学式「ゲーム理論」の活用法』アビナッシュ・ディキシット，バリー・ネイルバフ著／嶋津祐一，池村千秋訳，阪急コミュニケーションズ，2010 年）

Doody, Margaret Anne. 1988. *Frances Burney: The Life in the Works.* New Brunswick, New Jersey: Rutgers University Press.

Draper, Robert. 2007. *Dead Certain: The Presidency of George W. Bush.* New York: Free Press.

Dreiser, Theodore. 1900 [1981]. *Sister Carrie.* New York: Penguin Books.（『シスター・キャリー』上・下，シオドア・ドライサー／村山淳彦訳，岩波書店，1997 年）

Drezner, Daniel. 2007. "The Strategic Thought of George W. Bush." http://www.danieldrezner.com/archives/003479.html.

DuBois, W.E.B. 1935 [1998]. *Black Reconstruction in America.* New York: Free Press.

Duckworth, Alastair M. 1975. " 'Spillikins, paper ships, riddles, conundrums, and cards': Games in Jane Austen's Life and Fiction." In *Jane Austen: Bicentenary Essays,* John Halperin, editor. Cambridge: Cambridge University Press.

Duesenberry, James S. 1960. "Comment." In *Demographic and Economic Change in Developed Countries,* National Bureau of Economic Research. Princeton: Princeton University Press.

Edwards, Jr., Thomas R. 1965. "The Difficult Beauty of Mansfield Park." *Nineteenth-Century Fiction* 20: 51–67.

Eliaz, Kfir, and Ariel Rubinstein. 2011. "Edgar Allan Poe's Riddle: Framing Effects in Repeated Matching Pennies Games." *Games and Economic Behavior* 71: 88–99.

Elster, Jon. 1983. *Sour Grapes: Studies in the Subversion of Rationality.* Cambridge: Cambridge University Press.

———. 1999. *Alchemies of the Mind: Rationality and the Emotions.* Cambridge: Cambridge University Press.

———. 2007. *Explaining Social Behavior: More Nuts and Bolts for the Social Sciences.* Cambridge: Cambridge University Press.

England, Paula, and Barbara Stanek Kilbourne. 1990. "Feminist Critiques of the Separative Model of Self: Implications for Rational Choice Theory." *Rationality and Society* 2: 156–71.

Epley, Nicholas, Carey K. Morewedge, and Boaz Keysar. 2004. "Perspective Taking in Children and Adults: Equivalent Egocentrism but Differential Correction." *Journal of Experimental Social Psychology* 40: 760–68.

Evans-Campbell, Teresa, Karen I. Fredriksen-Goldsen, Karina L. Walters, and Antony Stately. 2007. "Caregiving Experiences among American Indian Two-Spirit Men and Women: Contemporary and Historical Roles." *Journal of Gay and Lesbian Social Services* 18: 75–92.

Ferguson Bottomer, Phyllis. 2007. *So Odd a Mixture: Along the Autistic Spectrum in 'Pride and Prejudice.'* London: Jessica Kingsley.

Finch, Casey, and Peter Bowen. 1990. " 'The Tittle-Tattle of Highbury': Gossip and the Free Indirect Style in *Emma.*" *Representations* 31: 1–18.

Fleischman, Sid. 1963 [1988]. *By the Great Horn Spoon!* New York: Little, Brown.

Fourcade, Marion. 2009. *Economists and Societies: Discipline and Profession in the United States, Britain, and France, 1890s to 1990s.* Princeton: Princeton University Press.

Frank, Robert H. 1988. *Passions within Reason: The Strategic Role of the Emotions.* New York: Norton. (『オデッセウスの鎖――適応プログラムとしての感情』ロバート・H. フランク／山岸俊男監訳，サイエンス社，1995 年)

———. 2004. *What Price the Moral High Ground? Ethical Dilemmas in Competitive Environments.* Princeton: Princeton University Press.

Friedman, Daniel, Kai Pommerenke, Rajan Lukose, Garrett Milam, and Bernardo A. Huberman. 2007. "Searching for the Sunk Cost Fallacy." *Experimental Economics* 10: 79–104.

Friedman, Jeffrey, editor. 1996. *The Rational Choice Controversy: Economic Models of Politics Reconsidered.* New Haven: Yale University Press.

Fudenberg, Drew, and David K. Levine. 2006. "A Dual-Self Model of Impulse Control." *American Economic Review* 96: 1449–76.

Gaches, Sheri. 2012. "Whist, Quadrilles, and Social Hierarchy: *Pride and Prejudice* as a Game." Master's thesis, University of Central Oklahoma.

Galinsky, Adam D., Joe C. Magee, M. Ena Inesi, and Deborah H. Gruenfeld. 2006. "Power and Perspectives Not Taken." *Psychological Science* 17: 1068–74.

Gallagher, Catherine. 2006. *The Body Economic: Life, Death, and Sensation in Political Economy and the*

Victorian Novel. Princeton: Princeton University Press.

Gernsbacher, Morton Ann, and Jennifer L. Frymiare. 2005. "Does the Autistic Brain Lack Core Modules?" *Journal of Developmental and Learning Disorders* 9: 3–16.

Gettleman, Jefferey. 2004. "Enraged Mob in Falluja Kills 4 American Contractors." *New York Times,* March 31.

Gilley, Brian Joseph. 2006. *Becoming Two-Spirit: Gay Identity and Social Acceptance in Indian Country.* Lincoln: University of Nebraska Press.

Goffman, Erving. 1961. *Encounters: Two Studies in the Sociology of Interaction.* Indianapolis: Bobbs-Merrill.（『ゴッフマンの社会学 2　出会い：相互行為の社会学』E. ゴッフマン，佐藤毅，折橋徹彦訳，誠信書房，1985 年）

———. 1969. *Strategic Interaction.* Philadelphia: University of Pennsylvania Press.

Goodwin, Jeff, James M. Jasper, and Francesca Polletta, editors. 2001. *Passionate Politics: Emotions and Social Movements.* Chicago: University of Chicago Press.

Gordon, Linda. 1988. *Heroes of Their Own Lives: The Politics and History of Family Violence: Boston, 1880–1960.* New York: Viking.

Grandin, Temple. 2008. *The Way I See It: A Personal Look at Autism and Asperger's.* Arlington, Texas: Future Horizons.（『自閉症感覚――かくれた能力を引きだす方法』テンプル・グランディン／中尾ゆかり訳，日本放送出版協会，2010 年）

Grandin, Temple, and Catherine Johnson. 2005. *Animals in Translation: Using the Mysteries of Autism to Decode Animal Behavior.* New York: Scribner.（『動物感覚：アニマル・マインドを読み解く』テンプル・グランディン，キャサリン・ジョンソン／中尾ゆかり訳，日本放送出版協会，2006 年）

Granovetter, Mark. 1990. "The Old and the New Economic Sociology: A History and an Agenda." In *Beyond the Marketplace: Rethinking Economy and Society,* Roger Friedland and A. F. Robertson, editors. New York: Aldine de Gruyter.

Gray, Carol. 1994. *Comic Strip Conversations.* Arlington, Texas: Future Horizons.（『コミック会話／自閉症など発達障害のある子どものためのコミュニケーション支援法』キャロル・グレイ／門眞一郎訳，明石書店，2005 年）

Gray, Kurt, Adrianna C. Jenkins, Andrea S. Heberlein, and Daniel M. Wegner. 2011. "Distortions of Mind Perception in Psychopathology." *Proceedings of the National Academy of Sciences* 108: 477–79.

Halsey, Katie. 2006. "The Blush of Modesty or the Blush of Shame? Reading Jane Austen's Blushes." *Forum for Modern Language Studies* 42: 226–38.

Hamilton, Virginia. 1985. *The People Could Fly: American Black Folktales.* Leo and Diane Dillon, illustrators. New York: Alfred A. Knopf.（『人間だって空を飛べる』ヴァージニア・ハミルトン語り・編／金関寿夫訳／ディロン夫妻画，福音館書店，2002 年）

Hammerstein II, Oscar. 1942. *Oklahoma!.* New York: Williamson Music.

Harmgart, Heike, Steffen Huck, and Wieland Müller. 2009. "The Miracle as a Randomization Device: A Lesson from Richard Wagner's Romantic Opera *Tannhäuser und der Sängerkrieg auf Wartberg.*" *Economics Letters* 102: 33–35.

Hargreaves Heap, Shaun P., and Yanis Varoufakis. 2004. *Game Theory, Second Edition: A Critical Text.* London: Routledge.（『ゲーム理論「批判的入門」』S.P. ハーグリーブズ・ヒープ，ヤニ

ス・ファロファキス／荻沼隆訳，多賀，1998 年）
Hart, William, Dolores Albarracín, Alice H. Eagly, Inge Brechan, Matthew J. Lindberg, and Lisa Merrill. 2009. "Feeling Validated Versus Being Correct: A Meta-Analysis of Selective Exposure to Information." *Psychological Bulletin* 135: 555–88.
Heckerling, Amy, director. 1995. *Clueless*. Paramount Pictures.（映画『クルーレス』エイミー・ヘッカリング脚本・監督，パラマウント，1995 年／日本公開同年）
Heckerling, Amy. 2009. "The Girls Who Don't Say 'Whoo!' " In *A Truth Universally Acknowledged: 33 Great Writers on Why We Read Jane Austen,* Susannah Carson, editor. New York: Random House.
Hein, Jeanne. 1993. "Portuguese Communication with Africans on the Searoute to India." *Terrae Incognitae* 25: 41–52.
Heldman, James. 1993. "The Crofts and the Art of Suggestion in *Persuasion*: A Speculation." *Persuasions* 15: 46-52.
Hernandez, Raymond. 2005. "Democrats Demand Rove Apologize for 9/11 Remarks." *New York Times,* June 23.
Hess, Pamela. 2004. "Fallujah Battle Not Military's Choice." United Press International, September 13.
Hirschfeld, Lawrence, Elizabeth Bartmess, Sarah White, and Uta Frith. 2007. "Can Autistic Children Predict Behavior by Social Stereotypes?" *Current Biology* 17: R451–R452.
Hodgson, Geoffrey M. 2010. "Choice, Habit and Evolution." *Journal of Evolutionary Economics* 20: 1–18.
Hubbard, Howard. 1968. "Five Long Hot Summers and How They Grew." *Public Interest* 12: 3–24.
Hynes, William J., and William G. Doty, editors. 1993. *Mythical Trickster Figures: Contours, Contexts, and Criticisms.* Tuscaloosa: University of Alabama Press.
Ingrao, Bruna. 2001. "Economic Life in Nineteenth-Century Novels: What Economists Might Learn From Literature." In *Economics and Interdisciplinary Exchange,* Guido Erreygers, editor. London: Routledge.
Jevons, W. Stanley. 1871. *The Theory of Political Economy.* London and New York: Macmillan.（『経済学の理論』ジェヴォンズ／小泉信三ほか訳／寺尾琢磨改訳，日本経済評論社，1981 年）
Johnson, Claudia L. 1988. *Jane Austen: Women, Politics, and the Novel.* Chicago: University of Chicago Press.
Jones, Charles C., Jr. 1888 [1969]. *Negro Myths from the Georgia Coast, Told in the Vernacular.* Boston and New York: Houghton, Mifflin.
Kaminski, Marek M. 2004. *Games Prisoners Play: The Tragicomic Worlds of Polish Prison.* Princeton: Princeton University Press.
Kelley, Robin D. G. 1993. " 'We Are Not What We Seem': Rethinking Black Working-Class Opposition in the Jim Crow South." *Journal of American History* 80: 75–112.
Kennedy, Margaret. 1950. *Jane Austen.* Denver: Alan Swallow.
Keysar, Boaz, Shuhong Lin, and Dale J. Barr. 2003. "Limits on Theory of Mind Use in Adults." *Cognition* 89: 25–41.
Khawam, René R., translator. 1980. *The Subtle Ruse: The Book of Arabic Wisdom and Guile.* London: East-West Publications.（『策略の書』ルネ・R. カーワン編／小林茂訳，読売新聞社，1979 年）
Kiesling, L. Lynne. 2012. "Mirror Neutron Reserch and Adam Smith's Concept of Sympathy: Three Points of Correspondence." *Review of Austrian Economics* 25: 299-313.

Kimball, Jeffrey. 1998. *Nixon's Vietnam War.* Lawrence: University of Kansas Press.

Knox-Shaw, Peter. 2002. "Jane Austen's Nocturnal and Anne Finch." *English Language Notes* 39: 41–54.

———. 2004. *Jane Austen and the Enlightenment.* Cambridge: Cambridge University Press.

Kobayashi, Hiromi, and Shiro Kohshima. 2001. "Unique Morphology of the Human Eye and Its Adaptive Meaning: Comparative Studies on External Morphology of the Primate Eye." *Journal of Human Evolution* 40: 419–35.

Kraus, Michael W., Stéphane Côte, and Dacher Keltner. 2010. "Social Class, Contextualism, and Empathic Accuracy." *Psychological Science* 21: 1716–23.

Landay, Lori. 1998. *Madcaps, Screwballs, and Con Women: The Female Trickster in American Culture.* Philadelphia: University of Pennsylvania Press.

Lasker, Emanuel. 1907. *Struggle.* New York: Lasker's Publishing Company.

Leamer, Edward E. 2012. *The Craft of Economics: Lessons from the Heckscher–Ohlin Framework.* Cambridge: MIT Press.

Lebowitz, Michael A. 1988. "Is 'Analytical Marxism' Marxism?" *Science and Society* 52: 191–214.

Leeson, Robert, editor. 2000. *A.W.H. Phillips: Collected Works in Contemporary Perspective.* Cambridge: Cambridge University Press.

Legro, Jeffrey W. 1996. "Culture and Preferences in the International Cooperation Two-Step." *American Political Science Review* 90: 118–37.

Leonard, Robert J. 1995. "From Parlor Games to Social Science: von Neumann, Morgenstern, and the Creation of Game Theory 1928–1944." *Journal of Economic Literature* 33: 730–61.

———. 1997. "Value, Sign, and Social Structure: The 'Game' Metaphor and Modern Social Science." *European Journal of the History of Economic Thought* 4: 299–326.

———. 2010. *Von Neumann, Morgenstern, and the Creation of Game Theory.* Cambridge: Cambridge University Press.

Lévi-Strauss, Claude. 1963. *Structural Anthropology.* New York: Basic Books.（『構造人類学』クロード・レヴィ＝ストロース／荒川幾男ほか訳，みすず書房，1972 年）

Levine, Lawrence W. 1977. *Black Culture and Black Consciousness.* Oxford: Oxford University Press.

Levy, David M. 2001. *How the Dismal Science Got Its Name: Classical Economics and the Ur-Text of Racial Politics.* Ann Arbor: University of Michigan Press.

Lillard, Angeline. 1998. "Ethnopsychologies: Cultural Variations in Theory of Mind." *Psychological Bulletin* 123: 3–32.

Liu, Alan. 2004. "The Humanities: A Technical Profession." American Council of Learned Societies Occasional Paper no. 63. http://www.acls.org/op63.pdf.

Livingston, Paisley. 1991. *Literature and Rationality: Ideas of Agency in Theory and Fiction.* Cambridge: Cambridge University Press.

Loewenstein, George. 2000. "Emotions in Economic Theory and Economic Behavior." *American Economic Review,* Papers and Proceedings of the One Hundred Twelfth Annual Meeting of the American Economic Association, 90: 426–32.

MacKenzie, Donald. 2006. *An Engine, Not a Camera: How Financial Models Shape Markets.* Cambridge: MIT Press.

Marshall, George, director. 1939. *You Can't Cheat an Honest Man*. Universal Pictures.（映画『あきれ

たサーカス』ジョージ・マーシャル監督，ユニヴァーサル支社，1939年）
McAdam, Doug. 1983. "Tactical Innovation and the Pace of Insurgency." *American Sociological Review* 48: 735–54.
McFate, Montgomery. 2005. "The Military Utility of Understanding Adversary Culture." *Joint Force Quarterly,* Number 38, 42–48.
McKissack, Patricia C. 1986. *Flossie and the Fox.* Rachel Isadora, illustrator. New York: Dial Books for Young Readers.
Mellor, Anne K. 1993. *Romanticism and Gender.* New York: Routledge.
———. 2000. *Mothers of the Nation: Women's Political Writing in England, 1780–1830.* Bloomington: Indiana University Press.
Mill, John Stuart. 1848. *Principles of Political Economy: With Some of Their Applications to Social Philosophy.* Volume 1. London: John W. Parker.（『経済学原理』第1～第5，J.S. ミル／末永茂喜訳，岩波書店，1959～1963年ほか）
Mohn, Klaus. 2010. "Autism in Economics? A Second Opinion." *Forum for Social Economics* 39: 191–208.
Moler, Kenneth L. 1967. "The Bennet Girls and Adam Smith on Vanity and Pride." *Philological Quarterly* 46: 567–69.
Moore, Terence. 2010. "Peyton a Double Agent? Some Think So." *Fanhouse,* February 22. http://nfl.fanhouse.com/2010/02/22/peyton-a-double-agentsome-think-so/.
Morgan, Mary S. 2010. "Models, Stories and the Economic World." *Journal of Economic Methodology* 8: 361–84.
Morgenstern, Oskar. 1928. *Wirtschaftsprognose, Eine Untersuchung ihrer Voraussetzungen und Möglichkeiten.* Vienna: J. Springer.
Morgenstern, Oskar. 1935 [1976]. "Perfect Foresight and Economic Equilibrium." Originally published as "Vollkommene Voraussicht und wirtschaftliches Gleichgewicht," *Zeitschrift für Nationalökonomie* 6: 337–57. English translation by Frank Knight, in *Selected Economic Writings of Oskar Morgenstern,* Andrew Schotter, editor. New York: New York University Press.
Morris, Errol, director. 2003. *The Fog of War: Eleven Lessons from the Life of Robert S. McNamara.* Sony Pictures Classics.（映画『フォッグ・オブ・ウォー マクナマラ元米国防長官の告白』エロル・モリス監督，ソニー・ピクチャーズ・クラシックス，2003年／日本公開2004年）
Morris, Ivor. 1987. *Mr Collins Considered: Approaches to Jane Austen.* London: Routledge and Kegan Paul.
Morrison, Toni. 1981. *Tar Baby.* New York: Alfred A. Knopf.（『タール・ベイビー』トニ・モリスン／藤本和子訳，早川書房，1995年）
———. 1987. *Beloved.* New York: Alfred A. Knopf.（『ビラヴド』トニ・モリスン／吉田廸子訳，集英社，1998年）
Most, Andrea. 1998. " 'We Know We Belong to the Land': The Theatricality of Assimilation in Rodgers and Hammerstein's *Oklahoma!*" PMLA 113: 77–89.
MSNBC.com. 2006. "Lasers Used on Iraqi Drivers Who Won't Stop." May 18.
Mullan, John. 2012. *What Matters in Jane Austen? Twenty Crucial Puzzles Solved.* London: Bloomsbury.
Murphy, George E. 1998. "Why Women Are Less Likely Than Men to Commit Suicide." *Comprehensive Psychiatry* 39: 165–75.

Nash, John F., Jr. 1950. "Equilibrium Points in N-Person Games." *Proceedings of the National Academy of Sciences of the United States of America* 36: 48–49.

Neil, Dan. 2008. "The (Temporarily) Old Man and the Lambo." *Los Angeles Times,* October 20.

Nelles, William. 2006. "Omniscience for Atheists: Or, Jane Austen's Infallible Narrator." *Narrative* 14: 118–31.

Nelson, Julie A. 2009. "Rationality and Humanity: A View from Feminist Economics." *Occasion: Interdisciplinary Studies in the Humanities* 1 (October 15). http://arcade.stanford.edu/journals/occasion/.

Nettle, Daniel, and Helen Clegg. 2006. "Schizotypy, Creativity and Mating Success in Humans." *Proceedings of the Royal Society B* 273: 611–15.

Nickerson, Raymond S. 1999. "How We Know—and Sometimes Misjudge—What Others Know: Imputing One's Own Knowledge to Others." *Psychological Bulletin* 125: 737–59.

Nugent, Benjamin. 2009. "The Nerds of *Pride and Prejudice.*" In *A Truth Universally Acknowledged: 33 Great Writers on Why We Read Jane Austen,* Susannah Carson, editor. New York: Random House.

Oatley, Keith. 2011. "In the Minds of Others." *Scientific American Mind* 22, issue 5 (November / December).

Ober, Josiah. 2011. *Rational Cooperation in Greek Political Thought.* Manuscript, Department of Political Science, Stanford University.

O'Donoghue, Ted, and Matthew Rabin. 2001. "Choice and Procrastination." *Quarterly Journal of Economics* 116: 121–60.

Olson, Mancur. 1965. *The Logic of Collective Action: Public Goods and the Theory of Groups.* Cambridge: Harvard University Press.（『集合行為論――公共財と集団理論』マンサー・オルソン／依田博，森脇俊雅訳，ミネルヴァ書房，1983 年）

O'Neill, Barry. 1982. "A Problem of Rights Arbitration from the Talmud." *Mathematical Social Sciences* 2: 345–71.

———. 1990. "The Strategy of Challenges: Two Beheading Games in Medieval Literature." Working paper, Centre for International Studies and Strategic Studies, York University.

———. 2001. "Love Tokens in the *Lai de l'Ombre.*" Presented at the UCLA Conference on Political Games in the Middle Ages, March.

———. 2009. "Bargaining with a Claims Structure: Possible Solutions to a Talmudic Division Problem." Working paper, Department of Political Science, UCLA.

Palmer, Alan. 2010. *Social Minds in the Novel.* Columbus, Ohio: Ohio State University Press.

Palumbo-Liu, David. 2009. "Introduction." *Occasion: Interdisciplinary Studies in the Humanities* 1 (October 15). http://arcade.stanford.edu/journals/occasion/.

———. 2012. *The Deliverance of Others: Reading Literature in a Global Age.* Durham, N. C.: Duke University Press.

Parikh, Rohit. 2008. "Knowledge, Games and Tales from the East." Paper presented at the Indian Conference in Logic and Applications, Chennai.

Pelton, Robert D. 1980. *The Trickster in West Africa: A Study of Mythic Irony and Sacred Delight.* Berkeley and Los Angeles: University of California Press.

Pessoa, Luiz. 2008. "On the Relationship Between Emotion and Cognition." *Nature Reviews Neuroscience*

9: 148–58.
Peterson, Candida C. 2002. "Drawing Insight from Pictures: The Development of Concepts of False Drawing and False Belief in Children with Deafness, Normal Hearing, and Autism." *Child Development* 73: 1442–59.
Piggott, Patrick. 1979. *The Innocent Diversion: A Study of Music in the Life and Writings of Jane Austen.* London: Douglas Cleverdon.
Poe, Edgar Allan. 1845 [1998]. *Selected Tales*. David Van Leer, editor. Oxford: Oxford University Press.（『ポー短篇集』豊田実，研究社，1993 年ほか）
Polletta, Francesca. 1998. " 'It Was Like A Fever…' Narrative and Identity in Social Protest." *Social Problems* 45: 137-159.
Povinelli, Daniel J., and Jennifer Vonk. 2003. "Chimpanzee Minds: Suspiciously Human?" *Trends in Cognitive Sciences* 4: 157–60.
Pritchett, Laurie. 1985. "Interview with Laurie Pritchett." Conducted by Blackside, Inc., on November 7, 1985, for *Eyes on the Prize: America's Civil Rights Years (1954–1965).* Washington University Libraries, Film and Media Archive, Henry Hampton Collection. http://digital.wustl.edu/e/eop/browse.html.
Pronin, Emily, and Matthew B. Kugler. 2010. "People Believe They Have More Free Will than Others." *Proceedings of the National Academy of Sciences* 107: 22469–474.
Regan, Donald. 1997. "Value, Comparability, and Choice." In *Incommensurability, Incomparability, and Practical Reason,* Ruth Chang, editor. Cambridge: Harvard University Press.
Renfroe, Anita. 2009. *Don't Say I Didn't Warn You: Kids, Carbs, and the Coming Hormonal Apocalypse.* New York: Hyperion.
Richardson, Alan. 2002. "Of Heartache and Head Injury: Reading Minds in *Persuasion.*" *Poetics Today* 23: 141–60.
Robnett, Belinda. 1996. "African-American Women in the Civil Rights Movement, 1954–1965: Gender, Leadership, and Micromobilization." *American Journal of Sociology* 101: 1661–93.
Rogers, Pat, editor. 2006. Introduction and explanatory notes to *Pride and Prejudice,* by Jane Austen. Cambridge: Cambridge University Press.
Rosen, Sherwin. 1986. "The Theory of Equalizing Differences." In *Handbook of Labor Economics*, Orley Ashenfelter and Richard Layard, editors. Volume 1. Amsterdam: Elsevier Science Publishers.
Ross, Herbert, director. 1984. *Footloose*. Paramount Pictures.（映画『フットルース』ハーバート・ロス監督，パラマウント、1984 年／日本公開同年）
Roth, Jon. 2012. "A Tribe Called Queer." *Out Magazine,* January 11.
Rubin, Alissa J., and Doyle McManus. 2004. "Why America Has Waged a Losing Battle on Fallouja." *Los Angeles Times,* October 24, 2004.
Rubinstein, Ariel. 2012a. *Economic Fables*. Cambridge: Open Book Publishers.（『ルービンシュタイン ゲーム理論の力』アリエル・ルービンシュタイン／松井彰彦監訳，村上愛、矢ケ崎将之，松井彰彦，猿谷洋樹訳，東洋経済新報社，2016 年）
———. 2012b. *Lecture Notes in Microeconomic Theory: The Economic Agent*. Second edition. Princeton: Princeton University Press.
Sally, David, and Elisabeth Hill. 2006. "The Development of Interpersonal Strategy: Autism, Theory-of-

Mind, Cooperation and Fairness." *Journal of Economic Psychology* 27: 73–97.
Sarin, Amita. 2005. *Akbar and Birbal.* New Delhi: Penguin.
Scahill, Jeremy. 2008. *Blackwater: The Rise of the World's Most Powerful Mercenary Army.* Revised edition. New York: Nation Books.（『ブラックウォーター』ジェレミー・スケイヒル／益岡賢，塩山花子訳，作品社，2014 年）
Schelling, Thomas C. 1960 [1980]. *The Strategy of Conflict.* Second edition. Cambridge: Harvard University Press.（『紛争の戦略』トーマス・シェリング／河野勝監訳，勁草書房，2008 年）
Schulz, Kathryn. 2010. *Being Wrong: Adventures in the Margin of Error.* New York: HarperCollins.（『まちがっている——エラーの心理学、誤りのパラドックス』キャスリン・シュルツ／松浦俊輔訳，青土社，2012 年）
Scott, James C. 1985. *Weapons of the Weak: Everyday Forms of Peasant Resistance.* New Haven: Yale University Press.
———. 1990. *Domination and the Arts of Resistance: Hidden Transcripts.* New Haven: Yale University Press.
Sedgwick, Eve Kosofsky. 1991. "Jane Austen and the Masturbating Girl." *Critical Inquiry* 17: 818–37.
Sen, Amartya K. 1967. "Isolation, Assurance, and the Social Rate of Discount." *Quarterly Journal of Economics* 81: 112–24.
Sepp, Kalev I. 2007. "From 'Shock and Awe' to 'Hearts and Minds': The Fall and Rise of US Counterinsurgency Capability in Iraq." *ThirdWorld Quarterly* 28: 217–30.
Shah, Anuj K., and Daniel M. Oppenheimer. 2008. "Heuristics Made Easy: An Effort-Reduction Framework." *Psychological Bulletin* 134: 207–22.
Shany-Ur, Tal, Pardis Poorzand, Scott N. Grossman, Matthew E. Growdon, Jung Y. Jang, Robin S. Ketelle, Bruce L. Miller, and Katherine P. Rankin. 2012. "Comprehension of Insincere Communication in Neurodegenerative Disease: Lies, Sarcasm, and Theory of Mind." *Cortex* 48: 1329–41.
Shakespeare, William. 1600 [2004]. *Much Ado About Nothing.* In The Complete Works of Shakespeare, David Bevington, editor. Fifth edition. New York: Pearson Longman.（『新訳から騒ぎ』ウィリアム・シェイクスピア／河合祥一郎訳，KADOKAWA，2015 年ほか）
Shatz, Marilyn, Gil Diesendruck, Ivelisse Martinez-Beck, and Didar Akar. 2003. "The Influence of Language and Socioeconomic Status on Children's Understanding of False Belief." *Developmental Psychology* 39: 717–29.
Shearn, Don, Erik Bergman, Katherine Hill, Andy Abel, and Lael Hinds. 1992. "Blushing as a Function of Audience Size." *Psychophysiology* 29: 431–36.
Sheinkin, Steve. 2008. *Rabbi Harvey Rides Again: A Graphic Novel of Dueling Jewish Folktales in the Wild West.* Woodstock, Vt.: Jewish Lights Publishing.
———. 2010. *Rabbi Harvey vs. The Wisdom Kid: A Graphic Novel of Dueling Jewish Folktales in the Wild West.* Woodstock, Vt.: Jewish Lights Publishing.
Sherrod, Charles. 1985. "Interview with Charles Sherrod." Conducted by Blackside, Inc., on December 20, 1985, for *Eyes on the Prize: America's Civil Rights Years (1954–1965).* Washington University Libraries, Film and Media Archive, Henry Hampton Collection. http://digital.wustl.edu/e/eop/browse.html.

Shim, T. Youn-ja, Min-Sun Kim, and Judith N. Martin. 2008. *Changing Korea: Understanding Culture and Communication.* New York: Peter Lang.

Sidwell, Marc. 2013. "Pie Charts and Prejudice: Jane Austen the Economist Should Grace Our Banknotes." *City A.M.*, June 28.

Sihag, Balbir S. 2007. "Kautilya on Time Inconsistency Problem and Asymmetric Information." *Indian Economic Review* 42: 41–55.

Silver, Sean R. 2009/2010. "*The Rape of the Lock* and the Origins of Game Theory." *Connotations* 19: 203–28.

Silverman, Chloe. 2012. *Understanding Autism: Parents, Doctors, and the History of a Disorder.* Princeton: Princeton University Press.

Simpson, Richard. 1870 [1968]. Unsigned review of the *Memoir. North British Review,* April. Reprinted in *Jane Austen: The Critical Heritage,* B. C. Southam, editor. London: Routledge and Kegan Paul.

Singer, Tania, and Ernst Fehr. 2005. "The Neuroeconomics of Mind Reading and Empathy." *American Economic Review,* Papers and Proceedings of the One Hundred Seventeenth Annual Meeting of the American Economic Association, 95: 340–45.

Smith, Adam. 1759 [2009]. *The Theory of Moral Sentiments.* New York: Penguin.（『道徳感情論』上・下，アダム・スミス／水田洋訳，岩波文庫，2003 年）

Smith, Jeanne Rosier. 1997. *Writing Tricksters: Mythic Gambols in American Ethnic Literature.* Berkeley and Los Angeles: University of California Press.

Solomon, Robert C. 2003. *Not Passion's Slave: Emotions and Choice.* Oxford: Oxford University Press.

Sondheim, Stephen, James Lapine, Donna Murphy, Jere Shea, Martin Mazzie, and Ira Weitzman. 2003. *Passion*, DVD audio commentary. Image Entertainment.

Southam, B. C. 1968. "Introduction." In *Jane Austen: The Critical Heritage,* B. C. Southam, editor. London: Routledge and Kegan Paul.

Stein, Joel. 2013. "Stein and Sensibility." *Time,* August 19.

Stevens, Denis. 1965. Introduction to *The Art of Accompaniment from a Thorough-Bass as Practiced in the XVIIth and XVIIIth Centuries,* by F. T. Arnold. Mineola, N.Y.: Dover.

Stiglitz, Joseph E. 2010. *Freefall: America, Free Markets, and the Sinking of the World Economy.* New York: W. W. Norton.（『フリーフォール――グローバル経済はどこまで落ちるのか』ジョセフ・E. スティグリッツ／楡井浩一，峯村利哉訳，徳間書店，2010 年）

Sun-tzu (Sunzi). 2009. *The Art of War.* Edited and translated by John Minford. New York: Penguin.（新訂『孫子』金谷治訳注，岩波文庫，2000 年ほか）

Suskind, Ron. 2004. "Without a Doubt." *New York Times Magazine,* October 17.

Sutherland, John. 1999. *Who Betrays Elizabeth Bennet? Further Puzzles in Classic Fiction.* Oxford: Oxford University Press.

Sutherland, John, and Deirdre Le Faye. 2005. *So You Think You Know Jane Austen? A Literary Quizbook.* Oxford: Oxford University Press.

Swirski, Peter. 1996. "Literary Studies and Literary Pragmatics: The Case of the 'Purloined Letter.' " *SubStance* 81: 69–89.

———. 2007. *Literature and Knowledge*. London: Routledge.

Taylor, Michael. 2006. *Rationality and the Ideology of Disconnection.* Cambridge: Cambridge University

Press.

Thomas, James Ellis. 2000. "The Saturday Morning Car Wash Club." *The New Yorker,* July 10, 66–71.

Tobe, Keiko. 2008. *With the Light: Raising an Autistic Child [Hikari To Tomoni].* Volume 2. Satsuki Yamashita, translator. New York: Yen Press.（『光とともに…――自閉症児を抱えて 1 ～ 15』戸部けいこ，秋田書店，2001 ～ 2010 年）

Todd, Janet. 2006. *The Cambridge Introduction to Jane Austen.* Cambridge: Cambridge University Press.

Todd, Janet, and Antje Blank, editors. 2006. Explanatory notes for *Persuasion,* by Jane Austen. Cambridge: Cambridge University Press.

Tomasello, Michael, Brian Hare, Hagen Lehmann, and Josep Call. 2007. "Reliance on Head Versus Eyes in the Gaze Following of Great Apes and Human Infants: The Cooperative Eye Hypothesis." *Journal of Human Evolution* 52: 314–20.

Treitel, Guenter Heinz. 1984. "Jane Austen and the Law." *Law Quarterly Review* 100: 549–86.

Tversky, Amos, and Daniel Kahneman. 1991. "Loss Aversion in Riskless Choice: A Reference-Dependent Model." *Quarterly Journal of Economics* 106: 1039–61.

Vanderschraaf, Peter. 1998. "The Informal Game Theory in Hume's Account of Convention." *Economics and Philosophy* 14: 215-47.

Vann, David J. 1985. "Interview with David J. Vann." Conducted by Blackside, Inc., on November 1, 1985, for *Eyes on the Prize: America's Civil Rights Years (1954–1965).* Washington University Libraries, Film and Media Archive, Henry Hampton Collection. http://digital.wustl.edu/e/eop/browse.html.

Varian, Hal R. 2006. "Revealed Preference." In *Samuelsonian Economics and the Twenty-First Century,* Michael Szenberg, Lall Ramrattan, and Aron A. Gottesman, editors. Oxford: Oxford University Press.

Vermeule, Blakey. 2010. *Why Do We Care about Literary Characters?* Baltimore: Johns Hopkins University Press.

von Neumann, John, and Oskar Morgenstern. 1944. *Theory of Games and Economic Behavior.* Princeton: Princeton University Press.（『ゲーム理論と経済行動』ジョン・フォン・ノイマン，オスカー・モルゲンシュテルン／武藤滋夫訳，勁草書房，2014 年）

Wald, Gayle. 2000. "*Clueless* in the Neo-Colonial World Order." In *The Postcolonial Jane Austen,* You-me Park and Rajeswari Sunder Rajan, editors. London: Routledge.

Waldron, Mary. 1999. *Jane Austen and the Fiction of Her Time.* Cambridge: Cambridge University Press.

Walker, Wyatt Tee. 1985. "Interview with Wyatt Tee Walker." Conducted by Blackside, Inc., on October 11, 1985, for *Eyes on the Prize: America's Civil Rights Years (1954–1965).* Washington University Libraries, Film and Media Archive, Henry Hampton Collection. http://digital.wustl.edu/e/eop/browse.html.

Walkowitz, Judith R. 1980. *Prostitution and Victorian Society: Women, Class, and the State.* Cambridge: Cambridge University Press.（『売春とヴィクトリア朝社会――女性、階級、国家』ジュディス・R. ウォーコウィッツ／永富友海訳，ぎょうせい／上智大学，2009 年）

Wallace, Robert K. 1983. *Jane Austen and Mozart: Classical Equilibrium in Fiction and Music.* Athens: University of Georgia Press.

Watts, Michael. 2002. "How Economists Use Literature and Drama." *Journal of Economic Education* 33: 377–86.

Watts, Michael, and Robert F. Smith. 1989. "Economics in Literature and Drama." *Journal of Economic*

Education 20: 291–307.
White, Ralph K. 1984. *Fearful Warriors: A Psychological Profile of U.S.-Soviet Relations.* New York: Free Press.
White, Sarah, Elisabeth Hill, Joel Winston, and Uta Frith. 2006. "An Islet of Social Ability in Asperger Syndrome: Judging Social Attributes from Faces." *Brain and Cognition* 61: 69–77.
Wiese, Harald. 2012. "Backward Induction in Indian Animal Tales." *International Journal of Hindu Studies* 16: 93–103.
Williams, Juan. 1987. *Eyes on the Prize: America's Civil Rights Years, 1954– 1965.* New York: Penguin.
Wiltshire, John. 1997. "*Mansfield Park, Emma, Persuasion.*" In *The Cambridge Companion to Jane Austen,* Edward Copeland and Juliet McMaster, editors. Cambridge: Cambridge University Press.
Wimmer, Heinz, and Josef Perner. 1983. "Beliefs about Beliefs: Representation and Constraining Function of Wrong Beliefs in Young Children's Understanding of Deception." *Cognition* 13: 103–28.
Woloch, Alex. 2003. *The One vs. the Many: Minor Characters and the Space of the Protagonist in the Novel.* Princeton: Princeton University Press.
Woods, Gregory. 1999. *A History of Gay Literature: The Male Tradition.* New Haven: Yale University Press.
Wright, Evan. 2004. *Generation Kill: Devil Dogs, Iceman, Captain America and The New Face of American War.* New York: G. P. Putnam's.
Wright, Richard. 1945 [1993]. *Black Boy.* New York: HarperPerennial.（『ブラック・ボーイ——ある幼少期の記録』上・下、リチャード・ライト／野崎孝訳，岩波書店，2009 年）
Wu, Shali, and Boaz Keysar. 2007. "The Effect of Culture on Perspective Taking." *Psychological Science* 18: 600–606.
Zelazo, Philip David, and William A. Cunningham. 2007. "Executive Function: Mechanisms Underlying Emotion Regulation." In *Handbook of Emotion Regulation,* edited by James J. Gross. New York: Guilford.
Zinn, Howard. 2003. *A People's History of the United States: 1492–Present.* New York: HarperCollins.（『民衆のアメリカ史——1492 年から現代まで』上・下，ハワード・ジン／猿谷要監修，富田虎男，平野孝，油井大三郎訳，明石書店，2005 年）
Zunshine, Lisa. 2006. *Why We Read Fiction: Theory of Mind and the Novel.* Columbus, Ohio: Ohio State University Press.
———. 2007. "Why Jane Austen Was Different, and Why We May Need Cognitive Science to See It." *Style* 41: 275–98.

[著者紹介]

マイケル・S-Y・チェ（Michael Suk-Young Chwe）

カリフォルニア大学ロサンゼルス校・政治学部教授．1992年ノースウェスタン大学Ph.D.（Economics)。専門は人種やエスニシティに関する政治分析，コーディネーション問題やコミュニケーションに関するゲーム理論分析．著書に『儀式は何の役にたつのか』（*Rational Ritual: Cultural, Coordination, and Common Knowledge*, 2003／安田雪訳、新曜社, 2003年）がある．

[訳者紹介]

川越敏司（かわごえ・としじ）

1970年和歌山県生まれ．公立はこだて未来大学教授。大阪市立大学大学院経済学研究科前期博士課程修了．博士．専門は経済学．著書：『実験経済学』（東大出版会)，『行動ゲーム理論入門』（NTT出版)，『はじめてのゲーム理論』（講談社ブルーバックス）他．訳書：『意思決定理論入門』（共訳，NTT出版)，『旧約聖書のゲーム理論』（共訳、東洋経済新報社）他.

ジェイン・オースティンに学ぶゲーム理論

――恋愛と結婚をめぐる戦略的思考

2017年12月28日　初版第1刷発行

著者　マイケル・S-Y・チェ

訳者　川越敏司

発行者　長谷部敏治

発行所　NTT出版株式会社

〒141-8654　東京都品川区上大崎3-1-1　JR東急目黒ビル

営業担当　TEL 03（5434）1010　FAX 03（5434）1008

編集担当　TEL 03（5434）1001

http://www.nttpub.co.jp

装丁　松田行正

印刷・製本　図書印刷株式会社

ISBN 978-4-7571-2332-8 C0033

NTT出版の本より

行動ゲーム理論入門

川越敏司 著

A5判304頁　定価（本体2500円＋税）

ISBN978-4-7571-2258-1

実験経済学の研究から生まれた最新分野「行動ゲーム理論」の
初めての本格的入門書。従来のゲーム理論がもっていた
「クールで合理的な人間」という前提を修正し、
感情をもった不合理な、リアルな人間の行動の解明をめざす。

意思決定理論入門

イツァーク・ギルボア 著

川越敏司／佐々木俊一郎 訳

A5判248頁　定価（本体2800円＋税）

ISBN978-4-7571-2282-6

意思決定理論の世界的権威ギルボア教授が、最新の基礎理論を
問題集形式で解説する。より良い意思決定をするために、
意思決定理論がいかに役立つか検討できるよう構成されている。
学生から社会人まで、良き選択・判断を考えたい人、必読！

オンラインデートで学ぶ経済学

ポール・オイヤー 著

土方奈美 訳　**安藤至大** 解説

四六判288頁　定価（本体2400円＋税）

ISBN978-4-7571-2354-0

「オンラインデート＝ネット婚活」市場を通じ、サーチ理論、
チープトーク、シグナリング、逆選択、ネットワーク外部性など、
現代経済を読み解く「10の最先端キーワード」をわかりやすく解説。
まったく新しい経済エンターテインメント。

本書をご購入いただいた方のうち，
視覚障害，肢体不自由，読字障害などを理由として必要とされる方に，
本書のテキストデータを提供いたします．ご希望の方は，

1）お名前
2）ご連絡先（ご住所，メールアドレスなど）
3）ご希望されるデータ提供形式（メールへのファイル添付，CD-R など）

を明記の上，左下のクーポン券（コピー不可）と
200 円切手を貼った返信用封筒（CD-R などでの提供を希望される方のみ）を，
下記までお送りください．

※本書内容の複製は点訳・音訳データなど視覚障害の方のための利用に限り認めます．
内容の改変や流用，転載，その他営利を目的とした利用はお断りします．

宛先 〒 041-8655　北海道函館市亀田中野町 116-2
公立はこだて未来大学複雑系科学科川越敏司研究室
TEL | 0138-34-6424
FAX | 0138-34-6301
E-mail | kawagoe@fun.ac.jp

ジェイン・オースティンに
学ぶゲーム理論
データクーポン券